"十二五"国家计算机技能型紧缺人才培养培训教材

计算机易学易用经典教程系列丛书

中文版 Photoshop CS5 经典教程

夏宏林　编著

- 拿来就用　本书结合实际工作的需要以及作者多年经验的总结，实用性强，书中实例拿来就用。
- 一学就会　丰富的范例和软件功能紧密结合，通俗易懂，一学就会。
- 量身定制　由浅入深、循序渐进、系统全面，为培训班和职业院校相关专业量身打造。

海洋出版社

2011年·北京

内容简介

本书由国内一线Photoshop教育与培训专家编著，基于Photoshop CS5图像处理的应用技巧编写而成，本书语言平实，内容丰富、专业，采用由浅入深、图文并茂的叙述方式，从最基本的技能和知识点开始，辅以大量的上机实例作为导引，帮助读者轻松掌握Photoshop CS5的基本知识与操作技能，并做到活学活用。

全书由14章构成，通过200多个经典的实例设计以及课堂实训的实际操作，形象直观地讲解了Photoshop CS5的基础知识和技巧，并着重介绍了Photoshop CS5的基本功能、创建与编辑选区、选取与使用颜色、图像的基本编辑、绘画与修饰图像、色彩与色调的调整、图层的操作与编辑、文字的应用、路径与形状、通道与蒙版、滤镜、动作、动画与3D应用等内容。最后通过图像合成特效、数码照片处理、图形设计、文字设计、纹理设计等20个典型实例，系统全面地介绍了Photoshop CS5在平面设计与图像处理方面的强大功能。

光盘内容：43个重点范例制作的全过程教学视频文件、教学课件、练习素材以及范例源文件。

适用范围：全国职业院校平面设计专业课教材，社会平面设计培训班教材，也可作为广大初、中级读者实用的自学指导书。

图书在版编目(CIP)数据

中文版Photoshop CS5经典教程/夏宏林编著. —北京：海洋出版社，2012.1
ISBN 978-7-5027-8154-5

Ⅰ.①中… Ⅱ.①夏… Ⅲ.①图像处理软件，Photoshop CS5—教材 Ⅳ.①TP391.41

中国版本图书馆CIP数据核字（2011）第247385号

总 策 划：刘　斌
责任编辑：刘　斌
责任校对：肖新民
责任印制：刘志恒
排　　版：海洋计算机图书输出中心　晓阳
出版发行：海洋出版社
地　　址：北京市海淀区大慧寺路8号（716房间）
100081
经　　销：新华书店
技术支持：（010）62100055

发 行 部：（010）62174379（传真）（010）62132549
（010）68038093（邮购）（010）62100077
网　　址：www.oceanpress.com.cn
承　　印：北京华正印刷有限公司
版　　次：2012年1月第1版
2012年1月第1次印刷
开　　本：787mm×1092mm　1/16
印　　张：18.75
字　　数：450千字
印　　数：1～3000册
定　　价：32.00元（含1CD）

前言 Preface

Photoshop是目前世界上最流行、应用最广泛的图像处理软件，由美国Adobe公司出品。

本书以最新版Photoshop CS5为写作版本，通过200多个实战范例，20多个面向商业应用的特效制作典型案例，全面、系统、准确地介绍了Photoshop CS5在平面设计、图像处理以及3D应用方面的强大功能。本书共计14章，各章内容介绍如下：

第1章　Photoshop CS5入门基础，介绍了Photoshop的应用领域、基础知识以及基本操作等。

第2章　创建与编辑选区，介绍了Photoshop中用于创建选区的工具、命令以及对选区进行编辑处理等。

第3章　选取与使用颜色，介绍了在Photoshop中如何选取颜色与使用颜色，包括使用拾色器、使用颜色选取工具、填充与描边图像、用渐变填充图像等。

第4章　图像的编辑，介绍了图像的剪切、粘贴、旋转、变换，图像的大小与分辨率，裁切图像等。

第5章　绘画与修饰图像，介绍了如何对图像进行描绘与修饰，包括使用修饰工具修饰图像中的瑕疵、使用颜色替换工具为图像换颜色等。

第6章　色彩与色调的调整，介绍了对图像的亮度、对比度、饱和度以及色相进行调整，包括调整图像的亮度与对比度、调整曝光不足的图像以及对偏色的照片进行处理等。

第7章　图层的操作与编辑，介绍了图层的使用和编辑、填充图层和调整图层的作用、图层混合模式、图层样式等。

第8章　文字的应用，介绍了Photoshop中的文字功能，包括输入文字、设置文字属性、编辑文字、变形文字和路径文字等。

第9章　路径与形状的应用，介绍了绘制与编辑路径、路径与选区的转换、利用路径对图像进行填充与描边、使用形状工具绘制形状以及形状图层等。

第10章　通道与蒙版的应用，介绍了Photoshop的通道功能，包括通道基本操作、使用Alpha通道、使用专色通道、图层蒙版等。

第11章　滤镜的应用，介绍了Photoshop中的滤镜功能，包括如何使用滤镜、外挂滤镜、滤镜功能的详细讲解等。

第12章　动作的应用，介绍了Photoshop中的动作功能，包括录制动作、查看动作、播放动作、手动插入命令、编辑动作中的命令等。

第13章　动画与3D的应用，介绍了Photoshop中的动画功能及3D技术的使用，包括制作时间轴动画、制作关键帧动画、创建3D模型、3D编辑工具的作用以及材质与灯光等。

第14章　Photoshop CS5综合案例，通过多个典型实例帮助读者掌握更多的实际操作经验。

本书配套光盘中提供了书中所有实例的素材与源文件以及多媒体视频教程，确保读者能完成全部实例的制作。

本书由夏宏林编著，参与编写的还有张丽、王萌萌、周贵、李鹏、严明明、张志山、马云飞、李宇民、姜丽丽、吴启鹏、李鹏程、衡忠兵、李志刚、冯建强、金建伟等。

编　者

目录 Contents

第1章　Photoshop CS5入门基础

内容提要

本章主要介绍Photoshop图像处理的基础知识、Photoshop CS5新增功能、工作环境，图像的创建、打开和存储以及辅助工具的使用。

1.1　Photoshop与图像处理

Photoshop由美国Adobe公司出品，是目前世界上最流行、应用最广泛的图像处理软件。

图像处理是指利用电脑软件（主要是Photoshop）对图像进行编辑合成、加工润饰的技术。图像处理包括图像编辑、图像修饰、特效处理、影像合成、创意设计等。

无论是平面设计师、网页设计师、电脑印前人员，还是数码摄影师、多媒体设计师、3D设计师甚至家庭用户，对于任何有图像处理需要的人们，Photoshop都可以满足他们的要求。

1. 编辑图像

编辑图像是Photoshop最基本的功能，诸如缩放图像、裁剪图像、旋转图像等编辑处理，在Photoshop中都可轻易实现，如图1-1所示为调整倾斜图像前后的效果对比。

图1-1　编辑图像

2. 平面设计

平面设计是Photoshop主要的应用领域。目前，Photoshop已经成为整个平面设计产业的基石。没有Photoshop，就没有平面设计产业。

利用Photoshop，人们可以做到用传统方法无法实现的平面创意设计，如图1-2所示。

3. 照片处理

照片处理是Photoshop重要的应用领域。在数码相机风行的今天，利用Photoshop进行照片处理，是人们学习Photoshop的主要原因之一。利用Photoshop，人们可以做到以前传统暗房中做不到的事情，比如控制曝光、消除照片红眼问题，图1-3所示为消除红眼的前后对比效果。

图1-2　平面创意

4. 插画设计

随着艺术的日益商品化和新的绘画材料及工具的出现，插画、卡通、漫画艺术进入了商业化的时代。商业插画主要包括广告商业插画、卡通漫画插画、影视游戏插画、出版物插画和卡通插画等，Photoshop 在绘画方面的功能也越来越强大。如图 1-4 所示为使用 Photoshop 软件设计的插画作品。

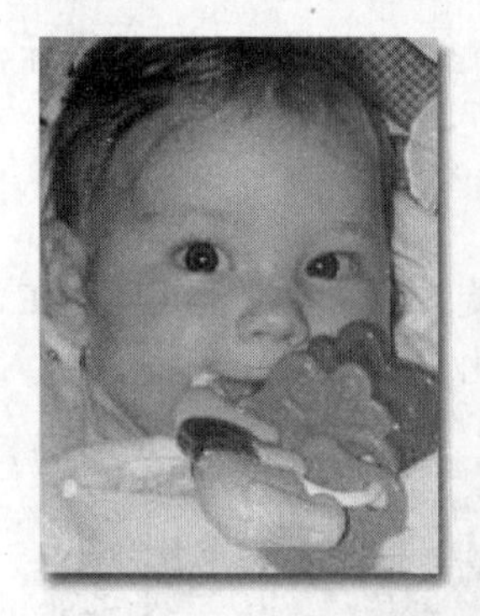
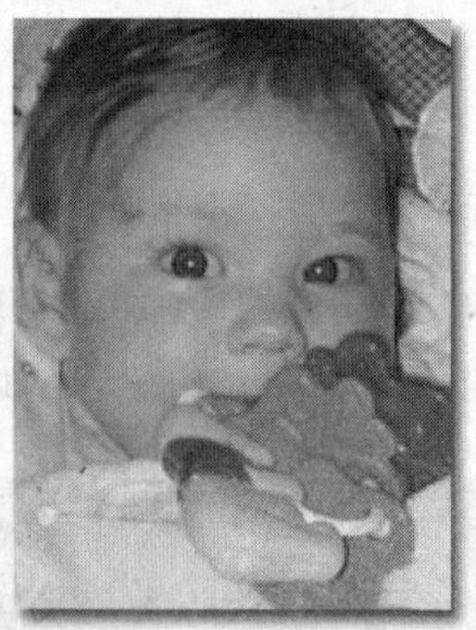

图1-3　照片处理

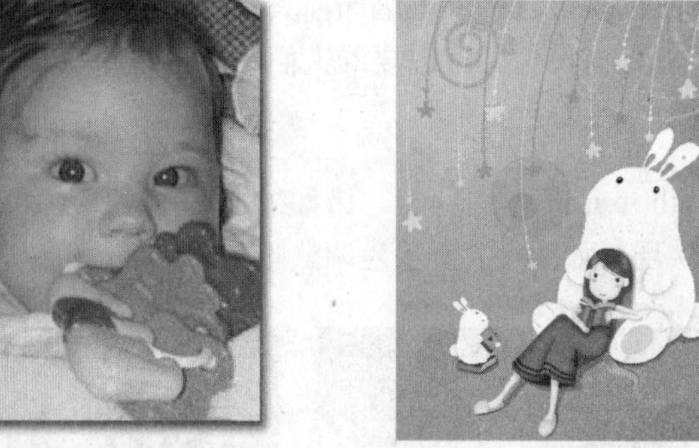

图1-4　插画作品

5. 更多领域

Photoshop 已经成为全球范围内包装设计师、网页设计师、多媒体设计师、三维设计师以及电脑印前人员的首选工具软件。如图 1-5 所示为利用 Photoshop 实现的产品包装设计。

图1-5　包装设计

事实上，Photoshop 已经成为图像处理的代名词。离开 Photoshop，许多图像处理工作根本无法进行。

1.2 Photoshop基础知识

在开始学习 Photoshop 之前，必须掌握有关图像处理的一些基础知识，包括电脑中图像的类型、色彩及其在电脑中的记录方式、图像的分辨率、图像文件的格式等。

1.2.1 点阵图和矢量图

电脑中的图像分为点阵图和矢量图。

1. 点阵图

平常所见到的照片、图片，在利用 Photoshop 进行处理前必须被数字化，如利用扫描仪将照片扫描到电脑中。这种数字化图像被称为点阵图，也称为位图，它是由无数的像素组成的图像，如图 1-6 所示。点阵图是像素的集合，由许许多多的像素组合起来，形成一幅色彩鲜艳的图像。

2. 矢量图

矢量图也称为图形，它依赖于量化公式。与点阵图不一样，在电脑中放大、缩小矢量图并不会影响图形的品质，如图 1-7 所示。当矢量图形被传送到打印机时，根据输出图形的大小，它们将转换成像素后被打印出来，同样也不影响图形的品质。虽然矢量图有上述的优点，但是矢量图无法表现色彩鲜艳且变化复杂的图像。

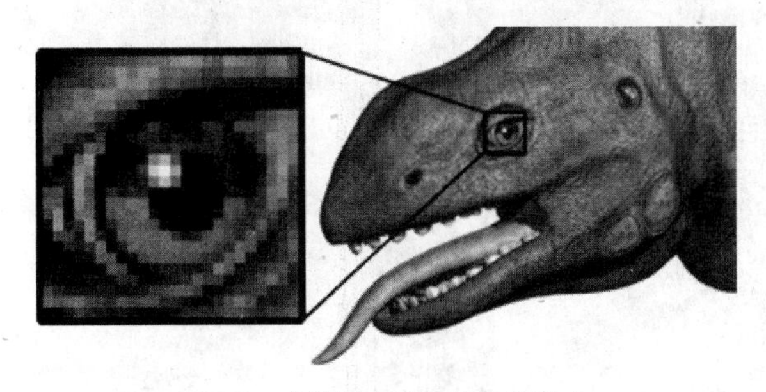

图1-6　点阵图由无数的像素组成

图1-7　放大矢量图后图形的品质将保持不变

通常将点阵图称为图像，将矢量图称为图形。

一般情况下，点阵图是通过扫描仪或数码相机所取得的图片，而矢量图是直接在电脑上绘制得到的。

用于制作、处理矢量图形的软件有 CorelDRAW、AutoCAD 等。Photoshop 是图像处理软件，主要用于处理点阵图。当然，Photoshop 也可以处理矢量图，但前提条件是必须将矢量图栅格化，即点阵化。

1.2.2 色彩的本质

人对色彩的识别，是通过光、能够反射光的物体，以及观察者的眼和脑来完成的。其原理如图 1-8 所示。也就是说，人的眼睛受到物体反射光线的刺激，就会接收并把光线作为色彩，这就是色彩的本质。

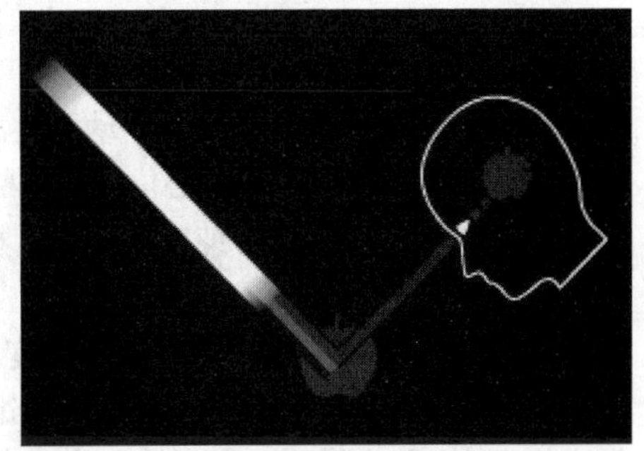

图1-8　进入眼睛的光线转换成神经信号，通过视觉神经传输到大脑

1.2.3 色彩的基本属性

要想认识色彩的本质，就应了解色彩的基本属性。

色彩的基本属性指色相、亮度、饱和度。

1. 色相

我们用红、黄、蓝这样的名称来区别颜色，这种颜色的差异就是色相。色相指的是基本颜色，当白色光穿过棱镜时，白光被分解成七色光，如图 1-9 所示，其中的红色、黄色、绿色和蓝色等，就是色相。

从理论上讲，色相是从物体反射或透过物体传播的颜色。当光遇到物体时，部分被反射回来，人眼接收到的反射光被当作是物体的颜色。

图1-9　白光穿过棱镜

2. 亮度

亮度指的是色彩的相对明暗，是接收到光的物理表面的反射程度。

由于亮度表示的是色彩的明暗程度，亮度越高，色彩越明亮。比如，红色较深时，变成褐红色；红色较浅时，变成粉红色。

增加或降低亮度，将使整个图像变亮或变暗，如图 1-10 所示。

降低亮度的图像

原图

增加亮度后的图像

图1-10　亮度

在 Photoshop 中，亮度是指不同色彩模式下图形原色的明暗度，范围为 0 ～ 255，包括 256 种色调。比如，在 RGB 色彩模式中，代表的就是红、绿、蓝三原色的明暗度。

3. 饱和度

饱和度是指色彩看起来的生动程度。它是以色彩同具有同一亮度的中性灰度的区别程度来衡量的。在标准色轮上，从中心位置到边缘位置的饱和度是递增的。

饱和度被定义为灰阶纯度。比如，棕色同玫瑰色相比，是不纯的红色，而玫瑰色被看做纯红色。当灰阶值是正时，真实性高；如果灰阶值是负，灰阶变得模糊，接近灰色。

由于饱和度是指颜色的强度或纯度，通常用色相中灰色成分所占的比例来表示，0% 为纯灰色，100% 为完全饱和。当一幅图像的饱和度被降低为 0 时，图像就会变成灰色，也就是色彩的强度为 0。饱和度越低，色彩越灰暗，当饱和度是零时，色彩变成灰色。如图 1-11 所示。

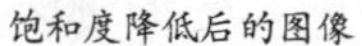
饱和度降低后的图像　　原图　　饱和度增加后的图像

图1-11　饱和度

1.2.4　Photoshop中的色彩模式

虽然人的眼睛可以分辨自然界中的色彩，但是要在 Photoshop 中对色彩进行记录与编辑处理，必须首先将色彩进行数字化的处理。

根据对色彩的记录方式不同，Photoshop 使用多种不同的色彩系统，这就是所谓的色彩模式。常见的色彩模式有 RGB 色彩模式、CMYK 色彩模式、位图模式、灰度模式等。

1. RGB色彩模式

RGB 也称为光的三原色，是由红（R）、绿（G）、蓝（B）所组成。其他任何色彩均由此三原色按不同的比例混合而成，如果将 RGB 三原色的色光以最大的强度混合时，就会形成白色的色光，如图 1-12 所示。

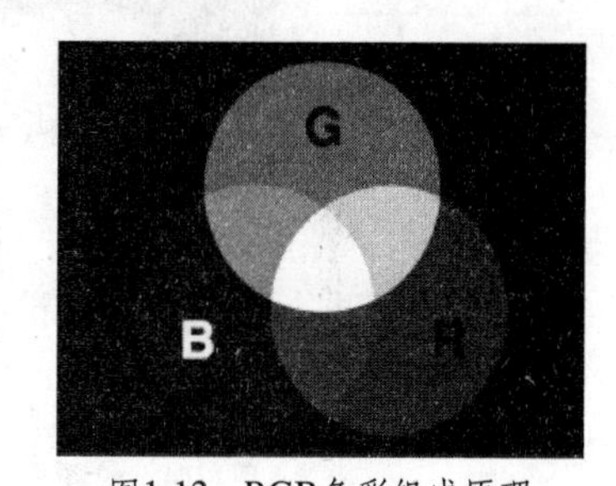

图1-12　RGB色彩组成原理

由于三种色光混合后的效果比原来单独的色光更亮，因此，RGB 色彩模式又称为加色法。这三种基本颜色 100% 的混合在一起形成白色，把每一种颜色都减少到 0%，光就不存在，这就是黑色。

RGB 模式是一种最基本、也是使用最广泛的颜色模式，它被应用在录像和电脑显示器生成的色彩上。

几乎所有的 Photoshop 图像都是用 RGB 模式进行存储的。这是由于在 RGB 模式下 Photoshop 所有的滤镜和命令都可以被使用。

2. CMYK色彩模式

CMYK（青、洋红、黄、黑）模式是另外一种典型的色彩模式，它基于墨水的吸收特性。CMYK 色彩模式主要应用于印刷工业。

在 CMYK 色彩模式中，白色的光是由三基色 100% 混合成的。减掉红色生成青色（蓝色和绿色的混合）。减掉绿色生成洋红，减掉蓝色生成黄色。当一个物体吸收了红色，并且反射了蓝色和绿色，接受到的颜色是青色。通常，把这种从白色光中减掉某种成分的色彩表达方法叫做相减法。三种相减性的颜色，再加上黑色，便是 CMYK 四色模式，如图 1-13 所示。

在 Photoshop 中，CMYK 模式下的图像具有 4 个通道，每一个像素用 32 位的数据来表示。通常用 CMYK 模式处理的图像文件都很大，因此，会占用更多的内存和硬盘空间，而且在这种模式下，有些功能（比如滤镜）是无法使用的，因此只有在印刷时才将图像调整为 CMYK 模式。

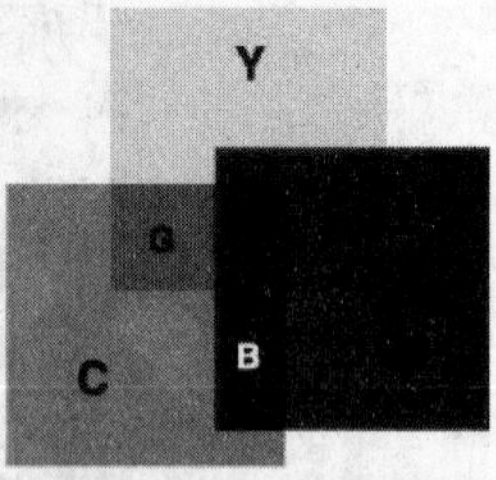

图1-13　CMYK色彩组成原理

3. 位图模式

位图模式是一种单色模式，它的每个像素只用 0 或者 1 来表示，分别代表白色和黑色，如图 1-14 所示。由于位图模式下图像的每个像素只有一位位长，它占用的磁盘空间最少。

位图模式只有黑色和白色两种颜色，该模式下的图像被称为位映射一位图像，它的每一个像素只包含一位数据，占用的磁盘空间很少。在这种模式下不能得到色彩丰富的图像，只能获得黑白的图像。

4. 灰度模式

灰度模式的图像使用 256 种灰度级别来模拟颜色的层次，每个像素点的灰度变化均在 0 ～ 255 之间，其中，0 表示黑色，255 表示白色。如图 1-15 所示。在颜色面板中，灰度模式只有一个标记为 K 的颜色条，其值用百分数表示，0% 代表白色，100% 代表黑色。

图1-14　位图图像

图1-15　灰度图像

5. 色彩模式的转换

虽然不同的色彩模式都可以被用来显示及打印图像，但是，每一种色彩模式都有其特点和应用范围，比如，印刷工业中使用 CMYK 模式，而电脑显示器则使用 RGB 模式。在图像处理中选择正确的模式是很重要的，可以根据需要在不同的色彩模式之间进行转换。

1.2.5　图像的分辨率

图像（即点阵图）是像素的集合，由许许多多的像素组合起来。所谓分辨率是指每英寸包含多少个像素。

单位面积内所包含的像素越多，就越能表现出图像细微的部分。分辨率则代表单位面积内所包含的像素，分辨率越高，单位面积内的像素越多，图像也越清晰。反之，如果分辨率太低，或将图像显示比例放得太大时，就会造成图像中的锯齿边缘和色调不连续的情况。分辨率是图像的一个非常重要的特征。不同的分辨率，其图像效果是不同的，如图 1-16 所示。

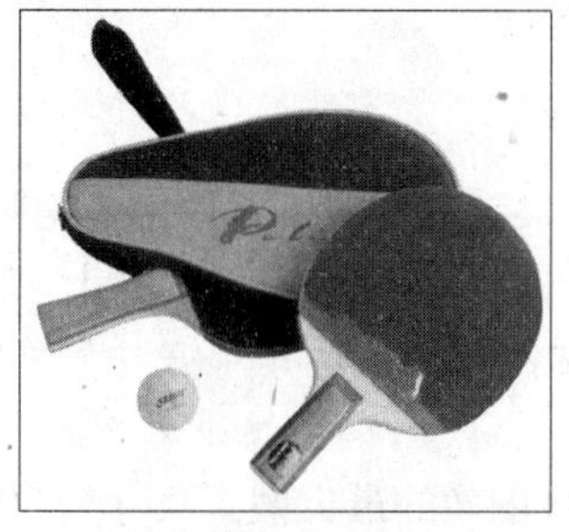

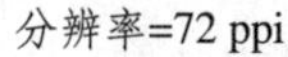

分辨率=72 ppi

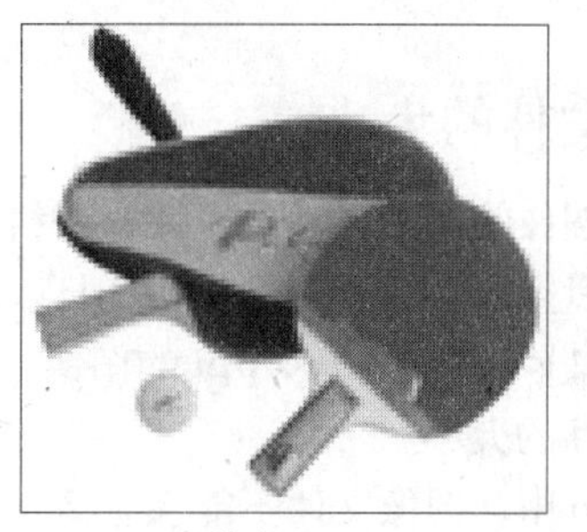

分辨率=20 ppi

图1-16　同一幅图像在不同分辨率下的效果对比

分辨率的单位是ppi，即pixel per inch。分辨率为72ppi，表示每平方英寸的图像中包含了5184个像素（72×72）。分辨率的高低决定了图像的精细程度。从图1-15中可以看到，分辨率为72ppi的图像，其图像品质高于分辨率为18ppi的图像。

要确定图像使用什么样分辨率，应考虑图像最终发布的媒介。如果制作的图像用于电脑屏幕显示，图像分辨率只需满足典型的显示器分辨率（72ppi或96ppi）即可。如果图像用于打印输出，那么必须使用高分辨率（150ppi或300ppi），低分辨率的图像打印输出时会出现明显的颗粒和锯齿边缘。

1.2.6　图像文件格式

在Photoshop中，所处理的图像以文件的形式存在于电脑中，通常称之为图像文件。作为最流行的图像处理软件，Photoshop支持多达数十种图像文件格式。

文件扩展名为BMP、JPG、GIF的图片，都是常见的图像文件。一种图像文件扩展名，对应了一种图像文件格式，不同的图像文件格式，其存储方式及应用范围各不相同，具体见表1-1所示。

表1–1

文件格式	特　点
BMP格式	BMP是Windows下标准的图像文件格式。BMP图像文件格式可以存储1位（黑白图片）至24位（全彩图片）的色彩深度。BMP格式使用RLE压缩方式，这种压缩方式不但可以节省存储空间，而且不会对图像造成任何损失。BMP格式支持RGB、索引色、灰度与位图等色彩模式，但不支持Alpha通道的图像信息。
JPG格式	也称为JPEG格式，是一种压缩效率很高的图像文件格式，它是一种有损压缩格式。当将图像保存为JPEG格式时，可以指定图像的品质和压缩级别。不同的压缩级别决定了图像的品质和压缩程度。由于JPEG格式会损失数据信息，因此在图像编辑过程中需要以其他格式（如PSD格式）保存图像，将图像保存为JPEG格式只能作为制作完成后的最后一步操作。JPG格式支持CMYK、RGB、灰度等色彩模式，但不支持Alpha通道的图像信息。
GIF格式	GIF格式可以最大限度地节省存储空间。GIF格式只能存储最多256种色彩，不能用于存储真彩色的图像，因此，在存储之前，必须将图像的模式转为位图、灰度图或索引色等模式。GIF格式不支持Alpha通道。GIF图像文件支持透明背景及动画格式，可以较好地与网页背景融合在一起。因此GIF格式的图像文件常用于网页中的图像。
PSD格式	PSD是Photoshop特有的图像文件格式，支持Photoshop中所有的图像类型。PSD格式可以将所编辑的图像文件中所有有关图层和通道的信息记录下来。在编辑图像的过程中，通常将文件保存为PSD格式，以便于重新读取所有的信息。但是，PSD格式很少为其他软件所支持，所以在图像制作完成后，通常需要将图像转换为一些比较通用的图像格式（如BMP、JPG等），以便于输出到其他软件中进行编辑。

1.2.7　图像文件的大小

文件大小与图像的像素尺寸成正比，在给定打印尺寸的情况下，像素多的图像产生更多细节，但要求更多的磁盘空间存放，而且编辑和打印速度会慢些。例如，1×1 英寸、200 ppi 的图像所包含的像素四倍于 1×1 英寸、100 ppi 的图像，因此文件大小也是其 4 倍。图像分辨率决定了图像的品质和图像文件的大小。

在 Photoshop 中，图像文件不能大于 2 GB，而且图像的最大像素尺寸为 30000×30000 像素，这个规定限制了图像可能的打印尺寸和分辨率。例如，100×100 英寸图像的分辨率最高只能达到 300 ppi（30000 像素 / 100 英寸 = 300 ppi）。

1.3　Photoshop CS5新增功能

在 Photoshop CS5 版本中，软件的界面与功能的结合更加趋于完美，各种命令与功能不仅得到了很好的扩展，还最大限度地为用户的操作提供了简捷、有效的途径。在 Photoshop CS5 中除了增加轻松完成精确选择、内容感知型填充、操控变形等功能外，还添加了用于创建和编辑 3D 的突破性工具。

在 Photoshop CS5 中，单击应用程序栏中的“显示更多工作区和选项” 图标，在展开的菜单中选择“CS5 新功能”选项，更换为相应的界面。此时任意单击菜单，在展开的菜单中，Photoshop CS5 的新增功能部分显示为蓝色，更加方便用户查看新增的功能，如图 1-17 所示。

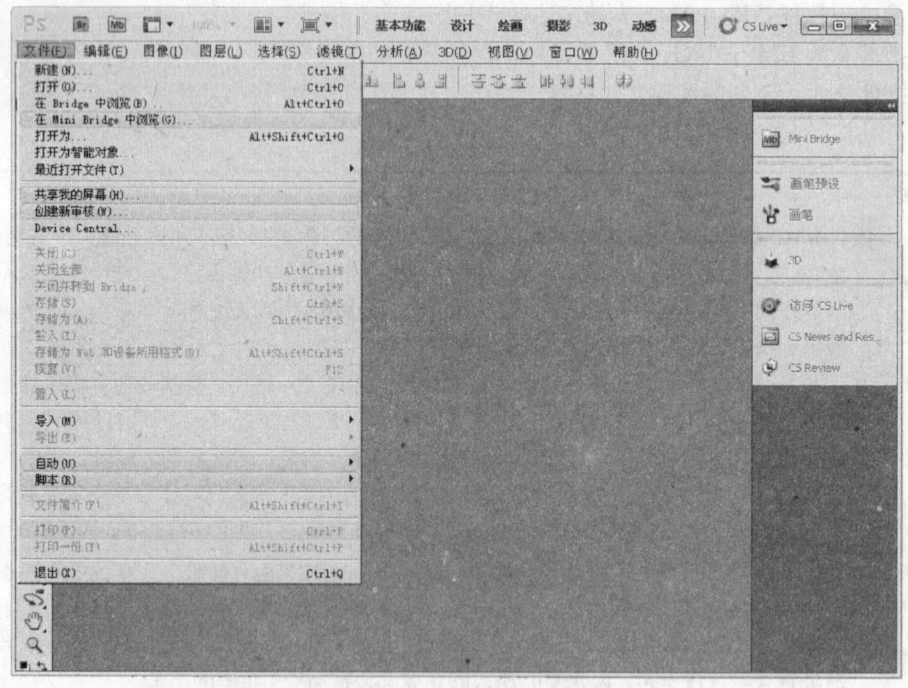

图1-17　查看新增的功能

1. 更加人性化的工作界面

Photoshop CS5 在 Photoshop CS4 简洁紧凑的基础上，融入了更多的调板和更加人性化的工作空间布局。

首先在应用程序栏中新增加了 Mb（Adobe mini bridge 迷你浏览器）按钮；在右边增加了可以展开或缩回的多种工作空间布局的切换器，使用这些菜单不但可以自定义编排和命名组建，而且每次改动后都会自动记住它们的布局位置，非常人性化。

2. 新增的“在Mini Bridge中浏览”命令

使用 Photoshop CS5 中的“在 Mini Bridge 中浏览”命令，可以方便地在工作环境中访问资源。

在 Photoshop CS5 的应用程序栏中，新增加了一个按钮 Mb（Adobe mini bridge 迷你浏览器）Mb。这就是一个切换开关，可以通过这个按钮，或者单击“文件”/“在 Mini Bridge 中浏览”命令，打开 Photoshop 内置的“Mini Bridge”浏览器窗口，如图 1-18 所示。

3. 增强的“合并到HDR Pro”命令

HDR 的全称是 High Dynamic Range，即高动态范围。为了弥补相机宽容度造成的困惑，出现了多张不同曝光的照片合成为一张 HDR 图像的技术。它利用欠曝的照片将高光中的图像细节完全保留，又利用过曝的照片将阴影中的细节完全保留。多张合成在一起就会实现完全保留图像细节的目的。

在 Photoshop CS5 中，HDR Pro 将图像 HDR 精确合成、色调映射调整、图像缩放剪裁等处理功能统统融合在里面，不但处理的效果好，而且效率极高，如图 1-19 所示。

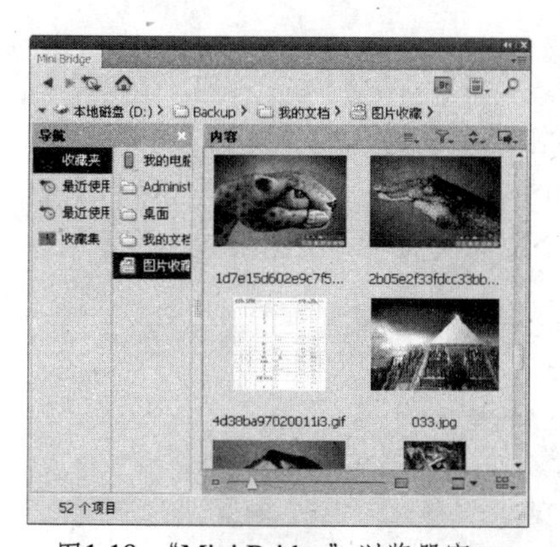

图1-18 “Mini Bridge”浏览器窗口

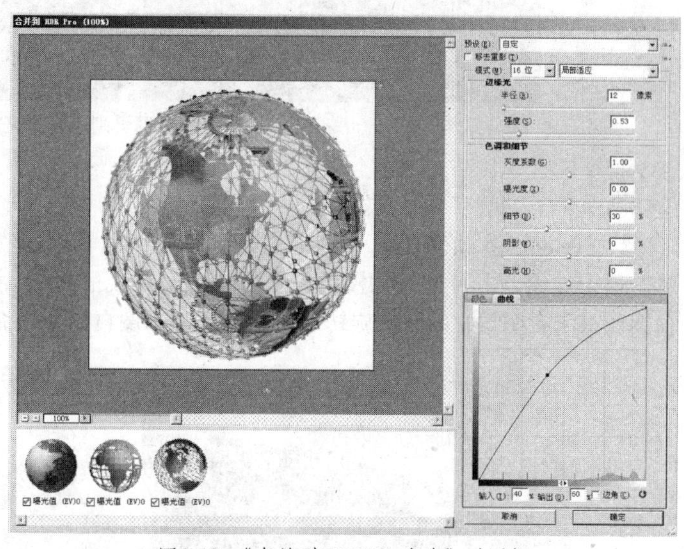

图1-19 “合并到HDR Pro命令”对话框

4. 更方便更智能化的毛发抠像技术

选择工具一直以来都是 Photoshop 的重要工具，许多应用技术工具都是以此为基础建立起来的。Photoshop CS5 之所以取得如此巨大的反响，就在于精细到毛发的新的选择工具构成新版核心技术最深刻的具有里程碑式的革新关键。

在 Photoshop CS5 中增强了智能化边缘检测和蒙版技术。使用选择工具结合使用“调整边缘”功能，可以消除选区边缘周围的背景色，自动改变选区边缘并改进蒙版，使选择的图像更加的精确，可以用最短的时间将最棘手的图像（如毛发的选择）完美的选取出来，如图 1-20 所示。

图1-20　毛发抠像效果

5. 内容识别填充

Photoshop CS5 新增了内容识别填充的功能，它可以方便地移除图像中任何一些景物细节或对象。这个功能能够快速的填充一个选区，用来填充这个选区的像素是通过感知该选区周围的内容得到的，使填充结果看上去像是真的一样，如图 1-21 所示。

图1-21　使用内容识别填充修复图像

6. 剪裁和拉直工具新功能

Photoshop CS5 的标尺工具选项栏中增加了一个【拉直】按钮。在景物的水平线上拉一条直线，单击这个按钮，既可使景物校正到水平状态又完成了剪裁，如图 1-22 所示。但这个操作是针对整个图像（所有图层）的一个旋转加剪裁动作，不像自由变换命令那样仅仅对一个图层起作用。

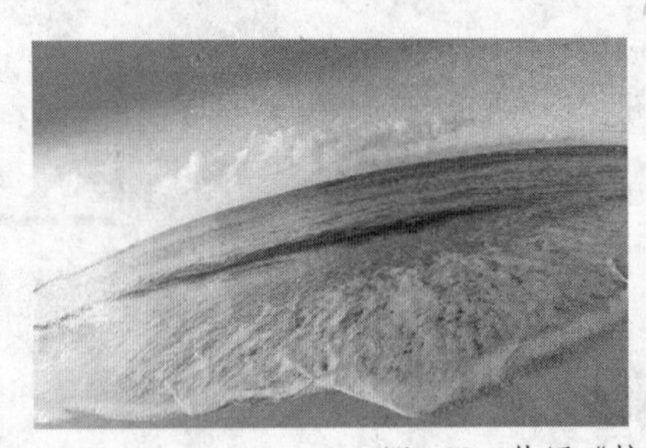

图1-22　使用“拉直”按钮修复图像

7. 移动工具自由变换

Photoshop CS5 中的移动工具选项栏中增加了“显示变换控件”选项。勾选这个选项，被移动的选区范围的图像会自动进入变换状态，既可以移动又可以自由变换。这个操作仅仅作用于所在图层，对编辑修改多图层景物非常方便实用。

8. 增强的3D功能

Photoshop CS5 支持直接生成 3D 文字。在 Photoshop CS5 中，对模型设置灯光、材质、渲染等方面都得到了增强。结合这些功能，在 Photoshop 中可以绘制透视精确的三维效果图，也可以辅助三维软件创建模型的材质贴图。这些功能大大拓展了 Photoshop 的应用范围，如图 1-23 所示。

9. 自动镜头校正功能

随着数码成像技术不断向专业领域的深入发展，人们对数码相机的成像品质要求愈来愈高，顶级的设备获得的图像存在影像失真已是不争的事实，同一个数码镜头在不同的数码相机上会有不同的成像效果，包括不同的畸变、晕影和色差等失真现象也已屡见不鲜。于是人们开始研发针对镜头的这类失真进行校正的软件。

Photoshop CS5 的“镜头校正”滤镜，根据 Adobe 对各种相机与镜头的测量自动校正，可以轻易消除桶状和枕状变型、相片周边暗角，以及造成边缘出现彩色光晕的色相差。

10. 智能化操控变形

在 Photoshop CS5 中新增加了一个操控变形功能。它完全不是原先编辑菜单下自由变换工具中的变形工具，而是一个全新的功能。使用这个功能后，会在所选区域的图像上自动建立一个布满三角形的网格，然后用黄点黑边的图钉来固定特定的位置，当鼠标指向一个图钉时，它就会变为中间带黑点的控制点，拖动这个图钉，就可以改变物体的形状，好像操纵木偶一样，如图 1-24 所示。

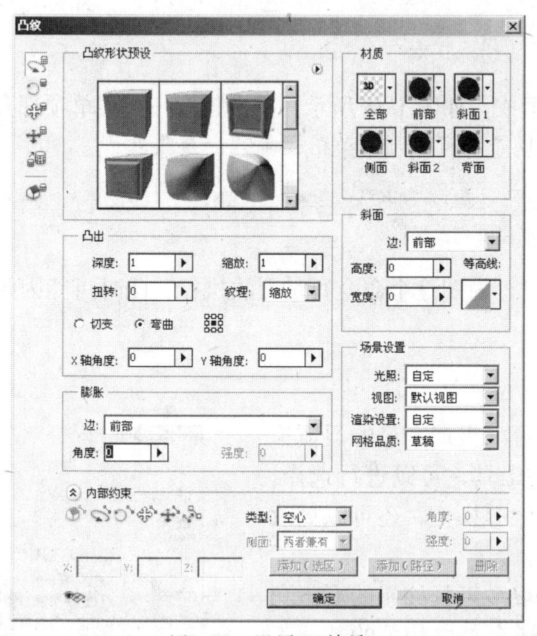

图1-23　设置3D效果

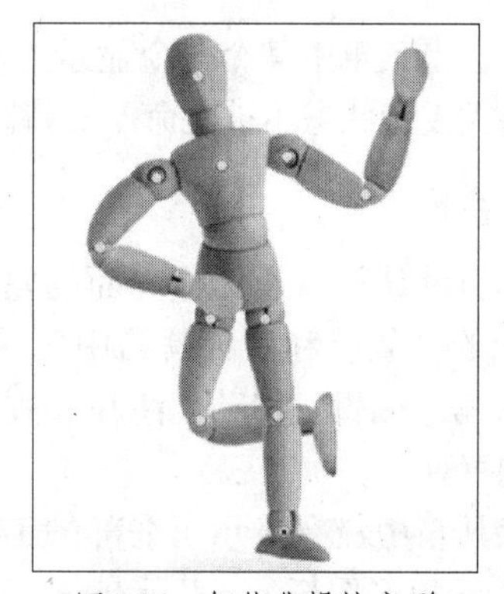

图1-24　智能化操控变形

1.4　Photoshop CS5工作环境

单击【开始】/【所有程序】/ Adobe Photoshop CS5 命令，系统出现加载画面，如图 1-25 所示，加载完毕后，即可启动 Photoshop CS5 应用程序。

Photoshop 是一个典型的 Windows 应用软件，具备常见的 Windows 应用软件的特点，如标题栏、菜单栏等。如图 1-26 所示为 Photoshop CS5 软件界面。

图1-25　加载画面

图1-26　Photoshop CS5软件界面

1. 应用程序栏

位于顶部的应用程序栏包含工作区切换器、菜单和其他应用程序控件，如图 1-27 所示。

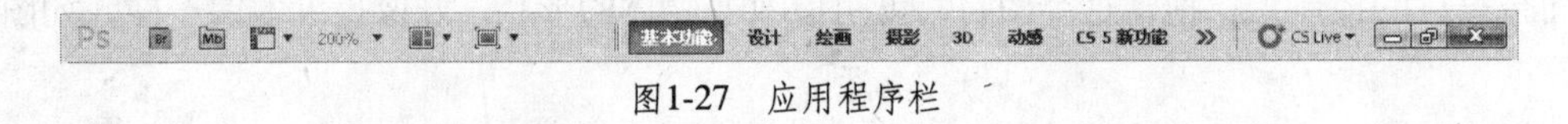

图1-27　应用程序栏

2. 菜单栏

Photoshop CS5 的菜单栏由 11 项菜单组成，如图 1-28 所示。单击任意一个菜单项都会弹出其包含的命令，Photoshop CS5 中的绝大部分功能都可以利用菜单栏中的命令来实现。

文件(F)　编辑(E)　图像(I)　图层(L)　选择(S)　滤镜(T)　分析(A)　3D(D)　视图(V)　窗口(W)　帮助(H)

图1-28　菜单栏

另外，当菜单中某个命令显示为灰色时，说明这个命令暂时无法执行，此时可能因为所显示的图像格式或者状态不被此命令支持。

3. 工具箱

工具箱默认停靠于工作界面的左侧，可以根据自己的习惯拖曳至其他的位置。利用工具箱中所提供的工具，可以进行选择、绘画、取样、编辑、移动、注释和查看图像等操作，还可以更改前景色和背景色。

在工具箱中没有显示出全部的工具，很多工具按钮的右下角有一个小三角形图标◢，表示在该工具中还有与之相关的其他工具，按住工具按钮不放或在其上单击鼠标右键即可弹出工具组，如图 1-29 所示。

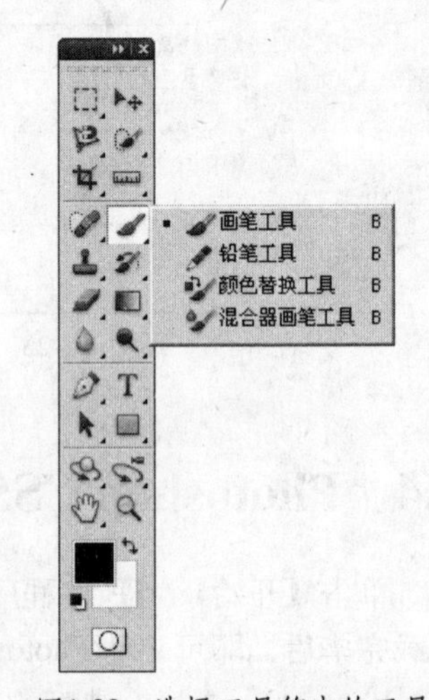

图1-29　选择工具箱中的工具

4. 工具选项栏

工具选项栏位于菜单栏的下方，用于对相应的工具进行各种属性设置。在工具箱中选择一个工具，工具选项栏就会显示该工具对应的属性设置，例如选择工具箱中的画笔工具，工具选项栏的显示效果，如图 1-30 所示。

图1-30　画笔工具选项栏

5. 浮动控制面板

浮动控制面板是大多数软件比较常用的一种浮动方法，主要用于对当前图像的颜色、图层、样式以及相关的操作进行设置和控制。

默认情况下，浮动面板是以面板组的形式出现，位于工作界面的右侧，可以进行分离、移动和组合，如图1-31所示。

6. 图像编辑窗口

图像编辑窗口是显示图像的区域，也是编辑或处理图像的区域，如图1-32所示。在Photoshop中，每一幅打开的图像都有自己的编辑窗口。可以对图像窗口进行多种操作，如改变窗口大小和位置等。

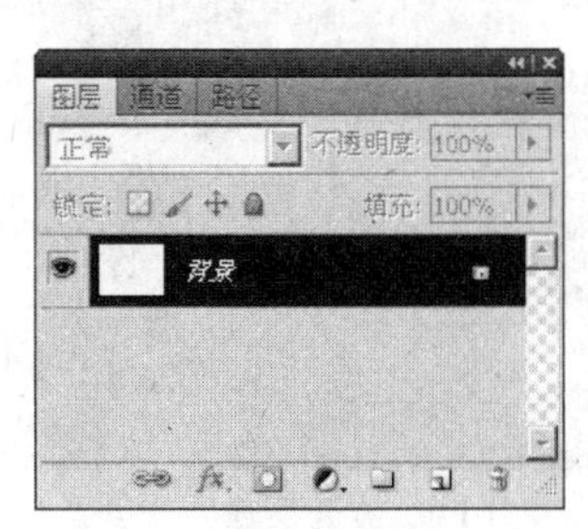

图1-31　Photoshop浮动面板

图1-32　图像编辑窗口

1.5　图像的创建、打开和存储

启动Photoshop CS5程序后，图像编辑窗口内没有任何编辑图像，需要创建一个图像文件，或者打开一个图像文件才能进行绘图、编辑和处理，处理完图像后需要进行保存。

1.5.1　新建图像

上机实战　新建图像

01 单击【文件】/【新建】命令，打开【新建】对话框，如图1-33所示。

02 在【新建】对话框中设置文件的名称、大小、宽度、高度和分辨率等选项，设置完成后单击【确定】按钮，即可新建一个空白图像文件，如图1-34所示。

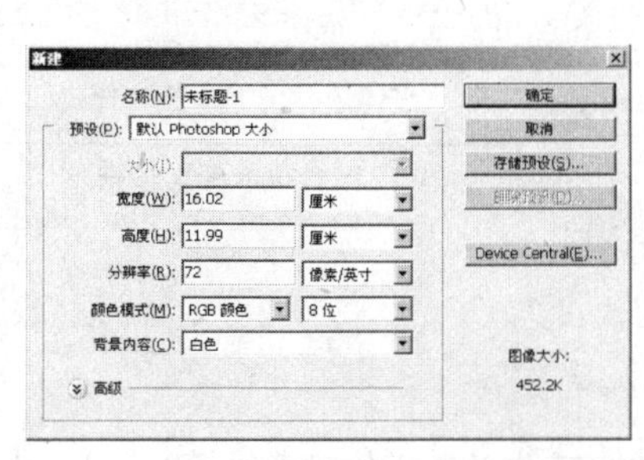

图1-33　【新建】对话框

图1-34　新建空白图像

1.5.2 打开图像

如果需要对已有的图像进行编辑和修改时，可以将原有的文件打开，然后再对其进行编辑或修改。

上机实战 打开图像

所用素材：光盘\素材\第1章\水波.jpg

01 单击【文件】/【打开】命令，打开【打开】对话框，从中选择需的文件，如图1-35所示。

02 单击【确定】按钮，即可打开图像，如图1-36所示。

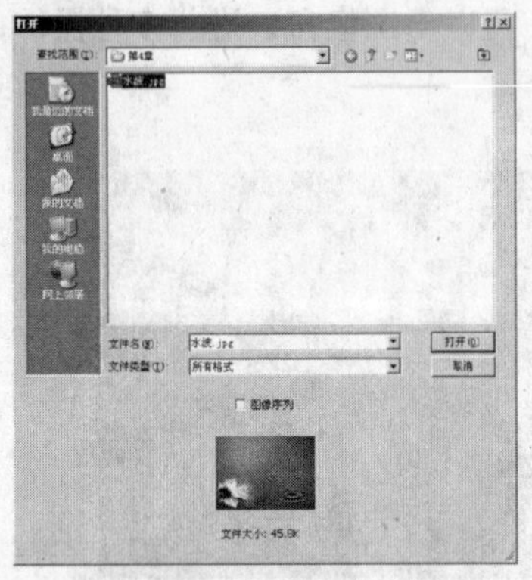

图1-35 【打开】对话框

图1-36 打开图像

1.5.3 存储图像

处理完图像后，就需要将文件存储起来。Photoshop支持的文件格式超过20种，可以根据需要选择合适的文件格式。

上机实战 存储图像

01 当图像编辑完成后，单击【文件】/【存储】命令。弹出【存储为】对话框，如图1-37所示，选择文件的保存路径，并输入保存的文件名。

02 单击【保存】按钮，弹出信息提示框如图1-38所示，单击【确定】按钮，即可保存文档。

提示 当前编辑的图像文件只有在没有保存过的情况下，才会弹出信息提示框。若文件保存过，则不会弹出信息提示框，而是直接进行保存。

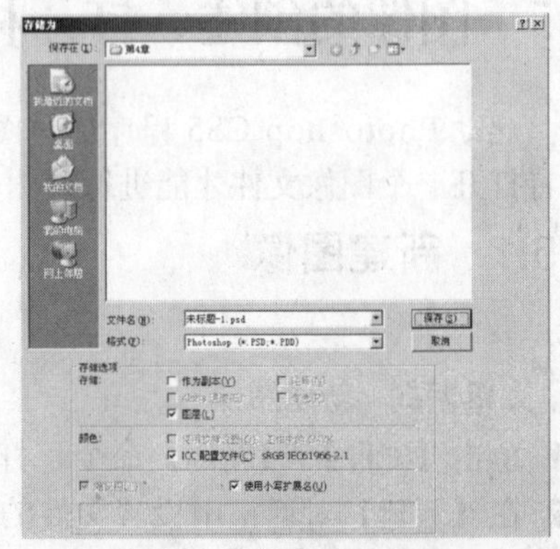

图1-37 【存储为】对话框

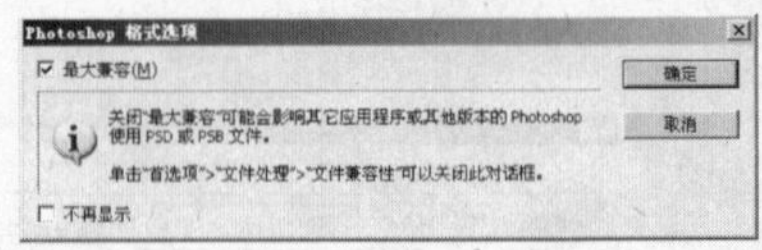

图1-38 信息提示框

1.6 辅助工具的使用

在图像处理的过程中，灵活运用Photoshop所提供的辅助工具（如参考线等），可以大大提高工作效率。

1. 缩放工具

当所要处理的图像太小，不方便处理时，可以利用缩放工具对图像进行放大。

上机实战　缩放工具的使用

所用素材：光盘 \ 素材 \ 第 1 章 \ 风景 .jpg

01 打开一幅图片，在工具箱中选择缩放工具。

02 将鼠标指针移动到图像窗口中，此时鼠标指针呈放大镜的形状，如图 1-39 所示。

03 单击鼠标可以放大图像的显示比例，如图 1-40 所示。如果按下【Alt】键的同时单击鼠标，则可以缩小图像的显示比例。

图1-39　鼠标指针呈放大镜的形状

图1-40　放大后的图像

04 如果想指定放大图像中的某一块区域，可以将放大镜鼠标指针移到图像窗口中，然后按住鼠标左键拖曳出一个要放大的显示范围，如图 1-41 所示，松开鼠标结果如图 1-42 所示。如果同时按下【Alt+Spacebar】组合键，则可以缩小图像的显示比例。

图1-41　拖移缩放工具以放大图像

图1-42　图像区域放大后的效果

05 双击缩放工具可以使图像按 100% 的比例显示出来。

2. 抓手工具

如果打开的图像很大，或者操作中将图像放大（以至于窗口中无法显示完整的图像），要查看窗口未能显示的内容，除了借助于滚动条外，更多情况下可以借助于抓手工具。

上机实战　抓手工具的使用

所用素材：光盘\素材\第1章\开心.jpg

01 在工具箱中选择抓手工具。

02 将鼠标指针移至图像窗口中，此时鼠标指针呈手的形状，如图1-43所示。

03 按下鼠标不放并拖动，可以查看图像的其他区域，如图1-44所示。

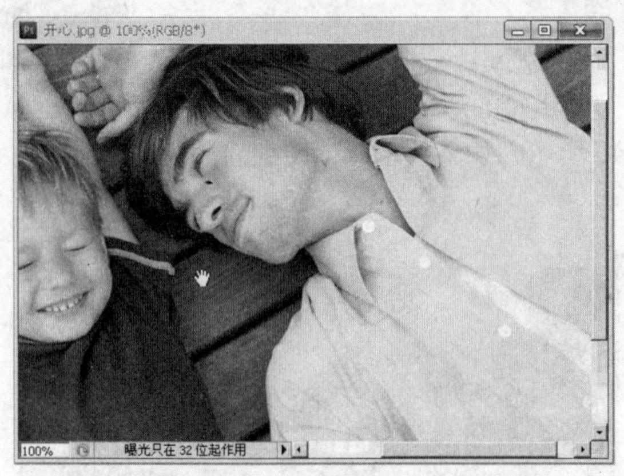

图1-43　抓手工具呈手的形状

图1-44　拖移抓手工具以查看图像的其他区域

04 如果用鼠标双击工具箱中的抓手工具，则可以使窗口以最恰当的显示比例完整地显示图像。

3. 标尺

标尺用来显示当前鼠标指针所在位置的坐标和图像尺寸。标尺和后面将要介绍的参考线是密切相关的，都可以更准确地对齐对象和选取特定的范围。

上机实战　标尺的使用

所用素材：光盘\素材\第1章\颜料.jpg

01 打开一幅图片。

02 单击【视图】/【标尺】命令，显示标尺，如图1-45所示。

03 默认状态下，标尺的原点在窗口的左上角，坐标为（0，0）。鼠标指针在图像窗口中移动时，水平标尺和垂直标尺上会出现一条虚线，该虚线标出鼠标所在位置的坐标值，它会随着鼠标的移动而移动。

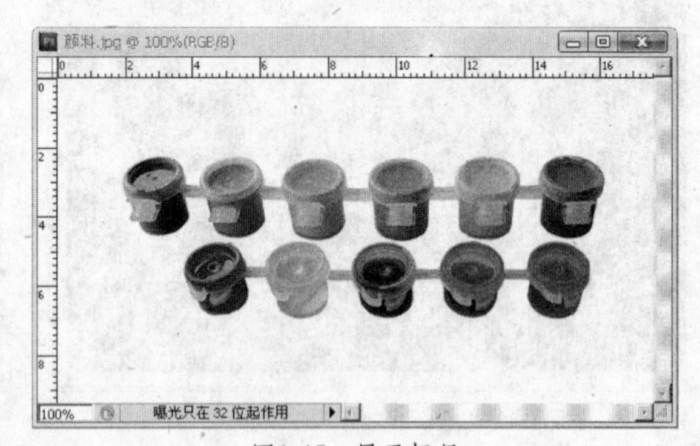

图1-45　显示标尺

04 如果需要改变标尺的原点位置，可以将鼠标指针指向标尺左上角的方格，按下鼠标左键并拖曳，如图1-46所示，松开鼠标后标尺的原点将被改变，如图1-47所示。

> **提示**　用鼠标双击标尺左上角的方格，即可还原坐标原点到默认点。

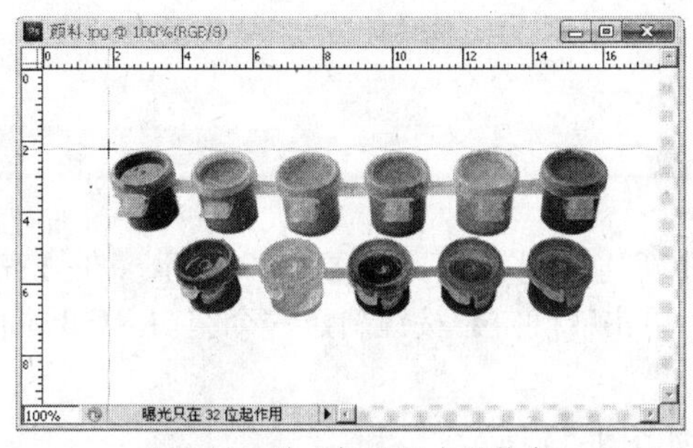

图1-46　单击标尺原点并拖曳

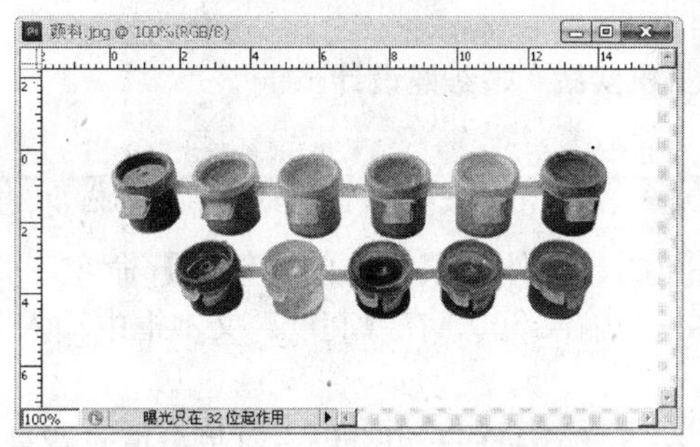

图1-47　标尺的原点被改变

05 标尺的刻度单位一般是厘米，可以根据自己的习惯随意调整。在标尺上单击鼠标右键，在弹出的快捷菜单中选择所需的刻度单位，如图 1-48 所示。

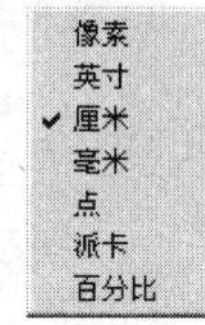

图1-48　选择标尺的刻度单位

4. 参考线

参考线用来准确地对齐对象和选取特定的范围。

上机实战　参考线的使用

所用素材：光盘\素材\第1章\颜料.jpg

01 在使用参考线之前，必须先打开标尺，

02 在标尺上按下鼠标左键拖动至窗口中，如图 1-49 所示，松开鼠标即可出现参考线，如图 1-50 所示。

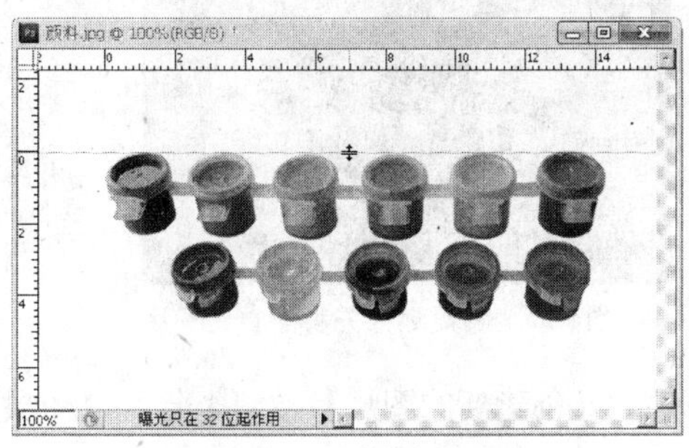

图1-49　单击标尺并拖曳

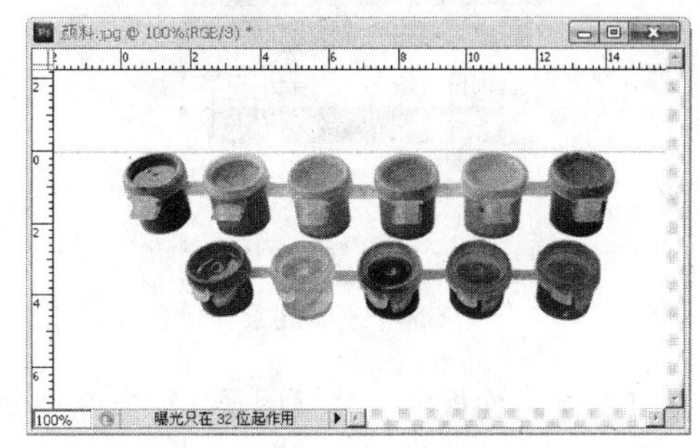

图1-50　图像窗口中出现参考线

03 使用鼠标单击参考线不放，并拖曳到图像窗口以外，可以删除参考线。

1.7　课堂实训

本例是一个婚纱照设计实例，效果如图 1-51 所示。

图1-51　婚纱照片设计效果

上机实战 婚纱照设计

所用素材：光盘\素材\第1章\婚纱照片.jpg
最终效果：光盘\效果\第1章\婚纱照设计.psd

01 单击【文件】菜单中的【新建】命令，弹出【新建】对话框，如图1-52所示。在【宽度】文本框中输入360，在【高度】文本框中输入200，单击【确定】按钮新建一个空白RGB图像文件。

02 按下【Alt+Del】组合键，以黑色填充背景层，如图1-53所示。

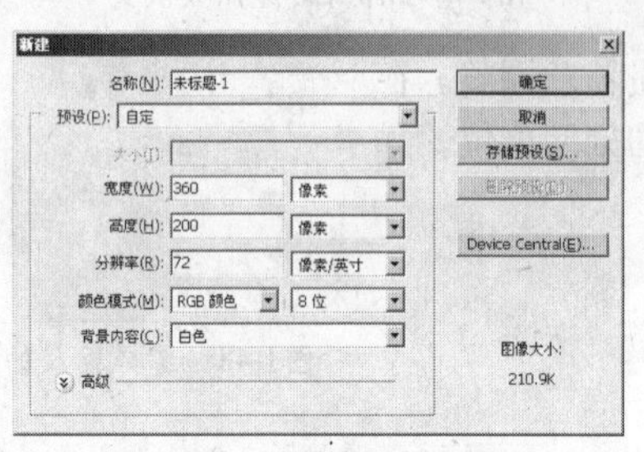

图1-52 【新建】对话框

图1-53 填充黑色

03 打开【图层】面板，单击【图层】面板下部的【创建新的图层】按钮新建【图层1】，如图1-54所示。

04 选择工具箱中的矩形选框工具，在图像窗口中单击鼠标并拖曳，创建一个矩形选区并填充白色，然后按【Ctrl+D】组合键取消选区，如图1-55所示。

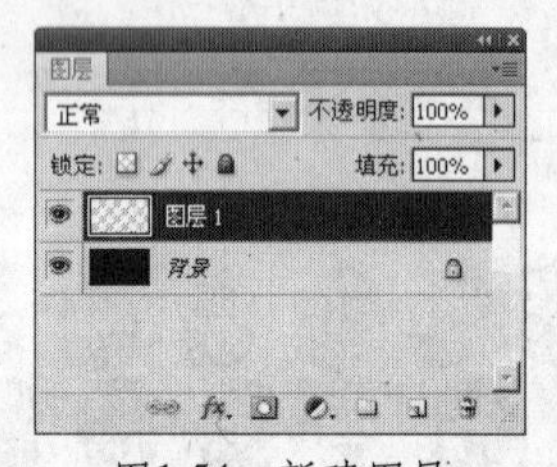

图1-54 新建图层

图1-55 创建选区并填充白色

05 在【图层】面板中，将【图层1】拖曳到面板下部的【创建新的图层】按钮上复制【图层1】。如此操作共8次，此时【图层】面板如图1-56所示。

06 选择工具箱中的移动工具，在图像窗口中调整【图层1副本8】中白色矩形的位置，如图1-57所示。

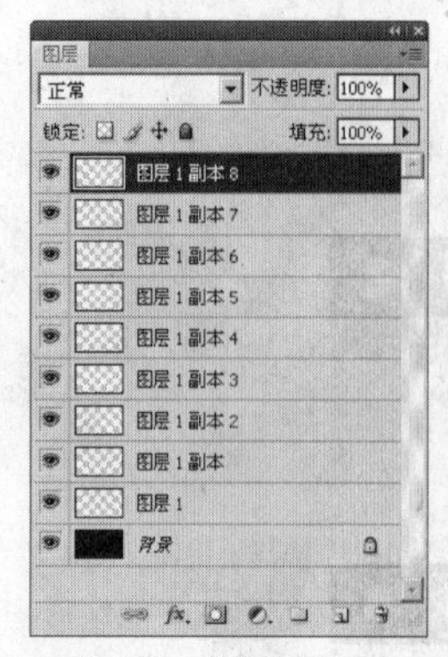

图1-56 复制图层8次

图1-57 调整【图层1副本8】中白色矩形的位置

07 在【图层】面板中将各个图层链接起来（背景层除外），如图 1-58 所示。

08 单击【图层】/【分布】/【水平居中】命令，图像效果如图 1-59 所示。

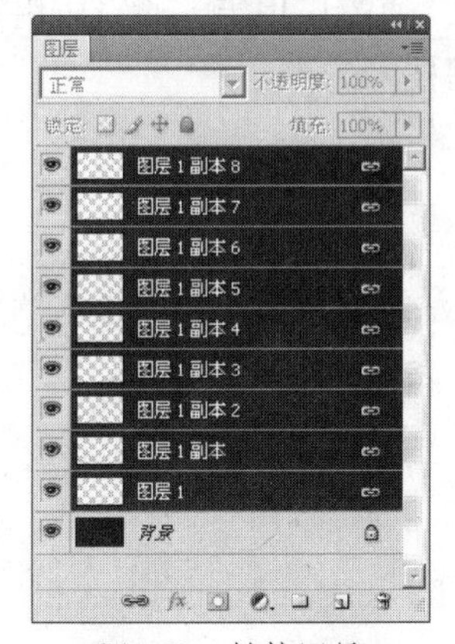

图1-58　链接图层

图1-59　排列各图层中的图像

09 单击【图层】面板菜单中的【合并图层】命令，合并图层，如图 1-60 所示。

10 在【图层】面板中复制【图层 1 副本 8】，得到【图层 1 副本 9】，如图 1-61 所示。

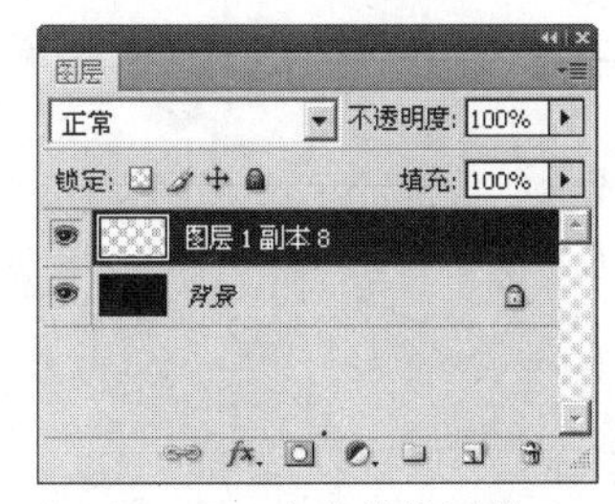

图1-60　合并链接图层

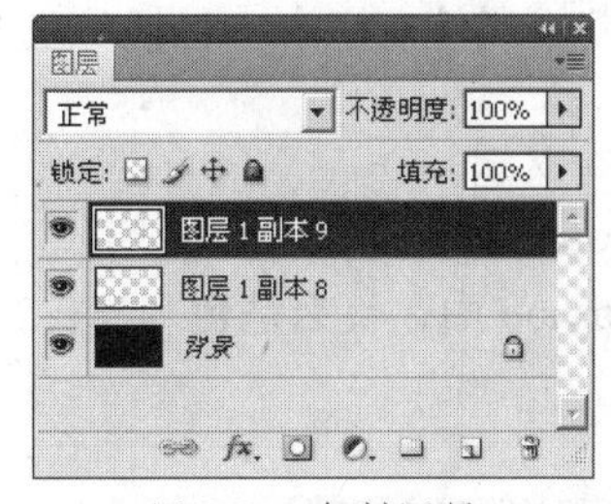

图1-61　复制图层

11 选择工具箱中的移动工具，在图像窗口中调整【图层 1 副本 9】中图像的位置，如图 1-62 所示。

12 打开一幅素材图片，如图 1-63 所示，按下【Ctrl+A】组合键全选图像，按下【Ctrl+C】组合键复制图像。

13 单击婚纱照片设计图像窗口，使其成为当前工作窗口，按下【Ctrl+V】组合键粘贴图像，并利用工具箱中的移动工具调整图像的位置，如图 1-64 所示。

图1-62　调整【图层1副本9】中图像的位置

图1-63　素材图片

图1-64　婚纱照片设计最终效果

从婚纱照片设计实例中可以看到，Photoshop CS5 的图像处理技术没有固定的工作流程。尽管如此，还是可以发现 Photoshop CS5 的图像处理的基本规律，主要涉及创建选区、选取颜色、编辑图像、修饰图像、图层操作与应用、文字应用、路径应用、通道应用等、滤镜应用等、动作应用等。掌握这些技能，就等于掌握了 Photoshop CS5 图像处理技术。

1.8 本章小结

本章主要对 Photoshop CS5 的基础知识以及基本操作方法进行讲解，学习了本章知识后，可以在 Photoshop CS5 中进行一些基础的操作，可以多练习和体会章节后面的例子。

1.9 习题

1. 填空题

（1）Photoshop 由美国________公司出品。

（2）电脑中的图像分为两种：________图和________图。

（3）RGB 也称为光的三原色，是由________、________、________所组成。

（4）色彩的基本属性有三个，包括：________、________、________。

2. 问答题

（1）Photoshop 是哪一年诞生的?

（2）在 Photoshop 中，什么是色彩模式?

3. 上机题

（1）上机练习使用缩放工具。

（2）上机练习使用抓手工具。

（3）上机练习创建参考线。

第2章　创建与编辑选区

内容提要

本章主要介绍创建与编辑选区的工具、命令，以及选区的变换、选区的保存和载入。

2.1　选框工具组

工具箱中的选框工具组是最常用的、最基本的选区创建工具，Photoshop 的工具箱中提供了数种可以创建几何形状选区的选框工具。如图 2-1 所示。

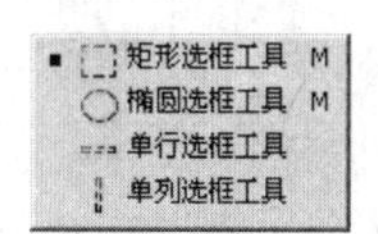

图2-1　选框工具组

2.1.1　矩形选框工具

利用工具箱中的矩形选框工具，可以创建矩形或者正方形的选区。

选择矩形选框工具后的选项栏如图 2-2 所示，其中各选项说明如下：

图2-2　矩形选框工具选项栏

- 【羽化】文本框：在该文本框中输入数值，可以消除选择区域的硬边界使其柔化。设定以后，在选框的边缘部分就会产生渐变的柔和效果。【羽化】的设置范围在 0 ～ 250 之间。如图 2-3 所示为设定不同的羽化值效果对比。

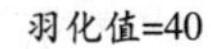

羽化值=40　　羽化值=0

图2-3　设置羽化与未设置羽化效果对比

- 【样式】下拉列表：包括 3 种选取的方式，如图 2-4 所示，【正常】选项是矩形选框工具默认的选取方式。【固定长宽比】选项限制矩形选框工具以固定的长宽比例创建矩形选区，其比例在右侧的【宽度】和【高度】文本框中指定。【固定大小】选项限制矩形选框工具以固定的大小创建矩形选区，其大小在右侧的【宽度】和【高度】文本框中指定。

图2-4　【样式】下拉列表

上机实战 矩形选框工具的使用

所用素材：光盘\素材\第2章\筛子.jpg

01 选择工具箱中的矩形选框工具▭。

02 在图像中按住鼠标不放并拖曳，将会出现一个矩形选框随着鼠标指针的移动而变化，如图2-5（左）所示。

03 当对选框的大小满意时，松开鼠标得到矩形选区，如图2-5（右）所示。

图2-5 拖曳鼠标创建矩形选区

> **提示** 如果拖曳的同时按下【Shift】键，可以拉出正方形的选区；按下【Alt】键不放，则可以由中心点拉出向外扩张的矩形选取范围；同时按下【Shift】键和【Alt】键，在图像上由中心点拉出正方形的选取框。

2.1.2 椭圆选框工具

利用椭圆选框工具可以拉出椭圆或正圆形的选取框。选择椭圆选框工具后的选项栏如图2-6所示。

图2-6 椭圆选框工具选项栏

椭圆形工具选项栏和矩形工具选项栏大致相同，只是多了【消除锯齿】复选框，在创建选区时，若选中该复选框可以消除选区边缘的锯齿，以平滑选区的边缘。

如图2-7所示为选中该复选框和未选中该复选框的效果对比。

选中【消除锯齿】复选框

未选中【消除锯齿】复选框

图2-7 选中与未选中【消除锯齿】复选框效果对比

> **提示** 【消除锯齿】复选框只可用于椭圆选框工具。

上机实战 椭圆选框工具的使用

所用素材：光盘\素材\第2章\筛子.jpg

01 选择工具箱中的椭圆选框工具◯。

02 在图像中按住鼠标不放并拖曳，将会出现一个椭圆选框随着鼠标指针的移动而变化，如图2-8（左）所示。

03 当对选框的大小满意时，松开鼠标得到椭圆选区，如图2-8（右）所示。

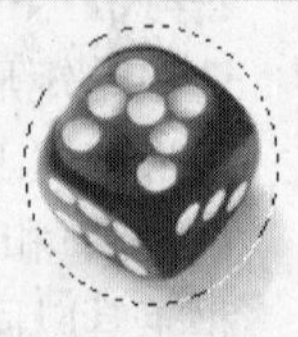

图2-8 拖曳鼠标创建椭圆选区

提示 拖曳时按下【Shift】键可以创建出正圆形的选取范围，按下【Alt】键可以从圆心拉出椭圆形的选取框来，同时按下【Shift】键及【Alt】键则可以从圆心拉出正圆形的选取框。

2.1.3 单行/单列选框工具

单行/单列选择框工具的选取高度/宽度只有1个像素，可以利用它来制作穿过整个画的纵线或横线的选取范围。

上机实战 单行/单列选框工具的使用

所用素材：光盘\素材\第2章\色子.jpg

01 选择工具箱中的单行/单列选框工具。

02 在图像中合适位置单击鼠标，即可得到只有一个像素的单行或者单列的选区。如图2-9所示。

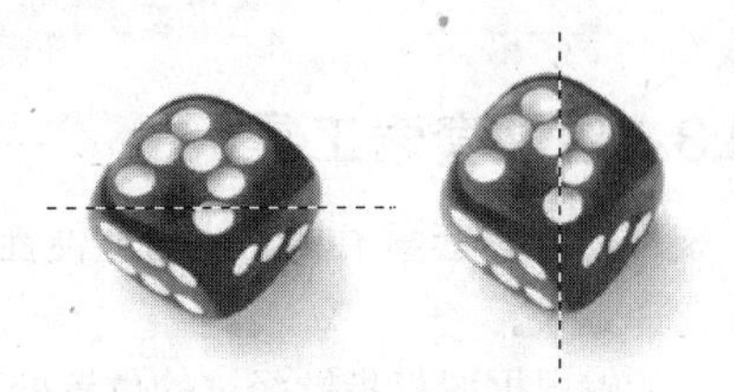

图2-9 单行单列选区

2.2 套索工具组

套索工具组也是一种常用的选区工具，它能让你随心所欲的选取出想要的区域。该工具组包含套索工具、多边形套索工具和磁性套索工具，如图2-10所示。

图2-10 套索工具组

2.2.1 套索工具

套索工具是用鼠标自由绘制选区的工具，它可以用手控的方式进行选择。在工具箱中选择套索工具后，套索工具的选项栏如图2-11所示。

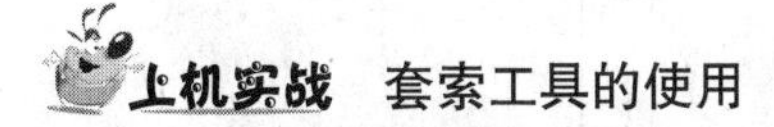

图2-11 套索工具选项栏

与选框工具栏类似，套索工具也可以设定【消除锯齿】和【羽化】效果，操作方法也相同。

上机实战 套索工具的使用

所用素材：光盘\素材\第2章\按钮.jpg

01 选择工具箱中的套索工具。

02 将鼠标指针移到图像上后即可拖动鼠标选取所需要的范围。如图2-12所示。

图2-12 拖动鼠标创建选区

提示 如果曲线的终点未与起点重合，Photoshop将会封闭成完整的曲线。如果要绘制直线边框，可以按住【Alt】键并点按线段的起点和终点。

2.2.2 多边形套索工具

多边形套索工具一般用于一些不规则形状的多边形图像选区，如三角形、五角星等。

上机实战 多边形套索工具的使用

所用素材：光盘\素材\第2章\星星笑脸.jpg

01 选择工具箱中的多边形套索工具。

02 将鼠标指针移至图像窗口中单击以确定起点位置，再移动鼠标至要改变方向的转折点单击确定第一条直线，直到选中所有的范围并回到起点。这时鼠标指针的右下角会出现一个小圆圈，如图2-13所示。

图2-13 利用多边形套索工具制作的选区

> **提示** 在绘制选区的过程中，如果按下【Delete】键，可以清除最近所画的线段，如果按住【Delete】键不放，则可以删除所有选中的线段。

2.2.3 磁性套索工具

该工具既有套索工具的使用方便性，又有路径工具的精确度，还可以根据具体图像的特点来设置选择方式。

它能够根据鼠标指针经过的位置处不同像素值的差别对边界进行分析，自动创建选区。因此，利用磁性套索工具可以方便、快速、准确地选取较复杂的图像区域，其功能是任何一个选框工具和其他套索工具都不能与之相比的。

磁性套索工具的选项栏与套索工具选项栏不同，它增加了【宽度】、【对比度】、【频率】等，如图2-14所示，其中各选项说明如下：

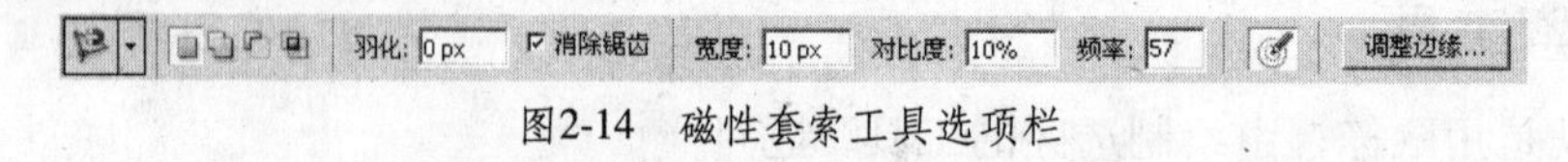

图2-14 磁性套索工具选项栏

- 【宽度】文本框：用于设置磁性套索工具选取对象时检测的边缘宽度，其范围在1～40之间，数值越小，选取的范围越精确。
- 【对比度】：用于设定选取时的边缘反差，范围在1%～100%之间，数值越大则反差越大，制作选区越精确。
- 【频率】文本框：用于设置选取时的节点数。范围在1～100之间，数值越小则产生的节点越少，数值越大则产生的节点越多，如图2-15所示。
- （使用绘图板压力以更改钢笔宽度）按钮：用来设定绘图板的笔刷压力。

【频率】=20时

【频率】=80时

图2-15 设置不同频率的效果

> **提示** 使用磁性套索工具时，按下【[】或【]】键可以实时增加或减少采样的宽度。

上机实战 磁性套索工具的使用

所用素材：光盘\素材\第2章\绿叶.jpg

01 选择工具箱中的磁性套索工具。

02 将鼠标指针移至图像窗口中单击设置第一个紧固点，然后沿着要选取的物体边缘移动鼠标，如果边框没有与所需的边缘对齐，则单击一次以手动添加一个紧固点。继续跟踪边缘，并根据需要添加紧固点，当选取终点回到起点时鼠标指针右下角会出现一个小圆圈，单击鼠标即可完成选区，如图 2-16 所示。

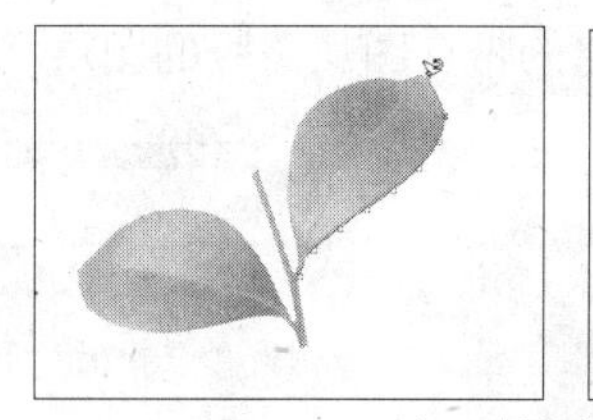
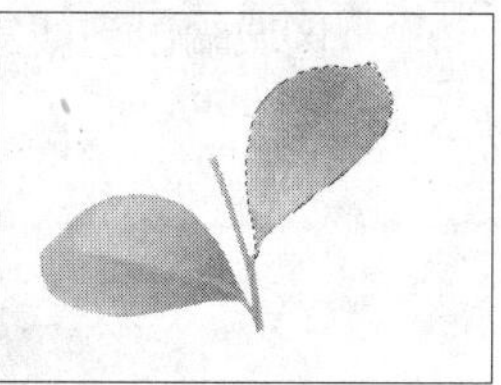

图2-16 利用磁性套索工具制作选区

提示 在创建选取时按下【Esc】键可以取消当前选区。

2.3 魔棒工具

利用魔棒工具可以选择图像中颜色相同或者相近的区域。尤其是对于一些色彩不是很丰富，或者色彩对比很鲜明的图像来说，特别适合用魔棒工具来制作选区。

可以通过魔棒工具选项栏来改变魔棒工具的相似颜色范围，选择魔棒工具后其选项栏如图 2-17 所示。其中各选项说明如下：

图2-17 魔棒工具选项栏

- 【容差】文本框：在该文本框中可以输入 0 ～ 255 之间的数值来确定选区的容差，默认值为 32。输入的值越小，选取的颜色范围越相近，如图 2-18 所示。

容差为32像素

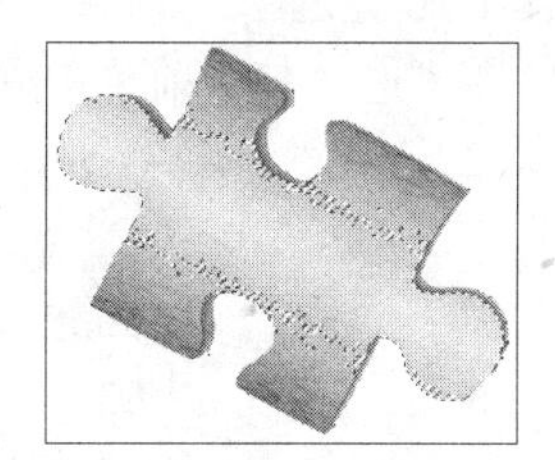

容差为50像素

图2-18 设置不同【容差】值的选取效果对比

- 【连续】复选框：选中此复选框表示只能选择色彩相近的连续区域，取消选中该复选框则表示将选择图像上所有色彩相近的区域，如图 2-19 所示。默认情况下，此复选框被选中。

图2-19 选中与不选择中【连续的】复选框对比效果

- 【调整边缘】按钮：选择一个图像区域后，再单击该按钮将打开【调整边缘】对话框，从中可以设置改变选区边缘的范围，系统会根据图像智能的调整选择区域，并可以将选择的区域输出到新建的带有图层蒙版的图层，从而轻松选择复杂的图像，如图 2-20 所示。

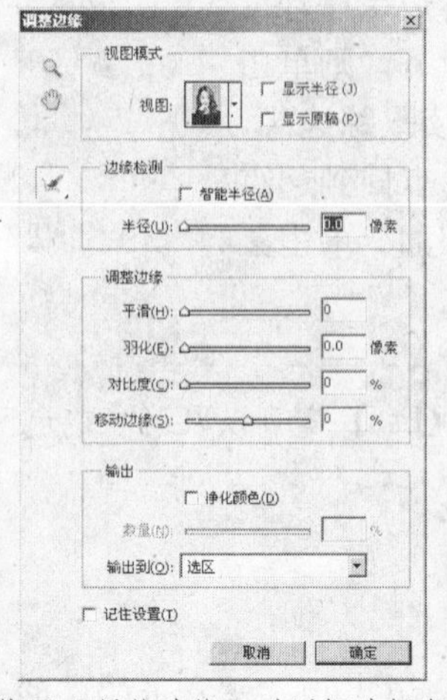

图2-20　使用【调整边缘】对话框选择复杂的图像

提示 选择一个图像区域后，单击【选择】/【调整边缘】命令，也可打开【调整边缘】对话框。

上机实战　魔棒工具的使用

所用素材：光盘\素材\第 2 章\奖章.jpg

01 选择工具箱中的魔棒工具。

02 在图像中单击鼠标，即可选择与当前单击的位置颜色相同或者相近的区域，如图 2-21 所示。

图2-21　用魔棒工具创建选区

2.4　使用色彩范围命令制作选区

【色彩范围】命令位于【选择】菜单中，它的功能与魔棒工具类似，但是前者的功能更强大，选取操作也更自由。利用【色彩范围】命令创建选区，可以一边预览一边调整，随心所欲地控制选区的范围。

单击【选择】/【色彩范围】命令，弹出【色彩范围】对话框，如图 2-22 所示，其中各选项说明如下：

- 【选择】：单击该下拉按钮，可从下拉列表框中选择一种颜色范围的方式，如图 2-23 所示。

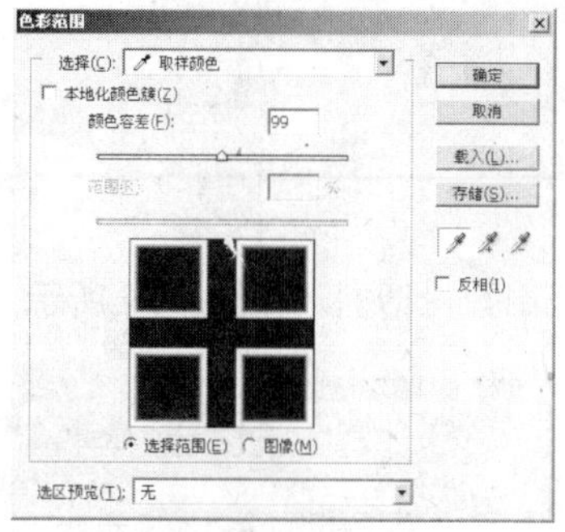

图2-22 【色彩范围】对话框

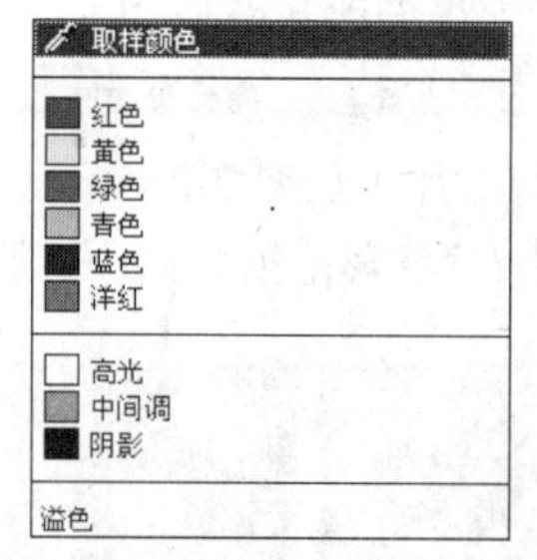

图2-23 【选择】下拉列表框

- 【取样颜色】：此项可以用吸管吸取颜色。将鼠标指针移到图像窗口或者预览框的时候，鼠标指针会变成吸管形状，单击即可选中需要的颜色，同时配合指针下方的【颜色容差】滑尺操作，调整颜色选取范围，数值越大则包含的近似颜色越多，选区就越大。
- 【红色】、【黄色】、【绿色】、【青色】、【蓝色】、【洋红】：利用这些选项，可以选取图像中该 6 种颜色，此时【颜色容差】选项不起作用。
- 【高光】、【中间调】、【阴影】：利用这些选项，可以选取图像中不同亮度的区域。
- 【溢色】：选择该选项可以将一些无法印刷的颜色选出来。且只用于 RGB 模式下。

- 【颜色容差】：利用颜色容差滑尺可以调整选取范围大小。如果要减小选中的选区范围，可以减小颜色容差滑尺的输入值，反之，则增大滑尺的输入值，如图 2-24 所示。

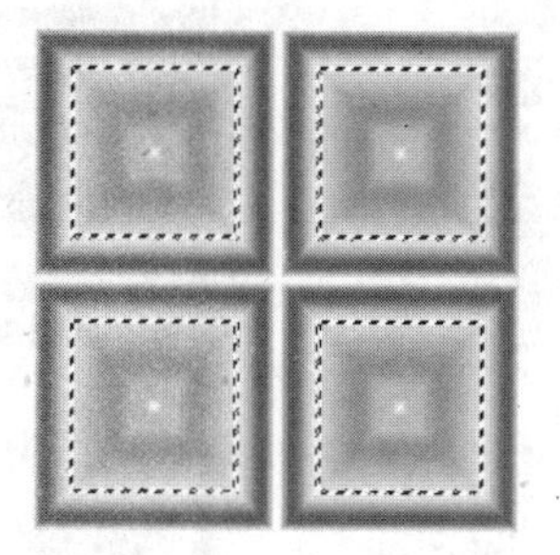

颜色容差值为20时的选取效果

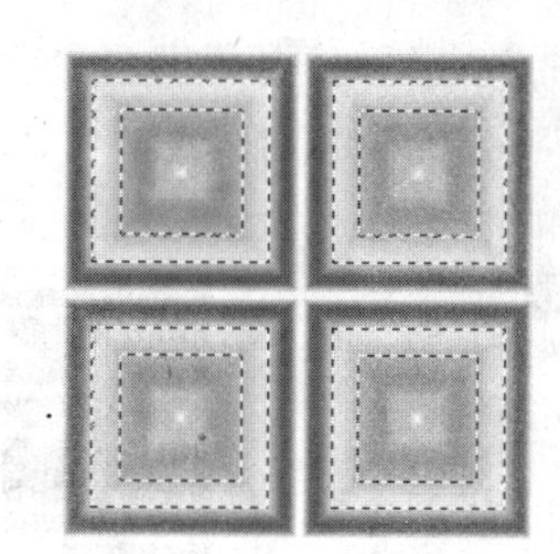

颜色容差值为200时的选取效果

图2-24 【颜色容差】的用法

- 【选区预览】下拉列表框：单击该下拉按钮，可以从中选择一种选区在图像窗口中显示的方式，如图 2-25 所示。
  - 【无】表示在图像窗口中不显示预览。
  - 【灰度】：表示在图像窗口中以灰色调显示未被选中的区域。
  - 【黑色杂边】：表示在图像窗口中以黑色来显示未被选中的区域。
  - 【白色杂边】：表示在图像窗口中以白色来显示未被选中的区域。
  - 【快速蒙版】：表示在图像窗口中以默认蒙版颜色显示未被选取的区域。

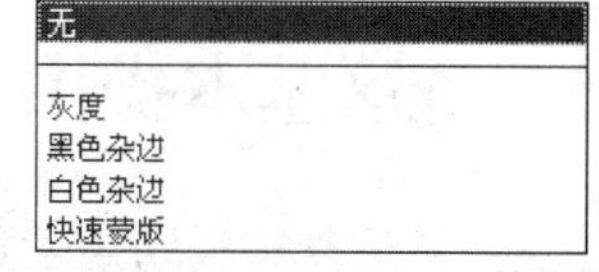

图2-25 【选区预览】下拉列表框

- （吸管工具）：利用【色彩范围】对话框中的 3 个吸管按钮，可以增加或者减少选取的颜色范围。当要增加时，选择带有【+】标志的吸管，反之，则选用带有【－】标志的吸管，然后将鼠标指针移至预览框或者图像窗口中单击即可。
- 【反相】：选中该复选框可以在选区和非选区之间切换。功能与单击【选择】/【反向】命令相同。

上机实战 色彩范围命令的使用

所用素材：光盘\素材\第2章\渐变图.jpg

01 打开一幅素材图片，如图2-26所示。

02 单击【选择】/【色彩范围】命令，弹出【色彩范围】对话框，如图2-27所示。

图2-26 打开图像

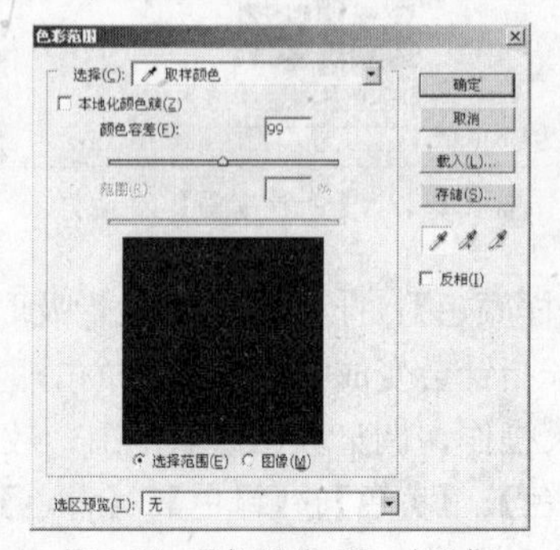

图2-27 【色彩范围】对话框

03 将鼠标指针移到图像窗口中，此时鼠标指针变成吸管形状，在图像中单击鼠标进行颜色取样，取样后【色彩范围】对话框将发生变化，如图2-28所示。

04 单击【确定】按钮，所创建的选区如图2-29所示，可以看到与取样颜色相近的范围被选取。

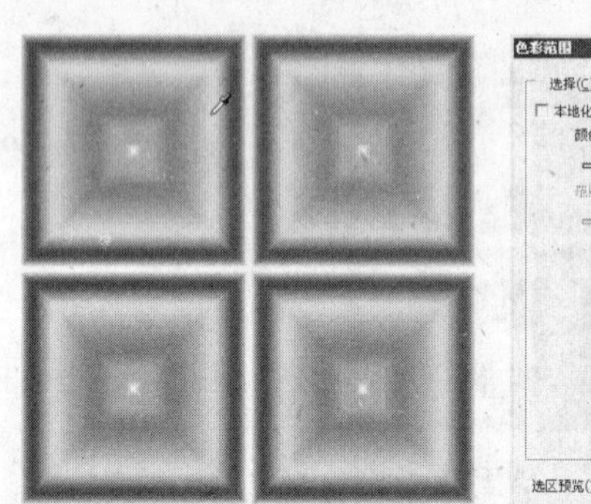

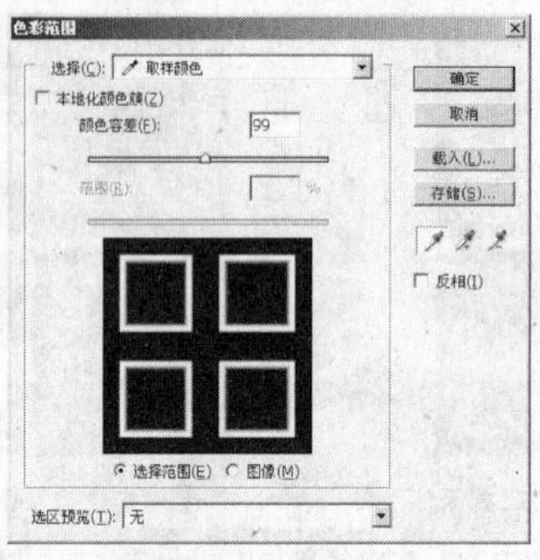

图2-28 进行颜色取样

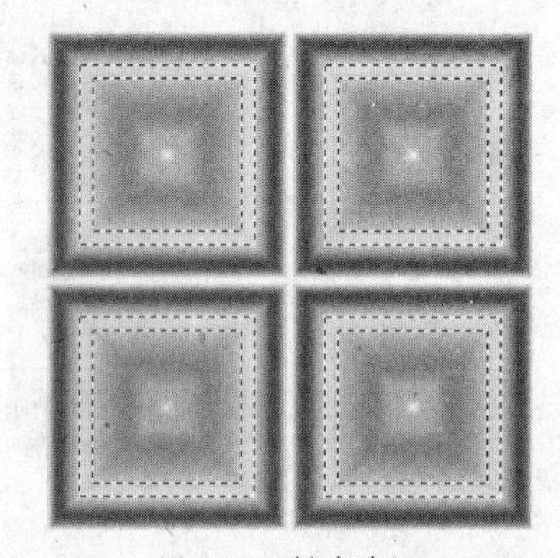

图2-29 创建选区

2.5 选区基本操作

选择区域时，尤其是选择不规则区域时，很难一次性选择出满意的区域，一些较复杂的区域也不是直接使用上述工具就能够完成的，因此，通常要对选区进行移动或者增加、删除等操作，有时需要对选取的区域进行旋转、翻转或者自由变换等。

1. 取消选区

单击【选择】/【取消选择】命令，或者按【Ctrl+D】组合键即可取消已经选取的范围。

2. 移动选区

所用素材：光盘\素材\第2章\花朵.jpg

打开一幅图片并创建选区。将鼠标指针移到选区上，然后按下鼠标并拖动即可移动选区，如图2-30所示。

图2-30　移动选区

提示 若要将方向限制为45度的倍数，可以在拖移时按住【Shift】键。
若要以1个像素的增量移动选区，可以使用箭头键。
若要以10个像素的增量移动选区，可以按住【Shift】键并使用箭头键。
不管是使用鼠标还是用键盘进行选区的移动操作，都可以在移动的同时按下【Shift】键，这样可以按照垂直、水平和45度角的方向来移动，如果同时按下【Ctrl】键再移动选区则可以移动选区中的图像。

3. 增加选区

所用素材：光盘\素材\第2章\用品.jpg

首先使用选框工具选定一个范围，按下【Shift】键，当鼠标指针变成十字形并且右下方带有“+”标志时，拖动鼠标即可增加选区范围，如图2-31所示。

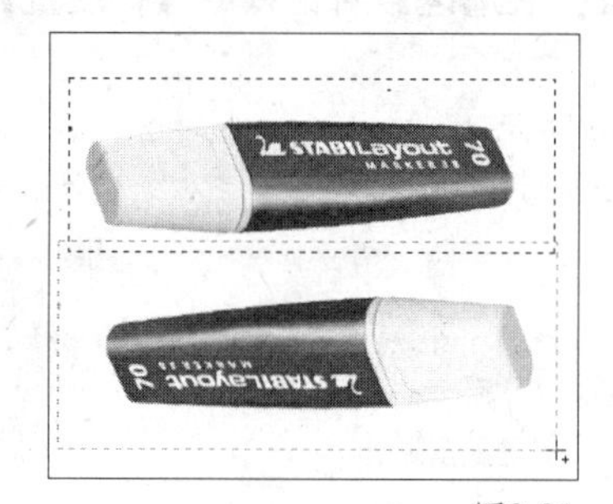

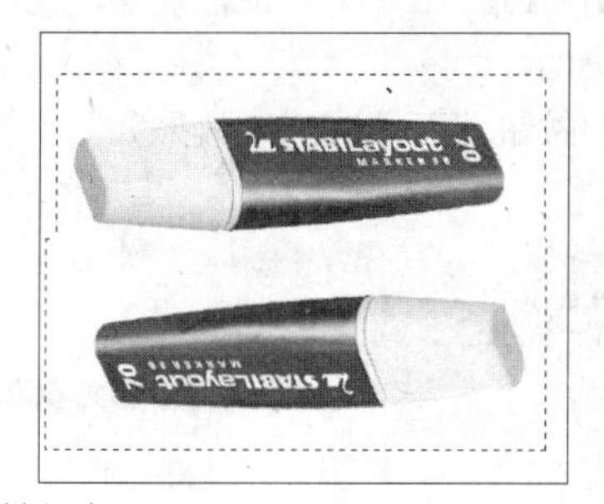

图2-31　增加选区

4. 减少选区

所用素材：光盘\素材\第2章\饰品.jpg

首先使用选框工具选定一个范围，按下【Alt】键不放，当鼠标指针变成十字形右下方带有“+”标志时，拖动鼠标选取要减掉的范围，松开鼠标，即可减掉选区，如图2-32所示。

图2-32　删减选区

5. 交叉选区

所用素材：光盘\素材\第2章\物件.jpg

首先使用选框工具选定一个范围，按下【Shift+Alt】组合键不放，当鼠标指针变成十字形右下方带有 × 标志时，拖动鼠标选取要交叉的范围，松开鼠标，即可实现选区的交叉，如图 2-33 所示。

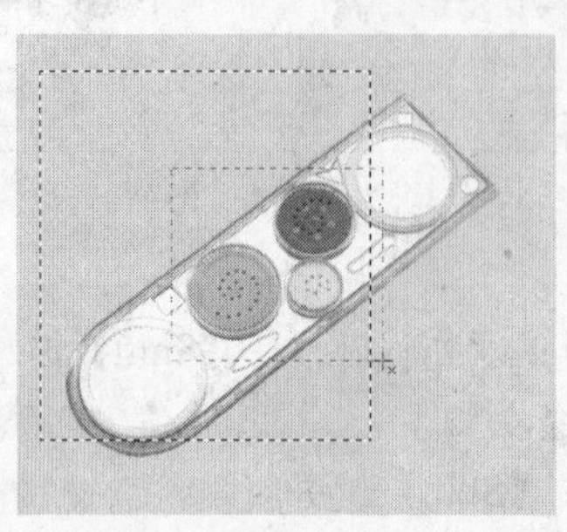
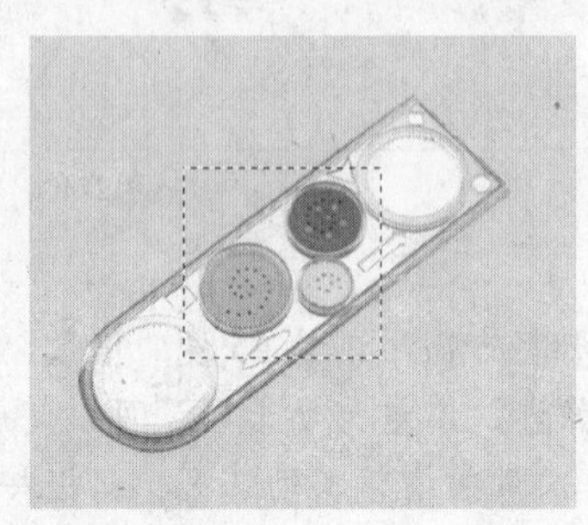

图2-33　交叉选区

6. 扩展选区

利用【扩展】命令可以将选区扩大范围。

上机实战　扩展选区

所用素材：光盘\素材\第2章\花儿.jpg

01 使用选取工具创建一个选区，如图 2-34 所示。

02 单击【选择】/【修改】/【扩展】命令，在【扩展选区】对话框的【扩展量】文本框中输入数值，如图 2-35 所示。

03 单击【确定】按钮即可扩展选区效果如图 2-36 所示。

图2-34　原选区

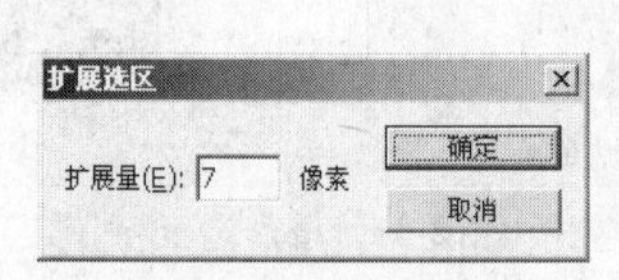

图2-35　【扩展选区】对话框

图2-36　扩展选区后的效果

> **提示**　使用【扩展】命令可以将选区范围均匀地放大 1 ～ 16 个像素。如果需要扩大更多个像素则可以通过多次执行【扩展】命令来实现。

7. 收缩选区

利用【收缩】命令，可以将选区加以缩小范围。

上机实战　收缩选区

所用素材：光盘\素材\第2章\花.jpg

01 使用选取工具创建一个选区，如图 2-37 所示。

02 单击【选择】/【修改】/【收缩】命令，在【收缩选区】对话框的【收缩量】文本框中输入数值，如图 2-38 所示。

03 单击【确定】按钮收缩选区，效果如图 2-39 所示。

图2-37 原选区

图2-38 【收缩选区】对话框

图2-39 收缩选区后的效果

8. 全选图像

所用素材：光盘\素材\第 2 章\雪.jpg

打开一幅图像。单击【选择】/【全部】命令即可将一幅图像全部选中，如图 2-40 所示。

图2-40 全选图像

9. 反选图像

所用素材：光盘\素材\第 2 章\小狗.jpg

打开一幅图像并创建选区，如图 2-41 所示。单击【选择】/【反向】命令，可以当前选区反选，即把选区和非选区调换，如图 2-42 所示。

图2-41 创建选区

图2-42 反选图像

10. 扩大选取命令

所用素材：光盘\素材\第 2 章\红苹果.jpg

打开一幅图像并创建选区，如图 2-43 所示。单击【选择】/【扩大选取】命令，可以使原有的选区扩大，所扩大的范围是原有选区相邻且颜色相近的区域，如图 2-44 所示。

图2-43 创建选区

图2-44 将选区扩大

11. 选取相似命令

所用素材：光盘\素材\第2章\图标.jpg

打开一幅图像并创建选区，如图2-45所示。单击【选择】/【选取相似】命令，即可将图像中凡是与原选区相似的所有区域都选中，如图2-46所示。

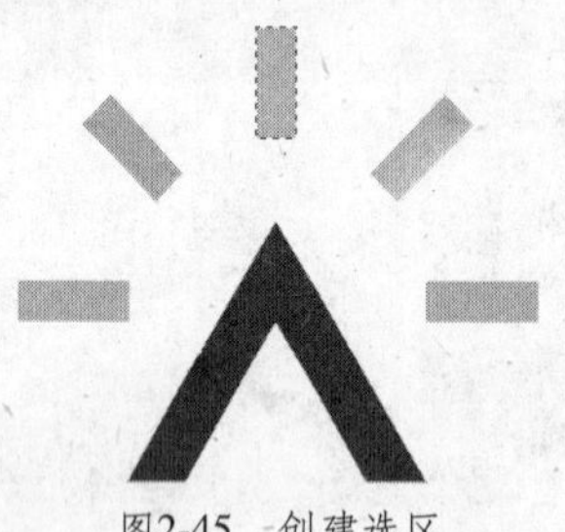

图2-45 创建选区

图2-46 选取相似的图像

12. 边界命令

利用【边界】命令可以在原选区的边缘位置创建一个环状选区。

上机实战 【边界】命令的使用

所用素材：光盘\素材\第2章\苹果创意.jpg

01 打开一幅图像并创建选区，如图2-47所示。

02 单击【选择】/【修改】/【边界】命令，弹出【边界选区】对话框，在【宽度】文本框中输入数值，如图2-48所示。

03 单击【确定】按钮，结果如图2-49所示。

图2-47 创建选区

图2-48 【边界选区】对话框

图2-49 边界选区

13. 平滑命令

利用【平滑】命令可以将选区中尖锐或突出的边缘变得较为平滑。

上机实战 【平滑】命令的使用

所用素材：光盘\素材\第2章\热带鱼.jpg

01 打开一幅图像并创建选区，如图2-50所示。

02 单击【选择】/【修改】/【平滑】命令，弹出【平滑选区】对话框，在【取样半径】文本框中输入数值，如图2-51所示。

03 单击【确定】按钮，结果如图2-52所示。

图2-50 创建选区

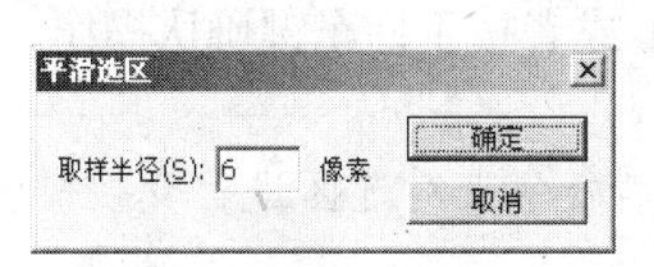

图2-51 【平滑选区】对话框

图2-52 平滑选区

2.6 选区的变换

利用【选择】菜单中的【变换选区】命令并结合相关的菜单命令，可以对选区进行变换和翻转操作。变换选区的命令主要在【编辑】/【变换】子菜单中，除了其中的【再次】命令以外，其他命令都可以用来调整选区的尺寸、比例、透视变换以及旋转、翻转等，如图2-53所示，其中各命令说明如下：

再次(A) Shift+Ctrl+T
缩放(S)
旋转(R)
斜切(K)
扭曲(D)
透视(P)
变形(W)
旋转 180 度(1)
旋转 90 度(顺时针)(9)
旋转 90 度(逆时针)(0)
水平翻转(H)
垂直翻转(V)

图2-53 【变换】子菜单

- 【缩放】：单击该命令后，利用鼠标可以调整选区的大小和长宽比例。
- 【旋转】：单击该命令后，利用鼠标可以自由旋转选区范围。
- 【斜切】：单击该命令后，利用鼠标可以将选区进行倾斜变形。
- 【扭曲】：单击该命令后，利用鼠标可以自由地调整定界框的4个角手柄的位置，进行扭曲变形。
- 【透视】：单击该命令后，利用鼠标可以进行透视变换，拖动角点时定界框会变成对称的梯形。
- 【旋转180度】：单击该命令后，可以将当前选区旋转180度。
- 【旋转90度（顺时针）】：单击该命令后，可以将当前选区顺时针旋转90度。
- 【旋转90度（逆时针）】：单击该命令后，可以将当前选区逆时针旋转90度。
- 【水平翻转】：单击该命令后，可以将当前选区水平翻转。
- 【垂直翻转】：单击该命令后，可以将当前选区垂直翻转。

上机实战 【变换选区】命令的使用

所用素材：光盘\素材\第2章\图形.jpg

01 打开一幅图像并创建选区，如图2-54所示。

02 单击【选择】/【变换选区】命令进入选区变换状态，如图2-55所示。

03 单击【编辑】/【变换】/【缩放】命令，然后拖动控制点可以调整选区的大小和长宽比例，如图 2-56 所示。

图2-54 图像中的选区

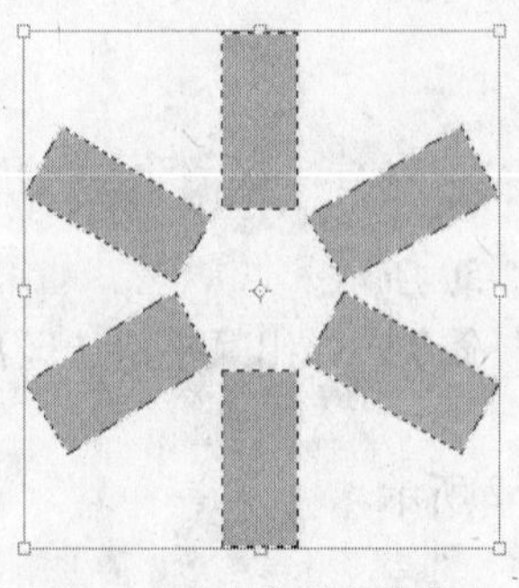

图2-55 进入选区变换状态

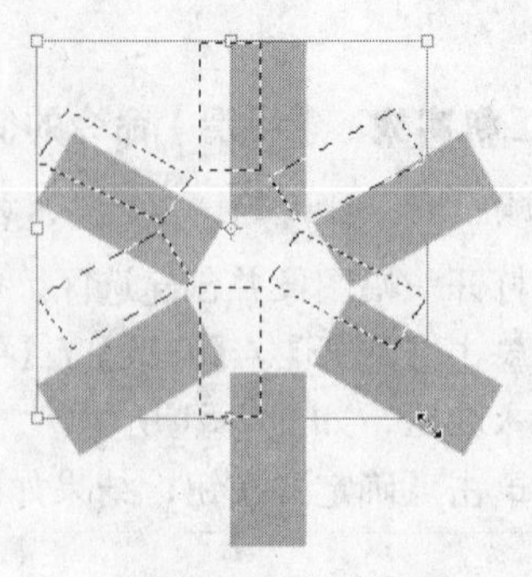

图2-56 缩放选区

04 调整好选区后，在选区内双击，或者按下回车键确认操作。

提示 除了利用上述的菜单命令来对选区进行变换操作之外，还可以直接利用鼠标对选区进行变换操作。

缩放：将鼠标指针移到控制柄上，当鼠标指针变成双向箭头的形状后拖动即可。

旋转：将鼠标指针移动到定界框外侧，当鼠标指针变成弧形时，顺时针或者逆时针拖动鼠标即可。

斜切：按住【Ctrl+Shift】组合键，将鼠标指针移到控制柄上，此时鼠标指针变为箭头形状，拖动即可。

扭曲：按住【Ctrl】键并拖移手柄即可。

透视：按住【Ctrl+Alt+Shift】组合键并拖移角手柄即可。当定位到角手柄上时，指针变为灰色箭头。

另外，还可以利用工具选项栏来实现对选区的变换操作，如图 2-57 所示。

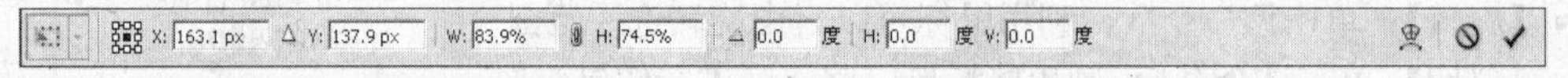

图2-57 自由变换选区工具选项栏

2.7 选区的保存和载入

一个精确的选区范围往往是来之不易的，但是如果要再建立一个新的选区时，旧的选区就会消失，这就需要将选区保存起来，以便随时将其重新载入进行编辑。

1. 保存选区

上机实战 保存选区

所用素材：光盘\素材\第 2 章\艺术文字.jpg

01 打开一幅图像，然后选取一个范围，如图 2-58 所示。

02 单击【选择】/【存储选区】命令，打开【存储选区】对话框，在【名称】文本框中为通道命名，如图 2-59 所示，单击【确定】按钮即可保存选区。

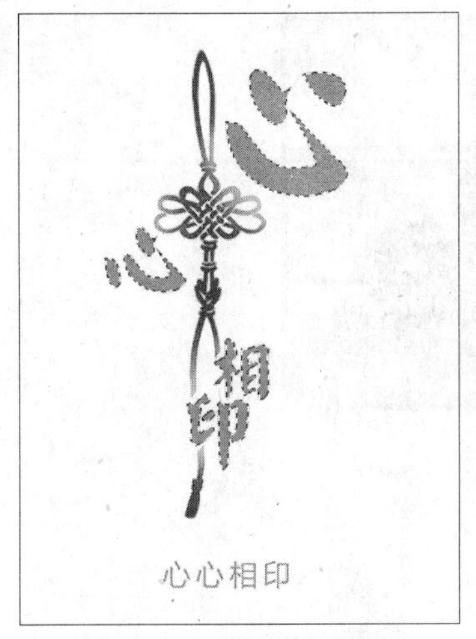

图2-58　创建选区

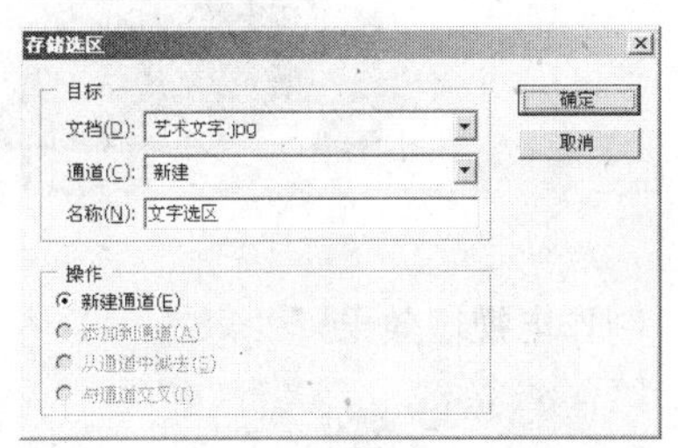

图2-59　【存储选区】对话框

2. 载入选区

上机实战　载入选区

所用素材：光盘\素材\第2章\艺术文字.jpg

01 打开已经保存有选区的图像，如图2-60所示。

02 单击【选择】/【载入选区】命令，打开【载入选区】对话框，在对话框中选择保存选区的通道，如图2-61所示。

03 单击【确定】按钮即可将选区载入，如图2-62所示。

图2-60　打开图像

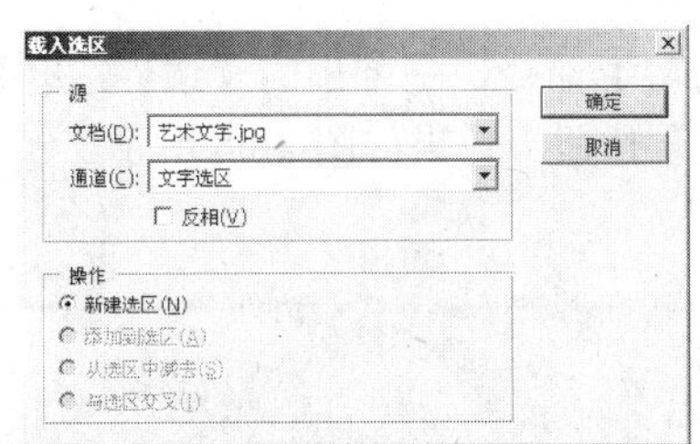

图2-61　【载入选区】对话框

图2-62　载入选区

2.8　课堂实训

2.8.1　电视墙效果

本例制作电视墙效果，如图2-63所示。

图2-63　电视墙效果

上机实战　制作电视墙效果

所用素材：光盘\素材\第2章\风景.jpg

最终效果：光盘\效果\第2章\电视墙效果.psd

01 单击【文件】/【打开】命令，打开一幅素材图像，如图2-64所示。

02 在【图层】面板中拖曳背景图层至面板底部的【创建新图层】按钮上面，复制一个【背景 副本】图层。

03 单击【视图】/【标尺】命令，显示标尺，在如图2-65所示的位置创建四条辅助线。

图2-64　打开的素材图像

图2-65　创建辅助线

04 利用工具箱中的单行选框工具和单列选框工具，按下【Shift】键的同时在图像中的辅助线处单击鼠标创建选区，如图2-66所示。

05 单击【视图】/【标尺】命令，隐藏标尺，单击【视图】/【显示】/【参考线】命令，隐藏参考线。

06 单击【选择】/【修改】/【边界】命令，在弹出的【边界选区】对话框中设置【宽度】为4像素，如图2-67所示，单击【确定】按钮，效果如图2-68所示。

图2-66　创建单行单列选区

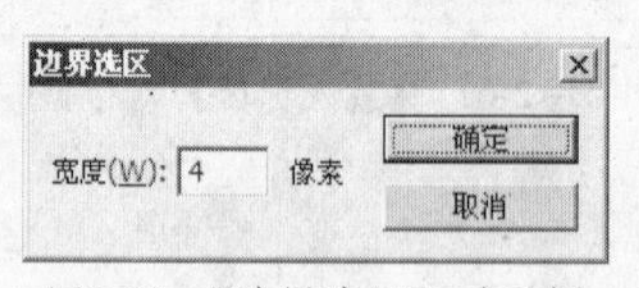

图2-67　【边界选区】对话框

图2-68　扩边后的图像

07 将前景色设置为黑灰色，单击【编辑】/【填充】命令，在弹出的【填充】对话框中设置各参数，如图2-69所示。给各横行、竖行填充前景色，然后按下【Ctrl+D】组合键取消选区，效果如图2-70所示。

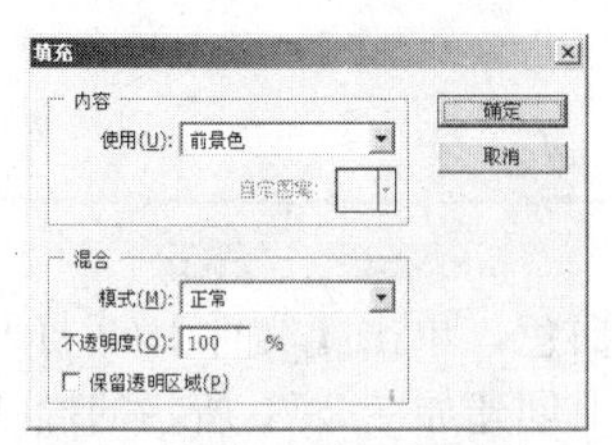

图2-69 【填充】对话框

图2-70 填充效果

08 单击【图像】/【画布大小】命令，在弹出的【画布大小】对话框中设置各项参数，如图 2-71 所示。将图像的宽、高分别扩大 12 个像素，单击【确定】按钮，得到的效果如图 2-72 所示。

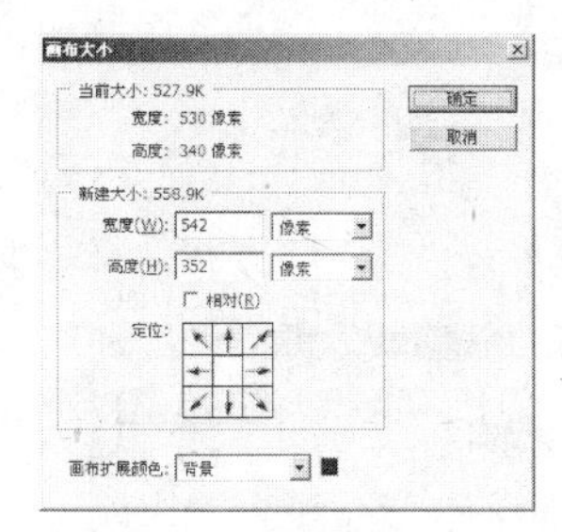

图2-71 【画布大小】对话框

图2-72 调整【画布大小】后的效果

09 按【Ctrl】键的同时单击【背景 副本】图层，选中所有图像部分；然后按【Shift+Ctrl+I】组合键反选选区，选中边框空白部分，如图 2-73 所示。

10 单击【编辑】/【填充】命令，在弹出的【填充】对话框中设置【使用】为【前景色】，如图 2-74 所示，单击【确定】按钮，然后按【Ctrl+D】组合键取消选区，得到最终效果。

图2-73 反选空白区域

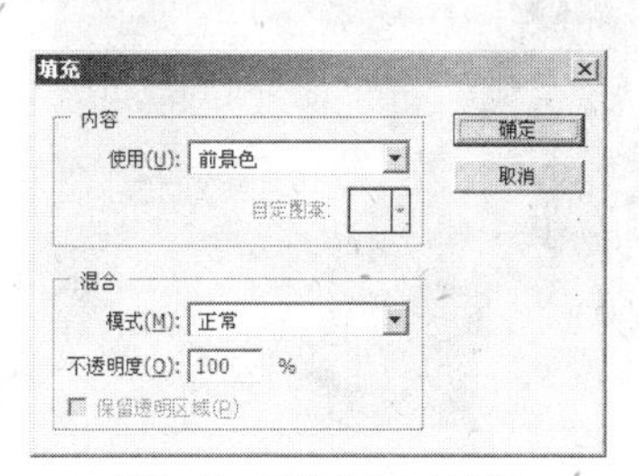

图2-74 【填充】对话框

2.8.2 边缘晕化效果

本例制作图像边缘晕化的效果，如图 2-75 所示。

图2-75 边缘晕化效果

上机实战 制作边缘晕化效果

所用素材：光盘\素材\第2章\甜蜜照片.jpg
最终效果：光盘\效果\第2章\边缘效果.psd

01 按下【D】键，将前景色设置为黑色、背景色设置为白色，单击【文件】/【打开】命令，打开一幅素材图像。单击工具箱中的椭圆选框工具，在图像上创建如图2-76所示的椭圆形选区。

02 单击【选择】/【修改】/【羽化】命令，打开如图2-77所示的【羽化选区】对话框，设置【羽化半径】为30像素，单击【确定】按钮。

图2-76　创建椭圆形选区

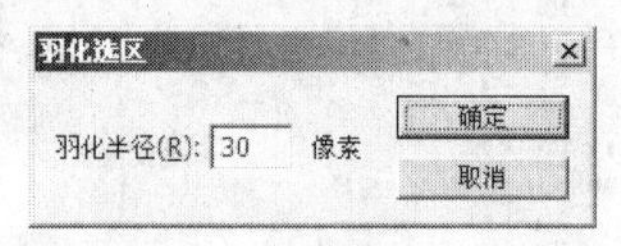

图2-77　【羽化选区】对话框

03 按【Ctrl+Shift+I】组合键反选选区，如图2-78所示，按【Alt+Delete】组合键用前景色填充选区，效果如图2-79所示。

图2-78　反选选区

图2-79　填充选区

04 按【Ctrl+D】组合键取消选区，即可完成本例的制作。

2.9　本章小结

通过本章的学习，可以使用各种选取工具在图像中制作不同形状的选择区域，并且使用一些命令和工具，对创建的选区进行编辑和进行各种变换操作，还可以将选好的区域进行保存。创建选区时，可以将【Ctrl】键、【Shift】键和【Alt】键一起使用，快速地创建出满意的选区。

2.10　习题

1. 填空题

（1）Photoshop提供了众多的________与________，用于创建选区。

(2) 工具箱中的________工具组，是最常用的、最基本的________工具。

(3) 利用________命令创建选区，可以一边预览一边调整，随心所欲地控制选区的范围。

2. 问答题

(1) 套索工具组中的三种套索工具各有什么特点？

(2) 魔棒工具可以选择图像中的什么区域？

(3) 为什么要将制作好的选区进行保存？

3. 上机题

(1) 上机练习使用【色彩范围】命令制作选区。

(2) 上机练习使用魔棒工具制作选区。

(3) 上机练习使用【变换】子菜单中的命令。

(4) 根据所学知识，制作如图2-80所示的照片合成效果。

制作提示：首先利用磁性套索工具选择图像中的人物。然后将其复制到另一幅图像中。

(5) 根据所学知识，制作如图2-81所示的圆锥体效果。

制作提示：首先创建矩形选区，为选区填充渐变，利用【透视】命令对选区进行变换，配合增加选区命令得到圆锥体效果。

图2-80　照片合成效果

图2-81　圆锥体效果

(6) 根据所学知识，制作如图2-82所示的高尔夫球效果。

制作提示：在图层上面填充渐变，使用【玻璃】滤镜得到纹理效果；创建圆形选区；使用【球面化】滤镜得到球形效果；调整图像的亮度和对比度，最后制作阴影效果。

图2-82　高尔夫球效果

第3章　选取与使用颜色

内容提要

本章主要介绍在Photoshop CS5中使用拾色器、颜色选取工具，以及填充与描边图像、渐变填充图像等的方法和技巧。

3.1　选取颜色

在Photoshop中选取颜色是指选取前景色和背景色。

3.1.1　前景色和背景色

在Photoshop的工具箱中，可以看到如图3-1所示的图标。通过【前景色】图标和【背景色】图标，可以选取前景色与背景色。默认的前景色是黑色，默认的背景色是白色。

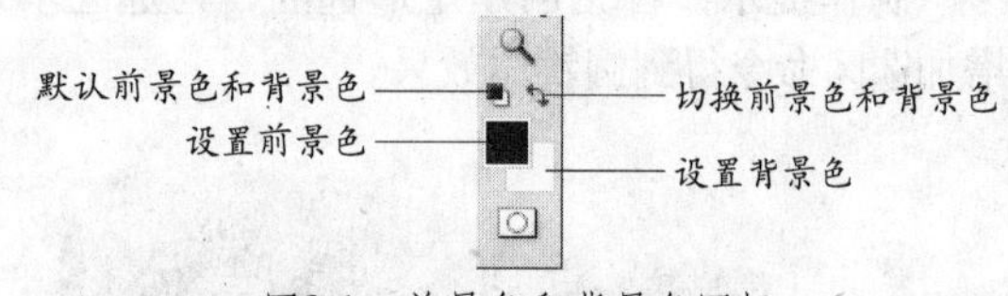

图3-1　前景色和背景色图标

1. 前景色

在Photoshop中绘画时（比如使用画笔工具）所采用的颜色，称为前景色。如图3-2所示为画笔工具采用红色的前景色所绘制的图像。

2. 背景色

在Photoshop中使用橡皮擦工具进行擦除时所采用的颜色，称为背景色。如图3-3所示为橡皮擦工具采用蓝色的背景色进行擦除后的效果。

图3-2　采用红色前景色所绘制的图像

图3-3　采用蓝色背景色进行擦除后的效果（请注意蓝色部分）

3. 默认前景色和背景色

在默认前景色和背景色图标上单击鼠标，可以将当前的前景色和背景色恢复到默认的前景色（黑色）和背景色（白色）。

4. 切换前景色和背景色

在切换前景色和背景色图标上单击鼠标，可以将前景色和背景色互相交换。

3.1.2　拾色器

一般情况下，主要是通过拾色器来选取颜色（前景色和背景色）。

【拾色器】对话框如图 3-4 所示。下面择要进行详细的介绍。

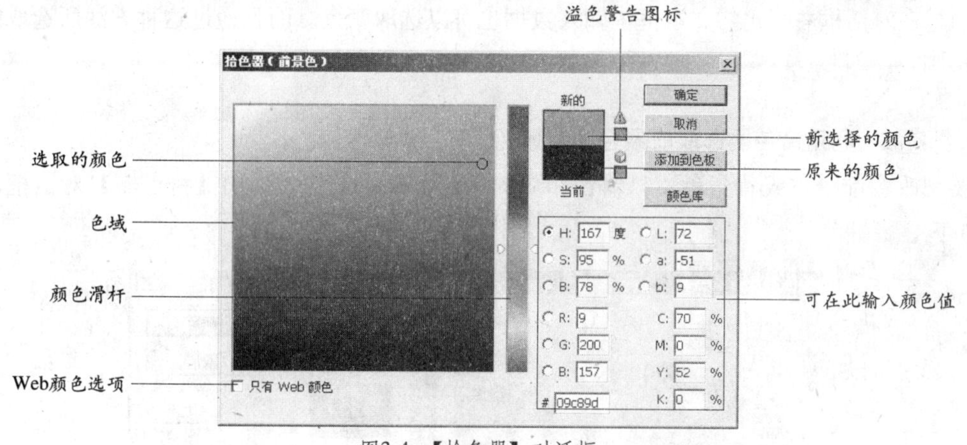

图3-4 【拾色器】对话框

1. 颜色滑杆

对话框中部的颜色条就是颜色滑杆，拖动滑杆上的滑块，或者用鼠标单击颜色滑杆，可以调整颜色的不同色调。

2. 色域

对话框左侧的颜色方框就是色域，从中可以改变所选颜色的明暗度与纯度。色域中的小圆圈是颜色选取的标志。需要注意的是，在色域中越靠近左侧，颜色越亮，越靠近右侧，颜色越暗；越靠近上侧，颜色越纯，越靠近下侧，颜色中灰的成分越多。

3. 颜色显示区域

对话框右上角就是显示所选颜色的区域，它分成两个部分，上面的部分显示当前所选的颜色，下面的部分显示的是原来的颜色。

4. 溢色警告

在颜色显示区域右侧有一个带有感叹号的三角图标，称为溢色警告，其下方的小方块显示所选颜色中最接近 CMYK 的色彩，一般来说它比所选的颜色要暗一些。如果出现溢色警告，就说明所选择的颜色已经超越了打印机所能识别的颜色范围，打印机无法把它准确地打印出来。单击【溢色警告】图标，可以将当前所选颜色置换成与之相对应的颜色。

5. Web颜色范围警告

在【溢色警告】图标的下方还有一个立体方块图标，称为 Web 颜色范围警告，同溢色警告类似的，它表示所选的颜色已经超出网页颜色所使用的范围，它的下方也有一个小方框，其中显示与 Web 颜色最接近的颜色，单击【Web 颜色范围警告】图标，可将当前所选颜色置换成与之相对应的颜色。

6. 三原色按钮组

在对话框的右下角有 9 个单选按钮，分别是 HSB、RGB 和 Lab 颜色模式的三原色按钮，当选中某个单选按钮的时候，颜色滑杆就成为该颜色的控制器。通过调整颜色滑杆并配合色域，可以选择成千上万种颜色。

7. 颜色文本框

通过在对话框右下角的文本框中输入数据也可以选取颜色。而且通过这种方法所选取的颜色非常精确。

上机实战 利用拾色器选取前景色和背景色

01 要想改变前景色或背景色，只需在相应的图标上单击鼠标，弹出【拾色器】对话框，如图3-5所示。

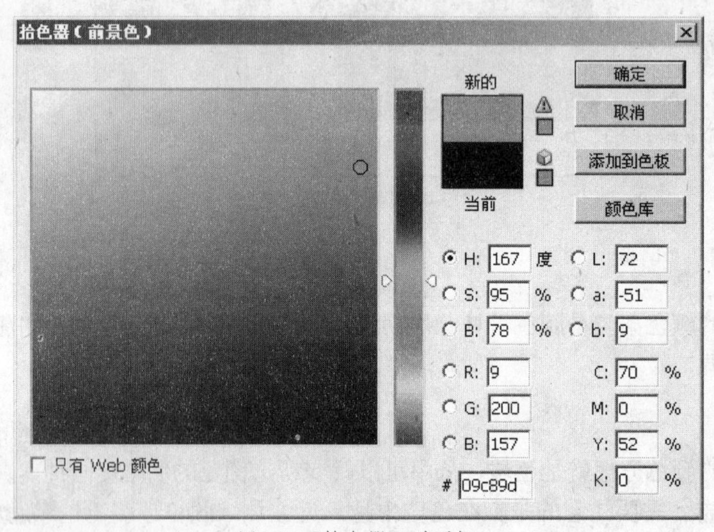

图3-5 【拾色器】对话框

02 在该对话框中用鼠标上下移动颜色滑杆上的滑块，初步确定所要选取颜色的大致范围，如红色、蓝色等。

03 在色域中单击鼠标以确定所选颜色。

04 单击【确定】按钮，完成颜色的选取。

3.2 更多的颜色选取工具

除了前面介绍的拾色器之外，还可以通过【颜色】面板、【色板】面板以及吸管工具来选取前景色与背景色。

3.2.1 使用颜色面板选取颜色

【颜色】面板显示当前的前景色和背景色的颜色值，如图3-6所示。

利用【颜色】面板中的滑块，可以（根据不同的颜色模型）选取前景色和背景色，也可以从面板底部的颜色条中选取前景色或背景色。

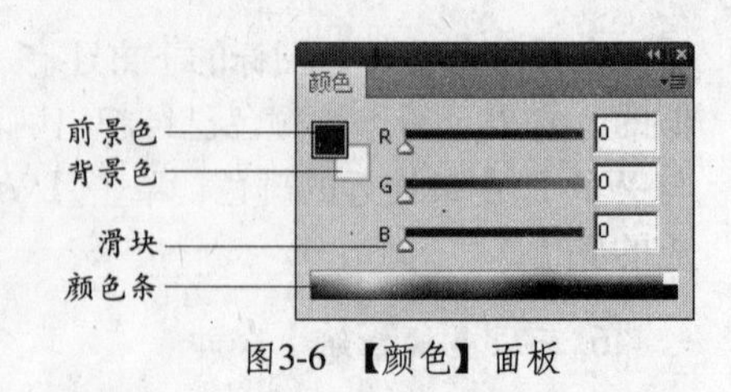

图3-6 【颜色】面板

上机实战 使用颜色面板选取颜色

01 单击【窗口】/【颜色】命令打开【颜色】面板，在默认情况下，【颜色】面板提供的是RGB颜色模式的滑杆，3条滑杆分别代表R、G、B。

02 在【颜色】面板中单击【前景色】或【背景色】按钮，然后拖曳滑杆上的滑块，选取前景色或背景色，如图3-7所示。也可以直接在滑杆右侧的文本框中输入相应的数值来指定需要的颜色。R、G、B的值均为0时为黑色，均为255时为白色。

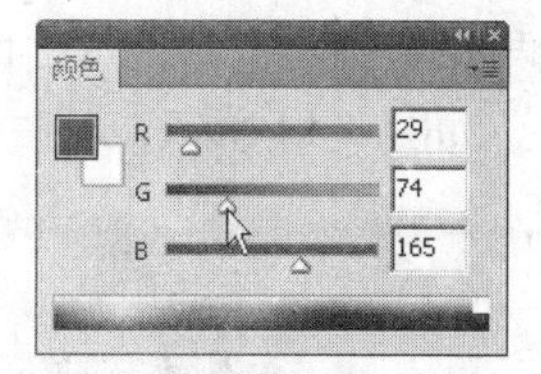

图3-7 拖动滑块选取颜色

> **提示** 在【颜色】面板底部的颜色条中单击鼠标，也可选取前景色或背景色，如图3-8所示。
> 如果需要通过其他颜色模式来选取颜色，在【颜色】面板中单击菜单按钮，从中选择相应的颜色模式。如图3-9所示为CMYK颜色模式下的【颜色】面板。

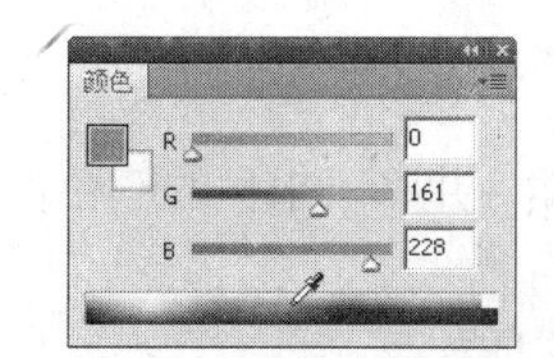

图3-8 在颜色条上单击选取颜色

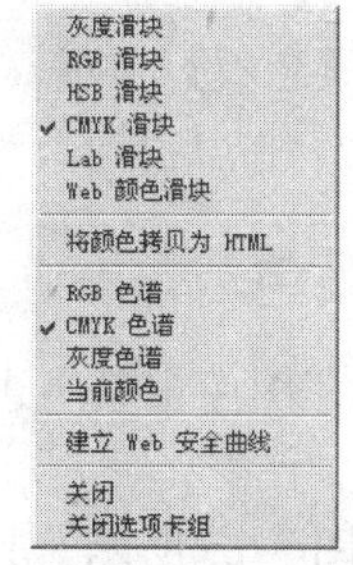

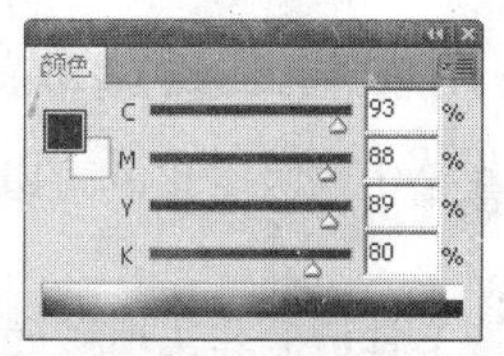

图3-9 CMYK颜色模式下的【颜色】面板

3.2.2 使用色板面板选取颜色

【色板】面板提供了一些预设的颜色，可以方便地从中选择前景色和背景色。除此以外，还可以在【色板】面板中添加一些常用的颜色，或者将一些不常用的颜色从面板中删除。

上机实战 使用色板面板选取并添加颜色

01 单击【窗口】/【色板】命令，打开【色板】面板。

02 将鼠标移至【色板】面板中的色块上，此时鼠标变成吸管形状，单击鼠标即可选择颜色，如图3-10所示。

03 首先选取前景色。打开【色板】面板，将鼠标指针移至【色板】面板的空白处，此时鼠标变成油漆桶形状，如图3-11所示。

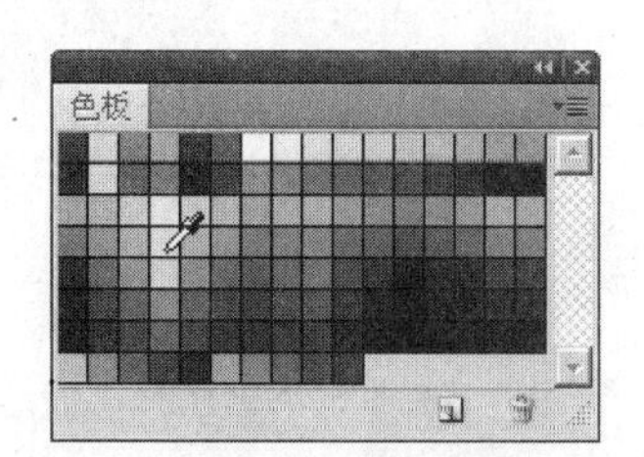

图3-10 在【色板】面板中选取颜色

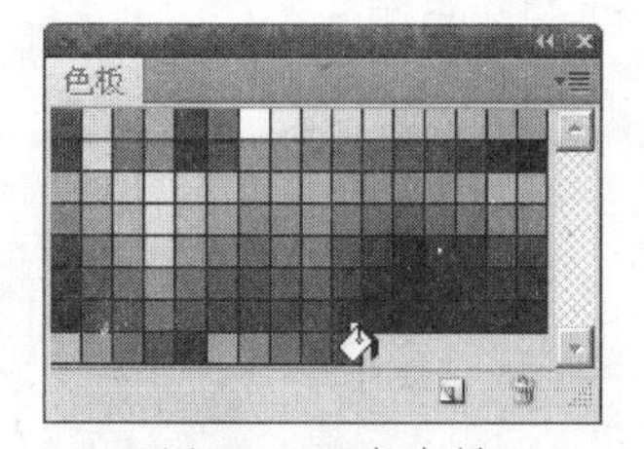

图3-11 添加色样

04 单击鼠标弹出【色板名称】对话框，如图3-12所示，可对色样进行命名。

05 单击【确定】按钮。所添加的颜色就是步骤1中所选取的前景色，如图3-13所示。

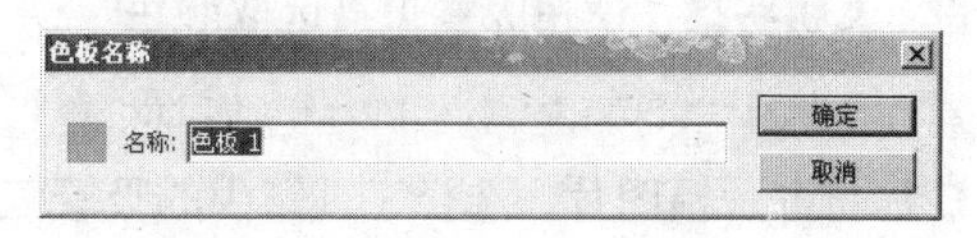

图3-12 【色板名称】对话框

06 如果想要删除色样，可以按下【Alt】键不放，将鼠标指针移至要删除的色样处，此时鼠标呈剪刀状，如图 3-14 所示，单击鼠标即可将色样删除。

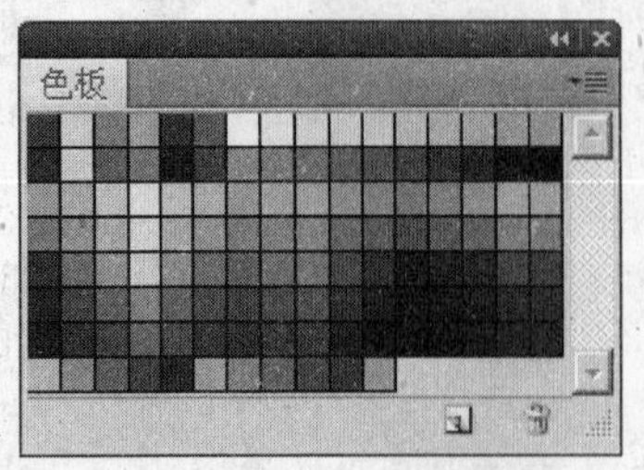

图3-13 添加好的色样

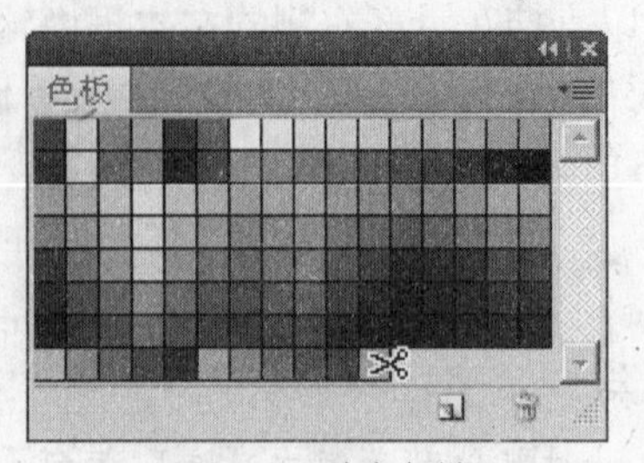

图3-14 删除色样

提示 如果需要恢复【色板】面板的默认设置，可以单击面板菜单中的【复位色板】命令，系统将提示是否恢复【色板】面板，单击【确定】按钮即可。

3.2.3 使用吸管工具选取颜色

利用工具箱中的吸管工具可以在图像窗口中进行颜色采样，并将所采样的颜色作为前景色或背景色。

选择吸管工具后，其选项栏如图 3-15 所示，其中各选项说明如下：

图3-15 吸管工具选项栏

- 【取样大小】：在该下拉列表框中，有多个选项供用户选择，如图 3-16 所示。
  - 【取样点】：该选项是默认的设置，表示选取的颜色精确到一个像素，也就是说鼠标单击的位置即为当前选取的颜色；
  - 【3×3 平均】：选择该选项表示以 3×3 个像素的平均值来选取颜色；
- 【样本】：该下拉列表中有两个选项供选择，如图 3-17 所示。
  - 【当前图层】：表示只对当前工作的图层吸取样本；
  - 【所有图层】：表示对所有图层吸取样本。

图3-16 【取样大小】下拉列表

图3-17 【样本】下拉列表

上机实战 使用吸管工具选取颜色

所用素材：光盘\素材\第 3 章\电话机.jpg

01 打开一幅图片。选择工具箱中的吸管工具。

02 将鼠标指针移到图像窗口中适当的位置，单击鼠标即可选取颜色，如图 3-18 所示。

图3-18 单击鼠标吸取颜色

3.2.4 颜色取样器工具

利用工具箱中的颜色取样器工具可以查看图像中的颜色信息。

上机实战 颜色取样器工具的使用

所用素材：光盘\素材\第3章\海景.jpg

01 打开一幅图片。选择工具箱中的颜色取样器工具。

02 将鼠标指针移动至图像窗口中的适当位置，如图3-19所示。

03 单击鼠标得到取样点，如图3-20所示。此时【信息】面板如图3-21所示，在该面板中显示取样点的颜色信息。

图3-19 使用颜色取样器工具

图3-20 单击得到取样点

04 在图像中单击鼠标得到第2个取样点，如图3-22所示。此时在【信息】面板中也显示出第2个取样的颜色信息，如图3-23所示。

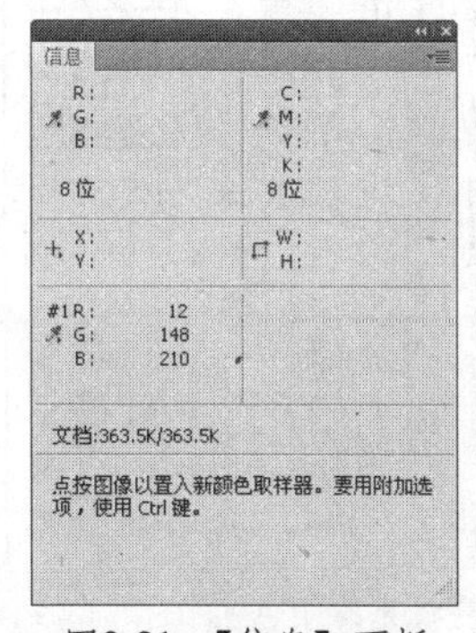

图3-21 【信息】面板

图3-22 单击得到第2个取样点

信息
R:
G:
B:
8位
C:
M:
Y:
K:
8位
X:
Y:
W:
H:
#1R: 12
G: 148
B: 210
#2R: 18
G: 136
B: 198
文档:363.5K/363.5K
点按图像以置入新颜色取样器。要用附加选项，使用 Ctrl 键。

图3-23 显示取样点的颜色信息

3.3 填充图像

利用【编辑】菜单中的【填充】命令可以对图像进行填充颜色或图案。填充的对象既可以是整个图像，也可以是选区范围。

使用【填充】对话框可以填充自定义的图案。在【填充】对话框中可以设置多种选项，如图3-24所示。其中：

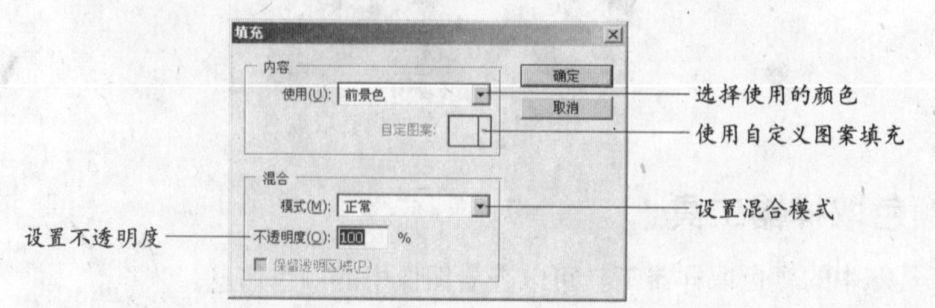

图3-24 【填充】对话框

- 【使用】：在该下拉列表框选择要填充的内容，如图3-25所示，若选择【图案】选项，则下面的【自定图案】下拉列表将被激活，从中可以选择定义好的图案进行填充；在创建了选区的情况下，【内容识别】选项可用，选择该选项则填充这个选区的像素是通过感知该选区周围的内容得到的，使填充结果看上去像是真的一样。
- 【混合】：用于设置不透明度和色彩混合模式。
- 【保留透明区域】：对图层进行填充操作时可以选择保留透明部分不填入颜色。该操作只对透明图层有效。

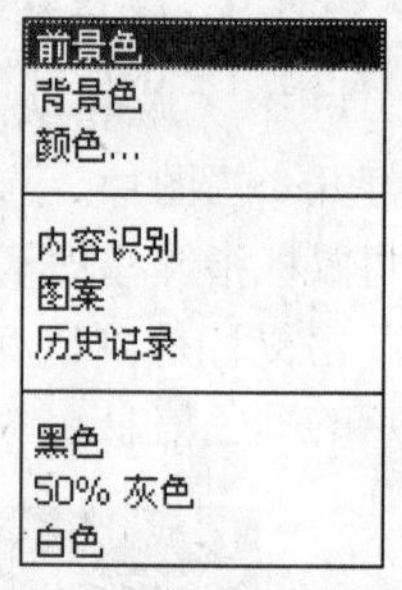

图3-25 【使用】下拉列表

上机实战 填充命令的使用

所用素材：光盘\素材\第3章\太阳花.jpg

01 打开一个图像文件，并创建选区，如图3-26所示。

02 在拾色器对话框中选择想要填充的前景色，如图3-27所示。

图3-26 创建选区

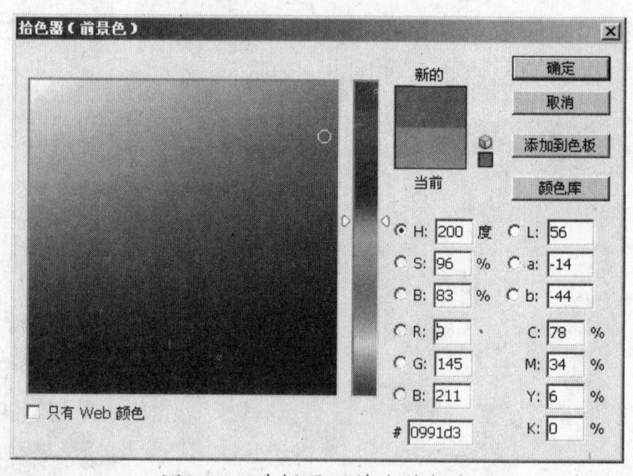

图3-27 选择需要填充的颜色

03 单击【编辑】/【填充】命令，弹出【填充】对话框，在对话框的【使用】下拉列表框中选择前景色。如图3-28所示。

04 单击【确定】按钮，以前景色填充选取的范围，如图3-29所示。

在Photoshop CS5中，可以定义一个图案内容，并反复使用该图案。

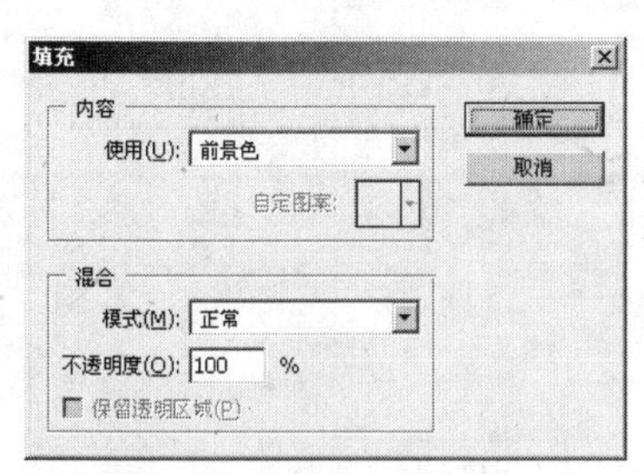

图3-28 选择【前景色】进行填充

图3-29 填充效果

上机实战 **自定义图案**

所用素材：光盘\素材\第3章\花朵.jpg

01 打开一个图像文件，按下【Ctrl+A】组合键全选图像，如图3-30所示。

02 单击【编辑】/【定义图案】命令，在弹出的【图案名称】对话框中，为自定义的图案命名，如图3-31所示，单击【确定】按钮。

图3-30 创建选区

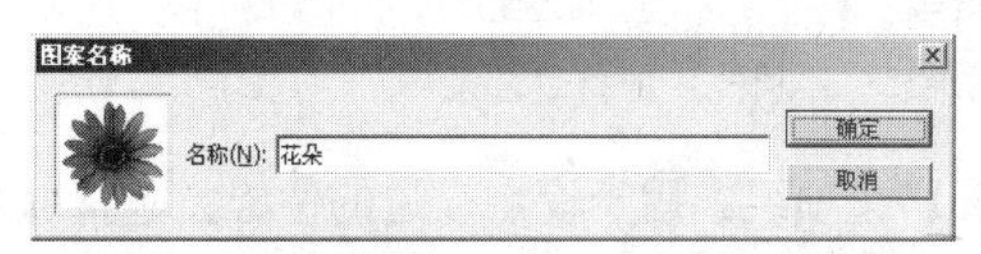

图3-31 【图案名称】对话框

03 新建一个RGB图像文件，单击【编辑】/【填充】命令，在【填充】对话框的【使用】下拉列表框中选择【图案】选项，在【自定图案】下拉列表框中选择前面所自定义的图案，如图3-32所示。

04 单击【确定】按钮填充图像，如图3-33所示。

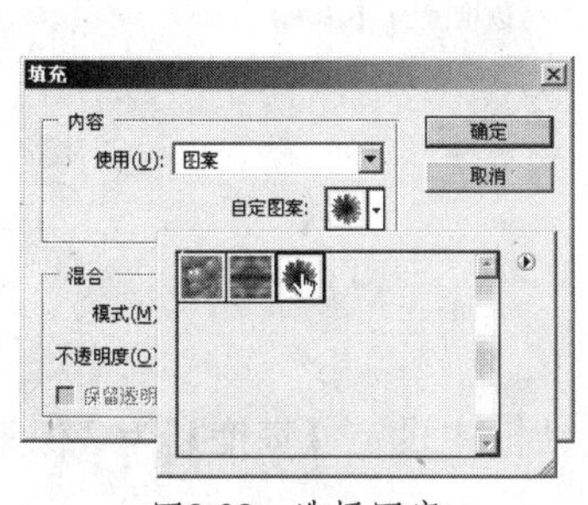

图3-32 选择图案

图3-33 填充效果

3.4 描边图像

利用【编辑】菜单中的【描边】命令可以对选区的边缘填色，结合画笔的大小及颜色等可以获得多种描边效果。

在使用【描边】命令之前必须创建选区。【描边】对话框如图3-34所示，下面择要进行详细的介绍。

- 【宽度】：该文本框用于设置描边的宽度，其设置范围为1～16。如图3-35所示为不同宽度的描边效果。

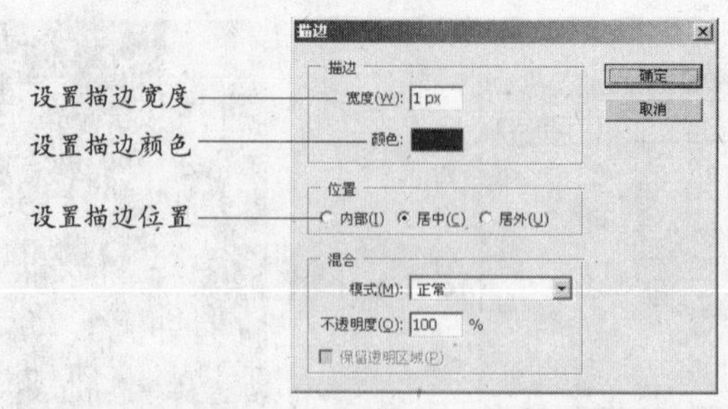

图3-34 【描边】对话框

- 【颜色】：设置描边所采用的颜色。如图 3-36 所示为不同颜色的描边效果。

描边宽度=2

描边宽度=6

图3-35 不同宽度的描边效果

描边颜色设置为红色

描边颜色设置为绿色

图3-36 不同颜色的描边效果

- 【位置】选项组：用于设定描边的位置，包括【居内】、【居中】、【居外】3 个单选按钮。如图 3-37 所示为不同位置的描边效果。

描边位置为【居内】

描边位置为【居中】

图3-37 不同位置的描边效果

上机实战 描边命令的使用

所用素材：光盘\素材\第 3 章\落叶.jpg

01 打开一幅图片并创建选区，如图 3-38 所示。

02 单击【编辑】/【描边】命令，在弹出的【描边】对话框中设定【宽度】为 2 像素，【颜色】为黑色，位置为【居中】，如图 3-39 所示。

03 单击【确定】按钮，描边后的效果如图 3-40 所示。

图3-38 创建选区

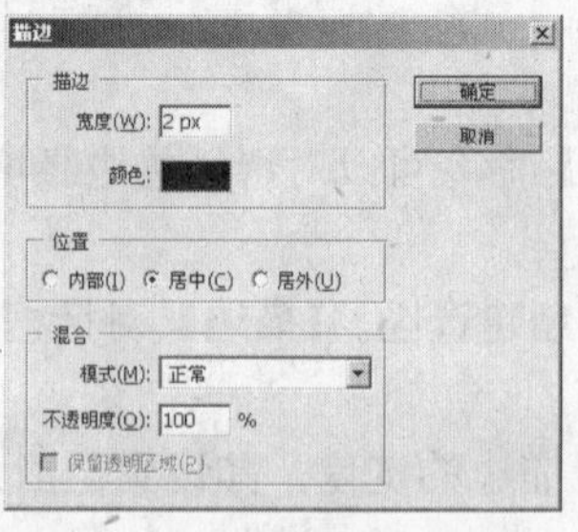

图3-39 【描边】对话框

图3-40 描边效果

3.5 油漆桶工具

利用工具箱中的油漆桶工具可以对图像或选区填充色彩或图案。油漆桶工具跟【填充】命令类似，但有所不同。

油漆桶工具在使用方法上跟魔棒工具类似。使用油漆桶工具可以填充 Photoshop 预设的图案或自定义图案。油漆桶工具的选项栏如图 3-41 所示。

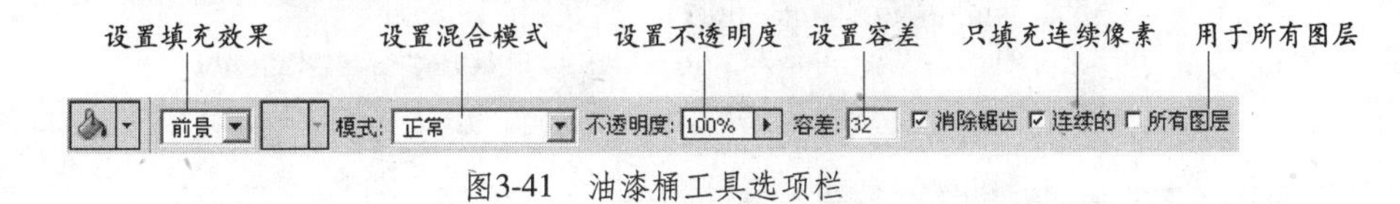

图3-41 油漆桶工具选项栏

在【设置填充区域的源】下拉列表框中包括两个选项，如图 3-42 所示，选择【前景】选项，即使用前景色进行填充；选择【图案】选项后，其旁边的下拉列表框将被激活，可以选择 Photoshop 预设的图案进行填充。

图 3-43 所示为不同的图案填充效果。

图3-42 【设置填充区域的源】下拉列表框

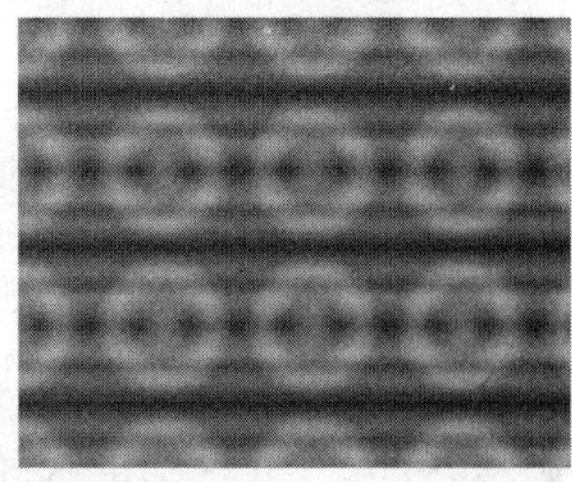

图3-43 不同的图案填充效果

上机实战 油漆桶工具的使用

所用素材：光盘\素材\第 3 章\卡通鸟.jpg

01 打开一幅图像，如图 3-44 所示。

02 利用拾色器对话框选取适当的前景色。

03 选择工具箱中的油漆桶工具，在图像中的背景区域单击鼠标进行填充，填充效果如图 3-45 所示。

图3-44 素材图片

图3-45 利用油漆桶进行填充

3.6 渐变工具

利用工具箱中的渐变工具可以在图像或选区中进行填充操作，所填充的内容具有渐变的效果，如图 3-46 所示。

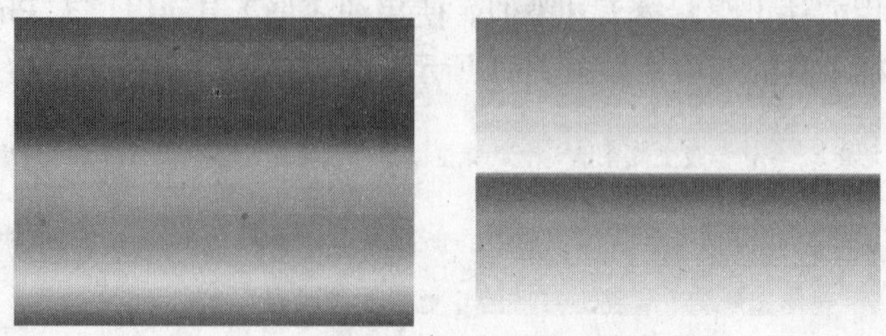

图3-46 渐变效果

渐变工具选项栏如图 3-47 所示。下面择要进行详细的介绍。

图3-47 渐变工具选项栏

- （渐变拾色器）：打开【渐变拾色器】下拉列表框，其中提供了多种 Photoshop 预设的渐变样式，如图 3-48 所示。

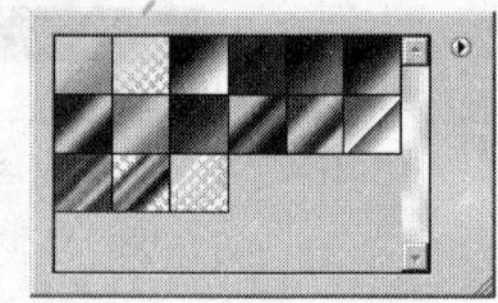

图3-48 预设的渐变样式

- （五种渐变风格）：其中线性渐变风格以直线从起点渐变到终点；径向渐变风格以圆形图案从起点渐变到终点；角度渐变风格以逆时针扫过的方式围绕起点渐变；对称渐变风格使用对称线性渐变在起点的两侧渐变；菱形渐变风格以菱形图案从起点向外渐变，终点则定义菱形的一个角。其中几种渐变风格的渐变效果如图 3-49 所示。

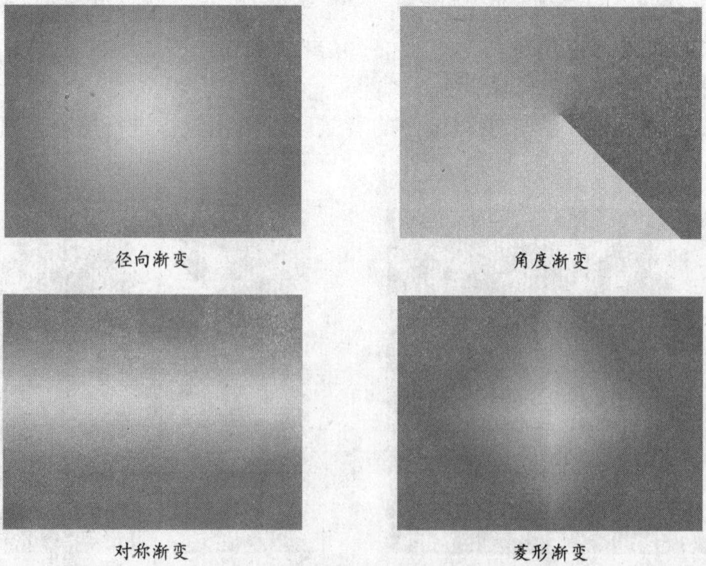

径向渐变　　角度渐变

对称渐变　　菱形渐变

图3-49 不同的渐变风格效果

- ▭ （点按可编辑渐变）：单击该按钮将打开【渐变编辑器】对话框，如图 3-50 所示，从中可以通过修改现有渐变样式来自定义新的渐变效果。

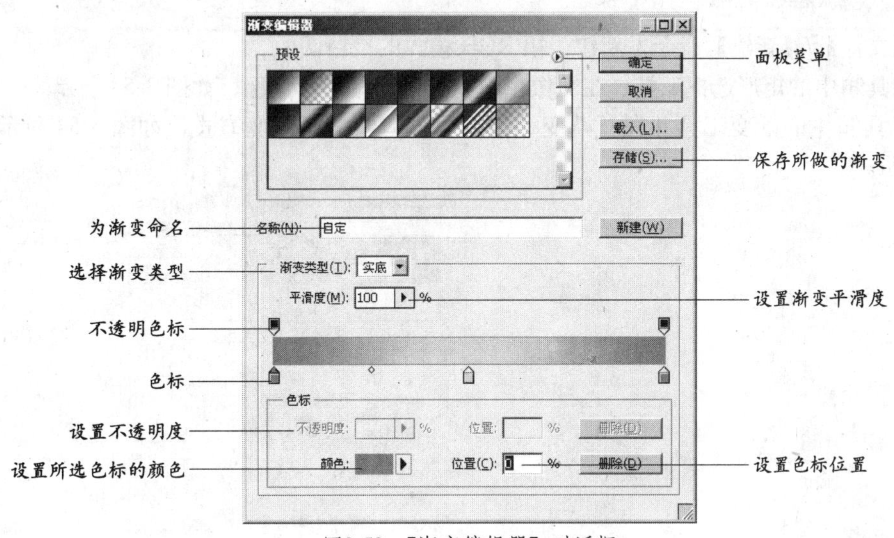

图3-50 【渐变编辑器】对话框

上机实战 渐变工具的使用

01 新建一幅 RGB 图像。

02 指定前景色与背景色，这里选取前景景色为黄色，背景色为橘黄色。

03 选择工具箱中的渐变工具。

04 在工具选项栏中选择一种渐变风格，这里选择【线性渐变】，在图像窗口中单击鼠标（确定起点），按住鼠标不放并拖动到渐变的终点，如图 3-51 所示。

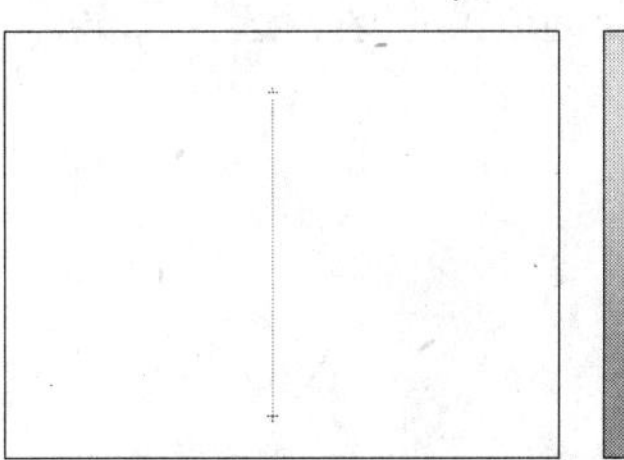

图3-51 填充渐变

3.7 课堂实训

3.7.1 圆柱体

本例制作圆柱体，效果如图 3-52 所示。

图3-52 圆柱体

上机实战 制作圆柱体

最终效果：光盘\效果\第3章\圆柱体.psd

01 单击【文件】/【新建】命令，新建一幅RGB模式的空白图像。

02 选择工具箱中的矩形选框工具，在图像窗口中创建一个矩形选区，如图3-53所示。

03 选择工具箱中的渐变工具并在【渐变编辑器】窗口中编辑渐变方式，如图3-54所示，单击【确定】按钮。

图3-53 创建矩形选区

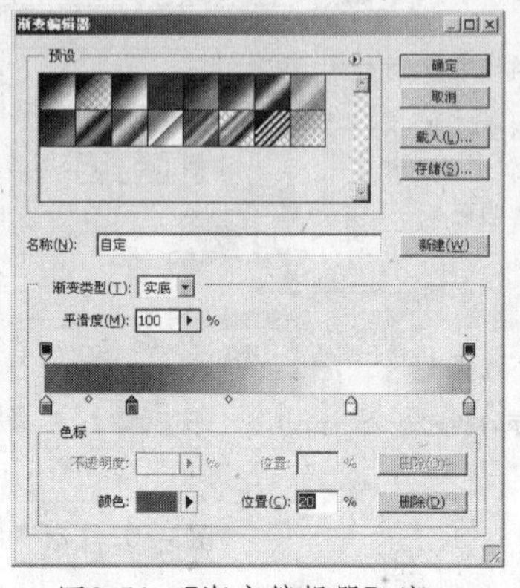

图3-54 【渐变编辑器】窗口

04 在矩形选框中从右向左拖动鼠标，填充渐变后的效果如图3-55所示。

05 按下【Ctrl+D】组合键取消选区，选择工具箱中的椭圆选框工具，在图像的上方创建一个椭圆选区，如图3-56所示。

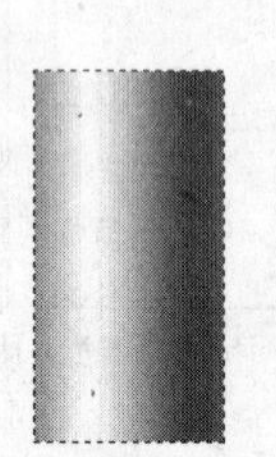

图3-55 填充渐变

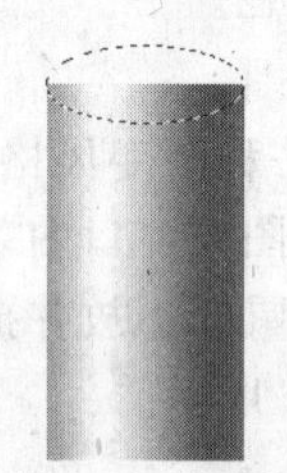

图3-56 创建椭圆选区

06 将前景色设置为灰色（R：132，G：132，B：132），用前景色填充选区，效果如图3-57所示。

07 按住【Shift】键移动选区到图形的下方，如图3-58所示。

图3-57 填充选区

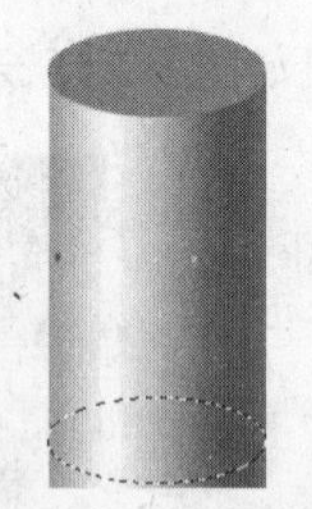

图3-58 移动选区

08 选择工具箱中的矩形选框工具，并在工具选项栏中单击【添加到选区】按钮，从左上方向右下方拖曳出一个矩形选框，使其与椭圆选框的水平轴两端点水平对齐，如图3-59所示，释放鼠标左键，得到如图3-60所示的选区。

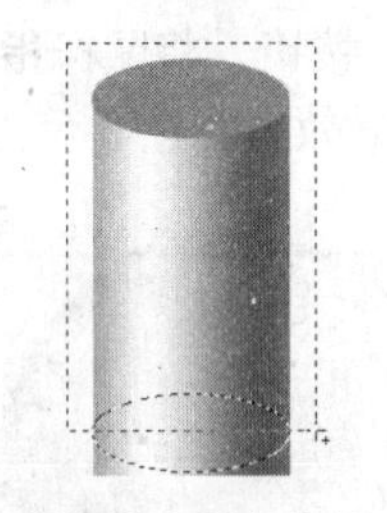

图3-59 添加选区

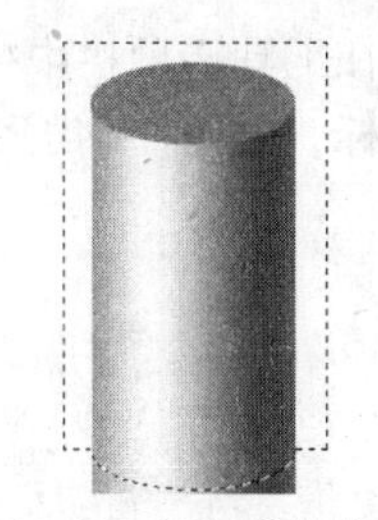

图3-60 添加后的选区

09 按【Shift+Ctrl+I】组合键反选选区，单击【编辑】/【清除】命令删除选区中的内容，按【Ctrl+D】组合键取消选区，得到圆柱体效果。

10 为圆柱体添加背景，效果如图 3-52 所示。

3.7.2 仿真苹果

本例制作仿真苹果，效果如图 3-61 所示。

图3-61 苹果

上机实战 制作仿真苹果

最终效果：光盘\效果\第 3 章\水果 .psd

01 单击【文件】/【新建】命令，新建一幅空白的 RGB 模式空白图像。

02 在【图层】面板中新建【图层 1】，选择工具箱中的椭圆选框工具，按住【Shift】键的同时在图像窗口中创建一个正圆形的选区，如图 3-62 所示。

03 选择工具箱中的渐变工具，单击其工具选项栏中的【点按可编辑渐变】按钮，打开【渐变编辑器】对话框，对渐变重新编辑，如图 3-63 所示。

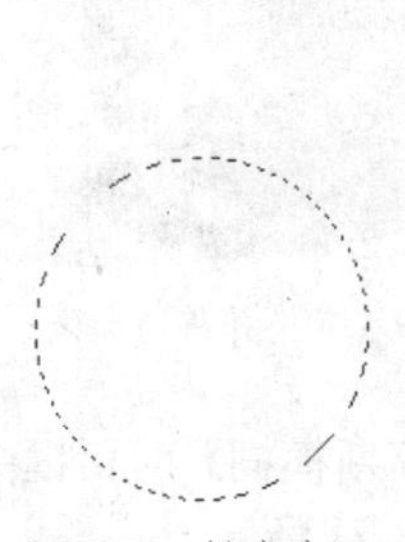

图3-62 创建选区

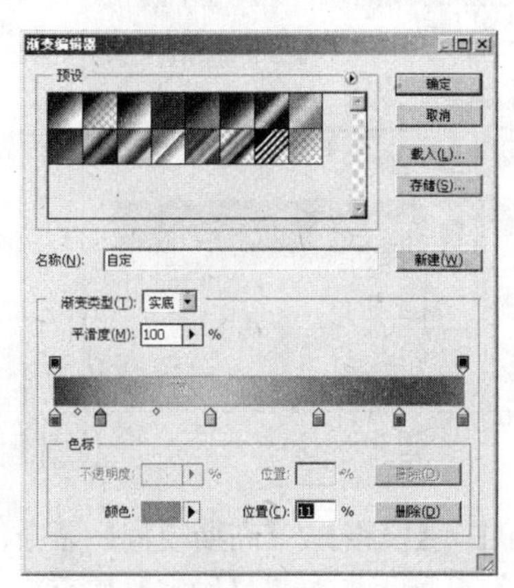

图3-63 编辑渐变

04 单击【确定】按钮，在工具选项栏中单击【径向渐变】按钮，将鼠标指针移动到椭圆选区中，从左上角向右下角拖动鼠标，如图 3-64 所示，填充渐变后的效果如图 3-65 所示。

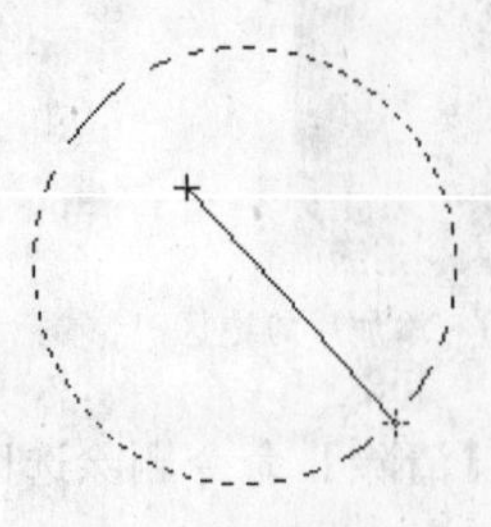

图3-64　应用渐变

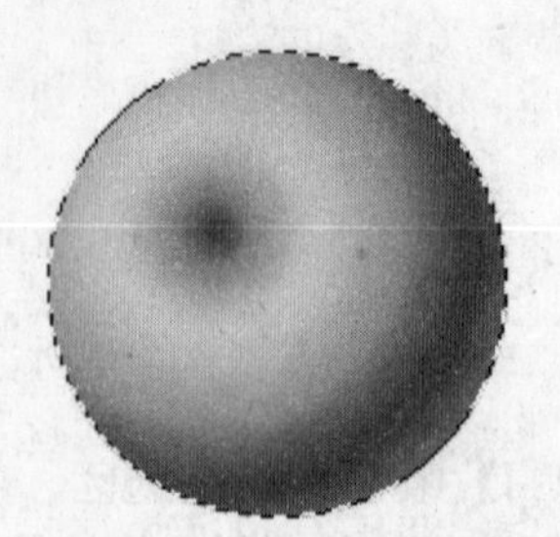

图3-65　填充渐变后的效果

05 选择工具箱中的画笔工具并设置适当的笔刷大小，选择适当的颜色，在苹果上面绘制苹果柄，如图 3-66 所示。

06 将【图层 1】拖曳到【图层】面板底部的【创建新图层】按钮上面，得到【图层 1 副本】，拖动【图层 1 副本】到【图层 1】的下面，如图 3-67 所示。

图3-66　绘制苹果柄

图3-67　移动图层

07 按下【Ctrl】键的同时单击【图层 1 副本】图层，载入该图层的选区。

08 确认前景色为黑色，单击【编辑】/【填充】命令，在【使用】下拉列表框中选择【前景色】选项，单击【确定】按钮用黑色填充选区，此时的【图层】面板如图 3-68 所示。

09 单击【编辑】/【变换】/【缩放】命令，对选区中的图像进行变换操作，并向下稍微移动些距离，如图 3-69 所示，然后按下【Enter】键确认变换。

图3-68　填充选区

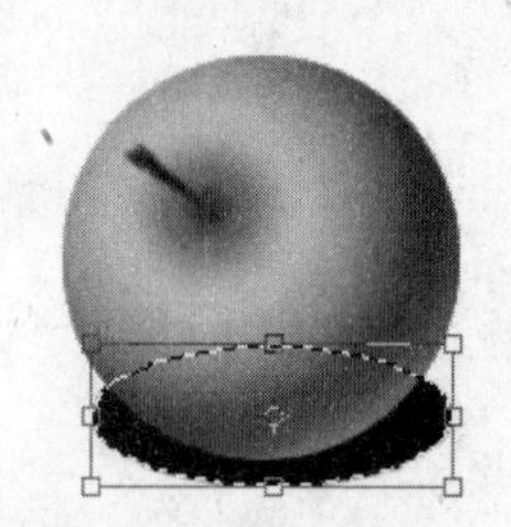

图3-69　变换并移动选区

10 单击【滤镜】/【模糊】/【高斯模糊】命令，在打开的【高斯模糊】对话框中设置【半径】为 10 像素，如图 3-70 所示，单击【确定】按钮，苹果效果如图 3-71 所示。

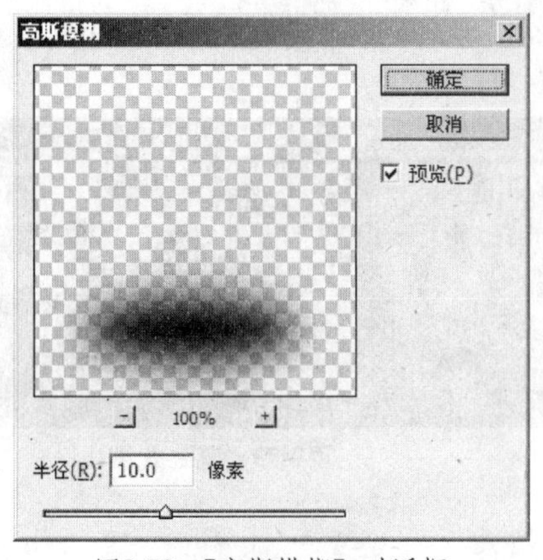

图3-70 【高斯模糊】对话框

图3-71 苹果效果

11 对苹果进行复制，然后调整不同的颜色并添加阴影，最终效果如图 3-61 所示。

3.8 本章小结

本章详细地介绍了使用各种工具选择颜色的方法，使读者快速掌握在 Photoshop 中选择与使用颜色的技巧。另外还介绍了其他一些填充图像与描边图像的工具以及命令。

3.9 习题

1. 填空题

(1) 在 Photoshop 中，所谓选取颜色是指选取________和________。

(2) 在 Photoshop 中，默认的前景色是________，默认的背景色是________。

(3) 利用吸管工具可以在图像窗口中进行________，并将所采样的颜色作为前景色或背景色。

2. 问答题

(1) 什么是前景色？什么是背景色？

(2) 自定义图案的功能起什么作用？

(3) 渐变工具所填充的内容具有什么样的效果？

3. 上机题

(1) 上机使用自定义图案功能自定义图案。

(2) 上机使用【渐变编辑器】对话框自定义渐变效果。

(3) 根据所学知识，制作如图 3-72 所示的地毯纹理效果。

制作提示： 首先为图像填充【透明条纹】渐变的菱形渐变，将填充渐变后的图像复制并粘贴，然后调整位置。使用【拼合图像】命令将所有图层合并，应用【拼缀图】和【杂色】滤镜添加质感效果。

(4) 根据所学知识，制作如图 3-73 所示的霓虹效果。

制作提示： 使用横排文字蒙版工具输入选区文字，使用【羽化】命令羽化选区，然后对选区进行描边，再为选区填充彩虹色渐变。

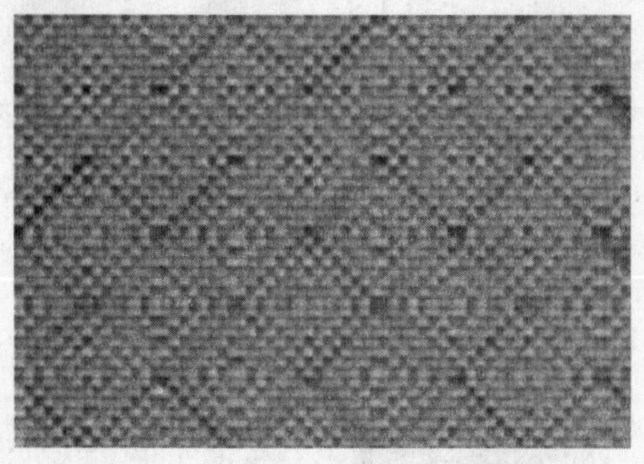

图3-72 地毯纹理

图3-73 霓虹效果

（5）根据所学知识，制作如图 3-74 所示的抽线效果。

制作提示：新建一幅宽为 2 像素、高为 4 像素的图像，将图像上半部分的 2 个像素选中，并将其填充为黑色，全选图像，使用【定义图案】命令将图像定义为图像，打开素材图像，新建图层使用定义的图案进行填充，将不透明度设置 15%。

图3-74 抽线效果

第4章　图像的编辑

内容提要

本章详细介绍图像的剪切、粘贴、旋转、变换等编辑操作，需要重点掌握图像编辑的技巧。

4.1　图像的基本编辑

Photoshop 提供了剪切、拷贝、粘贴等最基本的编辑功能。

4.1.1　移动图像

在创建选区之后，可以利用工具箱中的移动工具来移动选区中的图像。

上机实战　移动图像

所用素材：光盘\素材\第 4 章\玫瑰.jpg

01 打开一幅图像并创建选区，如图 4-1 所示。

02 选择工具箱中的移动工具。将鼠标指针移到图像窗口中，单击鼠标不放并拖动即可移动图像，如图 4-2 所示。

图4-1　创建选区

图4-2　移动图像

提示 在 Photoshop CS5 中的移动工具选项栏中增加了“显示变换控件”选项。勾选这个选项，被移动选区范围内的图像会自动进入变换状态，既可以移动又可以自由变换，如图 4-3 所示。

图4-3 对选区中的内容进行移动和自由变换

4.1.2 拷贝、粘贴图像

利用【编辑】菜单中的【拷贝】与【粘贴】命令，可以将一幅图像中的内容复制到另一幅图像中。

上机实战 拷贝、粘贴图像

所用素材：光盘\素材\第4章\小女孩.jpg、海边.jpg

01 打开一幅图片，选中图像中的人物部分，如图4-4所示。

02 单击【编辑】/【拷贝】命令，拷贝选中的图像。

03 打开另一幅图像，如图4-5所示。

04 单击【编辑】/【粘贴】命令，将人物粘贴到图像中，然后调整人物的大小和位置，效果如图4-6所示。

图4-4 选择要复制的对象

图4-5 打开图像

图4-6 粘贴后的效果

4.1.3 剪切图像

利用【编辑】菜单中的【剪切】命令可以对图像进行剪切操作。剪切掉的图像内容临时性地保存在Windows剪贴板中，可以复制到其他图像中。

上机实战 剪切图像

所用素材：光盘\素材\第4章\绿叶.jpg

01 打开一幅图片并创建选区，如图4-7所示。

02 单击【编辑】/【剪切】命令，图像效果如图 4-8 所示。

图4-7 创建选区

图4-8 剪切后的图像效果

可以看到剪切掉的图像区域将填充为背景色。

4.1.4 贴入图像

【贴入】命令和【粘贴】命令类似，区别在于【贴入】的图像将只出现在选区范围中。所以在使用【贴入】命令之前，必须首先在图像中创建选区。

上机实战 贴入命令的使用

所用素材：光盘\素材\第 4 章\水之美.jpg、本本.jpg

01 打开一幅图像，按下【Ctrl+A】组合键全选图像，如图 4-9 所示。

02 单击【编辑】/【拷贝】命令，拷贝选中的图像。

03 打开另一幅图像并创建选区，如图 4-10 所示。

04 单击【编辑】/【选择性粘贴】/【贴入】命令，图像效果如图 4-11 所示。

图4-9 全选图像

图4-10 创建选区

图4-11 粘贴入的效果

4.1.5 清除图像

利用【编辑】菜单中的【清除】命令可以删除选区中的图像内容。它与【剪切】命令的效果类似，图像被删除的部分将填充为背景色。

4.2 画布的旋转和翻转

在 Photoshop CS5 中整个图像被称为画布。所谓画布的旋转是指利用【图像】/【图像旋转】子菜单中的命令对整个图像进行旋转与翻转操作。

旋转和翻转画布的命令都位于【图像】/【图像旋转】子菜单中，如图 4-12 所示。由于这些命令所针对的是整个图像，因此执行时不需要选取范围。

【图像】/【图像旋转】子菜单中各个命令详解如下：

- 【180 度】：单击该命令可以将整个图像旋转 180 度。
- 【90 度（顺时针）】：单击该命令可以将整个图像顺时针旋转 90 度。
- 【90 度（逆时针）】：单击该命令可以将整个图像逆时针旋转 90 度。
- 【任意角度】：单击该命令可以在弹出的对话框中指定旋转的角度。
- 【水平翻转画布】：单击该命令可以将整个图像水平翻转。
- 【垂直翻转画布】：单击该命令可以将整个图像垂直翻转。

如图 4-13 所示为画布的各种旋转和翻转效果。

180 度(1)
90 度(顺时针)(9)
90 度(逆时针)(0)
任意角度(A)...
水平翻转画布(H)
垂直翻转画布(V)

图4-12 【图像旋转】子菜单

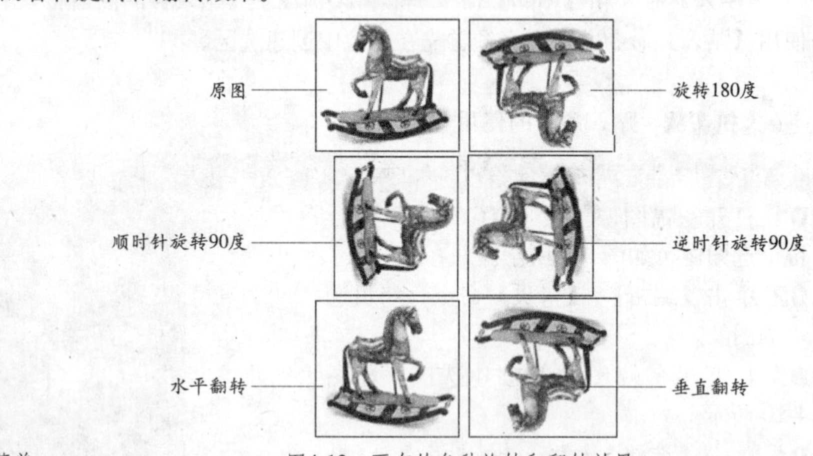

图4-13 画布的各种旋转和翻转效果

上机实战 旋转和翻转整个图像

所用素材：光盘\素材\第 4 章\可爱小孩.jpg

01 打开一幅图片，如图 4-14 所示。

02 单击【图像】/【图像旋转】/【180 度】命令，图像效果如图 4-15 所示。

图4-14 素材图片

图4-15 旋转后的图像

4.3 图像的变换

图像的变换是指利用【编辑】/【变换】子菜单中的命令对图像进行旋转以及各种变形操作。

> **提示** 图像的旋转和变形与画布的旋转和翻转是有区别的，区别在于后者所旋转和变形的对象是图像中的某一部分，或者是图像中的某一个图层。关于图层的知识，将在后面的章节中讲到。

如果变换的对象是图像中的某一部分，必须首先创建选区；如果变换的对象是图像中的某一个图像，则无须创建选区。图像变换的命令都位于【编辑】/【变换】子菜单中，如图4-16所示。其中各命令说明如下：

再次(A)　Shift+Ctrl+T
缩放(S)
旋转(R)
斜切(K)
扭曲(D)
透视(P)
变形(W)
旋转 180 度(1)
旋转 90 度(顺时针)(9)
旋转 90 度(逆时针)(0)
水平翻转(H)
垂直翻转(V)

图4-16 【变换】子菜单

- 【缩放】：单击该命令，拖动控制柄可以调整图像的大小和长宽比例。调整的时候如果按下【Alt】键可以固定图像的中心点来缩放图像，按下【Shift】键可以固定长宽比例来缩放图像。
- 【旋转】：单击该命令，拖动控制柄可以自由旋转图像。
- 【斜切】：单击该命令，拖动控制柄可以将图像进行倾斜变换。
- 【扭曲】：单击该命令，拖动控制柄可以将图像进行扭曲变换。
- 【透视】：单击该命令，拖动控制柄可以进行透视变换，拖动角点时定界框会变成对称的梯形。
- 【变形】：单击该命令进入变形状态，从中调整各个控制柄可以变换图像的形状、路径等。
- 【旋转180度】：单击该命令，可以将当前图像旋转180度。
- 【旋转90度（顺时针）】：单击该命令，可以将当前图像顺时针旋转90度。
- 【旋转90度（逆时针）】：单击该命令，可以将当前图像逆时针旋转90度。
- 【水平翻转】：单击该命令，可以将当前图像水平翻转。
- 【垂直翻转】：单击该命令，可以将当前图像垂直翻转。

上机实战 图像变换

所用素材：光盘\素材\第4章\照片.psd

01 打开一幅素材图片，如图4-17所示。

02 单击【编辑】/【自由变换】命令，进入自由变换状态，在图像的周围出现定界框，如图4-18所示。

03 单击【编辑】/【变换】/【旋转】命令然后拖动控制点对图像进行旋转，如图4-19所示。

图4-17 素材图片

图4-18 进入自由变换状态

图4-19 【变换】子菜单

04 完成变换操作后，在选区内双击鼠标，或者按下回车键确认操作。

提示 进入自由变换状态后，除了可以利用菜单中的命令对图像进行变换操作外，还可以直接利用鼠标对图像进行变换操作。

缩放：将鼠标指针移到控制柄上，当鼠标指针变成双向箭头时，拖动控制点进行缩放操作。

旋转：将鼠标指针移动到控制柄外侧，当鼠标指针变成弧形时，顺时针或者逆时针拖动鼠标即可进行旋转操作。旋转图像时，还可以改变旋转中心点的位置，在自由变换的状态下，将选取对象的中心点移至所需位置即可。

斜切：按住【Ctrl+Shift】组合键，将鼠标指针移动到控制柄上，此时鼠标指针变为箭头形状，拖动控制点进行斜切操作。

扭曲：按住【Ctrl】键，将鼠标指针移动到控制柄上，鼠标指针变为箭头形状，拖动控制点即可进行扭曲操作。

透视：按住【Ctrl+Alt+Shift】组合键，将鼠标移到控制柄上面，此时鼠标指针变为灰色箭头。

4.4 操控变形

操控变形功能是 Photoshop CS5 版本中的新功能。它提供了一种可视的网格，借助该网格可以在随意地扭曲特定图像区域的同时保持其他区域不变。除了图像图层、形状图层和文本图层外，还可以向图层蒙版和矢量蒙版应用操控变形。

在图像中应用操控变形功能时，可以在其选项栏中设置各选项的参数，如图 4-20 所示。

正常 ▼ 浓度: 正常 ▼ 扩展: 2 px ▶ ☑ 显示网格 图钉深度: 旋转: 自动 ▼ 0 度

图4-20 【操控变形】选项栏

- 【模式】：设置网格的整体弹性，包括刚性、正常和扭曲 3 个选项。
- 【浓度】：设置网格点的间距。
- 【扩展】：扩展或收缩网格的外边缘。
- 【显示网格】：取消选择，可以只显示调整图钉，从而显示出更清晰的变换预览。

上机实战 操控变形图像

所用素材：光盘 \ 素材 \ 第 4 章 \ 毛玩具 .psd

01 打开一幅图片，如图 4-21 所示。

02 单击【编辑】/【操控变形】命令，此时图像如图 4-22 所示。

03 在图像中单击鼠标向要变换的区域和要固定的区域添加图钉，如图 4-23 所示。

04 拖动图钉对网格进行变换，如图 4-24 所示。变换完成后单击【Enter】键或者单击选项栏中的确定按钮即可。

图4-21 素材图片

图4-22 进入操控变形状态

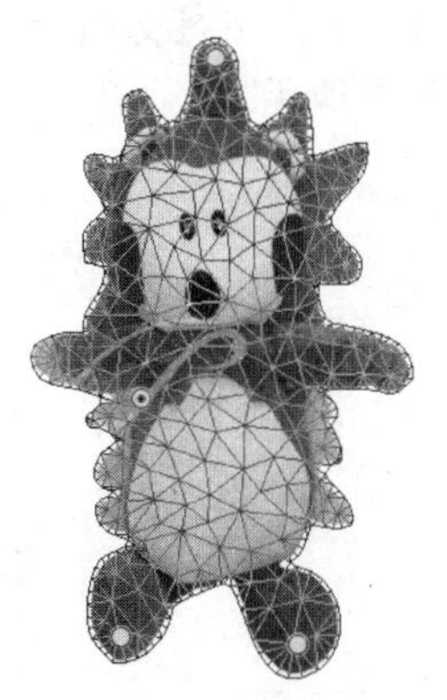

图4-23 素材图片

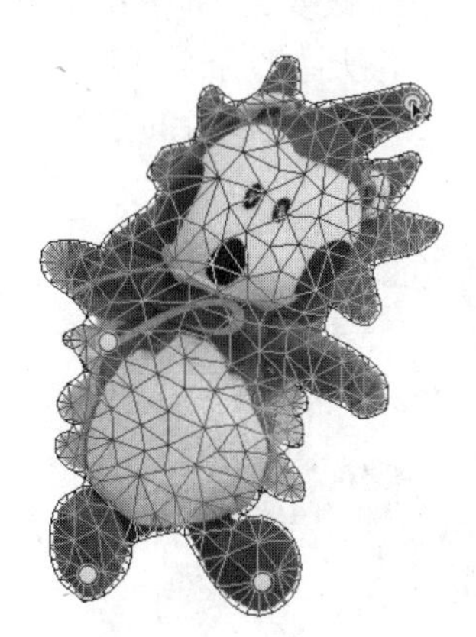

图4-24 进入操控变形状态

4.5 调整图像大小与分辨率

调整图像大小与分辨率的命令位于【图像】菜单中，如图4-25所示。

图像大小(I)...	Alt+Ctrl+I
画布大小(S)...	Alt+Ctrl+C

图4-25 【图像大小】命令

其中【图像大小】命令用于调整图像的像素大小、打印尺寸和分辨率，【画布大小】命令用于增加或减少现有图像周围的工作区。两者虽然都可改变图像的大小，但是有区别的，【画布大小】命令可以裁掉或新增图像内容，而【图像大小】命令则通过改变图像的像素数目达到调整图像大小的目的。

4.5.1 调整图像的大小与分辨率

利用【图像】菜单中的【图像大小】命令除了可以改变图像的大小，还可以改变图像的分辨率。

图像的尺寸和分辨率的大小息息相关，同样大小的图像，分辨率越高的图像就会越清晰。当图像的像素数目固定时，改变分辨率，图像的尺寸就随之改变；同样，如果图像的尺寸改变，则其分辨率也必将随之变动。

上机实战　修改图像大小和分辨率

所用素材：光盘\素材\第4章\笑脸.jpg

01 打开一素材幅图片，如图4-26所示。

02 单击【图像】/【图像大小】命令，弹出【图像大小】对话框，如图4-27所示。

图4-26 素材图片

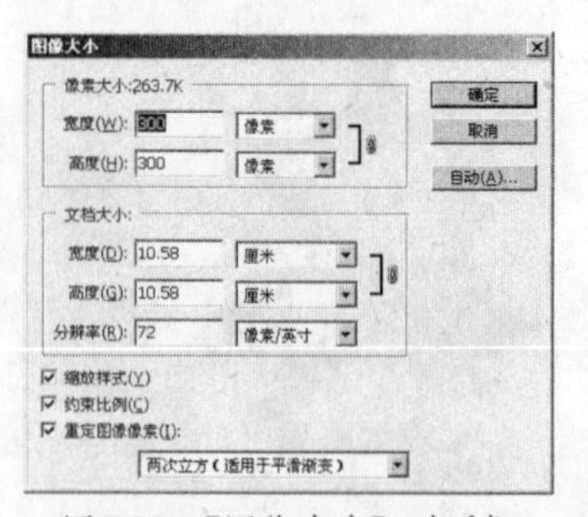

图4-27 【图像大小】对话框

03 在【像素大小】选项区的【宽度】、【高度】文本框中输入数值，设定图像宽度和高度都为200，单击【确定】按钮，改变大小后的图像效果如图 4-28 所示。

04 单击【图像】/【图像大小】命令，弹出【图像大小】对话框，在【文档大小】选项区的【分辨率】文本框中输入数值，设定图像的分辨率为 18，如图 4-29 所示。

图4-28 改变宽度与高度后的图像

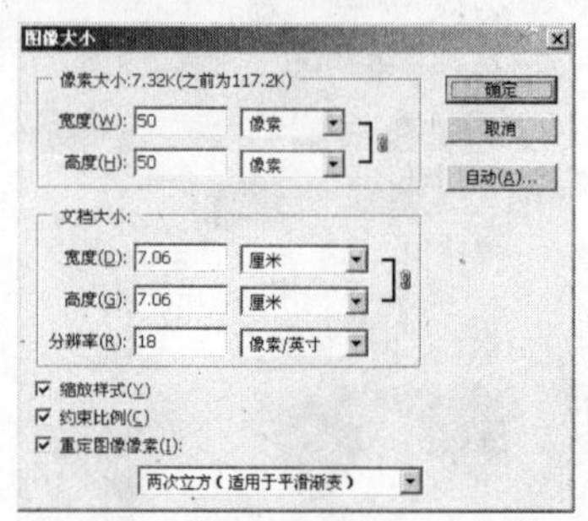

图4-29 【图像大小】对话框

05 单击【确定】按钮，修改图像分辨率后的图像效果如图 4-30 所示。

06 利用工具箱中的缩放工具将图 4-30 放大，可以看到降低图像分辨率而导致的锯齿效果，如图 4-31 所示。

图4-30 改变图像分辨率后的图片

图4-31 降低分辨率后产生的锯齿效果

4.5.2 调整画布的大小

画布是指图像编辑的工作区域，也就是图像的显示区域。调整画布的大小可以在图像的四周增加空白边缘，或者裁切掉不需要的边缘。

> **提示** 调整画布大小与调整图像大小的本质区别在于，调整画布的大小不但改变图像的尺寸，而且同时改变图像的模样。

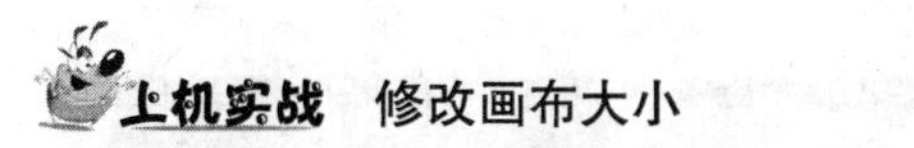

上机实战 修改画布大小

所用素材：光盘\素材\第 4 章\地球.jpg

01 打开一幅图片，如图 4-32 所示。

02 单击【图像】/【画布大小】命令，弹出【画布大小】对话框，在【新建大小】选项区的【宽度】和【高度】文本框输入数值，设定画布的大小，在【定位】选项区中可以设置图像在窗口中的相对位置。如图 4-33 所示。

图4-32 素材图片

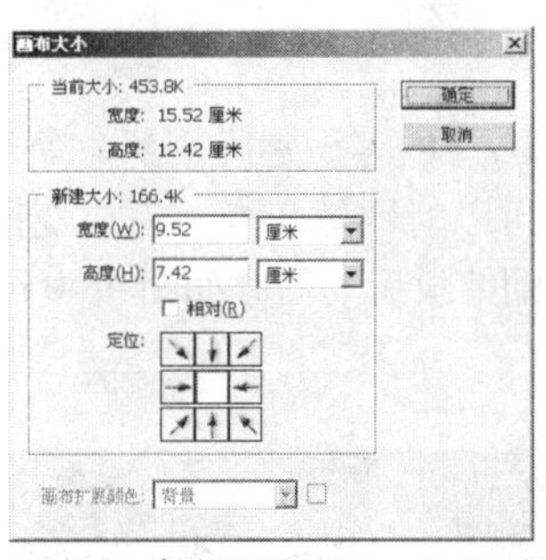

图4-33 【画布大小】对话框

03 单击【确定】按钮弹出警告对话框，提示是否对原画布进行剪切（因为将画布缩小了），如图 4-34 所示。

04 单击【继续】按钮，调整画布大小后的图像效果如图 4-35 所示。

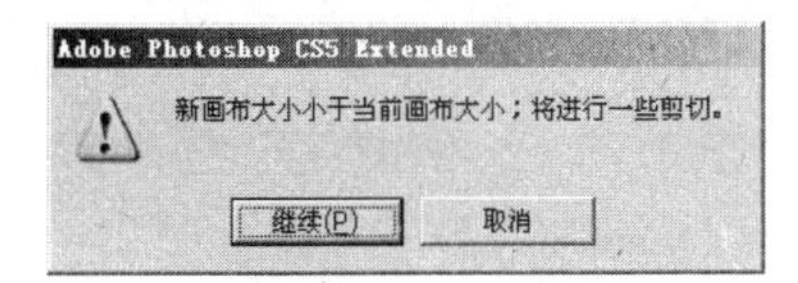

图4-34 缩小画布的提示

图4-35 调整画布大小后的图像效果

4.5.3 内容识别缩放

内容识别缩放功能可以在不更改图像中重要可视内容的情况下调整图像大小。常规缩放在调整图像大小时会统一影响所有像素，而内容识别缩放主要影响没有重要可视内容的区域中的像素。

上机实战 内容识别缩放

所用素材：光盘\素材\第 4 章\海面.jpg

01 打开一幅素材图片，如图 4-36 所示。

02 单击【图像】/【画布大小】命令，在打开的【画布大小】对话框中设置参数，如图 4-37 所示。

03 单击确定按钮改变画布的高度，如图 4-38 所示。

04 选择工具箱中的魔棒工具，在图像中白色的区域单击进行选择，然后单击【选择】/【反向】命令，反选选区。

图4-36 素材图像

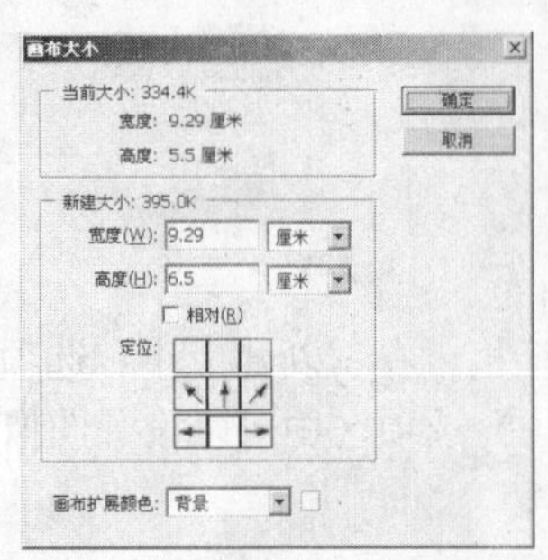

图4-37 【画布大小】对话框

图4-38 调整画布大小

05 单击【编辑】/【内容识别比例】命令，在图像的周围出现定界框，如图 4-39 所示。

06 拖动控制点可以对图像变换，完成变换操作后，在选区内双击鼠标，或者按下回车键确认操作，使用内容识别缩放后的图像如图 4-40 所示，图像中天空发生了比例变化，其余部分没有变化。

图4-39 图像的周围出现定界框

图4-40 变换后的图像

4.6 裁切图像

除了【画布大小】命令可以裁切图像之外，还可以利用工具箱中的裁切工具以及【图像】菜单中的【裁切】和【修整】命令实现对画布的裁切。

1. 裁剪工具

Photoshop CS5 的工具箱提供了专门的裁剪工具，使用该工具不仅可以自由控制裁切范围的大小和位置，还可以在裁剪的同时对图像进行旋转、变形等操作。

上机实战 裁剪工具的使用

所用素材：光盘\素材\第 4 章\倒影.jpg

01 打开一幅图像，如图 4-41 所示。

02 选择在工具箱中的裁剪工具。将鼠标指针移动到图像窗口中，按下左键不放并进行拖曳，如图 4-42 所示。

03 选定裁剪范围以后，在裁剪区域内双击鼠标，或者按下回车键即可完成裁剪操作，如图 4-43 所示。

图4-41 打开一幅图像

提示 如果在拖曳的同时按住【Shift】键，可以得到正方形的裁切范围。

图4-42 选取裁切范围

图4-43 裁切后的图像效果

2. 裁剪命令

【图像】菜单中的【裁剪】命令与裁剪工具的功能完全相同。两者的区别在于，使用【裁剪】命令之前必须创建选区，选区之外的区域将被裁剪掉。

上机实战 裁剪命令的使用

所用素材：光盘\素材\第4章\鲜花.jpg

01 打开一幅图片并创建选区，如图4-44所示。

02 单击【图像】/【裁剪】命令，选区以外的区域被裁剪掉，图像效果如图4-45所示。

图4-44 创建选区

图4-45 裁剪后的图像效果

提示 如果事先创建的选区不是矩形选区，那么裁切的基准点是选区的四周最边缘处。

3. 裁切命令

【图像】菜单中的【裁切】命令可以裁切掉图像周围的空白边缘。

上机实战 裁切命令的使用

所用素材：光盘\素材\第4章\球.jpg

01 打开一幅图像，如图4-46所示。

02 单击【图像】/【裁切】命令弹出【裁切】对话框，如图4-47所示。

03 设定完毕后单击【确定】按钮，裁切效果如图4-48所示。

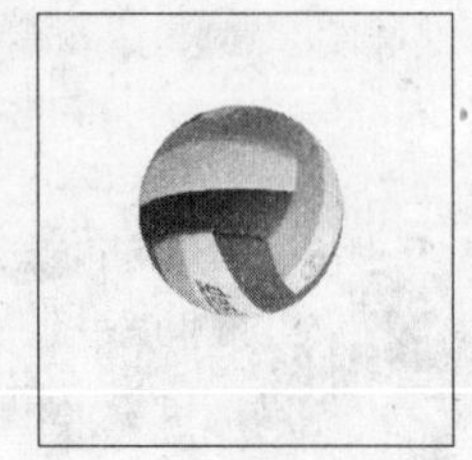

图4-46　素材图像

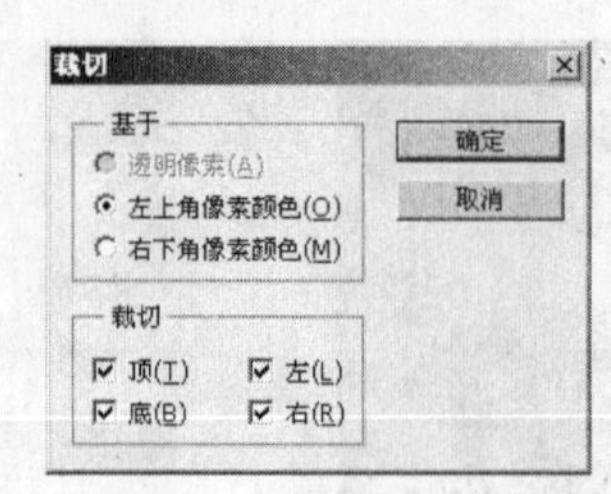

图4-47　【裁切】对话框

图4-48　裁切后的图像效果

4.7　课堂实训

4.7.1　海报

本例制作海报效果，其中主要用到了图像变换功能，效果如图 4-49 所示。

图4-49　海报

上机实战　制作海报

所用素材：光盘\素材\第 4 章\新娘 .jpg、背景 .jpg

最终效果：光盘\效果\第 4 章\海报 .psd

01 打开一幅图片，如图 4-50 所示。

02 按下【Ctrl+A】组合键全选图像，然后按下【Ctrl+C】组合键复制图像。

03 打开另一幅图片，如图 4-51 所示。

图4-50　素材图片

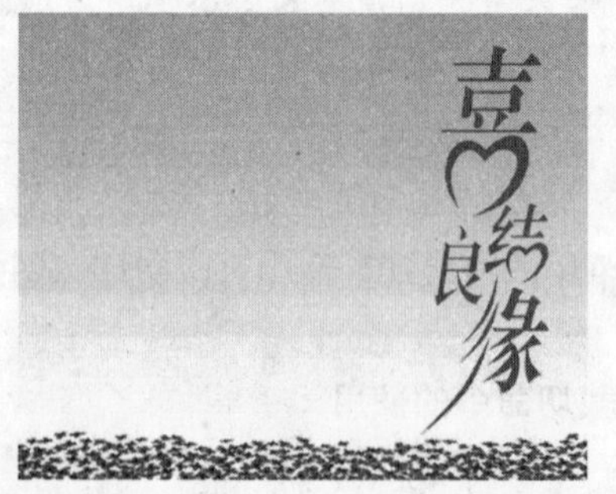

图4-51　素材图片

04 按下【Ctrl+V】组合键粘贴图像，利用移动工具调整图像的位置，如图 4-52 所示。

05 在【图层】面板中复制【图层 1】，得到【图层 1 副本】，如图 4-53 所示。

图4-52 粘贴图像

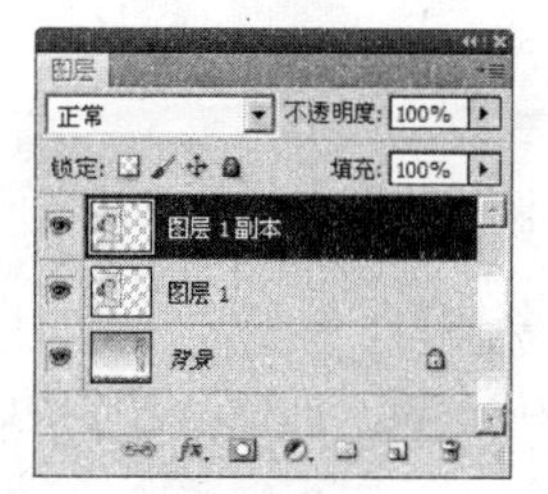

图4-53 复制图层

06 确认当前图层为【图层 1 副本】，单击【编辑】/【变换】/【旋转】命令，在工具选项栏中设置旋转角度为 10，如图 4-55 所示，按回车键确认，图像效果如图 4-55 所示。

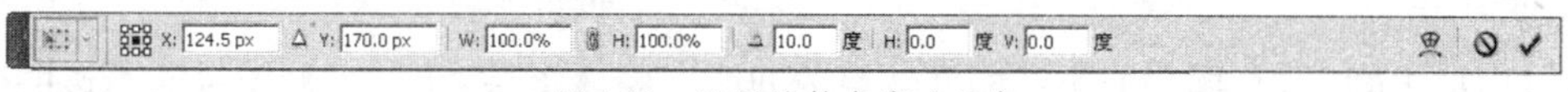

图4-54 设置旋转角度为10度

07 连续按【Ctrl+Shift+Alt+T】组合键 5 次，图像效果如图 4-56 所示。此时【图层】面板如图 4-57 所示。

图4-55 旋转后的图像效果

图4-56 图像效果

08 在【图层】面板中调整图层的顺序，如图 4-58 所示。调整图层顺序后的图像效果如图 4-59 所示。

图4-57 【图层】面板

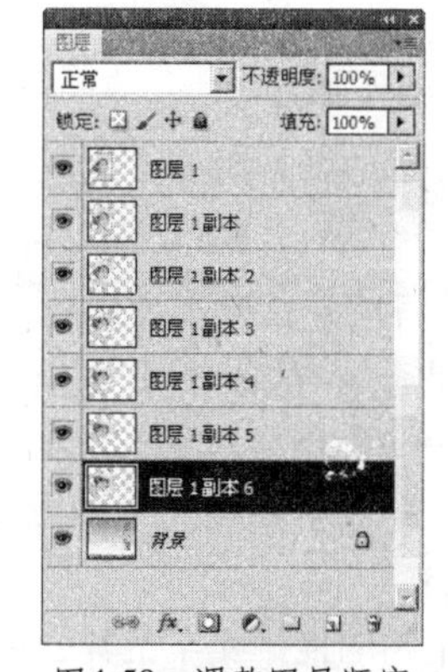

图4-58 调整图层顺序

09 在【图层】面板中单击【图层 1 副本】，使其成为当前图层，将该图层的不透明度调整为 90%，如图 4-60 所示。

图4-59 调整图层顺序后的图像效果

图4-60 调整图层的不透明度

10 将【图层 1 副本 2】图层的不透明度调整为 80%，将【图层 1 副本 3】图层的不透明度调整为 70%，以此类推，得到最终图像效果。

4.7.2 制作邮票效果

本例制作邮票效果，如图 4-61 所示。

图4-61 邮票效果

上机实战 制作邮票

所用素材：光盘\素材\第 4 章\仙子.jpg

最终效果：光盘\效果\第 4 章\邮票.psd

01 按【D】键将前景色设置为黑色、背景色设置为白色，单击【文件】/【打开】命令打开一幅素材图像，如图 4-62 所示。

02 按下【Ctrl+A】组合键全选图像，然后按下【Ctrl+C】组合键将图像复制到剪贴板中，单击【文件】/【新建】命令新建一个图像文件，按下【Ctrl+V】组合键将图像粘贴到新建的文件中，并调整图像大小。

03 单击工具箱中的横排文字工具，依次在图像中输入文本“80”、“分”和“中国人民邮政”，并调整大小及位置，如图 4-63 所示。

04 单击【图层】/【拼合图像】命令拼合所有图层。

05 选择工具箱中的矩形选框工具，在图像中创建如图 4-64 所示的矩形选区。

图4-62 打开的素材图像

图4-63 输入文字

图4-64 创建选区

06 单击【编辑】/【描边】命令，在【描边】对话框中设置【颜色】为黑色、【宽度】为2像素，单击【确定】按钮，按【Ctrl+D】组合键取消选区，效果如图4-65所示。

07 选择工具箱中的矩形选框工具，在图像中创建如图4-66所示的矩形选区，单击【选择】/【反向】命令反选白色的区域，选择工具箱中的油漆桶工具，将选区用黑色填充。单击【选择】/【反向】命令反选选区，区域效果如图4-67所示。

图4-65 为选区描边

图4-66 创建选区

图4-67 填充选区然后反选图像

08 单击【路径】面板下的【将选区转换为路径】按钮，将选区转换为工作路径，【路径】面板如图4-68所示。

09 选择工具箱中的铅笔工具，单击【窗口】/【画笔】命令打开【画笔】面板，设置其中的参数，如图4-69所示。

图4-68 【路径】面板

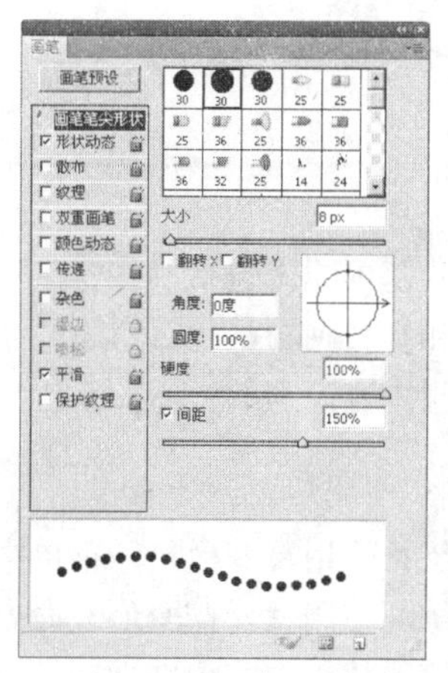

图4-69 【画笔】面板

10 在【路径】面板的【工作路径】上面单击鼠标右键，在弹出的快捷菜单中选择【描边路径】选项，在弹出的【描边路径】对话框中选择【铅笔】工具，如图 4-70 所示，单击【确定】按钮为路径描边，效果如图 4-71 所示。

图4-70 【描边路径】对话框

图4-71 为路径描边

11 在【路径】面板中将工作路径删除，即可完成邮票效果的制作。

4.8 本章小结

本章主要介绍了编辑图像的基本操作，从简单的剪切、复制和粘贴操作开始，继而介绍了图像的旋转和变形，使读者清楚了图像的大小与分辨率之间的关系，掌握了对图像的整体或者局部的编辑操作，从而可以制作一些简单实用的图像效果。

本章的内容比较简单，所涉及的操作并不复杂，但是在图像处理过程中的使用频率很高。掌握这些内容以及一些操作技巧，对今后的进一步学习是很有帮助的。

4.9 习题

1. 填空题

(1) 在 Photoshop 中，整个图像被称为________。

(2) 所谓图像的变换，就是利用【编辑】/【变换】子菜单中的命令，对图像进行________以及各种________操作。

(3) 图像的尺寸和分辨率的大小息息相关，同样大小的图像，________越高的图像就会越清晰。

2. 问答题

(1) 图像的基本编辑包括哪些?

(2) 旋转和翻转画布是什么意思?

(3) 什么叫内容识别缩?

3. 上机题

(1) 上机练习使用【变换】子菜单中的命令变换图像。

(2) 上机练习使用【操控变形】命令对图像进行变形。

(3) 上机练习使用内容识别功能。

（4）根据所学知识，制作如图 4-72 所示的描边字效果。

制作提示：使用横排文字蒙版工具输入选区文字，在【路径】面板中将选区转换为路径，选择画笔工具，打开【画笔】调板设置画笔参数，使用【描边路径】命令为文字添加描边效果。

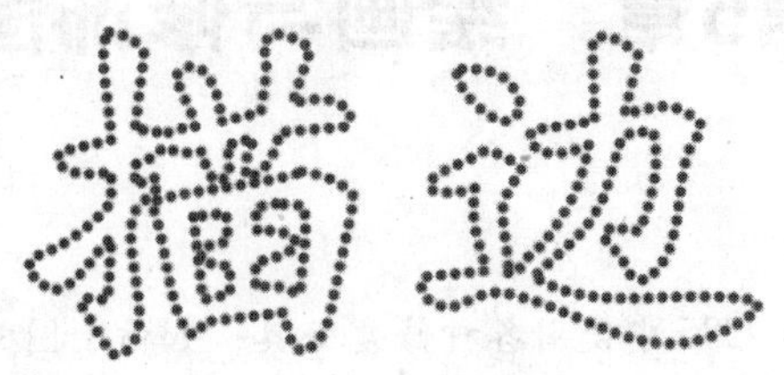

图4-72　描边字

（5）根据所学知识，制作如图 4-73 所示的木纹边框效果。

制作提示：全选图像，使用变换中的【缩小】命令把图像缩小露出一部分白色的边，选择白色边部分新建图层填充颜色，使用【添加杂色】和【动感模糊】滤镜制作纹理效果，最后为该图层添加斜面与浮雕的图层样式。

图4-73　木纹边框

第5章　绘画与修饰图像

内容提要

本章主要介绍 Photoshop CS5 中使用各种修复工具，如仿制图章工具、污点修复画笔工具、修补工具、颜色替换工具的使用方法和技巧。理解和掌握这些修复工具可以完成不同的图像修复效果。

5.1　画笔工具

利用工具箱中的画笔工具可以获得具有毛笔或水彩笔风格的绘画效果。Photoshop CS5 中画笔工具的使用方法跟现实中的画笔类似，但是 Photoshop CS5 中画笔工具的功能远远超过现实中的画笔。

1. 画笔工具

在工具箱中选择画笔工具，其工具选项栏如图 5-1 所示，其中各选项说明如下：

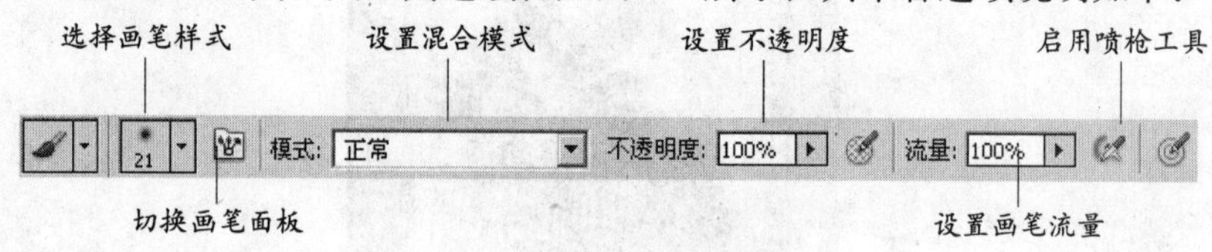

图5-1　画笔工具选项栏

- 【】(画笔样式)：单击小三角按钮可以打开【画笔预设】选取器，如图 5-2 所示，其中包括了画笔形状、画笔大小等选项，通过拖动滚动条可以看到更多风格的画笔。
- 【不透明度】：利用工具选项栏中的【不透明度】文本框，可以实现不同透明度的绘画效果，可输入的范围为 1% ～ 100%。数值越小，绘画的透明效果越明显；数值越大，绘画的透明效果越明显，如图 5-3 所示。

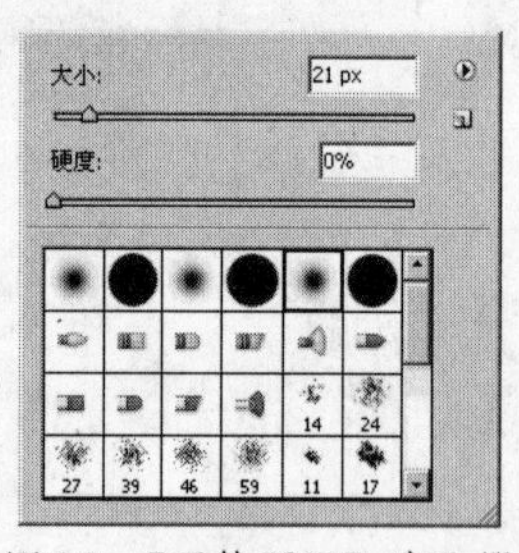

图5-2 【画笔预设】选取器

图5-3　使用不同【不透明度】的画笔绘画效果对比

- 【流量】：利用工具选项栏中的【流量】文本框，可以实现不同力度的绘画效果，可输入的范围为 1% ～ 100%。数值越大，绘画力度越重；数值越小，绘画力度越轻，如图 5-4 所示。
- 【】(喷枪工具)：单击画笔工具选项栏右端的喷枪工具按钮，可以将画笔工具切换为喷枪工具。喷枪工 具所产生的效果与现实中的油漆喷枪类似，可以模拟雾状图像效果，在使用的过程中如果按住鼠标不放，并且不拖曳，可以产生递增绘画效果，如图 5-5 所示。

图5-4 使用不同【流量】的画笔绘画效果对比

图5-5 喷枪工具绘画效果

上机实战 画笔工具的使用

01 新建一个空白图像文件并选择适当的前景色。
02 选择工具箱中的画笔工具，在其选项栏中选择一种笔刷样式。
03 在图像窗口中单击鼠标不放，拖曳绘画，如图 5-6 所示。

图5-6 画笔工具的使用方法

2. 画笔面板

利用【画笔】面板可以获得几乎无穷尽的画笔样式，不同的画笔样式所产生的绘画效果各不相同，可以模仿现实中的水彩画、炭笔画，甚至可以模仿树叶、青草等效果。

上机实战 画笔面板的使用

01 单击【窗口】菜单中的【画笔】命令打开【画笔】面板，如图 5-7 所示。
02 在【画笔】面板左侧区域中单击选择某一个选项，该选项为画笔的属性，然后在【画笔】面板右侧区域中将画笔属性进行调整，从而获得各种各样的画笔样式，如图 5-8 所示。
03 单击【画笔预设】按钮打开【画笔预设】面板，可以方便地从中选择所需要的画笔，如图 5-9 所示。

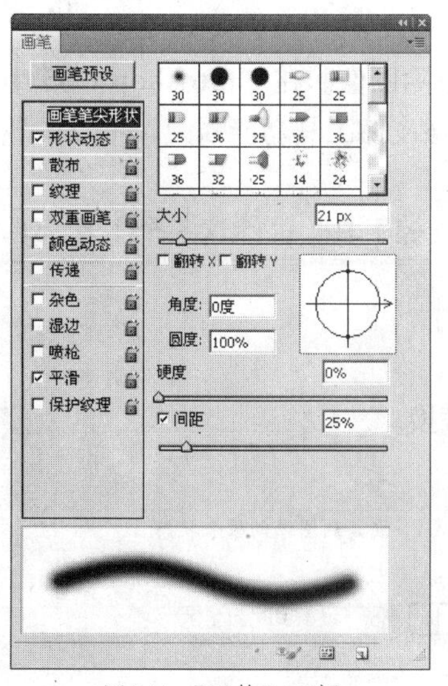

图5-7 【画笔】面板

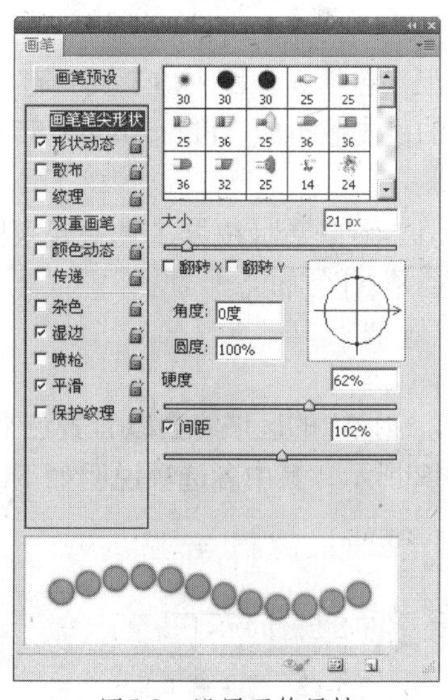

图5-8 设置画笔属性

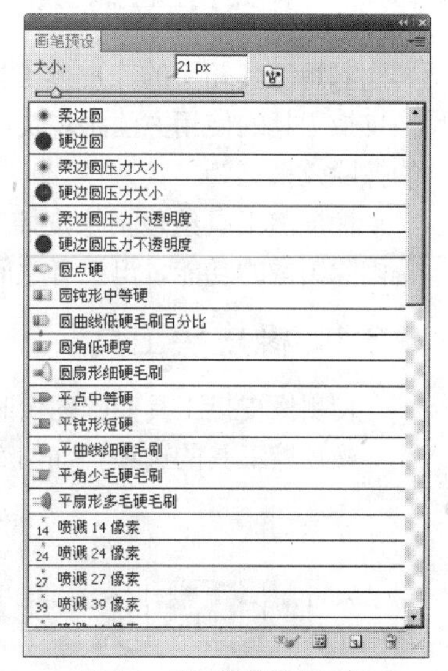

图5-9 【画笔预设】面板

5.2 铅笔工具

利用工具箱中的铅笔工具可以绘制直线或曲线。在 Photoshop CS5 中铅笔工具的使用方法跟现实中的铅笔类似。

铅笔工具的选项栏如图 5-10 所示。铅笔工具选项栏中不同的参数设置，决定了铅笔绘画的效果。其中各选项说明如下：

图5-10　铅笔工具选项栏

- （绘图板压力控制不透明度）按钮：控制数位板压力的不透明度，在安装了数位板的情况下该选项可用。
- 【自动抹除】复选框：如果选中【自动抹除】复选框，当画线的起点颜色与前景色（即当前铅笔的颜色）相同时，它会自动用背景色绘画，如果取消选中【自动抹除】复选框，所画出的线都是基于前景色的。
- （绘图板压力控制大小）按钮：控制数位板压力大小，在安装了数位板的情况下该选项有用。

上机实战　铅笔工具的使用

01 新建一个空白图像文件。

02 选择工具箱中的铅笔工具。在图像窗口中单击鼠标不放，拖曳绘画，如图 5-11 所示。

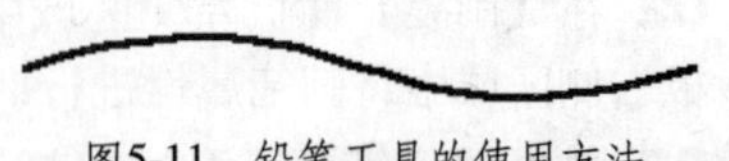

图5-11　铅笔工具的使用方法

5.3 橡皮擦工具组

利用工具箱中的橡皮擦工具组（包括 3 种橡皮擦工具）可以擦除图像。在 Photoshop CS5 中橡皮擦工具的使用方法跟现实中的橡皮擦类似，Photoshop CS5 的橡皮擦工具功能强大，可以实现的擦除效果更为丰富。

橡皮擦工具组包括橡皮擦工具、背景色橡皮擦工具、魔术橡皮擦工具，虽然这三个工具都具备擦除图像的功能，但三者之间还是有区别的。

5.3.1 橡皮擦工具

使用橡皮擦工具擦除图像时，被擦除的区域将会以背景色来替换。

橡皮擦工具的选项栏如图 5-12 所示，其中各选项说明如下：

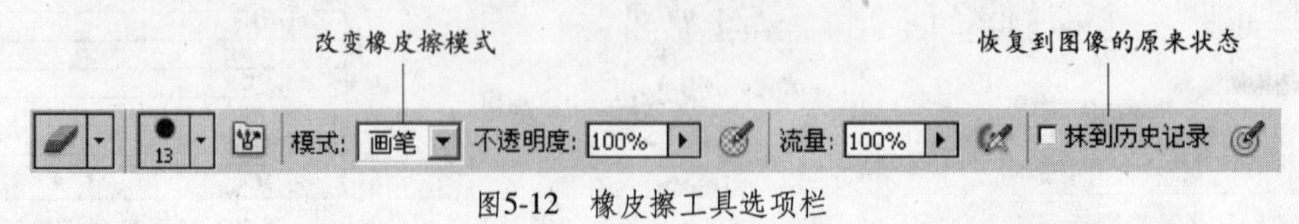

图5-12　橡皮擦工具选项栏

- 【模式】：单击该下拉按钮，其中有三个选项可以选择，即【画笔】、【铅笔】和【块】，如图 5-13 所示，三种不同模式的擦除效果如图 5-14 所示。

图5-13 【模式】下拉列

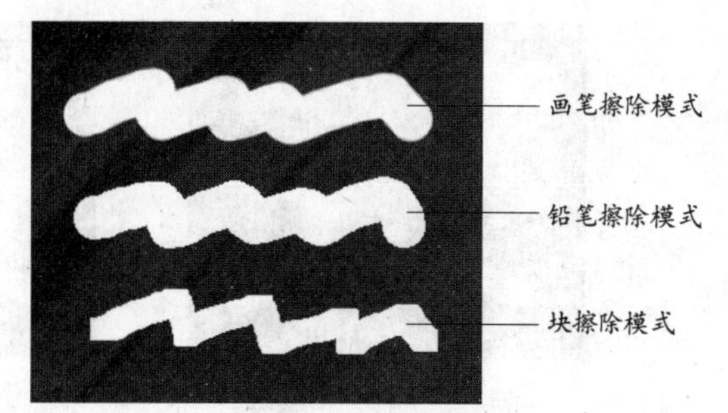

图5-14 不同模式下的橡皮擦工具擦除效果

- 【抹到历史记录】：选择该复选框可以将编辑处理过的图像恢复到图像的存储状态。

上机实战 橡皮擦工具的使用

01 利用画笔工具在图像编辑窗口中绘画，如图 5-15 所示。

02 选择工具箱中的橡皮擦工具，在图像上单击鼠标并拖曳即可擦除图像，效果如图 5-16 所示。

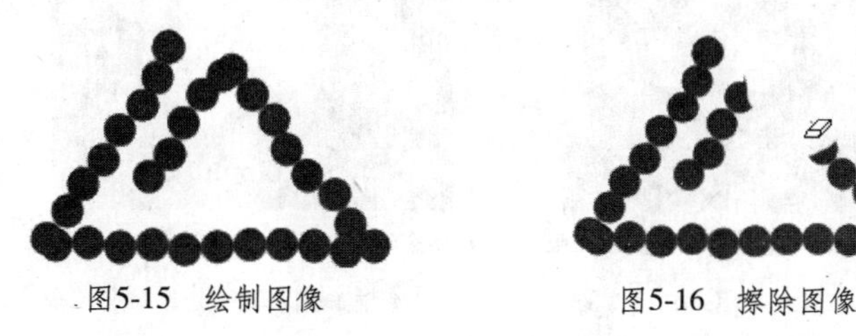

图5-15 绘制图像　　图5-16 擦除图像

5.3.2 背景色橡皮擦工具

利用背景色橡皮擦工具可以只擦除某些范围的颜色而保留其他范围。另外还可以通过指定不同的取样和容差选项控制透明度的范围和边界的锐化程度。

背景色橡皮擦工具的选项栏如图 5-17 所示，其中各选项说明如下：

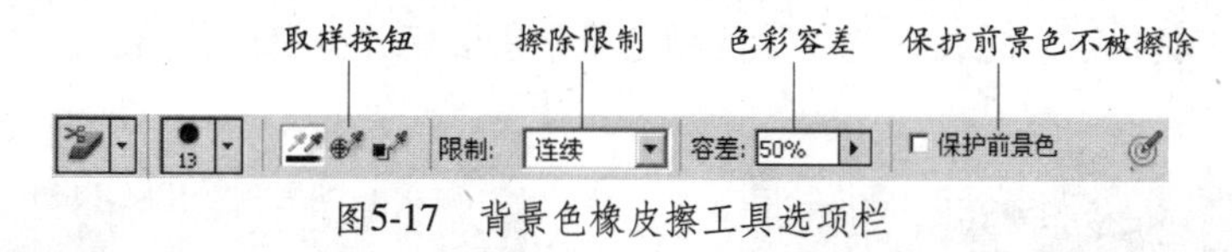

图5-17 背景色橡皮擦工具选项栏

- (取样按钮)：该按钮决定了背景色橡皮擦工具的工具热点所采取的取样方法。选择【连续】按钮（此选项为默认值），鼠标指针在图像中不同颜色区域移动，工具箱中的背景色也将相应的发生变化，并不断地选取样色；选择【一次】按钮，鼠标针对第一次按下的位置，该位置的颜色即成为被擦除的标准色；选择【背景色板】按钮，以背景色为标准，与背景色接近的颜色会被除掉。
- 【限制】：可以设置擦除边界的连续性，如图 5-18 所示，其中选择【不连续】选项可以擦除画笔下所有同色区域的所有图像；选择【连续】选项，则只擦除画笔下同色相邻的区域；选择【查找边缘】选项，则在擦除时会保留该图像的边缘。

不连续
连续
查找边缘

图5-18 【限制】下拉列表框

- 【容差】：该文本框决定了将被擦除的颜色范围。数值越低，擦除的范围越接近本色，如图 5-19 所示。

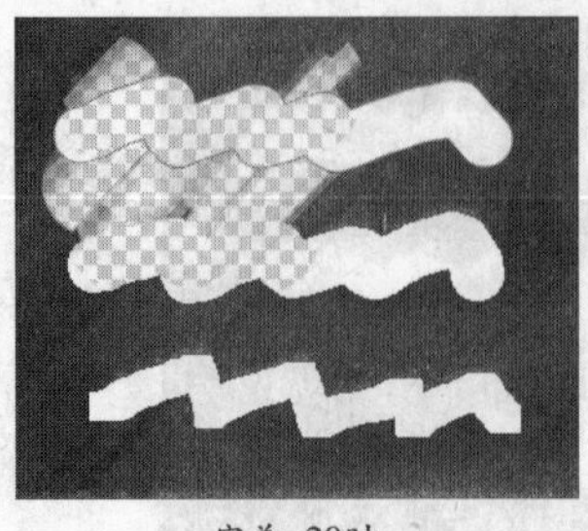

容差=20时

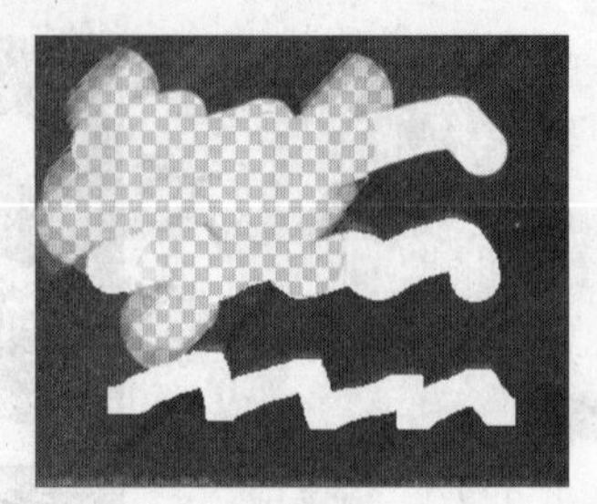

容差=100时

图5-19　设置不同【容差】值的擦除效果

- 【保护前景色】：选择【保护前景色】复选框，可以将不希望被擦除的颜色设为前景色，从而达到擦除时保护前景色的目的，如图 5-20 所示，这里的前景色设为黑色。

在擦除时选择【保护前景色】复选框

在擦除时未选择【保护前景色】复选框

图5-20　【保护前景色】复选框的用法

上机实战　背景色橡皮擦工具的使用

所用素材：光盘\素材\第 5 章\点心.jpg

01 打开一幅图片，如图 5-21 所示。

02 选择工具箱中的背景色橡皮擦工具。将鼠标指针移到图像中，当鼠标指针显示为画笔形状⊕（中间十字线称为工具热点）时，在要擦除的颜色上单击鼠标并拖曳进行擦除操作，擦除效果如图 5-22 所示。

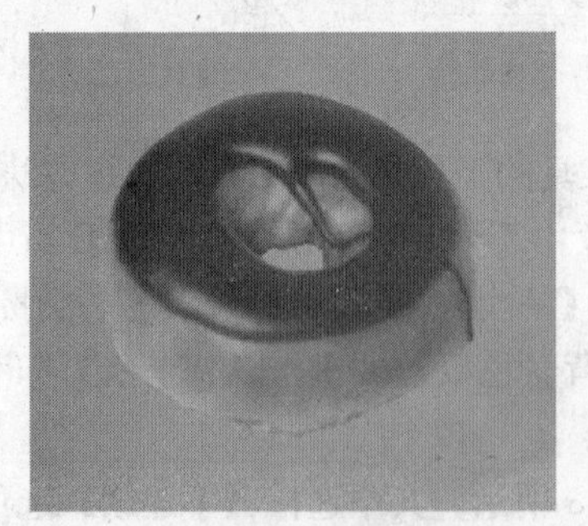

图5-21　素材图片

图5-22　背景色橡皮擦的擦除效果

可以看到，在擦除过程中背景色橡皮擦工具会根据十字线（即工具热点）不断地采集颜色，根据采集到的颜色进行擦除，比如采集的颜色为蓝色则擦除蓝色区域。

5.3.3 魔术橡皮擦工具

魔术橡皮擦工具的使用方法与魔棒工具相似。利用魔术橡皮擦工具只需要在图像上单击鼠标，凡是相同色彩的地方都将被删除。

魔术橡皮擦工具选项栏如图 5-23 所示。其中各选项说明如下：

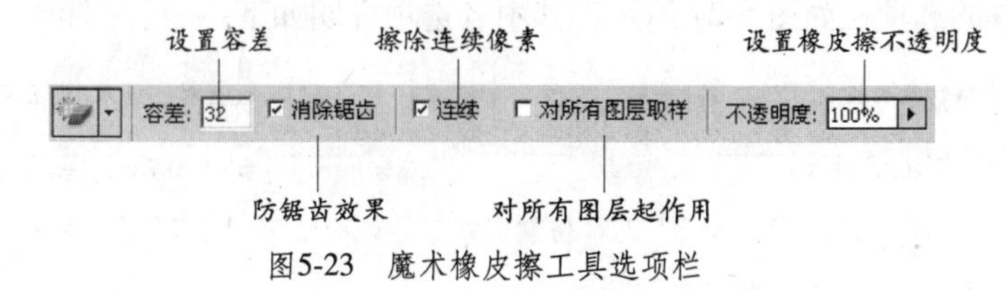

图5-23 魔术橡皮擦工具选项栏

- 【容差】：用来设定可抹除的颜色范围。输入的值较低，擦除的范围较小；输入的值较高，擦除的范围较广。如图 5-24 所示为不同容差的擦除效果，这里单击的位置在原图的左上部位。

原图

容差为默认值32

容差设置为80

图5-24 设置不同的【容差】值效果

- 【消除锯齿】：选择该复选框将使图像在擦除后保持较平滑的边缘。
- 【连续】：选择该复选框将只擦除与单击点的像素连续的范围，取消选择【连续】复选框则表示擦除图像中所有相似范围。
- 【对所有图层取样】：选择该复选框表示对所有可见图层中的组合数据采集擦除色样。
- 【不透明度】：可以指定不透明度以定义擦除效果的强度。不透明度为 100% 时，将完全抹除像素；不透明度较低时，将部分抹除像素。

上机实战 魔术橡皮擦工具的使用

所用素材：光盘\素材\第 5 章\菠萝.jpg

01 打开一幅图片，如图 5-25 所示。

02 选择工具箱中的魔术橡皮擦工具。

03 在图像中单击鼠标，与单击处的颜色相同的区域均被擦除，如图 5-26 所示。这里单击的是图像的背景颜色即蓝色。

图5-25 素材图片

图5-26 使用魔术橡皮擦工具擦除后的效果

5.4 仿制图章工具

利用工具箱中的仿制图章工具可以从图像中取样，然后将样本复制到图像的其他位置，甚至还可以复制到其他图像中。

仿制图章工具的选项栏如图 5-27 所示，其中各选项说明如下：

图5-27　仿制图章工具选项栏

- 【】（切换仿制源面板）：单击该按钮会打开【仿制源】面板，在该面板中可以设置五个不同的样本源并快速选择所需的样本源，而不用每次更改为不同的样本源时重新取样。还可以缩放或旋转样本源以更好地匹配仿制目标的大小和方向，如图 5-28 所示。
- 【对齐】：如果在复制图像时选中该复选框，则可以在拖动过程中松开鼠标，再拖动时将继续完成复制任务。如果没有选中该复选框在图像中拖曳进行复制，松开鼠标后在其他位置继续拖动时，将重新开始复制，如图 5-29 所示。

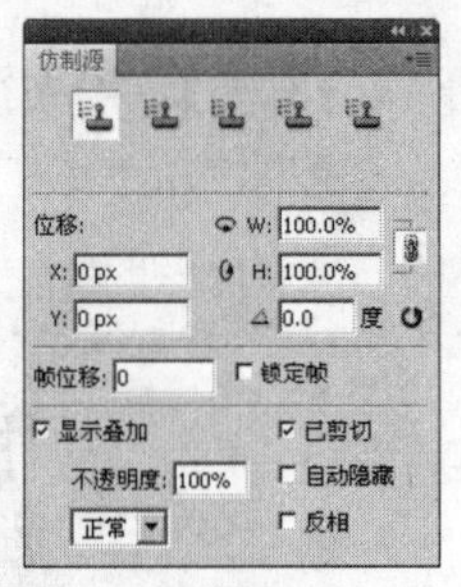

图5-28　【仿制源】面板

原图

选中【对齐】复选框

未选中【对齐】复选框的效果

图5-29　选中与未选中【对齐】复选框的效果

- 【样本】：在【样本】下拉列表框中有三个选项，如图 5-30 所示，可以从中选择样本所在的位置。

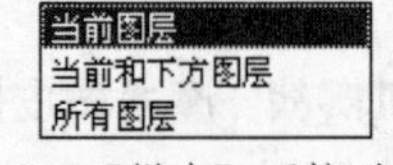

图5-30　【样本】下拉列表框

上机实战　仿制图章工具的使用

所用素材：光盘\素材\第 5 章\荷花.jpg

01 打开一幅图片。

02 选择工具箱中的仿制图章工具。将鼠标指针移到图像中，按住【Alt】键不放单击鼠标以确定取样点，如图 5-31 所示，然后松开【Alt】键及鼠标。

03 将鼠标指针移到图像的其他位置，单击鼠标不放，在图像中拖曳进行复制，如图 5-32 所示。

> **提示** 在使用仿制图章工具复制图像时原图像上会出现一个十字光标，十字光标表示是原图像点，仿制图章工具表示复制出来的新图像点。仿制图章工具根据十字光标的位置进行复制。

图5-31　确定取样点

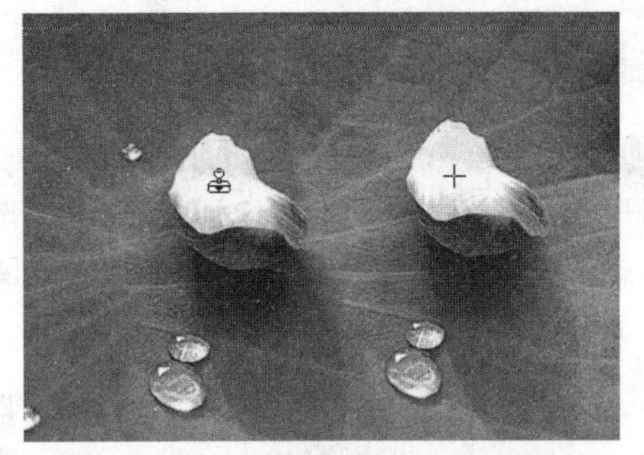

图5-32　使用仿制图章工具复制图像

5.5　图案图章工具

利用工具箱中的图案图章工具可以采取图案的方式进行绘画。既可以从 Photoshop CS5 预设的图案库中选择图案，也可以自定义新的图案。

图案图章工具的选项栏如图 5-33 所示，其中各选项说明如下：

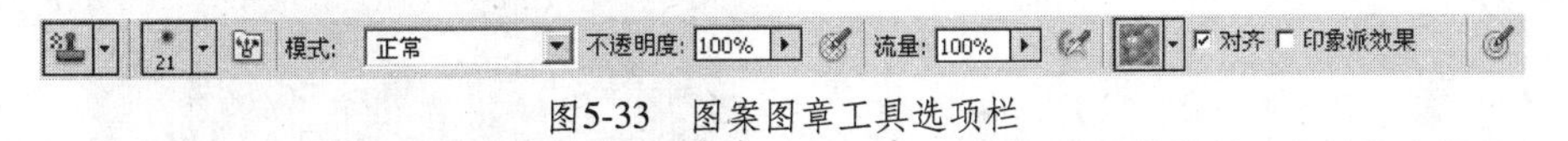

图5-33　图案图章工具选项栏

- 【对齐】：该选项的功能类似于仿制图章工具选项栏中的【对齐】复选框，但还是有所区别的。在复制图像时选中该复选框，可以在拖动过程中松开鼠标后再拖动时将继续对齐图像。如果没有选中该复选框，在拖动过程中松开鼠标后再拖动时复制的图像将不会对齐，如图 5-34 所示。

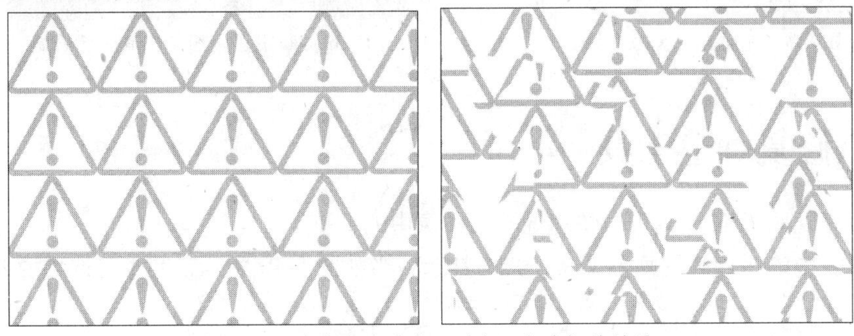

图5-34　选中与未选中【对齐】复选框的效果

- 【印象派效果】：如果在复制图像时选中【印象派效果】复选框，在复制图像时将模仿绘画中的印象派效果，如图 5-35 所示。

图5-35　未选中与选中【印象派效果】复选框时所复制的效果

上机实战 图案图章工具的使用

所用素材：光盘\素材\第5章\墙面.jpg

01 打开一幅图片，按下【Ctrl+A】组合键全选图像，如图5-36所示。

02 单击【编辑】/【定义图案】命令弹出【图案名称】对话框，在其中为图案命名，如图5-37所示，单击【确定】按钮。

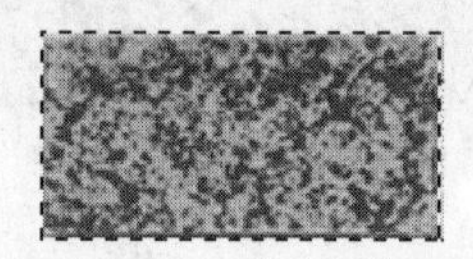

图5-36 全选图像

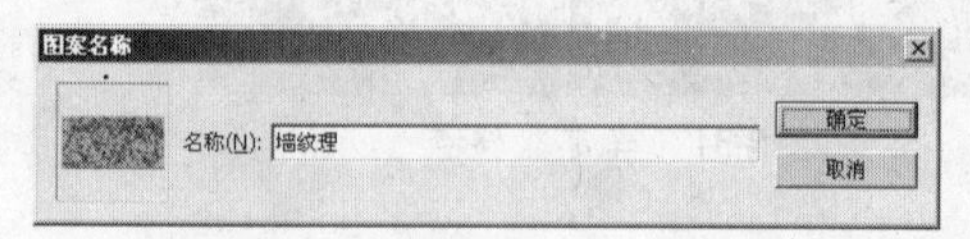

图5-37 【图案名称】对话框

03 新建一幅空白的图像文件。选择工具箱中的图案图章工具，并在工具选项栏中的【图案】下拉列表中选择前面所定义的图案，如图5-38所示。

04 在新建的图像中单击鼠标并拖动，不断反复操作，图像效果如图5-39所示。

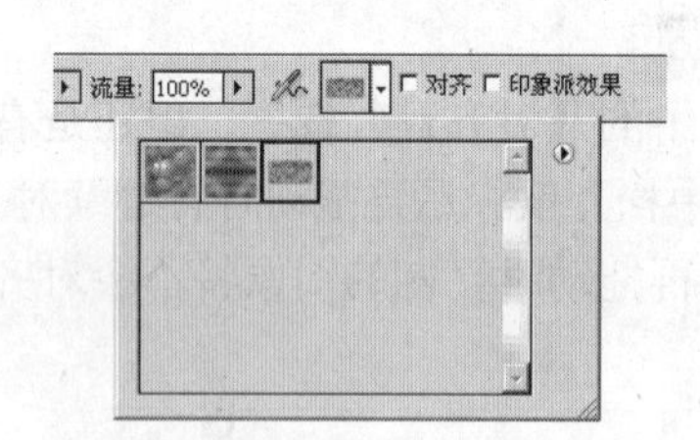

图5-38 选择自定义的图案

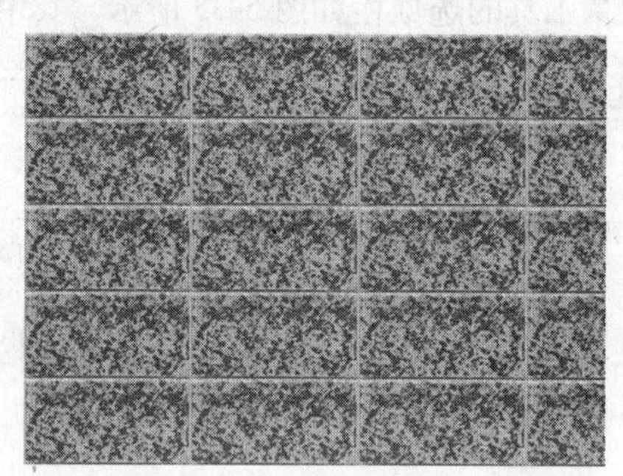

图5-39 利用图案图章工具进行绘制

5.6 污点修复画笔工具

使用污点修复画笔工具可以快速地除去图像中的瑕疵。

选择工具箱中的污点修复画笔工具，其工具选项栏如图5-40所示，其中各选项说明如下：

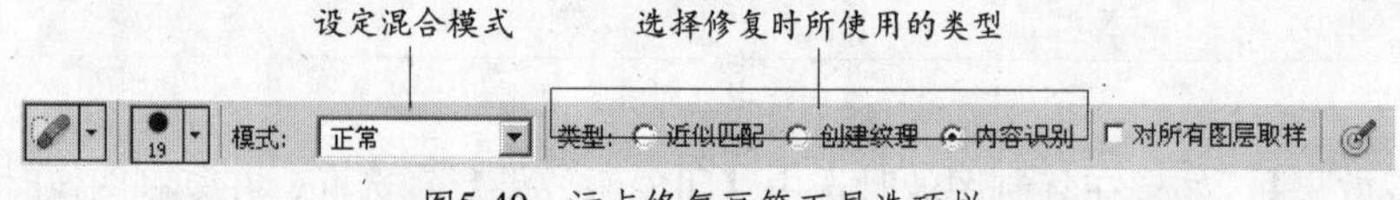

图5-40 污点修复画笔工具选项栏

- 【模式】：设置修复时的混合模式。
- 【近似匹配】：选择该单选按钮，在修复时使用选区边缘周围的像素，找到要用作修补的区域。
- 【创建纹理】：选择该单选按钮，在修复时使用选区中的像素创建纹理。
- 【内容识别】：选择该单选按钮，在修复时会比较附近的图像内容，不留痕迹地填充选区，同时保留让图像栩栩如生的关键细节，如阴影和对象边缘。

上机实战 污点修复画笔工具的使用

所用素材：光盘\素材\第5章\斑点照片.jpg

01 打开一幅需要修复的图片，如图5-41所示。

02 在【污点修复画笔工具】的工具属性中选中【近似匹配】单选按钮，设置画笔大小为10，移动鼠标指针至图像上要修复的区域，如图5-42所示。

03 单击鼠标，此时鼠标指针单击处将以黑色显示，松开鼠标以修复图像，得到效果如图5-43所示。

图5-41 素材图片

图5-42 进行修复

图5-43 修复后的效果

5.7 修复画笔工具

利用工具箱中的修复画笔工具可以轻易消除图像中的尘埃、划痕、脏点和褶皱。该工具与仿制图章工具类似，区别在于修复画笔工具功能更为强大，还可以将样本像素中的纹理、光照、透明度和阴影与源像素进行匹配，使修复后的图像更自然。

修复画笔工具的选项栏如图5-44所示。其中各选项说明如下：

图5-44 修复画笔工具选项栏

在【源】选项区中，可以选择要修复的效果。

- 【取样】：选择该按钮，需要在修复前确定取样点，修复过程中以取样点的像素来修复。
- 【图案】：选择该按钮，修复时会按照在【图案】下拉列表框中选定的图案内容来修复图像。

上机实战 修复画笔工具的使用

所用素材：光盘\素材\第5章\小女孩.jpg

01 打开一幅需要修复的图片，如图5-45所示。

02 选择工具箱中的修复画笔工具，按下【Alt】键不放，使用鼠标在图像中单击设定取样点，如图5-46所示，然后松开【Alt】键与鼠标。

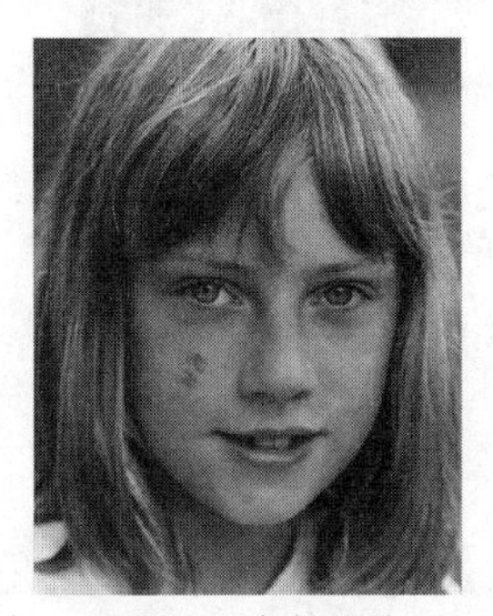

图5-45 素材图片

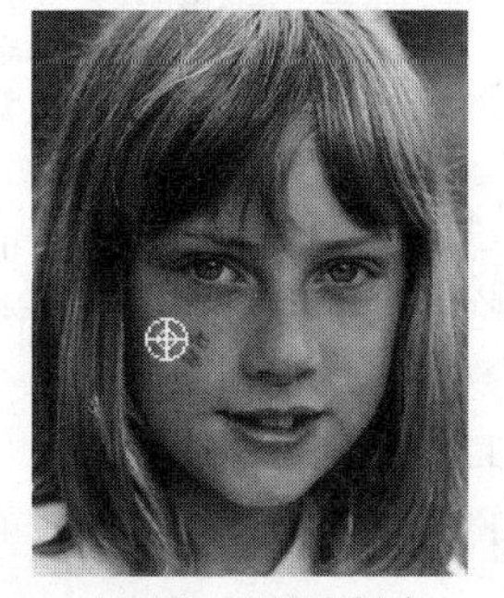

图5-46 设置取样点

03 在需要修复的区域中单击鼠标并拖动进行修复操作，如图5-47所示。

04 继续步骤 2 和步骤 3 的操作，在图像中反复进行取样并修复，修复后的效果如图 5-48 所示。

图5-47　进行修复

图5-48　修复后的效果

5.8　修补工具

修补工具与修复画笔工具类似，也可以将样本像素中的纹理、光照、透明度和阴影与源像素进行匹配，修补工具定义来源图像的方式与修复工具不同，它必须先圈选出要修补的图像范围才能进行修补。

修补工具的选项栏如图 5-49 所示，其中各选项说明如下：

图5-49　修补工具选项栏

- 【源】：默认情况下选中【源】单选按钮。
- 【目标】：选择该单选按钮则将选区作为来源图像，移动选区后，可以将选取区中的图像复制到其他地方，如图 5-50 所示。

图5-50　选择【目标】单选按钮复制图像

- 【透明】：如果要从取样区域中抽出具有透明背景的纹理，那么就要选择该选项。该选项适用于具有清晰分明的纹理、纯色背景或渐变背景。

上机实战　修补工具的使用

所用素材：光盘\素材\第 5 章\景色.jpg

01 打开一幅图像，如图 5-51 所示。

02 选择工具箱中的修补工具，在图像中圈选出要修补的区域，如图 5-52 所示。

图5-51　素材图片

图5-52　选出要修补的区域

03 拖动选取好的区域到要复制的来源点，修复区便会自动复制来源点的图像，如图 5-53 所示。

04 松开鼠标后要修补的区域将被来源点的图像所代替，按下【Ctrl+D】组合键取消选区，效果如图 5-54 所示。

图5-53　拖动选取好的区域至要复制的来源点

图5-54　修补后的效果

5.9　模糊工具

利用工具箱中的模糊工具可以模糊图像中清晰的边缘或区域。其工作原理是通过减小相邻像素间的颜色对比度，将突出的色彩打散，从而实现图像的模糊效果。

模糊工具的选项栏如图 5-55 所示。

图5-55　模糊工具选项栏

模糊工具选项栏中的【强度】数值框用于控制模糊图像时笔画的压力值，数值越大，模糊效果越明显，如图 5-56 所示。

原图

强度为40

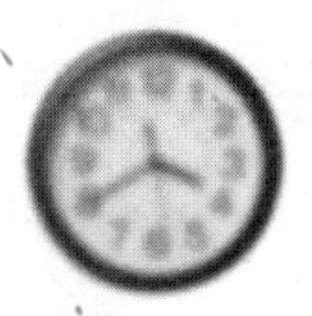

强度为80

图5-56　原图与不同强度的模糊效果

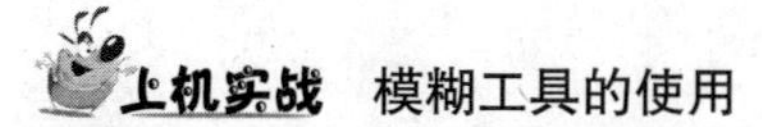

上机实战　模糊工具的使用

所用素材：光盘\素材\第 5 章\一枝玫瑰.jpg

01 打开一幅图片，如图 5-57 所示。

02 选择工具箱中的模糊工具。将鼠标指针移到图像中，单击鼠标不放并拖曳，模糊效果如图5-58所示。

图5-57 素材图片

图5-58 使用模糊工具后的效果

5.10 锐化工具

利用工具箱中的锐化工具可以增加图像的对比度，将色彩变强烈，使得图像中色彩柔和的边缘或区域变得清晰、锐利。

锐化工具的选项栏如图5-59所示。锐化工具选项栏与模糊工具选项栏完全一致，用法也类似。选择【保护细节】复选框可以增强细节，并使因像素化而产生的不自然感最小化。

图5-59 锐化工具选项栏

上机实战 锐化工具的使用

所用素材：光盘\素材\第5章\绿叶.jpg

01 打开一幅图片，如图5-60所示。

02 选择工具箱中的锐化工具。将鼠标指针移到图像中，单击鼠标不放并拖曳，锐化效果如图5-61所示。

图5-60 素材图片

图5-61 使用锐化工具后的效果

5.11 涂抹工具

利用工具箱中的涂抹工具可以模拟手指在未干的图画上涂抹。该工具的工作原理是用前景色或涂抹起点的颜色，沿着鼠标拖动的方向涂抹扩张。

涂抹工具的选项栏如图5-62所示，其中各选项说明如下：

图5-62 涂抹工具选项栏

- 【强度】：该文本框决定涂抹效果的强烈程度，数值越高，涂抹效果越明显。
- 【手指绘画】：如果选择【手指绘画】复选框，则将以前景色进行涂抹，取消该复选框，涂抹工具将以涂抹的起点处的颜色进行涂抹。

上机实战　涂抹工具的使用

所用素材：光盘\素材\第5章\唇膏.jpg

01 打开一幅图片，如图5-63所示。

02 选择工具箱中的涂抹工具。将鼠标指针移到图像中，单击鼠标不放并拖曳，涂抹效果如图5-64所示。

图5-63　素材图片

图5-64　使用涂抹工具后的效果

5.12　减淡工具

利用工具箱中的减淡工具可以使图像局部变亮。也就是说，使用减淡工具可以改善图像的曝光效果，因此在照片的修正处理上有它的独到之处。另外，使用减淡工具可以加亮图像的某一部分，从而达到强调或突出表现的目的。

减淡工具的选项栏如图5-65所示，其中各选项说明如下：

图5-65　减淡工具选项栏

- 【范围】：在该下拉列表框中有【阴影】、【中间调】和【高光】三个选项，如图5-66所示。选择【中间调】选项使用减淡工具时，将减淡图像中的中间调区；选择【阴影】选项将减淡图像中的暗区；选择【高光】选项将减淡图像中的亮区。不同范围的减淡效果如图5-67所示。

图5-66　【范围】下拉列表框

原图

减淡阴影区的效果

图5-67　不同范围的减淡效果

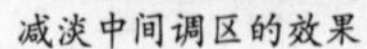

减淡中间调区的效果　　　　减淡高光区的效果

图5-67（续）

- 【曝光度】：该文本框用于控制减淡工具的使用效果，曝光度越高，效果越明显。
- 【】（喷枪效果）单击该按钮，可以使减淡工具具有喷枪的效果。

上机实战　减淡工具的使用

所用素材：光盘\素材\第5章\黄花.jpg

01 打开一幅图片，如图5-68所示。

02 选择工具箱中的减淡工具。将鼠标指针移到图像中，单击鼠标并拖曳，减淡效果如图5-69所示。

图5-68　素材图片

图5-69　使用减淡工具后的效果

5.13　加深工具

加深工具的功能与减淡工具正好相反。利用工具箱中的加深工具可以使图像中的局部变暗，其效果类似于负片曝光过度。

加深工具选项栏如图5-70所示。加深工具选项栏与减淡工具选项栏完全一致，用法也类似。

图5-70　加深工具选项栏

上机实战　加深工具的使用

所用素材：光盘\素材\第5章\靠垫.jpg

01 打开一幅图片，如图5-71所示。

02 选择工具箱中的加深工具。将鼠标指针移到图像中，单击鼠标并拖曳，加深效果如图5-72所示。

图5-71 素材图片

图5-72 使用加深工具后的效果

5.14 海绵工具

利用工具箱中的海绵工具可以提高或降低图像的色彩饱和度，但对黑白图像处理的效果不是很明显。

海绵工具的选项栏如图 5-73 所示。

图5-73 海绵工具选项栏

在海绵工具选项栏中的【模式】下拉列表框中有【降低饱和度】和【饱和】两个选项，如图 5-74 所示。选择【降低饱和度】选项，使用海绵工具时将降低色彩饱和度；选择【饱和】选项，则将提高饱和度，如图 5-75 所示。

图5-74 【模式】下拉列表框

原图

选择【降低饱和度】选项时的效果

选择【饱和】选项时的效果

图5-75 不同模式下使用海锦工具的效果

上机实战 海绵工具的使用

所用素材：光盘\素材\第 5 章\玫瑰花 .jpg

01 打开一幅图片，如图 5-76 所示。

02 选择工具箱中的海绵工具。将鼠标指针移到图像中，单击鼠标并拖曳，使用海绵工具后的效果如图 5-77 所示。

图5-76 素材图片

图5-77 使用海绵工具后的效果

5.15 颜色替换工具

利用工具箱中的颜色替换工具可以对图像中的颜色进行替换，替换时用到的颜色是前景色。颜色替换工具的选项栏如图 5-78 所示，其中各选项说明如下：

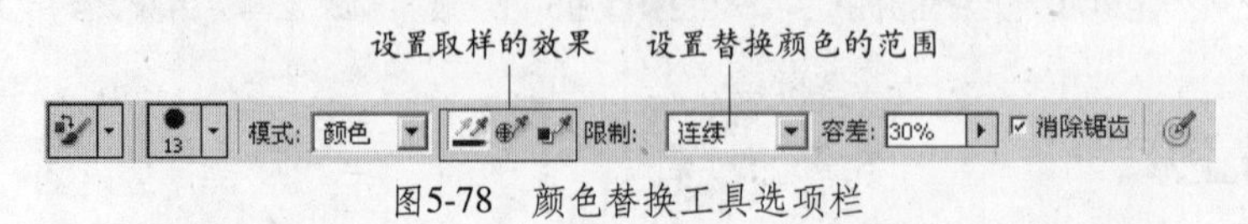

图5-78 颜色替换工具选项栏

- 【】(设置取样的效果)：在颜色替换工具选项栏中有三个取样按钮，选择【取样：连续】按钮，在替换颜色时对颜色连续取样；选择【取样：一次】按钮在替换颜色时只替换第一次点按的颜色所在区域中的目标颜色；选择【取样：背景色板】按钮在替换颜色时只抹除包含当前背景色的区域。
- 【限制】：在该下拉列表框中有 3 个选项，如图 5-79 所示，选择【不连续】选项将替换出现在指针下任何位置的样本颜色；选择【邻近】选项将替换与紧挨在指针下的颜色邻近的颜色；选择【查找边缘】选项将替换包含样本颜色的相连区域，同时更好地保留形状边缘的锐化程度。

不连续
连续
查找边缘

图5-79 【限制】下拉列表

上机实战 颜色替换工具的使用

所用素材：光盘\素材\第 5 章\鲜花 .jpg

01 打开一幅素材图片，如图 5-80 所示。

02 选取前景色为粉红色。选择工具箱中的颜色替换工具并在工具选项栏中选择适合的笔刷。

03 将鼠标指针移到图像中要改变颜色的位置，单击鼠标不放并拖曳，鼠标指针拖曳过的地方被所选的颜色替换，图像效果如图 5-81 所示。

图5-80 素材图片

图5-81 替换颜色后的效果

5.16 课堂实训

5.16.1 景深效果

本例制作景深效果，其中主要用到了模糊工具，效果如图 5-82 所示。

图5-82 景深效果

上机实战 制作景深效果

所用素材：光盘\素材\第5章\男孩.jpg
最终效果：光盘\效果\第5章\景深效果.jpg

01 打开需要进行处理的图片，如图5-83所示。

02 创建选区，将人物以外的背景色选中，如图5-84所示。

图5-83 素材图片

图5-84 创建选区

03 选择工具箱中的模糊工具并设置适当的笔刷大小，在选区中拖动对背景进行模糊处理，如图5-85所示。

04 将选区中的背景区域全部模糊处理后，按下【Ctrl+D】组合键取消选区，景深效果如图5-86所示。

图5-85 使用模糊工具进行处理

图5-86 景深效果

5.16.2 使模糊的照片变得清晰

本实例使用【USM锐化】命令使模糊的照片变得清晰，效果如图5-87所示。

图5-87　模糊照片变清晰

上机实战　使模糊照片变清晰

所用素材：光盘\素材\第5章\模糊照片.jpg

最终效果：光盘\效果\第5章\照片变得清晰.psd

01 打开一幅素材图像，如图5-88所示，该照片拍摄时对焦不准有些模糊。

02 单击【滤镜】/【锐化】/【USM锐化】命令，在【USM锐化】对话框中设置【数量】为25、【半径】为1，如图5-89所示。

图5-88　素材图片

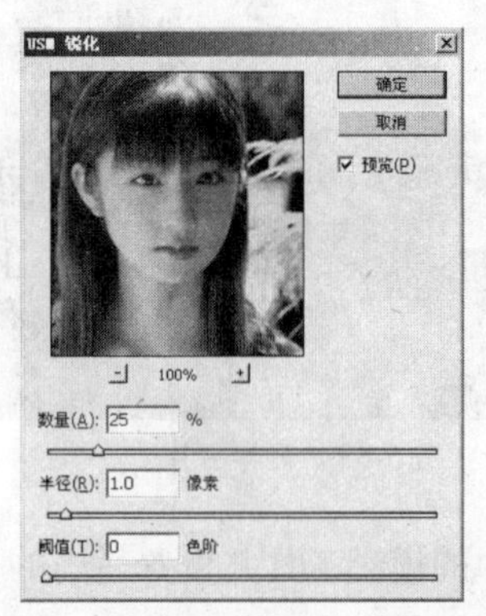

图5-89　【USM锐化】对话框

03 单击【确定】按钮，锐化后的效果如图5-90所示。

04 第一次的锐化效果不是很明显，对图片的改观不是很大，可以按下【Ctrl+F】组合键，重复多次应用【USM锐化】滤镜命令，如图5-91所示。

图5-90　锐化后的效果

图5-91　重复使用锐化命令

5.17 本章小结

本章主要介绍了绘画与修饰工具的选项功能和使用方法。通过本章的学习后，可以掌握使用这些工具的技巧，在此基础上灵活使用这些工具制作出极具艺术感的图画。

5.18 习题

1. 填空题

（1）利用工具箱中的画笔工具，可以获得具有 _______ 或 _______ 风格的绘画效果。

（2）铅笔工具，可以绘制 _______ 或 _______。

（3）图案图章工具，可以 _______ 的方式进行绘画。

2. 问答题

（1）仿制图章工具和图案图章工具有什么区别？

（2）修复画笔工具有哪些功能？

（3）修补工具有哪些功能？

3. 上机题

（1）上机练习使用仿制图章工具。

（2）上机练习使用污点修复画笔工具。

（3）上机练习使用修补工具。

（4）根据所学知识，制作如图 5-92 所示的衣服换色效果。

制作提示：使用颜色替换工具进行换色。

图5-92 衣服换色

（5）根据所学知识，制作如图 5-93 所示的灰色图像效果。

制作提示：使用海绵工具减少色调。

图5-93 灰色图像

第6章　色彩与色调的调整

内容提要

本章主要介绍利用直方图、亮度/对比度、色阶、曲线、色相/饱和度等命令对图像进行调整的方法。

6.1　直方图

利用【直方图】面板可以查看图像的每个颜色亮度级别的像素数量，以及像素在图像中的分布情况，还可以查看图像在暗调、中间调和高光中是否包含足够的细节，从而指导色彩与色调的调整工作。

在【直方图】面板的【紧凑视图】方式下只能查看到整个图像的色调范围。如果想要查看更多的图像颜色方面的数据，应采取其他的视图方式。

单击【直方图】面板菜单中的【扩展视图】命令，此时【直方图】面板如图 6-1 所示。在面板中有个【通道】下拉列表框，可以从中选择所要查看颜色的通道，如图 6-2 所示。

单击【直方图】面板菜单中的【显示统计数据】命令，此时【直方图】面板如图 6-3 所示。在面板的下部列出了统计后的色调分布数据状况。

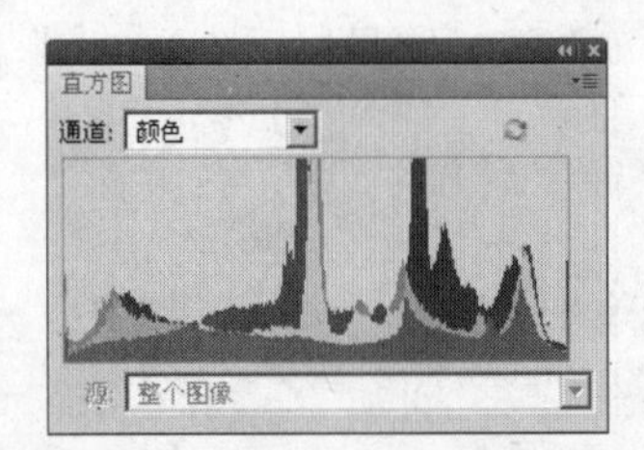

图6-1 【直方图】面板的扩展视图

图6-2 【通道】下拉列表框

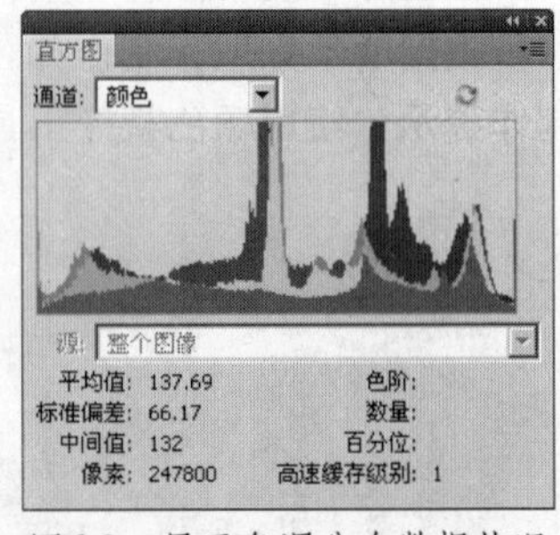

图6-3 显示色调分布数据状况

将鼠标指针移至【直方图】面板中部的图形上，在面板的右下区域将会显示鼠标指针所在位置的信息，如图 6-4 所示。

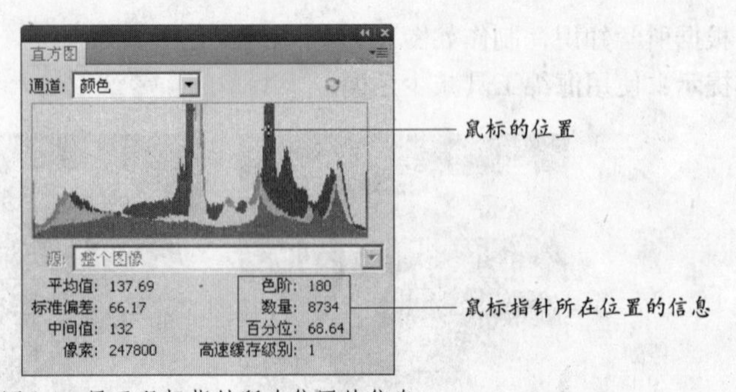

图6-4 显示鼠标指针所在位置的信息

单击【直方图】面板菜单中的【全部通道视图】命令，RGB 各个通道的信息都被显示出来，如图 6-5 所示。

单击【直方图】面板菜单中的【用原色显示通道】命令，【直方图】面板将显示原色通道，如图 6-6 所示。

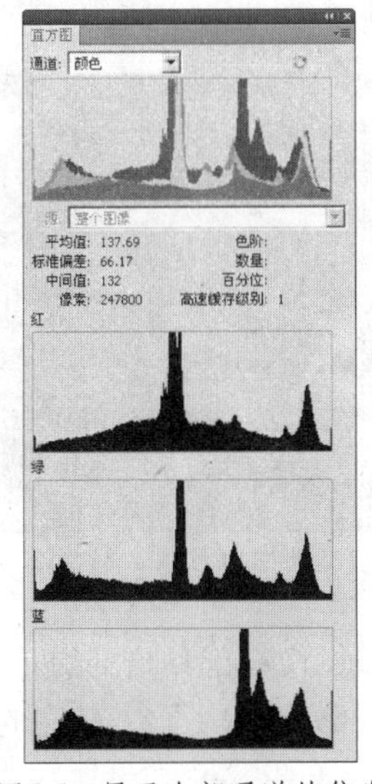

图6-5 显示全部通道的信息

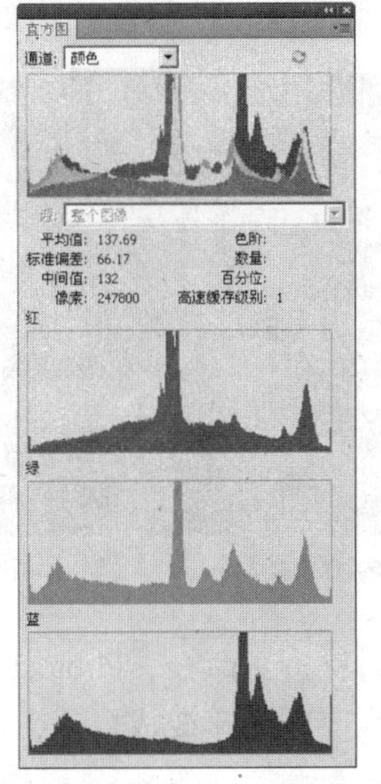

图6-6 以原色方式显示通道

上机实战 直方图面板的使用

所用素材：光盘\素材\第 6 章\海边.jpg

01 打开一幅素材图片（RGB 模式），如图 6-7 所示。

02 单击【窗口】/【直方图】命令打开【直方图】面板。默认情况下，【直方图】面板将采取【紧凑视图】方式，面板中只给出最少的颜色信息，如图 6-8 所示。

图6-7 素材图片

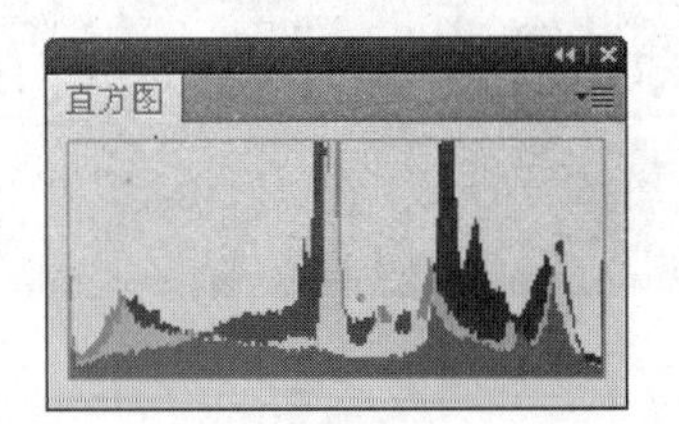

图6-8 【直方图】面板的紧凑视图

6.2 自动色调、自动对比度、自动颜色

【自动色调】、【自动对比度】和【自动颜色】命令都位于【图像】菜单中，如图 6-9 所示。

调整(A)
自动色调(N) Shift+Ctrl+L
自动对比度(U) Alt+Shift+Ctrl+L
自动颜色(O) Shift+Ctrl+B
图像大小(I)... Alt+Ctrl+I

图6-9 自动色调、自动对比度、自动颜色命令

(1) 利用【自动色调】命令可以将图像中颜色最浅的像素转换为白色，颜色最深的像变为黑色，再按比例重新分配其余的像素。

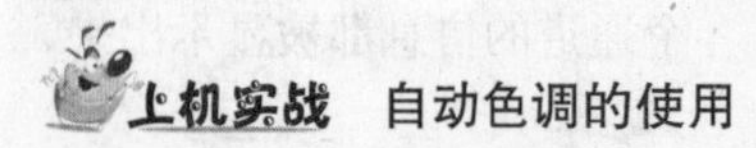

上机实战　自动色调的使用

所用素材：光盘\素材\第 6 章\鲜花.jpg

01 打开一幅图片，如图 6-10 所示。

02 单击【图像】/【自动色调】命令，图像显得更为清晰，如图 6-11 所示。

图6-10　素材图片

图6-11　使用【自动色调】命令后的效果

（2）利用【自动对比度】命令，Photoshop 将自动调整图像亮部和暗部的对比度，将图像中最暗的像素变成黑色，最亮的像素变成白色，从而使较暗的部分变得更暗，较亮的部分变得更亮。

上机实战　自动对比度的使用

所用素材：光盘\素材\第 6 章\开花.jpg

01 打开一幅图片，如图 6-12 所示。

02 单击【图像】/【自动对比度】命令，图像效果如图 6-13 所示。

图6-12　素材图片

图6-13　使用【自动对比度】命令后的效果

（3）利用【自动颜色】命令可以自动调整图像的对比和色彩，【自动颜色】与【自动色调】命令区别在于前者是针对图像本身来做调整，而非以色阶暗部值、中间调及亮部值的统计量来处理，使用【自动颜色】调整后的图像将更趋于自然色调。

上机实战　自动颜色的使用

所用素材：光盘\素材\第 6 章\美女.jpg

01 打开一幅图片，如图 6-14 所示。

02 单击【图像】/【自动颜色】命令，图像效果如图 6-15 所示。

图6-14　素材图片

图6-15　使用【自动颜色】命令后的效果

6.3　亮度 / 对比度

【亮度 / 对比度】命令位于【图像】/【调整】子菜单中，利用【亮度 / 对比度】命令可以针对图像中的明暗及对比度进行调整，一般用于对图像的初步调节。

【亮度 / 对比度】对话框中各选项说明如下：

- 【亮度】：该滑杆用于调整图像的明暗度，取值范围为 -100 ～ 100，如图 6-16 所示为不同的亮度值的效果对比。

原图

亮度为50

亮度为-50

图6-16　设置不同的亮度值效果

- 【对比度】：该滑杆用于调整图像整体色调的对比值，取值范围为 -100 ～ 100，如图 6-17 所示为不同的对比度值的效果对比。

原图

对比度为50

对比度为-50

图6-17　设置不同的对比度效果

上机实战　【亮度/对比度】命令的使用

所用素材：光盘\素材\第 6 章\月季花 .jpg

01 打开一幅图片，如图 6-18 所示。

02 单击【图像】/【调整】/【亮度 / 对比度】命令，弹出【亮度 / 对比度】对话框，从中调整滑杆上的滑块进行设置。如图 6-19 所示。

03 设置完成后单击【确定】按钮，图像效果如图 6-20 所示。

图6-18 素材图片

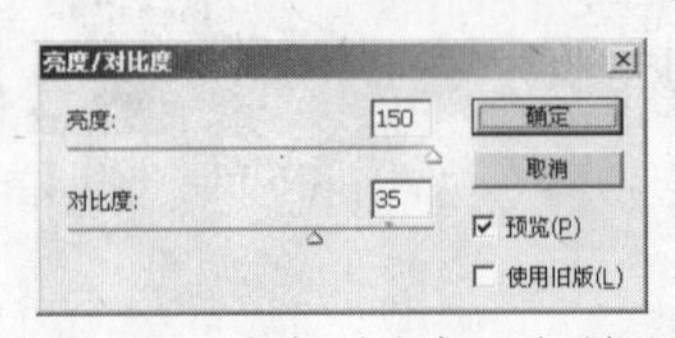

图6-19 【亮度/对比度】对话框

图6-20 增加图像亮度后的效果

6.4 色阶

【色阶】命令位于【图像】/【调整】子菜单中，利用【色阶】命令可以通过调整色彩的明暗度来改变图像的明暗及反差效果，共分为 256 个等级（0 ～ 255，0 最弱，255 最强），针对整体的像素色阶分布状况进行调整。

【色阶】命令对话框中各选项说明如下：

- 【通道】：从【通道】下拉列表框中可以选择所要编辑的通道。同一个图像在不同的通道中可能会有不同的色阶分布图，可以针对不同的通道进行不同的调整。
- 【输入色阶】：在【色阶】对话框中可以调整【输入色阶】。除了在文本框中输入数值，还可以利用滑尺进行调整，如图 6-21 所示。

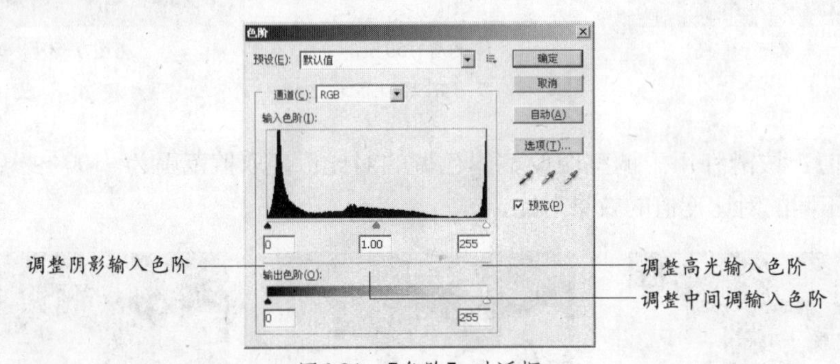

图6-21 【色阶】对话框

在第 1 个文本框中输入 0 ～ 253 之间的数值可以增加图像的阴影色调，如图 6-22 所示为设置了不同的调整阴影输入色阶参数的效果对比。

原图

调整阴影输入色阶值为40

调整阴影输入色阶值为80

图6-22 设置调整阴影输入色阶不同的效果对比

在第 2 个文本框中输入 0.10 ～ 9.99 之间的数值可以控制图像的中间色调。如图 6-23 所示为设置了不同的【调整中间调输入色阶】参数的效果对比。

原图　　调整中间调输入色阶值为2.10　　调整中间调输入色阶值为0.50

图6-23　设置调整中间调输入色阶不同的效果对比

在第 3 个文本框中输入 2 ～ 255 之间的数值可以增加图像亮部色调，如图 6-24 所示。

原图　　调整高光输入色阶值为210　　调整高光输入色阶值为180

图6-24　设置调整高光输入色阶不同的效果对比

- 【输出色阶】：在【色阶】对话框中可以调整输出色阶。它决定了图像中明暗度的范围，可以将图像中的暗部变得较浅，亮部变得较深，如图 6-25 所示。

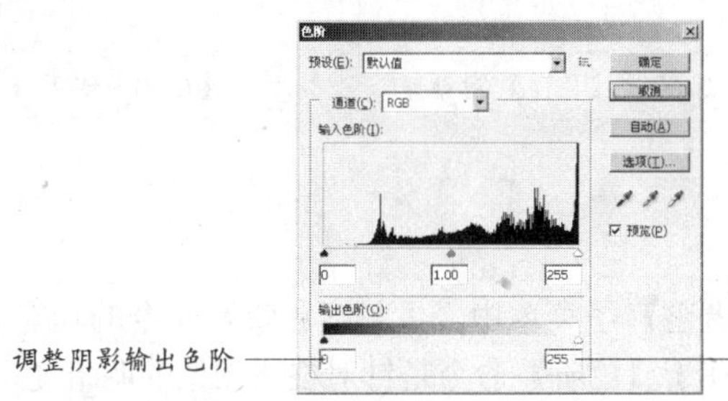

图6-25　【色阶】对话框

图 6-26 所示为调整不同阴影输出色阶的效果对比。

原图　　调整阴影输出色阶值为60　　调整阴影输出色阶值为120

图6-26　调整不同的阴影输出色阶效果对比

图 6-27 所示为调整不同高光输出色阶的效果对比。

原图

调整高光输出色阶值为200

调整高光输出色阶值为150

图6-27　调整不同的高光输出色阶效果对比

上机实战　色阶命令的使用

所用素材：光盘 \ 素材 \ 第 6 章 \ 花朵 .jpg

01 打开一幅图片，如图 6-28 所示。

02 单击【图像】/【调整】/【色阶】命令，弹出【色阶】对话框，拖动滑块或输入数值，调整输出及输入的色阶值，即可针对指定的通道或图像的明暗度进行调整，如图 6-29 所示。

03 设置完成后单击【确定】按钮，图像效果如图 6-30 所示。

图6-28　素材图片

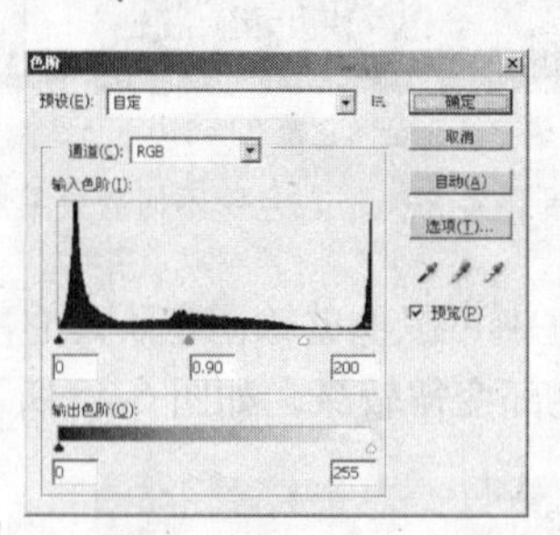

图6-29　【色阶】对话框

图6-30　使用【色阶】命令后的效果

6.5　曲线

【曲线】命令位于【图像】/【调整】子菜单中，它与【色阶】命令的功能非常类似，都是调整图像色彩的明暗度及反差，区别在于【色阶】命令是针对整体图像的明暗度，【曲线】命令是针对色彩的浓度及明暗进行调整，甚至变换色调。

【曲线】命令对话框如图 6-31 所示，其中各选项说明如下：

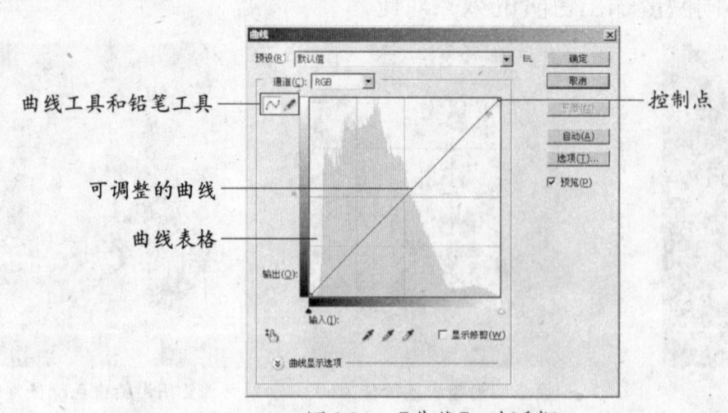

图6-31　【曲线】对话框

- 【控制点】：控制点用于改变曲线形态，可以在曲线上面添加多个控制点。
- 【曲线表格】：在【曲线】对话框中调整色调必须使用曲线表格。改变表格中的曲线形状即可调整图像的亮度、对比度和色彩平衡，如图 6-32 所示。当曲线向左上角弯曲，图像色调越亮，当曲线向右下角弯曲，则图像越暗。在曲线上单击可以添加个多个控点，将曲线分为几个部分进行调整，如图 6-33 所示。

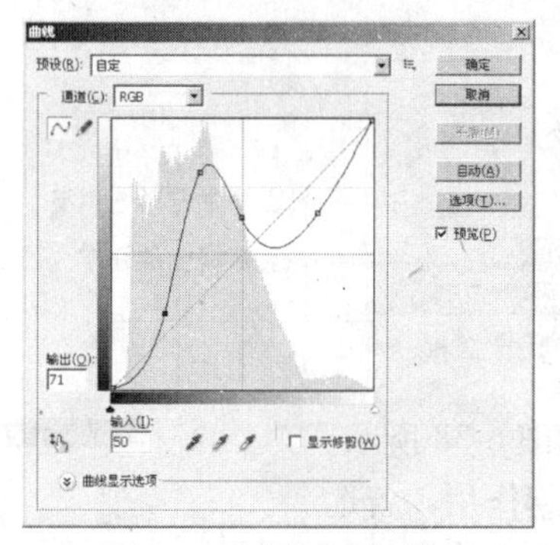

图6-32 【曲线】对话框

图6-33 调整后的图像

- 曲线工具和铅笔工具：曲线工具是默认的使用工具，如果选择铅笔工具可以绘制更为复杂的曲线。

提示 如果想删除控点，用鼠标将控点拖曳至曲线图之外即可。

上机实战 曲线命令的使用

所用素材：光盘\素材\第 6 章\玫瑰花.jpg

01 打开一幅图片，如图 6-34 所示。

02 单击【图像】/【调整】/【曲线】命令，弹出【曲线】对话框，利用鼠标单击添加控制点，并拖曳向左上角弯曲进行曲线调整，改变图像的亮度，如图 6-35 所示。

03 设置完成后单击【确定】按钮，图像效果如图 6-36 所示。

图6-34 素材图片

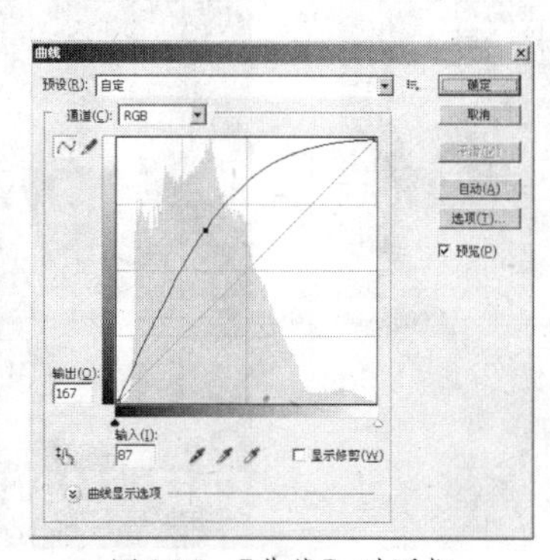

图6-35 【曲线】对话框

图6-36 使用【曲线】命令调整后的效果对比

6.6 色相 / 饱和度

【色相 / 饱和度】命令位于【图像】/【调整】子菜单中，利用【色相 / 饱和度】命令可以针对所有通道（或单一通道）或选取的图像范围调整图像中单个颜色成分的色相、饱和度和明度值，并且，它还可以给像素指定新的色相和饱和度，从而为灰度图像添加色彩。

【色相 / 饱和度】命令的对话框如图 6-37 所示，其中各选项说明如下：

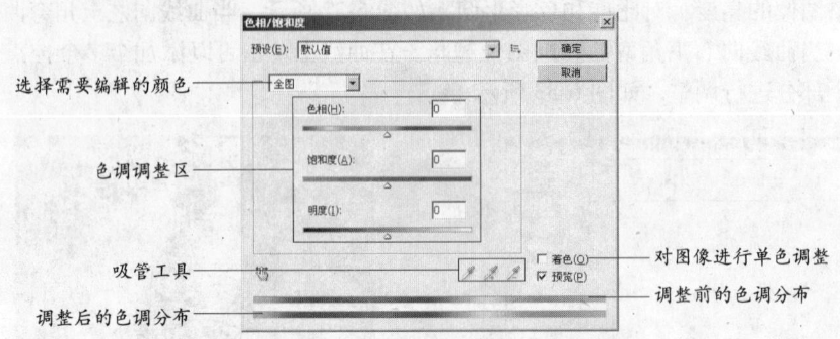

图6-37 【色相/饱和度】对话框

- 【全图】：其中列出了允许调整的色彩范围，如图 6-38 所示。选择【全图】选项可以使调整对全图中的像素起作用；若选中【全图】之外的选项，则色彩变化只对当前选中的颜色起作用。

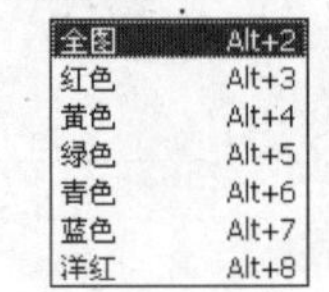

图6-38 选择要编辑的颜色

- 【色相】：拖曳该选项区中的滑块，可以使颜色在色轮上来回移动，对话框底部的色谱中显示了这种变化效果，该值的取值范围为 -180 ～ 180 之间的整数。
- 【饱和度】：拖曳该选项区中的滑块，可以增大或减少颜色的饱和度，可以调整的饱和度值在 -100 ～ 100 之间。
- 【明度】：拖曳该选项区中的滑块，可以调整颜色的饱和度，取值变化范围在 -100 ～ 100 之间。
- 【 】（吸管工具）：在【全图】列表框中，若选中【全图】选项之外的选项时，对话框中的 3 个吸管工具将被激活。
- 【着色】：选中该复选框，可以给一幅灰色或黑白的图像应用彩色，变成一幅单彩色的图像，如图 6-39 所示。如果是处理一幅彩色图像，则选中此复选框后，所有彩色颜色都将变为单一彩色，如图 6-40 所示。

图6-39 为黑白图像应用着色效果

图6-40 为彩色图像应用着色效果

上机实战 色相 / 饱和度命令的使用

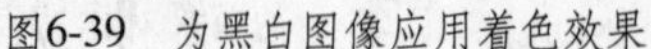
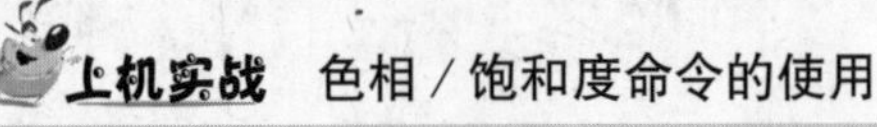

所用素材：光盘 \ 素材 \ 第 6 章 \ 花儿 .jpg

01 打开一幅图片，如图 6-41 所示。

02 单击【图像】/【调整】/【色相/饱和度】命令，弹出【色相/饱和度】对话框，拖动对话框中的滑块或者在其文本框中输入数值，如图 6-42 所示。

03 设置完成后单击【确定】按钮，图像效果如图 6-43 所示。

图6-41 素材图片

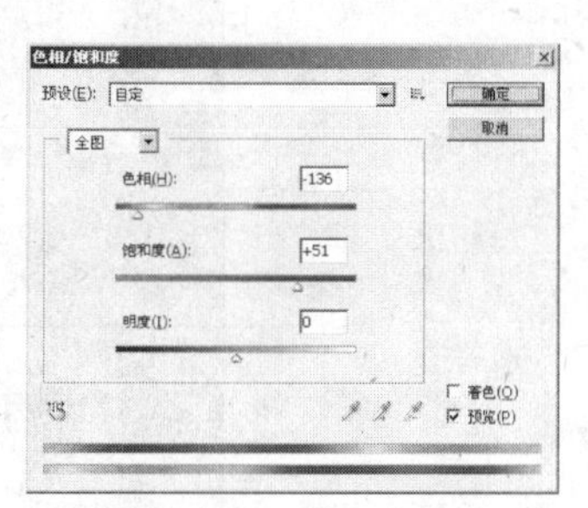

图6-42 【色相/饱和度】对话框

图6-43 调整【色相/饱和度】后的效果

6.7 去色和反相

【去色】和【反相】命令都位于【图像】/【调整】子菜单中。

（1）利用【去色】命令可以去除图像中的饱和色彩，即将图像中的所有颜色的饱和度都变为0，从而使图像成为灰度色彩的图像。

上机实战 去色命令的使用

所用素材：光盘\素材\第 6 章\新娘 .jpg

01 打开一幅图片，如图 6-44 所示。

02 单击【图像】/【调整】/【去色】命令，图像效果如图 6-45 所示。

图6-44 素材图片

图6-45 使用【去色】命令后的效果

（2）利用【反相】命令可以将图像转换为反相效果，或是将扫描的底片转为图像，其原理是将图像的颜色转换成互补色，如红色变青色、黑色变白色。如果连续执行两次【反相】命令，所得到的结果将会和原先的图像一模一样。

上机实战 反相命令的使用

01 打开一幅图片，如图 6-46 所示。

02 单击【图像】/【调整】/【反相】命令，图像效果如图 6-47 所示。

图6-46 素材图片

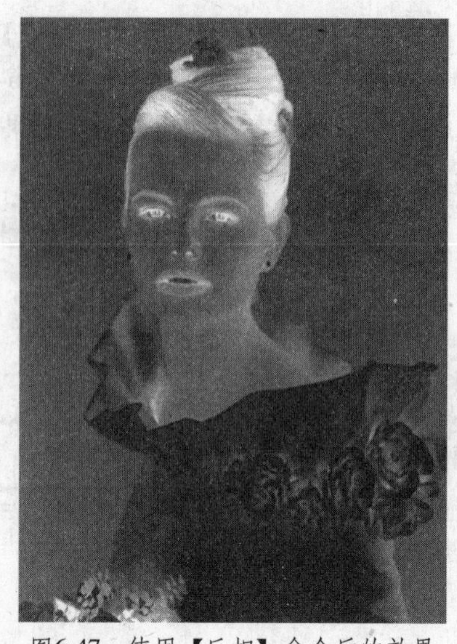

图6-47 使用【反相】命令后的效果

6.8 变化

【变化】命令位于【图像】/【调整】子菜单中，利用【变化】命令可以调整图像的色彩平衡、亮度和饱和度。

(1) 在【变化】对话框左上部有【原稿】、【当前挑选】两个缩略图，起初两者是相同的，经调整后可以在【当前挑选】缩略图中预览效果，如果要恢复原状，在【原稿】缩略图上单击鼠标即可。

(2) 在【变化】对话框左下部，有7个缩略图，位于正中央的【当前挑选】缩略图与左上部的【当前挑选】缩略图完全一样，用于显示调整后的图像效果。其余6个缩略图分别用来改变图像的颜色，单击其中某一个缩略图，即可为图像增加与该缩略图相对应的颜色。

(3) 在【变化】对话框右下部有3个缩略图，用于调节图像的明暗度，单击【较亮】缩略图可使图像变亮；单击【较暗】缩略图可使图像变暗，调整后的效果将显示在【当前挑选】缩略图中。

(4) 在【变化】对话框右上部有4个单选按钮，其中【暗调】、【中间色调】和【高光】单选按钮分别用于调节暗色调、中间色调和亮色调，【饱和度】单选按钮用于控制图像的饱和度。

(5) 在【变化】对话框的右上部还有一个滑杆，用于控制调整色彩时的幅度。将滑杆上的滑块向【精细】端拖动，则每次单击缩略图时，所产生的变化越细微；将滑杆上的滑块向【粗糙】端拖动，则每次单击缩略图时，所产生的变化越明显。

上机实战 变化命令的使用

所用素材：光盘\素材\第6章\枯叶.psd

01 打开一幅图片，如图6-48所示。

02 单击【图像】/【调整】/【变化】命令，弹出【变化】对话框，如图6-49所示。

03 在【变化】对话框中显示了各种情况下待处理图像的缩略图，单击【加深绿色】和【加深青色】缩略图各3次，一边调整一边观察图像的变化，如图6-50所示。

04 调整完成后单击【确定】按钮，效果如图6-51所示。

图6-48 素材图片

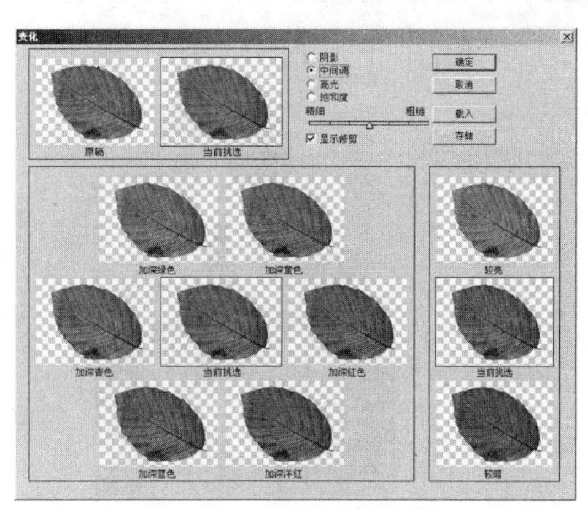

图6-49 【变化】对话框

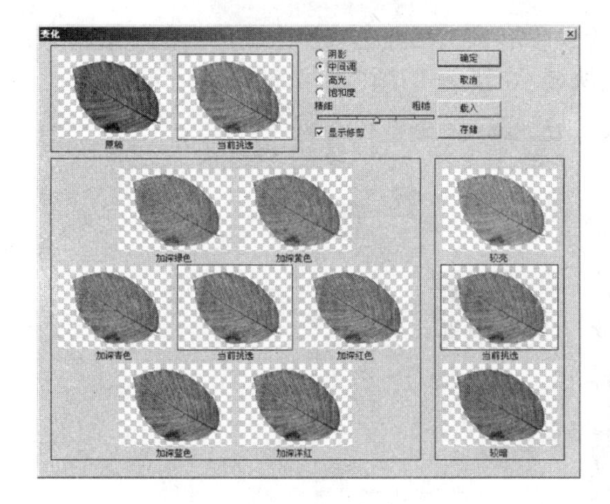

图6-50 调整颜色

图6-51 使用【变化】命令后的效果

6.9 替换颜色

【替换颜色】命令位于【图像】/【调整】子菜单中，【替换颜色】命令能够基于特定颜色在图像中创建蒙版来调整色相、饱和度和明度值。也就是说，它能够将图像的全部或者选定部分的颜色用指定的颜色来代替。

【替换颜色】命令的对话框（如图 6-55 所示）中各选项说明如下：

- 【 】(吸管工具)：3 个吸管工具分别是【吸管工具】、【添加到取样】和【从取样中减去】，可以用这 3 个工具从图像中取样。
- 【颜色容差】：利用【颜色容差】滑杆可以调整选取颜色范围大小。
- 【替换】：在该选项区中的 3 个滑杆的功能与【色相 / 饱和度】对话框中的功能相同，只不过此处替换对所有通道起作用。

上机实战 替换颜色命令的使用

所用素材：光盘\素材\第 6 章\微笑.jpg

01 打开一幅图片，如图 6-52 所示。

02 单击【图像】/【调整】/【替换颜色】命令，弹出【替换颜色】对话框，如图 6-53 所示。

图6-52　素材图片

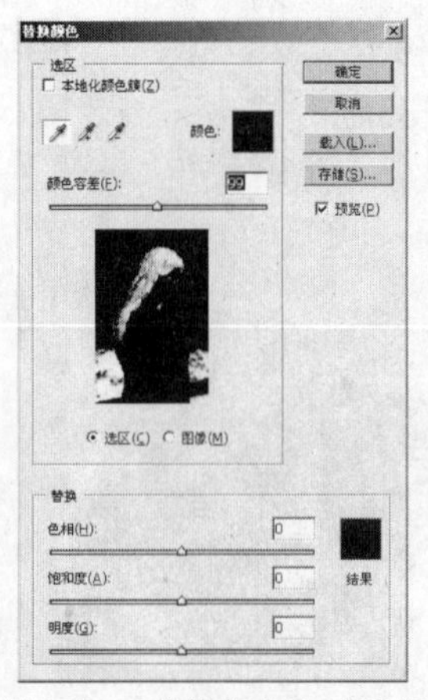

图6-53　【替换颜色】对话框

03 将鼠标移至图像窗口中，这时鼠标指针变为吸管形状，在红色衣服上面单击鼠标取样颜色，此时【替换颜色】对话框右上部分的【颜色】色块显示出取样的颜色，如图 6-54 所示。

图6-54　红色衣服的取样颜色

04 在【变换】选项区中拖动滑块调整所要替换的颜色，如图 6-55 所示。

05 调整完成后单击【确定】按钮，图像效果如图 6-56 所示。

图6-55　选择替换的颜色（黄色）

图6-56　图像效果

6.10 课堂实训

6.10.1 增白牙齿

本例使照片中人物发黄的牙齿变得洁白，效果如图 6-57 所示。

图6-57 增白牙齿的前后效果对比

上机实战 增白牙齿

所用素材：光盘\素材\第 6 章\黄色牙齿.jpg
最终效果：光盘\效果\第 6 章\增白牙齿.jpg

01 打开需要处理的素材图像。

02 选择磁性套索工具，将照片中的牙齿部分选择出来，如图 6-58 所示。

03 单击【选择】/【修改】/【羽化】命令，设置【羽化半径】为 1 像素，如图 6-59 所示，单击【确定】按钮平滑选区边缘。这样在增白牙齿之后才不会在选区周围看到很明显的边缘。

04 单击【图像】/【调整】/【色相/饱和度】命令，在【色相/饱和度】对话框的【编辑】下拉列表框中选择【黄色】选项，然后向左拖动【饱和度】滑块，消除牙齿中的黄色，如图 6-60 所示。

图6-58 创建选区

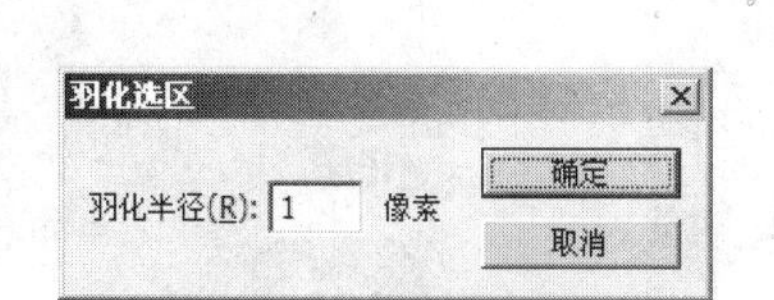

图6-59 【羽化选区】对话框

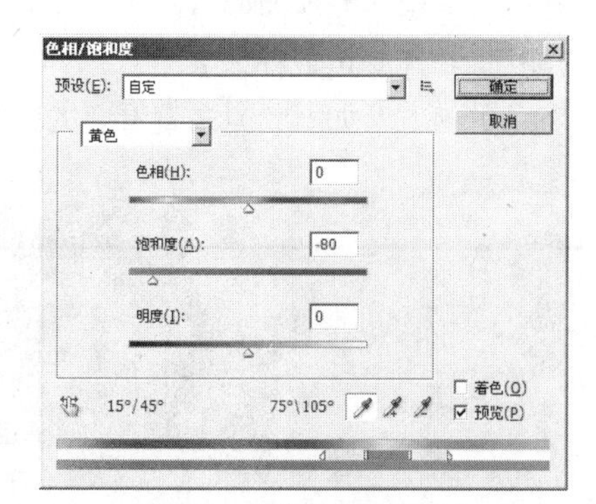

图6-60 去除牙齿中的黄色

05 在黄色消除后，在【编辑】下拉列表框中选择【全图】选项，向右拖动【明度】滑块，调整图像的明度，如图 6-61 所示。

06 单击【确定】按钮，按【Ctrl+D】组合键取消选区，效果如图 6-62 所示。

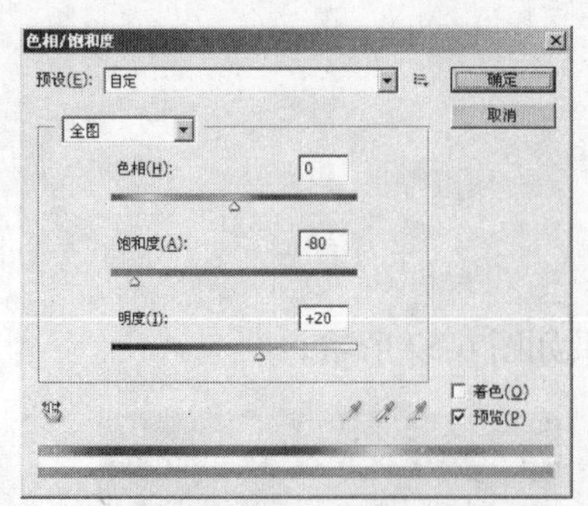

图6-61 增加牙齿的明度

图6-62 增白牙齿效果

6.10.2 改变人像照的偏色

本例对人像照片的偏色进行调整，效果如图 6-63 所示。

图6-63 改变偏色的前后的效果对比

上机实战 改变人像照的偏色

所用素材：光盘\素材\第 6 章\偏色照片.jpg

最终效果：光盘\效果\第 6 章\改变偏色后的照片.jpg

01 打开需要改变的偏色图像，如图 6-64 所示。

02 选择【颜色取样器】工具，在图像中色调为黑白灰的任意地方单击，选择取样点，这里选择灰色的地方（如背景）来查看它的颜色值，如图 6-65 所示。

图6-64 偏色图片

图6-65 选择取样点

03 此时将弹出【信息】面板，如图 6-66 所示。在面板中可以看到，取样点 R、G、B 的值有一定的差异，正常的图像应该为 R=G=B，所以这张图片存在偏色问题。

04 单击【图像】/【调整】/【色彩平衡】命令，在【色彩平衡】对话框中调整各种颜色的滑块，如图 6-67 所示，一边调整一边查看颜色信息，直至颜色信息相同，如图 6-68 所示。

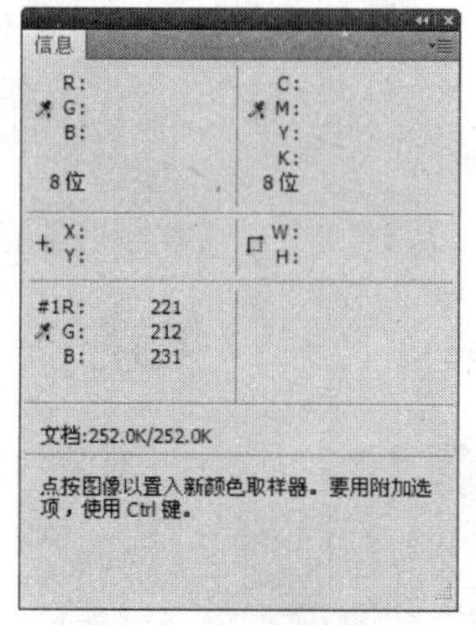

图6-66 查看颜色信息

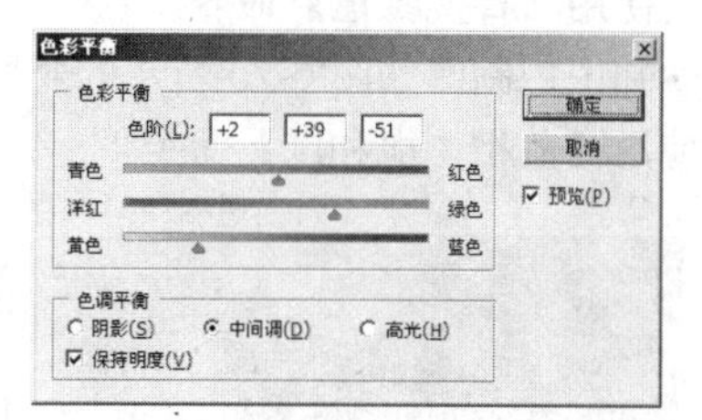

图6-67 【色彩平衡】对话框

05 单击【确定】按钮，偏色的图像已调整，效果如图 6-69 所示。

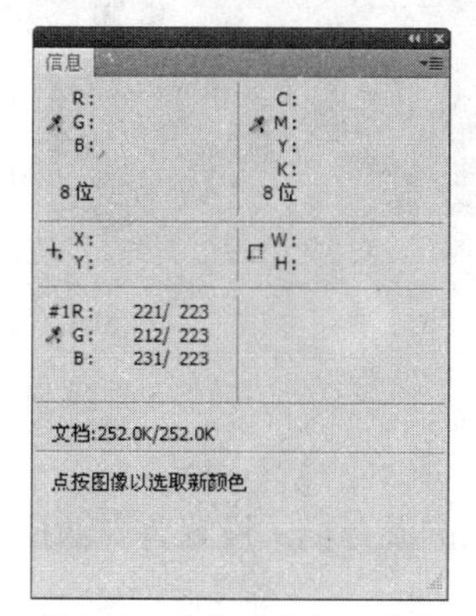

图6-68 改变后的颜色信息

图6-69 调整偏色后的效果

6.11 本章小结

色彩、色调是直接影响一幅作品最终效果的重要因素。本章主要介绍了【调整】子菜单中各个命令的功能和使用方法。通过学习，可以了解在 Photoshop 中是如何调配色彩的，并学会使用这些命令进行色相、亮度、饱和度和对比度命令的调整。通过这一系列命令，可以制作魅力无穷的艺术作品。

6.12 习题

1. 填空题

(1) 利用【亮度 / 对比度】命令，可针对图像中的________及________进行调整。

(2) 利用【变化】命令，可以调整图像的________、________和________。

(3)【替换颜色】命令能够基于________在图像中________来调整色相、饱和度和明度值。

2. 问答题

(1) 什么是色彩与色调?

(2)【直方图】面板有什么作用?

3. 上机题

(1) 上机练习使用【色阶】命令。

(2) 上机练习使用【曲线】命令。

(3) 上机练习使用【替换颜色】命令。

(4) 根据所学知识,制作如图 6-70 所示的变换季节效果。

制作提示:使用【色相 / 饱和度】命令调整。

图6-70 变换季节

(5) 根据所学知识,调整曝光不足的图片,如图 6-71 所示。

制作提示:复制【背景】图层,将【背景副本】图层的混合模式设置为"滤色",如果效果不明显,可以再次复制图层并设置混合模式。

图6-71 调整曝光不足的图片

第7章　图层的操作与编辑

内容提要

本章主要讲解图层的原理、图层的基本操作、填充图层和调整图层，以及图层的混合模式和图层样式等的应用。

7.1　理解图层

Photoshop 中的图层相当于一张透明的绘画纸，而一幅图像就是由多张透明的纸叠在一起组成，它们相互独立，每张纸上都包含图像中的部分元素，位于下面的图像部分可以通过透明区显示出来。

如图 7-1 和图 7-2 所示中的图像各代表一个图层，即相当于一张绘画纸。图 7-2 位于图 7-1 下面，通过图 7-1 的透明区显示出来，从而共同组成一幅图像，如图 7-3 所示。

图7-1　位于上面的图层

图7-2　位于下面的图层

图7-3　两个图层组成一幅图像

虽然图层的原理很简单，但是它的功能非常强大。

在某一个图层上进行任何绘画操作，都不会影响到其他图层上的图像。图层是以叠放的方式堆放的，当在图层里填入颜色或绘制图像后，该层图像就会遮盖住下面图层的内容，如果利用橡皮擦工具将该层图像抹去，则又会显示下面一层图像的内容。可以重新排列图层，还可以对其增加、删除或移动。

每个图层都有自己的混合模式和不透明度，图层与图层之间既相互联系又相互影响。从单个图层看每个图层都有本身特有的特点，各个图层之间互不干扰。从整体上看各个图层之间又有着紧密的联系，经过有机的组合可以达到预期效果。如果将多个图层按照一定的层次进行叠加，可以创建出令人难以想象的特殊效果，如图 7-4 所示。

图7-4　利用图层功能创建的图像合成特效

7.2　图层的基本操作

理解了图层的原理之后，可以对它进行编辑、合成等操作。

7.2.1　图层面板

在 Photoshop CS5 中打开一幅使用 Photoshop 绘制的图像，如图 7-5 所示，此时【图层】面板如图 7-6 所示。

图7-5　具有多个图层的图像

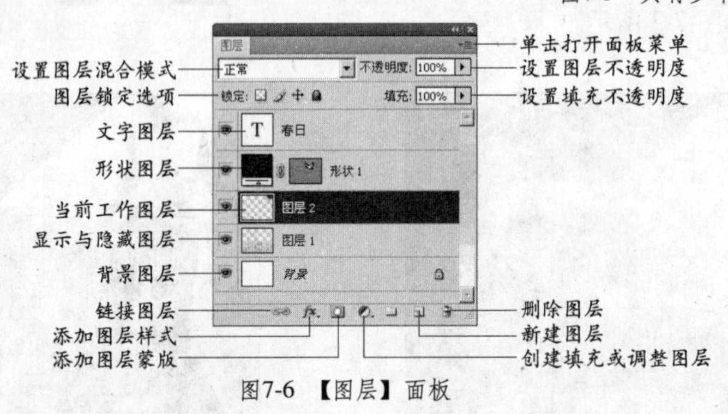

图7-6　【图层】面板

7.2.2　创建图层

在 Photoshop 中，图层分为几种类型，常见的有普通图层、背景图层。另外，还有文字图层、形状图层、调整图层和填充图层等。不同的图层其特点和功能也有所不同，操作和使用方法也各不相同。

普通图层是指用一般方法建立的图层，这种图层是透明无色的，可以在上面任意的绘制和擦除。几乎所有的 Photoshop 功能都可以在普通图层上使用。

而背景图层是一个不透明的图层，它的底色是以背景色来显示。背景图层的特点如下：

（1）它是一个不透明的图层，以背景色为底色。

（2）不能够改变背景图层的【不透明度】和【色彩混合模式】。

（3）背景图层名称始终以背景为名，并位于【图层】面板的底层。

（4）无法移动背景图层的次序，也无法对背景图层进行锁定操作。

1. 创建普通图层和背景图层

上机实战 创建普通图层和背景图层

(1) 创建普通图层

01 新建一幅图像文件，此时图层面板只有【背景】图层，如图 7-7 所示。

02 单击【图层】面板下部的【创建新图层】按钮，即可创建一个普通图层，如图 7-8 所示。可以看到，新建的图层将会建立在原图层的上方，并且成为当前工作图层。

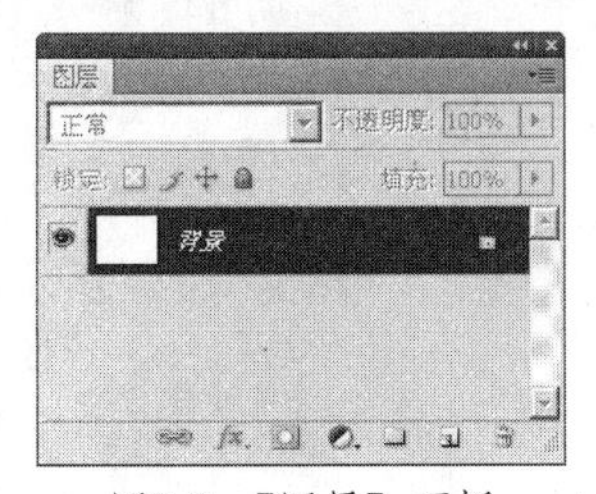

图7-7 【图层】面板

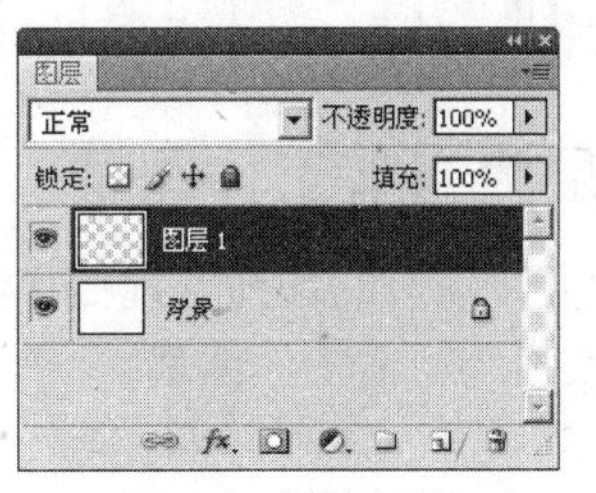

图7-8 新建图层

(2) 创建背景图层

01 单击【文件】/【新建】命令弹出【新建】对话框，如图 7-9 所示。

02 在【背景内容】下拉列表框中选择【白色】或【背景色】选项，则建立的图像都是含有背景图层的，如图 7-10 所示。

03 如果选择【透明】选项，则建立的图像不含背景图层，只有一个普通图层，如图 7-11 所示。

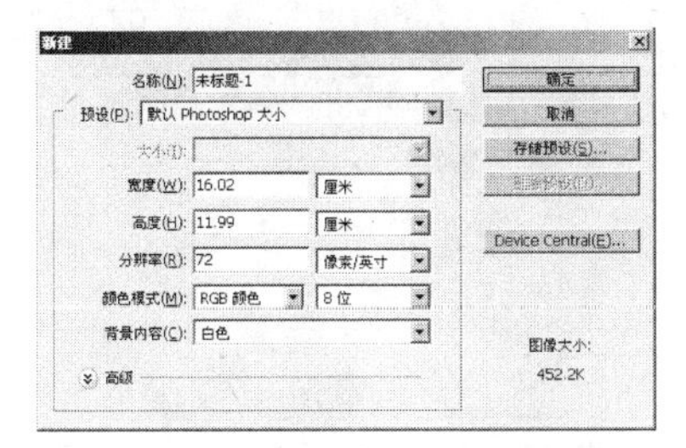

图7-9 【新建】对话框

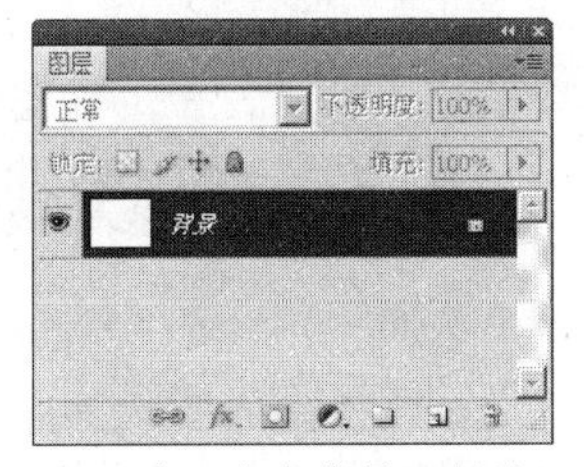

图7-10 建立含有背景图层的图像

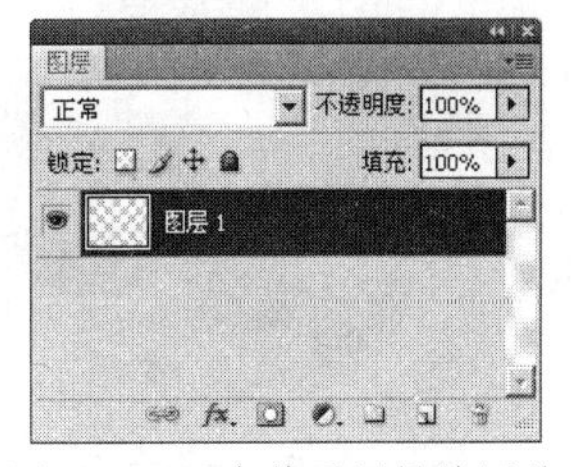

图7-11 只有普通图层的图像

2. 普通图层与背景图层之间的转换

在一个没有背景图层的图像中，可以将某一个普通图层转换为背景图层。如果要改变背景图层的不透明度和色彩混合模式，则将它转换为普通图层。

上机实战 普通图层与背景图层的互相转换

(1) 将普通图层转换为背景图层

01 在【图层】面板中选择一个普通图层，如图 7-12 所示。

02 单击【图层】/【新建】/【图层背景】命令，即可将普通图层转换为背景图层，如图 7-13 所示。新建的背景图层将会出现在【图层】面板的最下端，并且使用当前背景色作为背景图层底色。

(2) 将背景图层转换为普通图层

01 在背景图层上双击鼠标，或者单击【图层】/【新建】/【图层】命令弹出【新建图层】对话框，如图 7-14 所示。

02 在该对话框中可以设置【名称】、【不透明度】和【模式】，单击【确定】按钮即可将背景图层转换为普通图层。

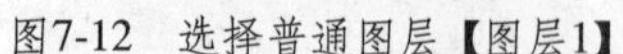
图7-12 选择普通图层【图层1】

图7-13 将【图层1】转换为背景图层

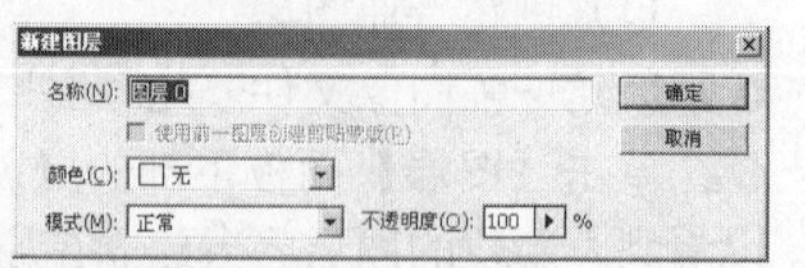

图7-14 【新建图层】对话框

7.2.3 切换图层为当前工作图层

在Photoshop中几乎所有的图像处理操作都是在当前图层上进行的。如果要对某个图层进行处理，必须将该图层切换为当前工作图层。

上机实战 切换图层为当前图层

所用素材：光盘\素材\第7章\水果.psd

01 打开一幅具有多个图层的图像文件，如图7-15所示，其【图层】面板如图7-16所示。
02 在【图层】面板中单击某个图层，即可将该图层切换为当前图层，如图7-17所示。

图7-15 素材图片

图7-16 当前图层为【图层1】

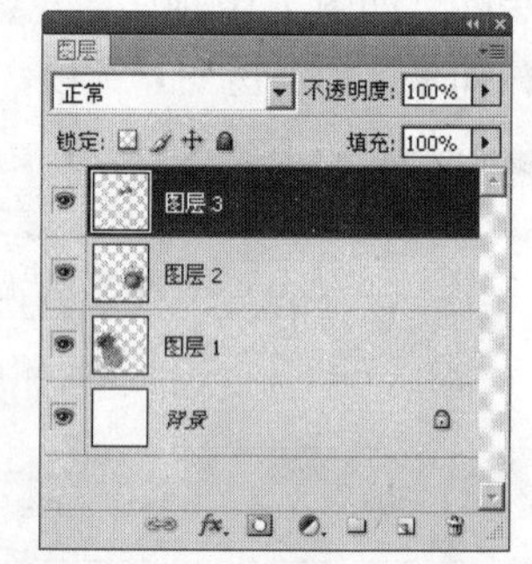

图7-17 切换【图层3】为当前图层

03 如果当前工具为移动工具，则可在图像窗口中单击鼠标右键，在弹出的快捷菜单中选择某个图层的名称，也可将其切换为当前工作图层。

7.2.4 隐藏与显示图层

在Photoshop中，一个图像文件可能包括两、三个图层，甚至十余个图层。根据图像处理的需要，可以将图层隐藏起来，还可以将隐藏的图层显示出来。

上机实战 隐藏与显示图层

所用素材：光盘\素材\第7章\咖啡.psd

01 打开一个有多个图层的图像文件，如图7-18所示。其【图层】面板如图7-19所示。
02 要想将某一个图层隐藏起来，只需用鼠标单击该图层前面的眼睛图标，如图7-20所示。隐藏【图层1】后的图像效果如图7-21所示。
03 要想将隐藏的图层显示出来，只需要在该图层的眼睛图标处用鼠标单击即可。

图7-18 素材图片

图7-19 【图层】面板

图7-20 单击图层前面的眼睛图标

图7-21 隐藏【图层1】后的图像效果

7.2.5 复制图层

复制图层包括两种情况，一种是在同一图像中复制图层，另一种是不同图像中复制图层。

上机实战 复制图层

（1）在同一图像中复制图层

所用素材：光盘\素材\第7章\红苹果.jpg

01 打开一幅图像，其【图层】面板如图7-22所示。

02 将要复制的图层拖到【图层】面板底部的【创建新图层】按钮上即可复制图层，复制后的图层将会出现在被复制的图层上方，如图7-23所示。

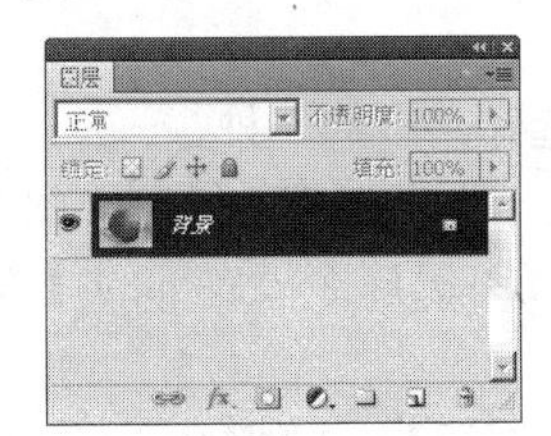

图7-22 复制图层前的

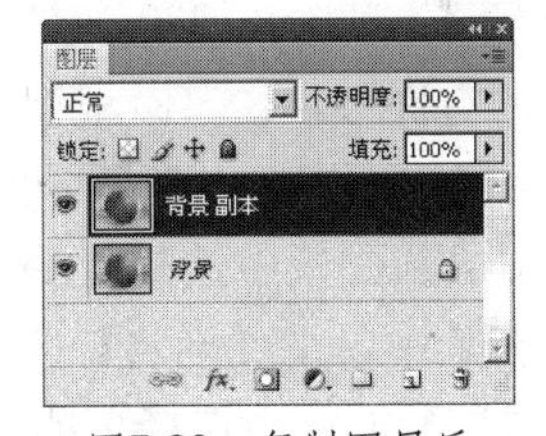

图7-23 复制图层后

（2）在不同图像之间复制图层

所用素材：光盘\素材\第7章\时尚女人.psd、车.jpg

01 打开两幅素材图像，一个作为来源图像（女人），一个作为目的图像（车），如图7-24、图7-25所示。

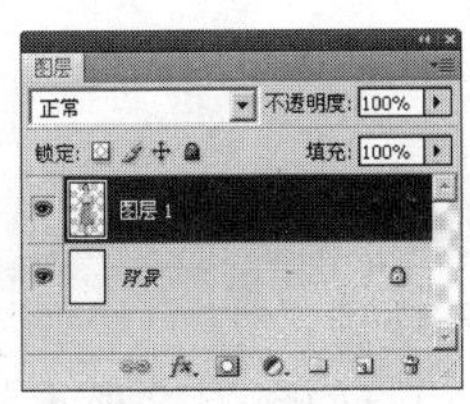

图7-24 来源图像及其【图层】面板

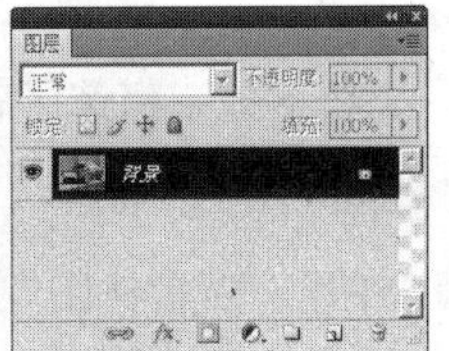

图7-25 目的图像及其【图层】面板

02 选择来源图像【图层】面板中的【图层 1】，也就是女人所在的图层。

03 单击【图层】/【复制图层】命令，弹出【复制图层】对话框，如图 7-26 所示。

04 在【目标】选项区的【文档】下拉列表框中会列出当前已打开的所有图像文件，选择“车 .jpg”，如图 7-27 所示。

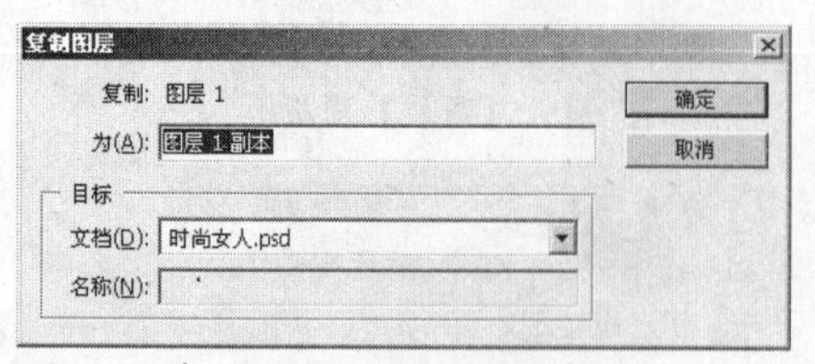

图7-26 【复制图层】对话框

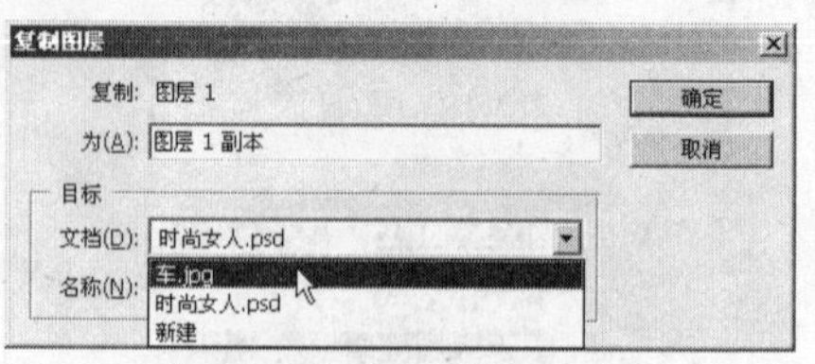

图7-27 选择目标图像

05 单击【确定】按钮，源图像（女人）将被复制到目的图像中（车），然后调整图像到合适的位置，如图 7-28 所示，此时【图层】面板如图 7-29 所示。

图7-28 复制图层后的效果

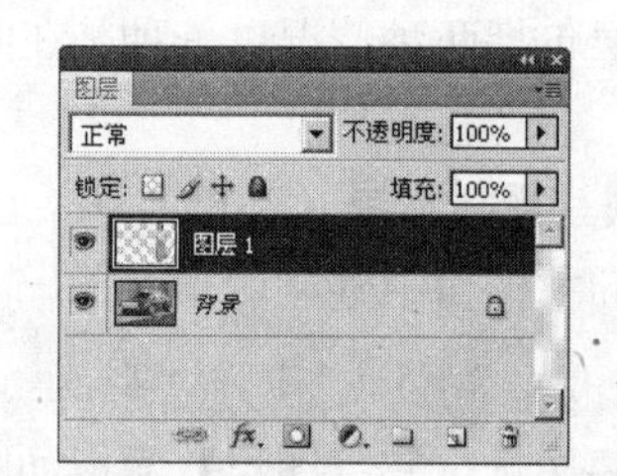

图7-29 在目的图像上形成新的图层

7.2.6 删除图层

删除图层方法的有许多种，可以根据自己的操作习惯选择其中的一种。

方法 1 在【图层】面板选中要删除的图层，将它拖曳至面板下部的【删除图层】按钮上。

方法 2 在【图层】面板中选择要删除的图层，单击【图层】面板底部的【删除图层】按钮弹出提示对话框，在其中单击【确定】按钮即可删除图层。

方法 3 在【图层】面板中选择要删除的图层，单击【图层】/【删除】/【图层】命令，或者单击【图层】面板菜单中的【删除图层】命令即可删除图层。

7.2.7 将选区转换为新图层

Photoshop CS5 提供了将选区转换为新图层的功能，利用【通过拷贝的图层】和【通过剪切的图层】命令，可以将选区转换为图层。

利用【通过拷贝的图层】命令可以将选区范围中的图像拷贝后，粘贴到新建的图层中。利用【通过剪切的图层】命令，可以将选区范围中的图像剪切后，粘贴到新建的图层中。

上机实战 将选区转换为新图层

所用素材：光盘\素材\第 7 章\蛋.jpg

01 打开一幅素材图像，如图 7-30 所示，【图层】面板如图 7-31 所示。

02 选择椭圆选框工具在图像中创建选区（选择图像中的盘子），如图 7-32 所示。

图7-30 素材图像

图7-31 【图层】面板

03 在图像上单击鼠标右键，在弹出的快捷菜单中单击【通过拷贝的图层】命令，即可将选取范围中的图像复制并粘贴到新建的图层中，此时【图层】面板如图 7-33 所示。

04 如果从快捷菜单中单击【通过剪切的图层】命令，可以将选取范围中的图像剪切并粘贴到新建的图层中，此时【图层】面板如图 7-34 所示。

图7-32 创建选区

图7-33 复制选区中的图像到新图层中

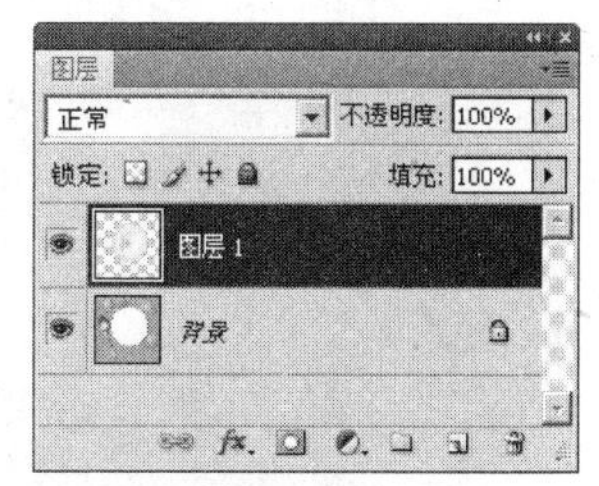

图7-34 剪切选区中的图像到新图层中

7.3 编辑图层

除了对图层中的图像进行编辑处理之外，还可以对图层本身进行编辑处理，如改变图层的叠放次序、不透明度等。

7.3.1 调整图层的叠放次序

根据图像处理的需要，可以对【图层】面板中各个图层的上下叠放次序进行调整。

调整图层叠放次序

所用素材：光盘\素材\第 7 章\花瓶与花 .psd

01 打开一个具有多个图层的图像文件，如图 7-35 所示，其【图层】面板如图 7-36 所示。

图7-35 素材图像

图7-36 【图层】面板

02 将鼠标指针移到【图层】面板中要调整次序的图层上，如图 7-37（左）所示。按下鼠标将其拖曳到适当的位置，如图 7-37（右）所示。

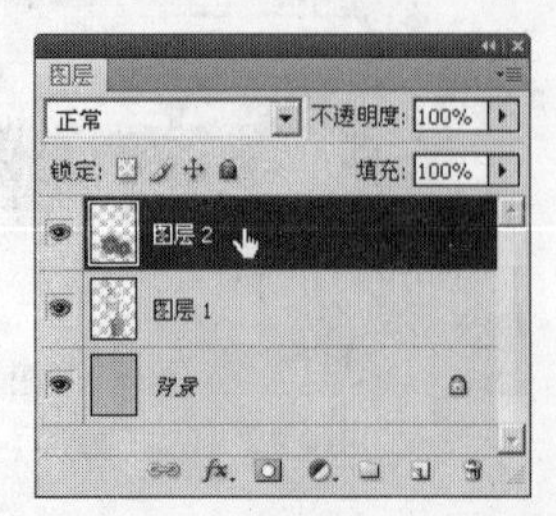

图7-37　拖动【图层2】至【图层1】的下面

03 调整图层叠放次序前后的图像效果对比如图 7-38 所示。

> **提示**　还可以利用【图层】/【排列】子菜单中的命令来改变图层的顺序，如图 7-39 所示。

图7-38　调整图层叠放次序前后的效果对比

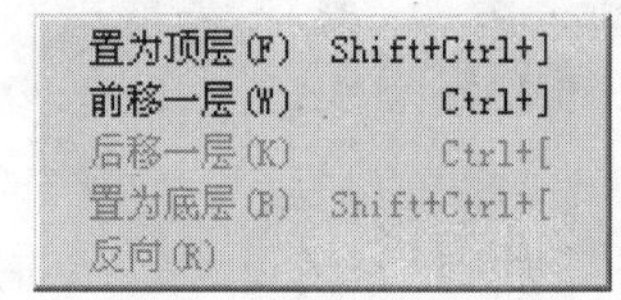

图7-39　【排列】子菜单

7.3.2　改变图层的不透明度

可以在【图层】面板中设置图层的不透明度，取值范围为 0% ～ 100%，当不透明度的值为 0% 时，图层是完全透明的；当不透明度的值为 100% 时，图层将完全呈现。

上机实战　改变图层不透明度

所用素材：光盘 \ 素材 \ 第 7 章 \ 沙漠风景 .psd

01 打开一幅图片，如图 7-40 所示。其【图层】面板如图 7-41 所示。

图7-40　素材图片

图7-41　【图层】面板

02 在【图层】面板的【不透明度】文本框中改变数值，图像效果如图 7-42 所示。

不透明度=70%

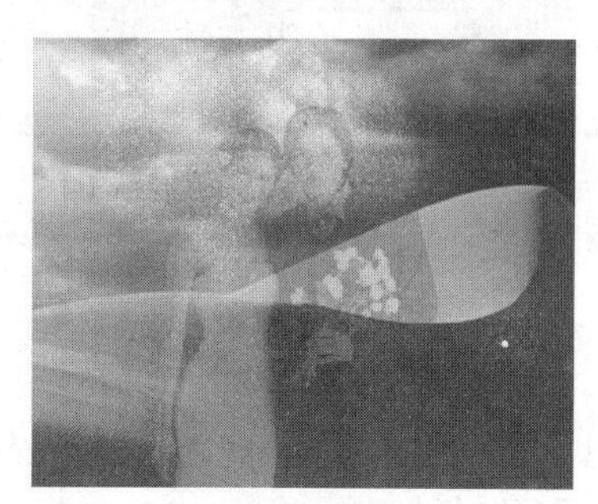

不透明度=30%

图7-42　不同不透明度的效果对比

7.3.3　图层内容的锁定

在【图层】面板中可以锁定图层，使图层在编辑图像时不受影响，从而方便图像的编辑操作。如果需要将图层中的内容锁定，可以选择该图层，然后单击【图层】面板中的【全部锁定】图标，即可将图层内容锁定，如图 7-43 所示。

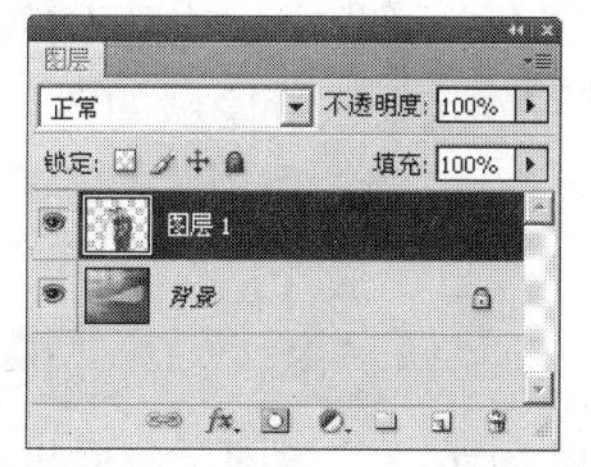

图7-43　锁定图层内容

7.3.4　图层的链接

利用图层的链接功能可以方便地移动多个图层中的图像，同时对多个图层中的图像进行旋转、翻转和自由变形。

链接图层

所用素材：光盘\素材\第 7 章\月季花 .psd

01 打开一个具有多个图层的图片，如图 7-44 所示。其【图层】面板如图 7-45 所示。

图7-44　素材图片

图7-45　【图层】面板

02 在按下【Shift】键同时在图层面板中选择所要链接的图层，如图 7-46 所示。

03 将鼠标移至图层面板底部的【链接图层】按钮上单击，即可将所选的图层进行链接，在图层的右侧将显示链接图标，如图 7-47 所示。

图7-46 选择所要链接的图层

图7-47 建立图层链接

04 为两个图层建立链接关系后，若对【图层 2】进行操作，【图层 1】也会一起变化。

7.3.5 图层的合并

在一幅图像中，图层越多则该文件所占用的磁盘空间也就越多。对于一些不必要分开的图层可以将它们合并，以节省空间。图层合并的命令位于【图层】面板菜单中，如图 7-48 所示，其中各选项说明如下：

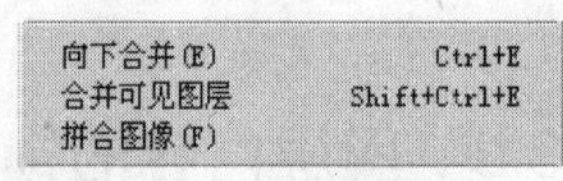

图7-48 图层合并的命令

- 【向下合并】：将当前图层与其下一图层图像合并，其他图层保持不变。
- 【合并可见图层】：将图像中所有显示的图层合并，而隐藏的图层则保持不变。
- 【拼合图像】：将图像中所有图层合并，并在合并过程中丢弃隐藏的图层。在丢弃隐藏图层时，Photoshop 将弹出提示对话框，提示是否确定要丢弃隐藏的图层。

上机实战 合并图层

所用素材：光盘\素材\第 7 章\花朵 .psd

01 打开一个具有多个图层的图像文件，如图 7-49 所示。其【图层】面板如图 7-50 所示。

02 打开【图层】面板菜单，在其中单击【拼合图像】选项将图层合并，合并图层后的【图层】面板如图 7-51 所示。

图7-49 素材图片

图7-50 【图层】面板

图7-51 合并图层后的【图层】面板

7.4 填充图层和调整图层

填充图层是在原有图层的基础上新建一个图层，并在新建图层上填充相应颜色。调整图层是一种比较特殊的图层，主要用来控制色调和色彩的调整。Photoshop CS5 会将色调和色彩的设置，如【色阶】和【色彩平衡】等命令，变成一个调整图层单独存放到文件中，修改其设置不会永久改变原始图像。

7.4.1 新建填充图层

可以根据需要为新填充图层填充纯色、渐变色或图案。

上机实战 新建填充图层

所用素材：光盘\素材\第 7 章\女孩.jpg

01 单击【文件】/【打开】命令，打开一幅素材图像，如图 7-52 所示。

02 单击【图层】/【新建填充图层】命令，从弹出的子菜单中选择【渐变】命令，弹出【新建图层】对话框，如图 7-53 所示。

03 单击【确定】按钮，弹出【渐变填充】对话框，如图 7-54 所示。

图 7-52 素材图像

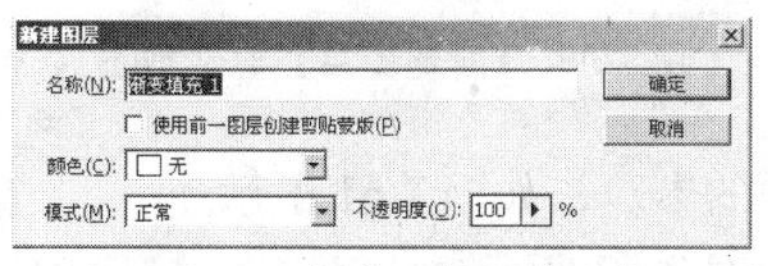

图7-53 【新建图层】对话框

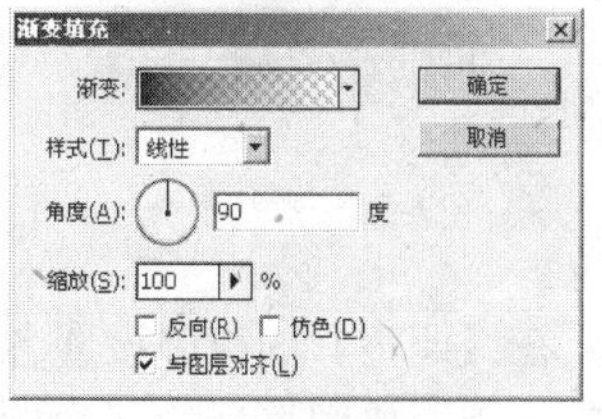

图7-54 【渐变填充】对话框

04 单击【渐变】按钮，打开【渐变编辑器】对话框，从中设置渐变颜色，如图 7-55 所示。

05 单击【确定】按钮，返回【渐变填充】对话框，再次单击【确定】按钮，应用填充图层后的图像效果，如图 7-56 所示。

06 在【图层】面板中可以看到，在该图层上方出现一个图层蒙版，如图 7-57 所示。

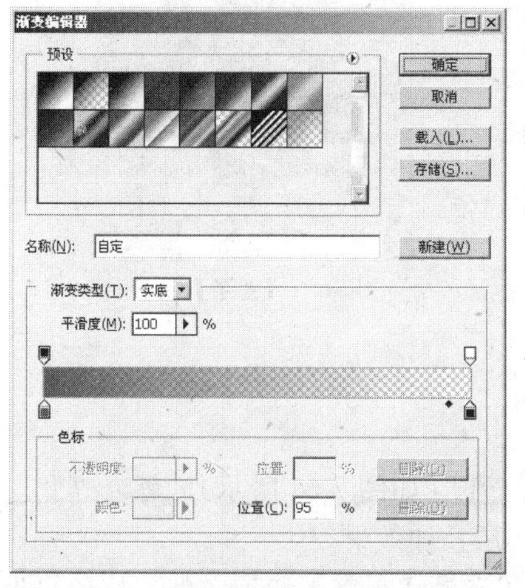

图7-55 【渐变编辑器】对话框

图7-56 应用填充图层后的图像

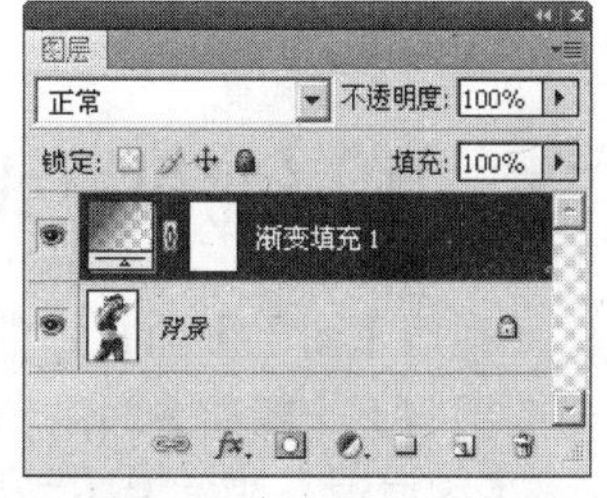

图7-57 【图层】面板

7.4.2 新建调整图层

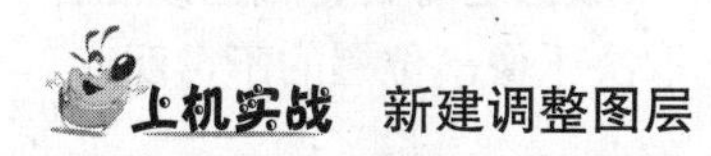

上机实战 新建调整图层

所用素材：光盘\素材\第 7 章\电扇.jpg

01 单击【文件】/【打开】命令，打开一幅素材图像，如图 7-58 所示。

02 单击【图层】/【新建调整图层】/【色相 / 饱和度】命令，弹出【新建图层】对话框，如图 7-59 所示。

03 单击【确定】按钮，打开【调整】面板，如图 7-60 所示。

图7-58　素材图像

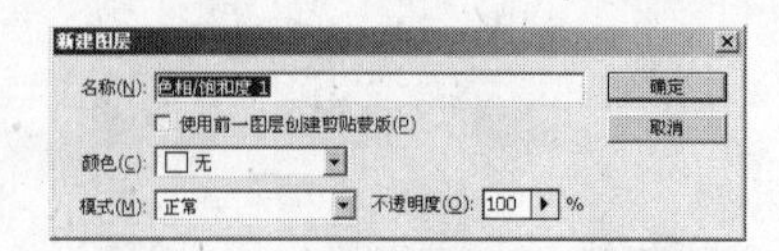

图 7-59　【新建图层】对话框

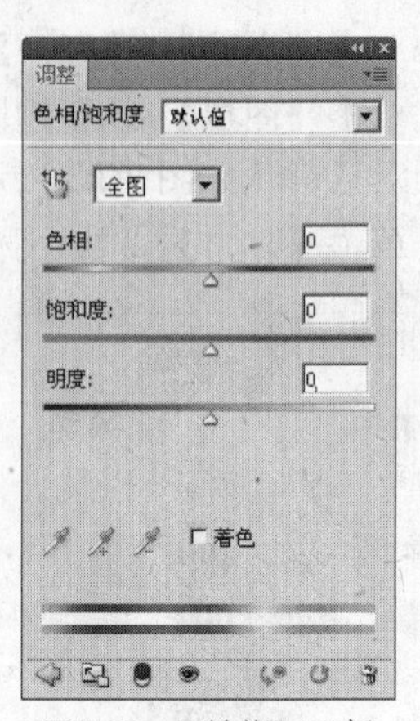

图7-60　【调整】面板

04 在【调整】面板中设置各选项的参数，如图 7-61 所示。

05 应用调整图层后的图像效果如图 7-62 所示，此时【图层】面板如图 7-63 所示。

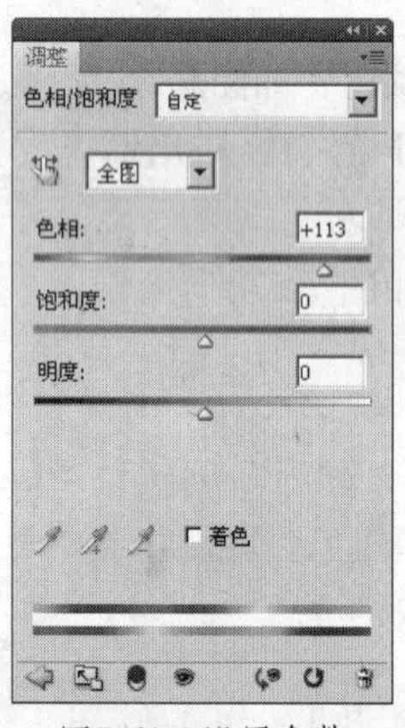

图7-61　设置参数

图7-62　对图像应用调整图层效果

图7-63　【图层】面板

7.5　图层混合模式

利用【图层】面板中的【设置图层的混合模式】下拉列表框（如图 7-64 所示），可以改变当前图层与下一图层之间的颜色的合成方式，从而得到不同的图层叠加效果。

【图层混合模式】下拉列表框中包括多达 27 个选项，除了选择【正常】选项之外，其余各选项都可产生不同的图像效果，下面进行详细的介绍。

- 【正常】：在 Photoshop 中，这是默认的混合模式。
- 【溶解】：编辑或绘画每个像素使它成为结果颜色。但是这种结果颜色是对具有底色或混合颜色（即用绘画、编辑工具应用的颜色）的像素的随机替换，取决于像素位置的不透明度，如图 7-65 所示。
- 【变暗】：考察每个通道中的颜色信息并选取底色或混合颜色中较暗部分作为结果颜色，比混合颜色亮的像素被当前绘图颜色替换，而比混合颜色暗的像素不改变，如图 7-66 所示。

- 【正片叠底】：即本色与混合色的相加，原来的颜色与混合得到的颜色的叠加，如图 7-67 所示。
- 【颜色加深】：考察每个通道中的颜色信息，使底色变暗以反映混合颜色。与白色混合不会发生变化，如图 7-68 所示。
- 【线性加深】：考察每个通道中的颜色信息，并通过减小亮度使基色色变暗以反映混合色。与白色混合后不产生变化，如图 7-69 所示。
- 【深色】：此模式通常用于比较混合色和基色的所有通道值的总和并显示值较小的颜色，如图 7-70 所示。
- 【变亮】：考察每个通道中的颜色信息，并选取底色或混合颜色中较亮部分作为结果颜色，比混合颜色暗的像素被当前绘图颜色替换，而比混合颜色亮的像素不改变，如图 7-71 所示。
- 【滤色】：考察每个通道的颜色信息，并将混合色的互补色与基色复合。结果色总是较亮的颜色。用黑色过滤时颜色保持不变。用白色过滤将产生白色。此效果类似于多个幻灯片的混合投影，如图 7-72 所示。

正常
溶解

变暗
正片叠底
颜色加深
线性加深
深色

变亮
滤色
颜色减淡
线性减淡（添加）
浅色

叠加
柔光
强光
亮光
线性光
点光
实色混合

差值
排除

色相
饱和度
颜色
明度

图7-64 【设置图层的混合模式】下拉列表框

图7-65 溶解

图7-66 变暗

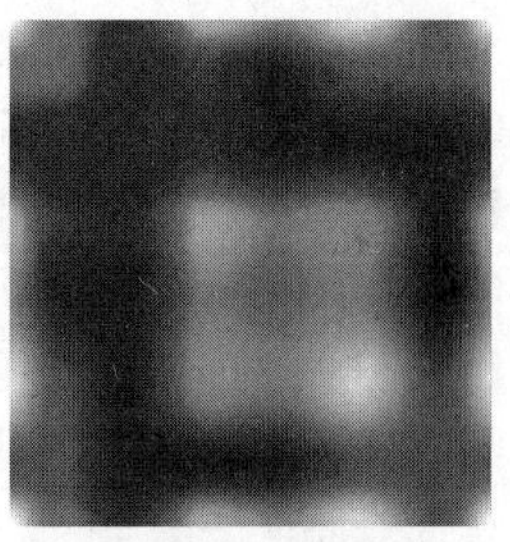
图7-67 正片叠底

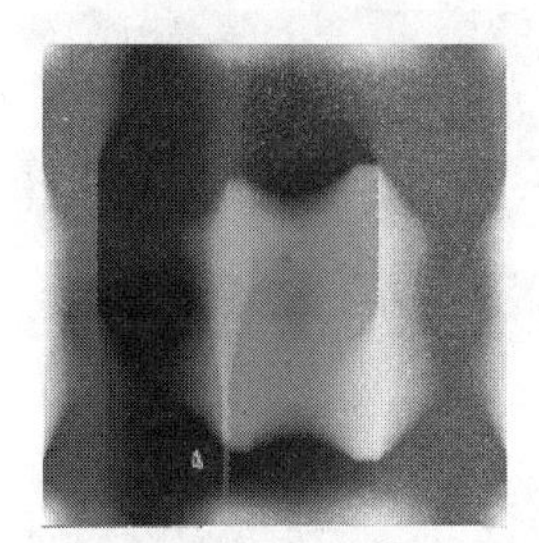
图7-68 颜色加深

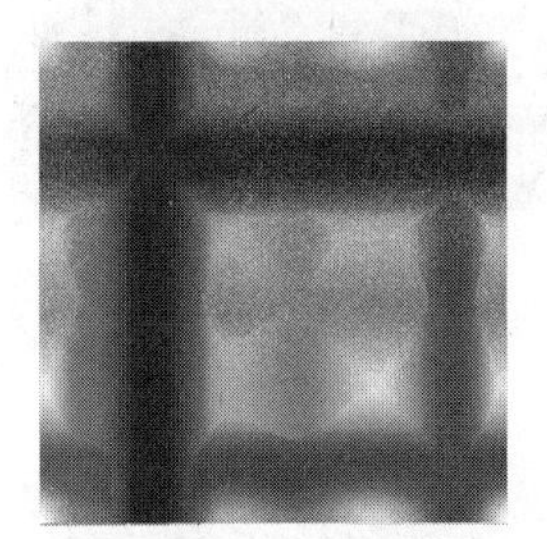
图7-69 线性加深

图7-70 深色

- 【颜色减淡】：考察每个通道中的颜色信息，使底色变亮以反映混合颜色。与黑色混合不会发生变化，如图 7-73 所示。

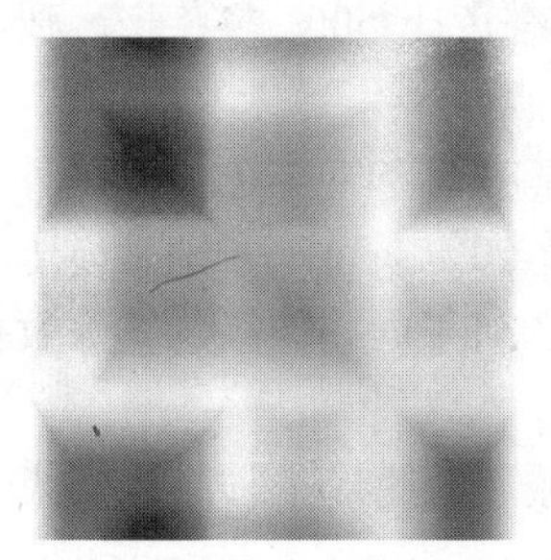
图7-71 变亮

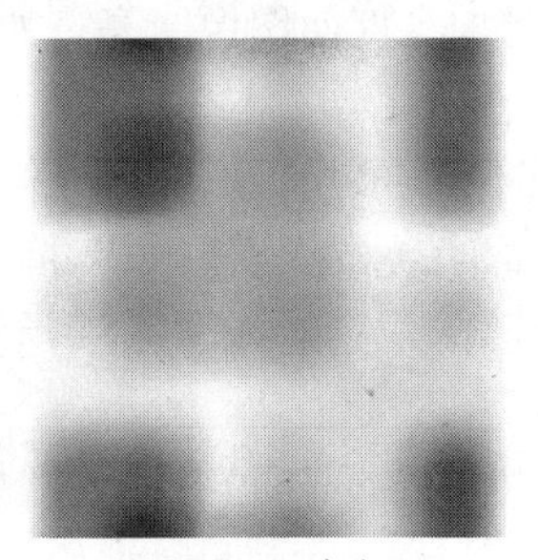
图7-72 滤色

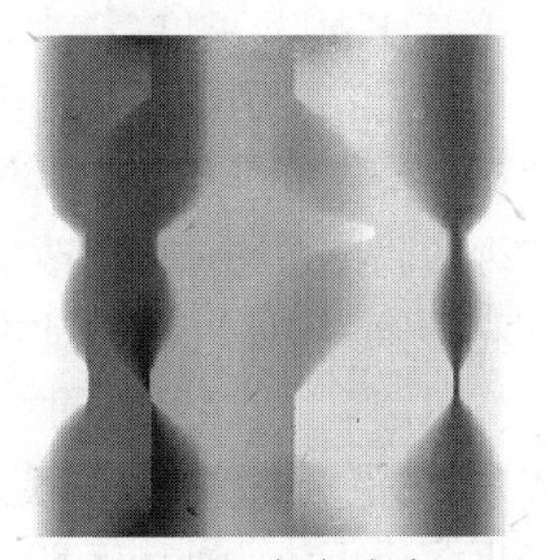
图7-73 颜色减淡

- 【线性减淡（添加）】：考察每个通道中的颜色信息，并通过增加亮度使基色变亮以反映混合色。与黑色混合则不发生变化，如图 7-74 所示。
- 【浅色】：此模式通常用于比较混合色和基色的所有通道值的总和并显示值较大的颜色，如图 7-75 所示。
- 【叠加】：在图像、色彩上加像素时，保留基本颜色的最亮和阴影处，如图 7-76 所示。

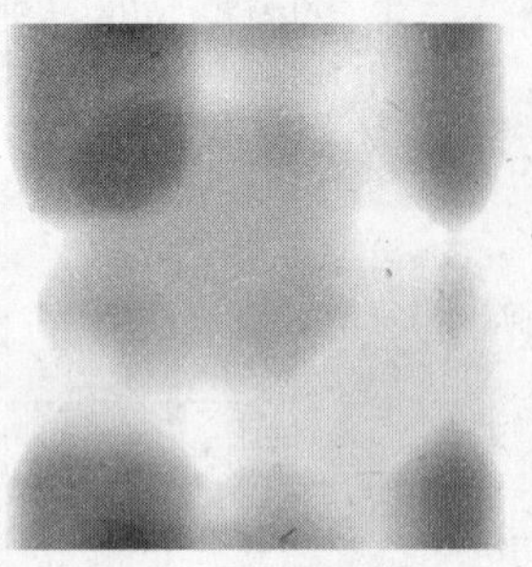
图7-74 线性减淡

图7-75 浅色

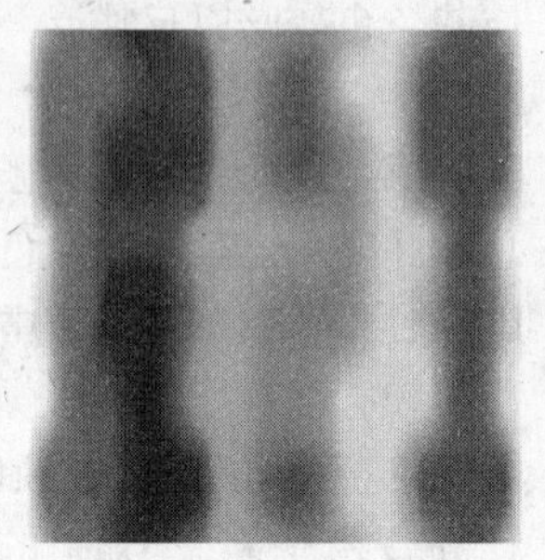
图7-76 叠加

- 【柔光】：使颜色变暗或变亮，这取决于混合颜色。效果与将发散的聚光灯照在图像上相似。如果混合颜色（光源）比 50% 灰色亮，则图像会变亮，就像被减淡一样。如果混合颜色比 50% 灰色暗，则图像会被变暗，就像被加深一样。用纯黑色或纯白色绘画，会产生明显较暗或较亮的区域，但不会产生纯黑色或纯白色，如图 7-77 所示。
- 【强光】：对颜色执行正片叠底模式或屏幕模式，这取决于混合颜色，这种效果与将耀眼的聚光灯照在图像上相似，如图 7-78 所示。
- 【亮光】：通过增加或减小对比度来加深或减淡颜色，具体取决于混合色。如果混合色（光源）比 50% 灰色亮，则通过减小对比度使图像变亮。如果混合色比 50% 灰色暗，则通过增加对比度使图像变暗，如图 7-79 所示。

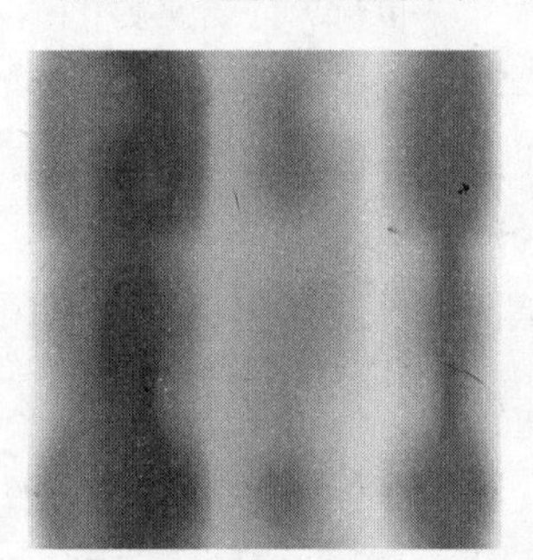
图7-77 柔光

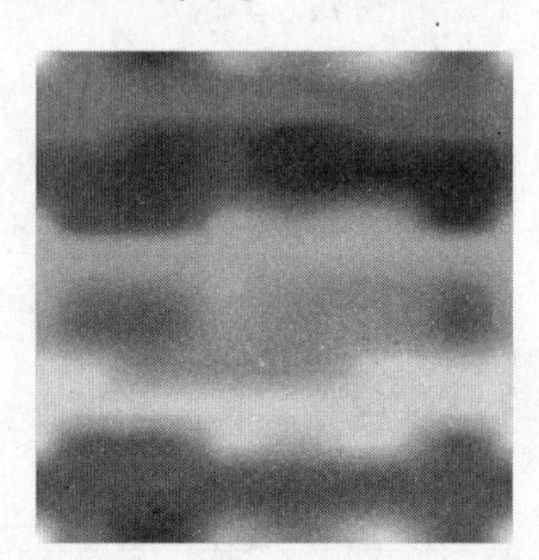
图7-78 强光

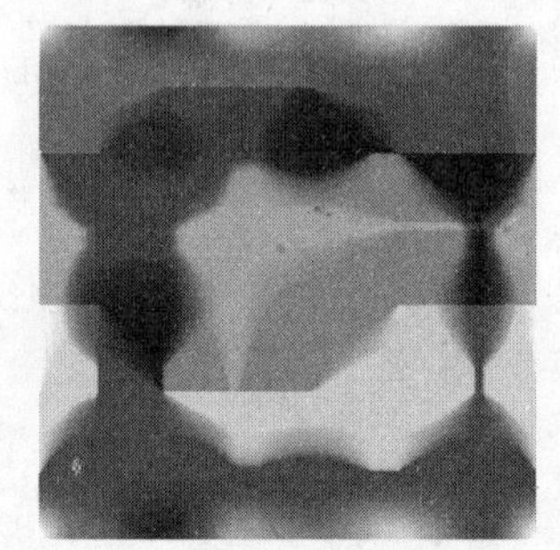
图7-79 亮光

- 【线性光】：通过减小或增加亮度来加深或减淡颜色，具体取决于混合色。如果混合色（光源）比 50% 灰色亮，则通过增加亮度使图像变亮。如果混合色比 50% 灰色暗，则通过减小亮度使图像变暗，如图 7-80 所示。
- 【点光】：替换颜色，具体取决于混合色。如果混合色（光源）比 50% 灰色亮，则替换比混合色暗的像素，而不改变比混合色亮的像素。如果混合色比 50% 灰色暗，则替换比混合色亮的像素，而不改变比混合色暗的像素，如图 7-81 所示。这对于向图像添加特殊效果非常有用。
- 【实色混合】：作用跟【亮光】类似，只不过在通过增加或减小对比度来加深或减淡颜色时更深或更淡，如图 7-82 所示。

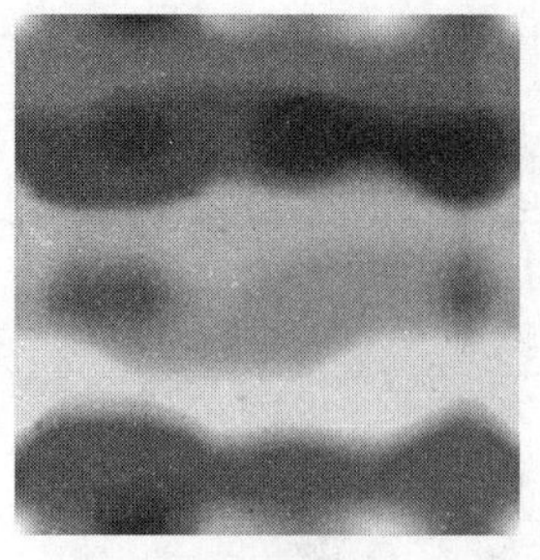
图7-80 线性光

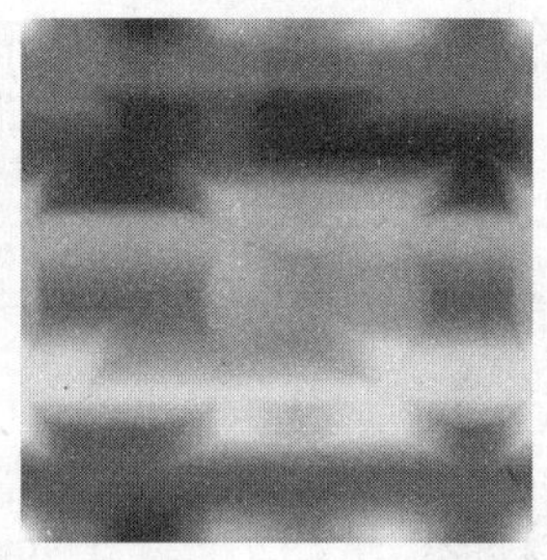
图7-81 点光

图7-82 实色混合

- 【差值】：查看每个通道中的颜色信息，并从底色中减去混合颜色，或从混合颜色中减去底色，这取决于那一个颜色的亮度值比较大，如图 7-83 所示。与白色混合会使底色值反相；与黑色混合不产生变化。
- 【排除】：创建一种与差值模式相似但对比度较低的效果，与白色混合会使底色值反相；与黑色混合不产生变化，如图 7-84 所示。
- 【减去】：查看每个通道中的颜色信息，并从基色中减去混合色。在 8 位和 16 位图像中，任何生成的负片值都会剪切为零。如图 7-85 所示。

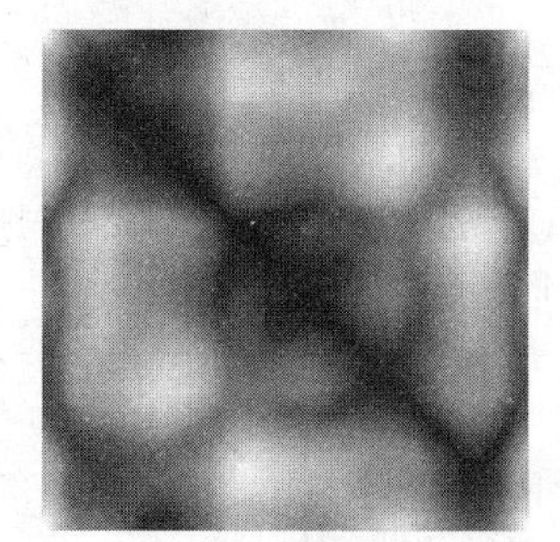
图7-83 差值

图7-84 排除

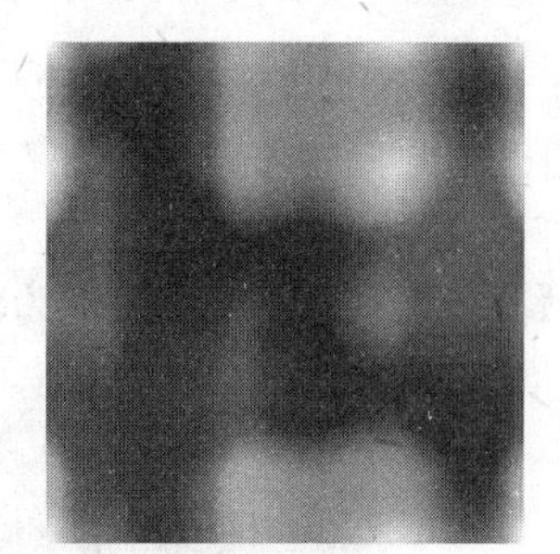
图7-85 减去

- 【划分】：查看每个通道中的颜色信息，并从基色中分割混合色。如图 7-86 所示。
- 【色相】：使用底色的亮度和饱和度以及混合颜色的色相创建结果颜色，如图 7-87 所示。
- 【饱和度】：使用底色的亮度和色相以及混合颜色的饱和度创建结果颜色，在无饱和度（灰色）的区域上用此模式绘画不会引起变化，如图 7-88 所示。

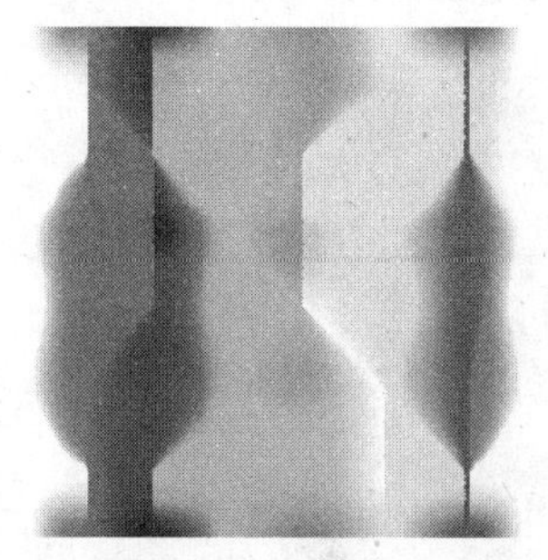
图7-86 划分

图7-87 色相

图7-88 饱和度

- 【颜色】：使用底色的亮度以及混合颜色的色相和饱和度创建结果颜色，如图 7-89 所示。这可以保护图像中的灰色色阶，而且对于给单色图像上色以及给彩色图像着色都是很有用的。
- 【明度】：使用底色的色相和饱和度以及混合颜色的亮度创建结果颜色，如图 7-90 所示。此模式创建与颜色模式相反的效果。

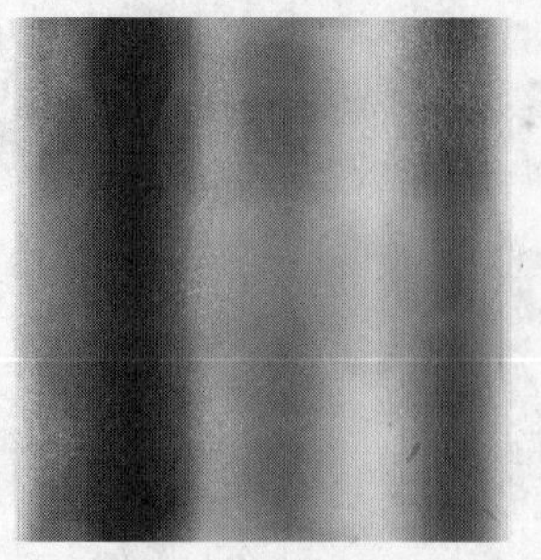

图7-89　颜色

图7-90　明度

灵活地运用 Photoshop 中的混合模式，不仅可以创作出丰富多彩的叠加及着色效果，还可以获得一些意想不到的特殊结果。

除了【图层】面板之外，在 Photoshop 其他地方，如画笔工具也有类似的混合模式，画笔工具的混合模式则决定了其绘画的着色方式。另外，在【填充】、【描边】等对话框中也有混合模式。这些地方的混合模式的功能基本相同。

上机实战　图层混合模式的使用

所用素材：光盘\素材\第 7 章\渐变图像 .psd

01 打开一幅素材图像，如图 7-91 所示。

02 打开【图层】面板，如图 7-92 所示，该图像包括两个图层（分别如图 7-93、图 7-94 所示），此时【混合模式】下拉列表框为默认值即【正常】模式，在下拉列表框中选择所需的模式。

图7-91　素材图片

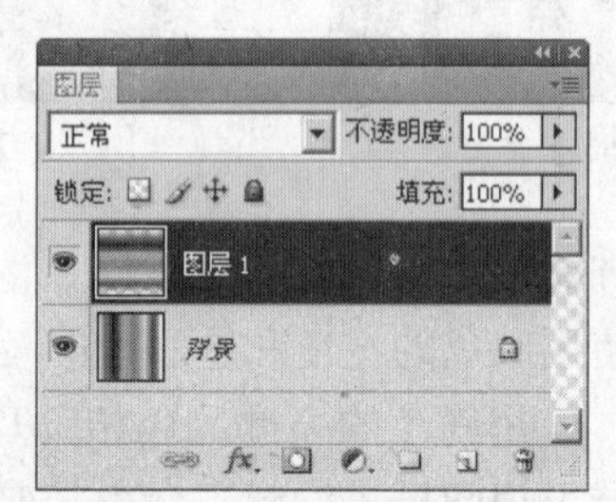

图7-92　【图层】面板

图7-93　位于上面的图层

图7-94　位于下面的图层

7.6　图层样式

在 Photoshop 中提供了一种快速创建图像特效的功能，这就是图层样式。

如图 7-95 所示为对图层应用图层样式前后的效果对比，如图 7-96 所示则为应用图层样式前后的【图层】面板。

图7-95　应用图层样式前后的效果的对比

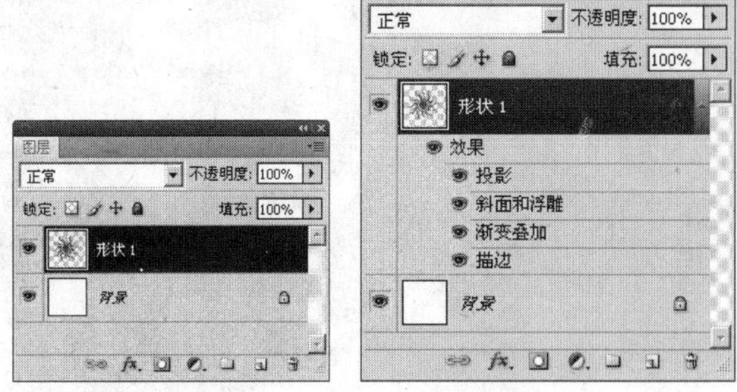

图7-96　应用图层样式前后的【图层】面板的对比

7.6.1　创建图层样式

上机实战　创建图层样式

01 在【图层】面板中，选择需要应用图层样式的图层。

02 单击【图层】/【图层样式】子菜单，如图 7-97 所示。

03 在【图层样式】子菜单中单击某一个命令，弹出【图层样式】对话框，如图 7-98 所示。

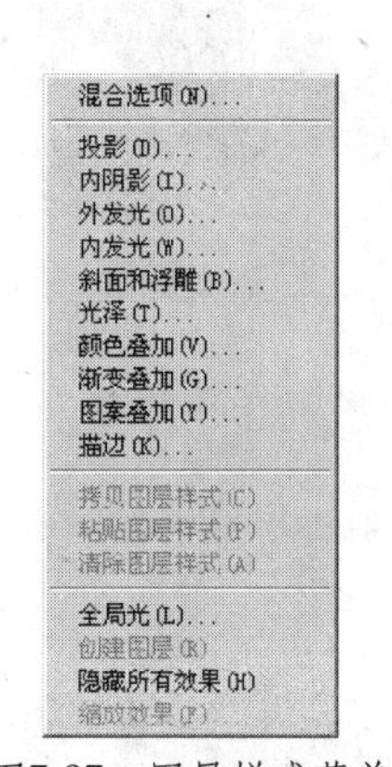

图7-97　图层样式菜单

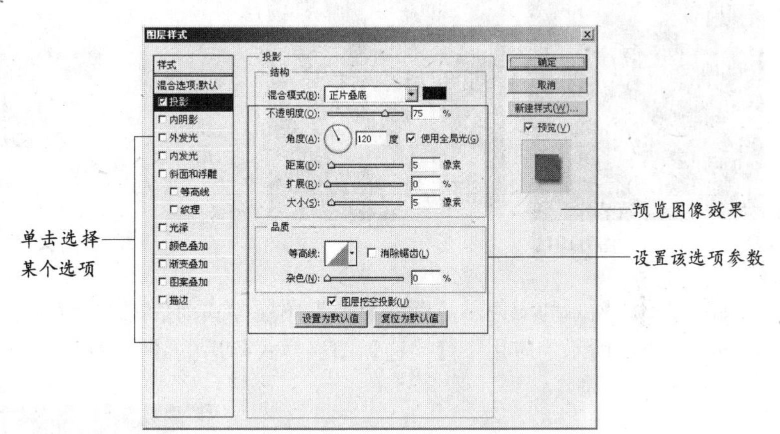

图7-98　【图层样式】对话框

04 在【图层样式】对话框中设置各种效果的参数，然后单击【确定】按钮，即可为图层创建图层样式。

如图 7-99 所示为应用了【投影】图层样式前后的效果对比。

图7-99　投影效果

如图 7-100 所示为应用了【内阴影】图层样式前后的效果对比。

图7-100　内阴影效果

如图 7-101 所示为应用了【外发光】图层样式前后的效果对比。

如图 7-102 所示为应用了【斜面和浮雕】图层样式前后的效果对比。

图7-101　外发光效果

图7-102　斜面和浮雕效果

如图 7-103 所示为应用了【渐变叠加】图层样式前后的效果对比。

如图 7-104 所示为应用了【描边】图层样式前后的效果对比。

图7-103　渐变叠加效果

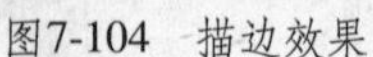

图7-104　描边效果

7.6.2　应用预设样式

可以从【样式】面板应用预设样式，单击【窗口】/【样式】命令可以打开【样式】面板，如图 7-105 所示。

Photoshop 随附的图层样式有很多种，这些样式都在【样式】面板的菜单中，例如，用于向按钮应用的样式；用于向文本应用的样式等，如图 7-106 所示。

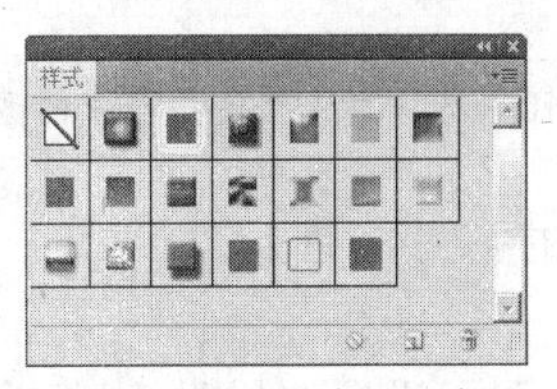

图7-105 【样式】面板

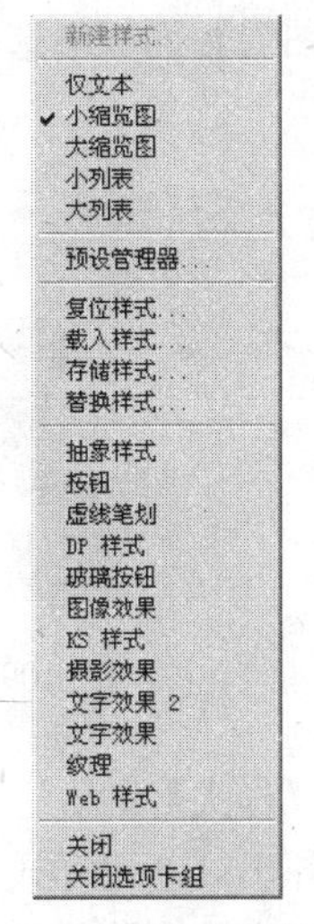

图7-106 【样式】面板菜单

上机实战 应用预设样式

01 新建一个图像文件，新建【图层 1】，创建椭圆选区并填充为黑色，如图 7-107 所示。

02 在【样式】面板中单击一种样式以将其应用于当前选定的图层，如图 7-108 所示（本例单击【铬金光泽】样式）。

图7-107 创建椭圆选区

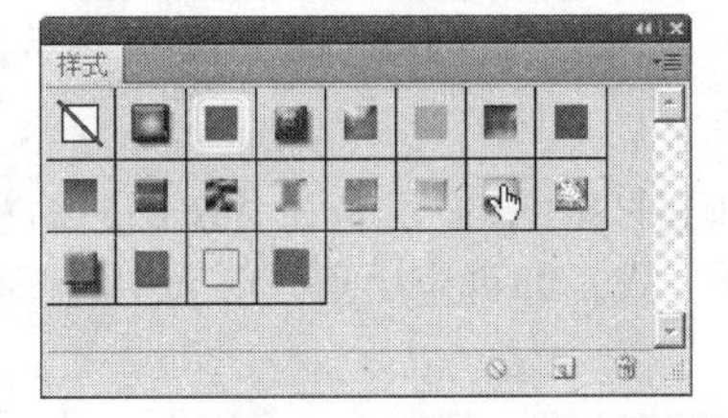

图7-108 应用预设的样式

7.6.3 图层样式的管理

Photoshop 提供了针对图层样式的管理功能，下面择要进行详细的介绍。

上机实战 图层样式管理

（1）拷贝和粘贴图层样式

01 在【图层】面板中选择应用了图层样式的图层。

02 单击【图层】/【图层样式】/【拷贝图层样式】命令。

03 在【图层】面板中选择需要应用图层样式的图层，单击【图层】/【图层样式】/【粘贴图层样式】命令。

（2）清除图层样式

01 在【图层】面板中选择应用了图层样式的图层。

02 单击【图层】/【图层样式】/【清除图层样式】命令。

（3）保存图层样式

01 为图像创建图层样式，如图 7-109 所示。

02 在【图层】面板中选择要保存图层样式的图层，如图 7-110 所示，

图7-109　创建图层样式

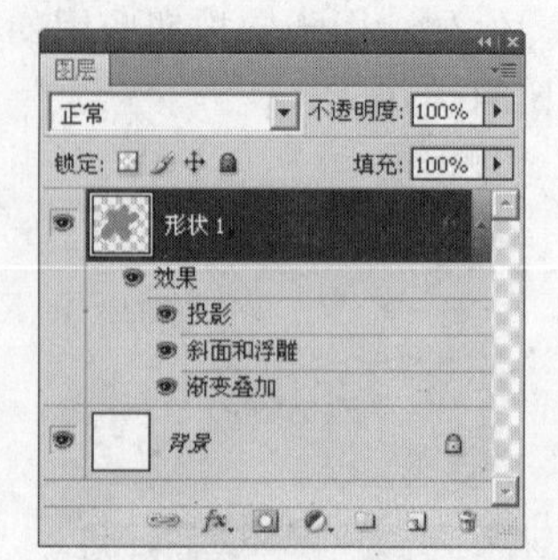

图7-110　选择要保存图层样式的图层

03 单击【样式】面板下部的【创建新样式】按钮，如图 7-111 所示。
04 此时弹出【新建样式】对话框，如图 7-112 所示。
05 设置样式的名称后单击【确定】按钮，即可保存该图层样式，如图 7-113 所示。

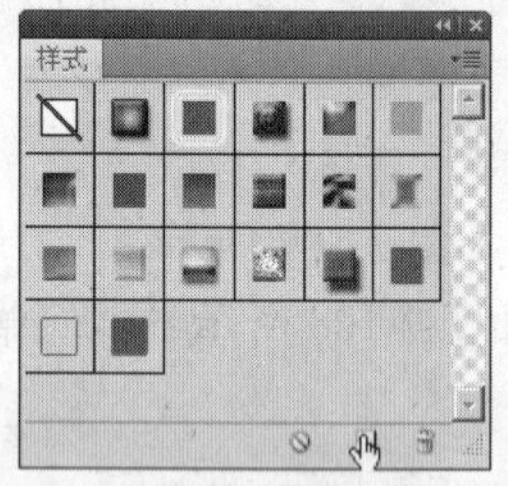

图7-111　单击【创建新的样式】按钮

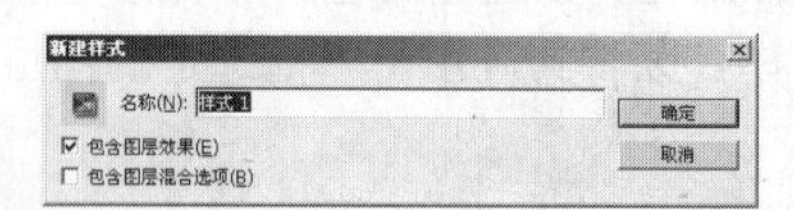

图7-112　【新建样式】对话框

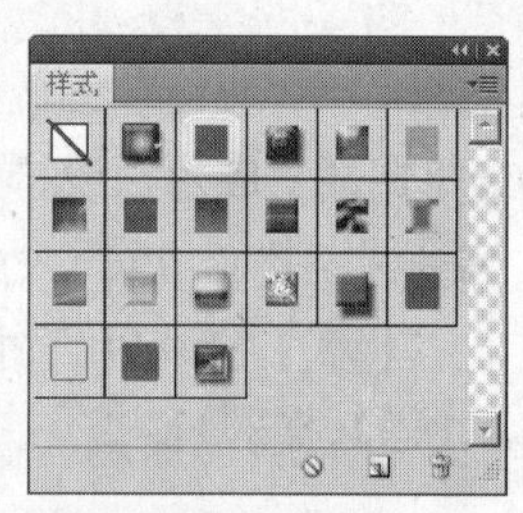

图7-113　保存图层样式到【样式】面板中

06 保存好的图层样式可随时调用，办法是在【图层】面板中选择需要应用图层样式的图层，在【样式】面板中单击某一种样式，即可应用到当前选中的图层。

7.7　课堂实训

7.7.1　材质字

本例制作材质字效果，主要用到了图层样式，如图 7-114 所示。

图7-114　材质字

上机实战　制作材质字

最终效果：光盘\效果\第 7 章\材质字.psd

01 单击【文件】/【新建】命令，新建一幅 RGB 模式的空白图像。
02 在工具箱中选择文字工具，在其工具选项栏中设置合适的字体、字号，然后在图像窗口中输入文字“good”，并调整其位置，如图 7-115 所示。

03 在【图层】面板中双击文字图层，在弹出的【图层样式】对话框中的左侧选择【投影】选项，然后在右侧的【投影】选项区中设置投影颜色为蓝色（R：40，G：65，B：170），其他参数设置如图 7-116 所示。

图7-115　输入文字

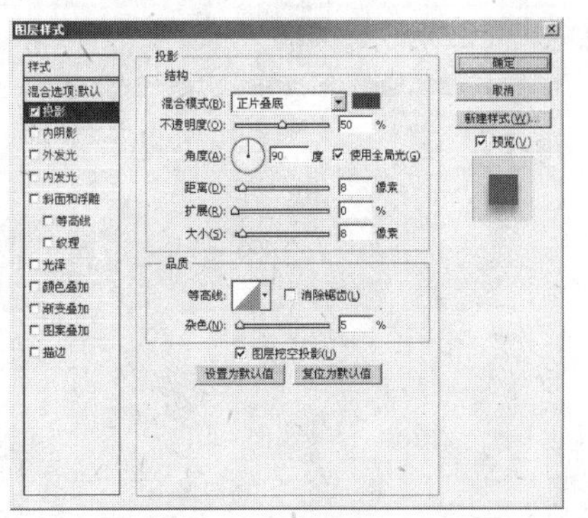

图7-116　设置【投影】选项

04 在【图层样式.】对话框中的左侧选择【内阴影】选项，然后在右侧的【内阴影】选项区中设置内阴影颜色为蓝色（R：17，G：45，B：190），其他参数设置如图 7-117 所示。

05 在【图层样式】对话框的左侧选择【外发光】选项，然后在右侧的【外发光】选项区中设置外发光颜色为青色（R：55，G：175，B：245），其他参数设置如图 7-118 所示。

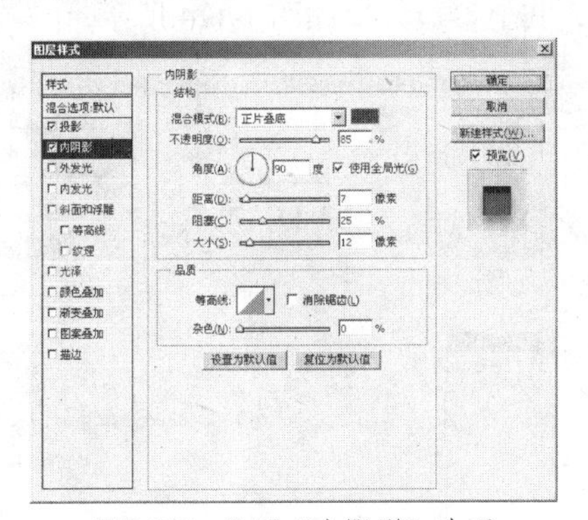

图7-117　设置【内阴影】选项

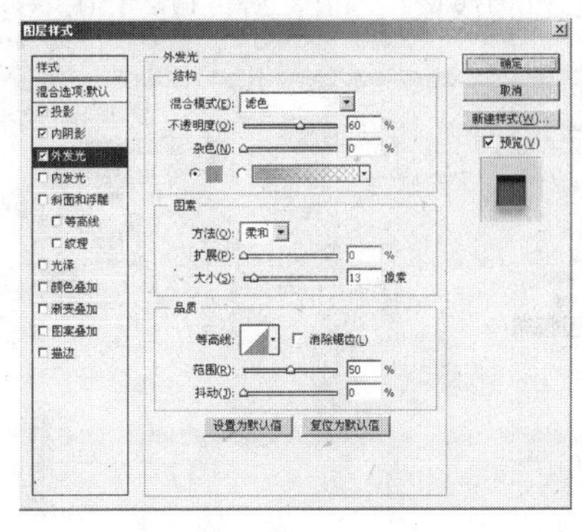

图7-118　设置【外发光】选项

06 在【图层样式】对话框的左侧选择【内发光】选项，然后在右侧的【内发光】选项区中设置内发光颜色为蓝色（R：75，G：90，B：235），其他参数设置如图 7-119 所示。

07 在【图层样式】对话框的左侧选择【斜面和浮雕】选项，然后在右侧的【斜面和浮雕】选项区中设置各项参数，如图 7-120 所示。

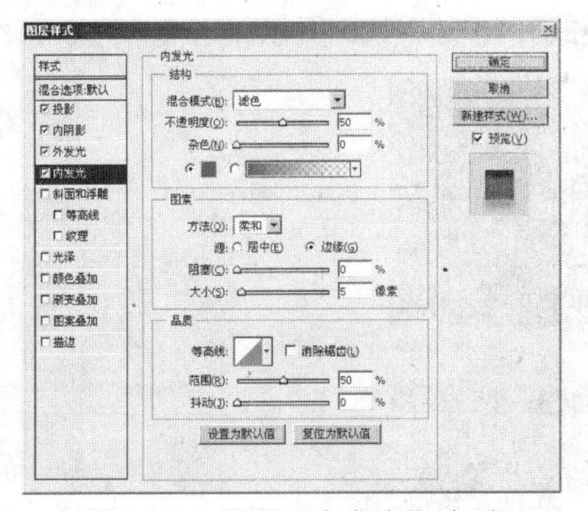

图7-119　设置【内发光】选项

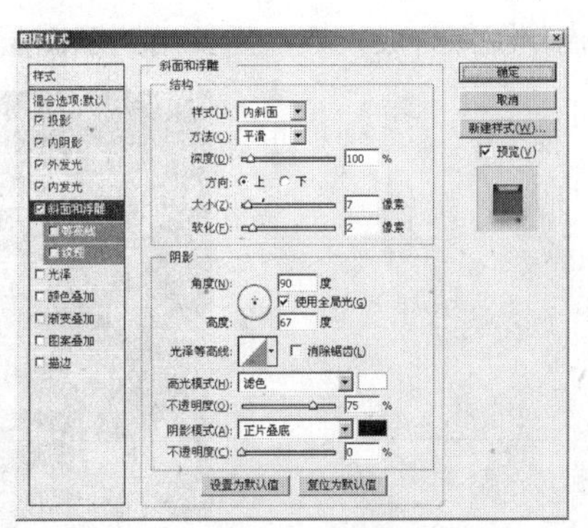

图7-120　设置【斜面和浮雕】选项

08 在【图层样式】对话框的左侧选择【等高线】选项，然后在右侧的【等高线】选项区中设置各项参数，如图 7-121 所示。

09 在【图层样式】对话框的左侧选择【纹理】选项，然后在右侧的【纹理】选项区中设置各项参数，如图 7-122 所示。

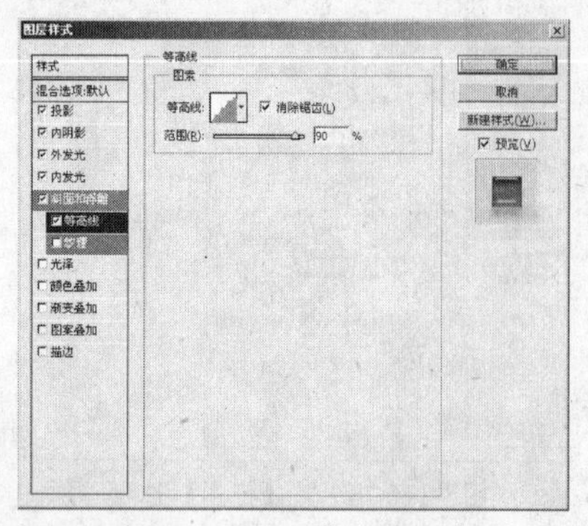

图7-121 设置【等高线】选项

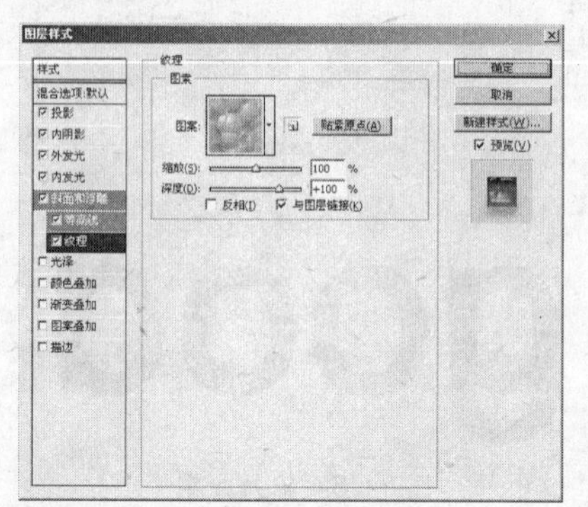

图7-122 设置【纹理】选项

10 在【图层样式】对话框的左侧选择【光泽】选项，然后在右侧的【光泽】选项区中设置【光泽】颜色为浅蓝色（R：60，G：175，B：230），其他参数设置如图 7-123 所示。

11 在【图层样式】对话框的左侧选择【颜色叠加】选项，然后在右侧的【颜色叠加】选项区中设置叠加颜色为浅蓝色（R：57，G：150，B：230），其他参数设置如图 7-124 所示。

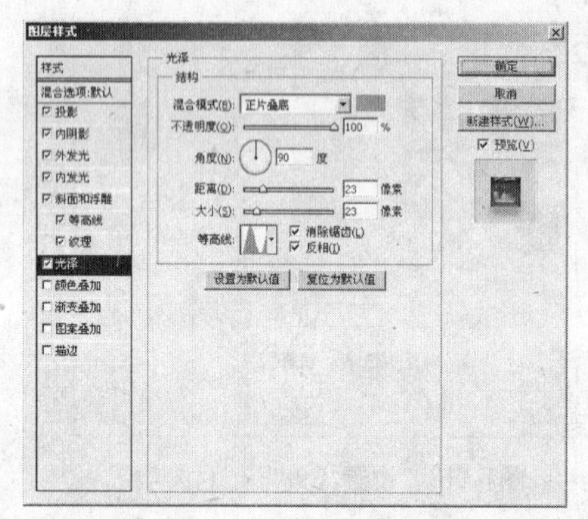

图7-123 设置【光泽】选项

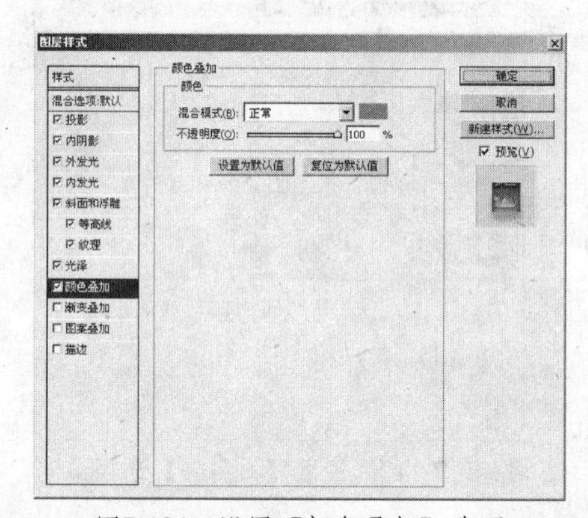

图7-124 设置【颜色叠加】选项

12 设置完成后单击【确定】按钮得到最终效果。

7.7.2 图像合成

本例制作图像合成效果，主要用到了图层混合模式，如图 7-125 所示。

图7-125 图像合成

上机实战 图像合成

所用素材：光盘\素材\第7章\风景.jpg、人物.psd

最终效果：光盘\效果\第7章\图像合成.psd

01 打开两幅素材图像，如图7-126所示。

02 选择工具箱中的椭圆工具，在人物图像中创建选区，如图7-127所示。

03 单击【选择】/【修改】/【羽化】命令，打开【羽化选区】对话框，设置羽化的参数，如图7-128所示。

图7-126 打开素材图像

图7-127 创建选区

04 选择工具箱中的移动工具，将选区中的图像拖曳到第一幅图像中，然后调整大小及位置，如图7-129所示。

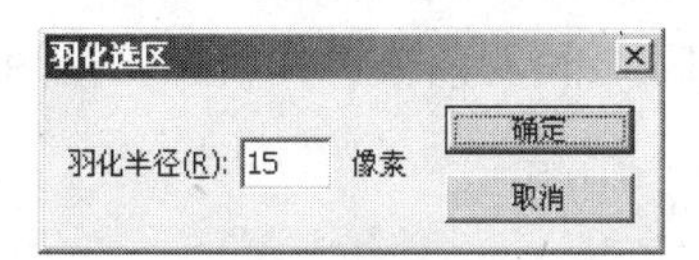

图7-128 【羽化选区】对话框

图7-129 调整图像大小及位置

05 在【图层】面板中，设置【图层混合模式】为【柔光】，如图7-130所示。改变图层混合模式后的效果如图7-131所示。

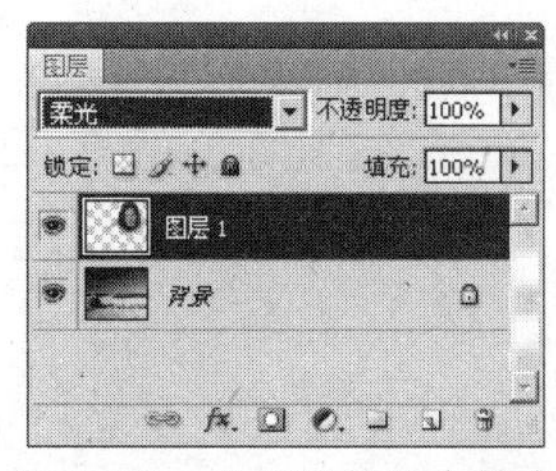

图7-130 设置图层混合模式

图7-131 图像效果

7.8 本章小结

本章从图层概念入手，全面介绍了有关图层操作及其应用的知识与技能，包括图层的建立、复制和删除等，之后对图层的编辑操作也进行了详细的介绍，如改变图层的叠放顺序、图层的链接、图层的合图、层的不透明度、图层样式以及图层混合模式等。

正确理解并灵活运用图层是由入门到精通的关键一步。通过本章的学习，可以学会制作一些特殊效果的文字和图像，并使用图层混合模式和不透明度的功能将这些具有多种效果的图层混合，产生千姿百态的图层。

7.9 习题

1. 填空题

(1) 在某一个图层上进行任何绘画操作，都不会________到其他图层上的图像。

(2) 每个图层都有自己的混合模式和不透明度，因此，图层与图层之间既________又________。

(3) 利用图层的混合模式，可以改变当前图层与下一图层之间的________，从而得到不同的图层叠加效果。

2. 问答题

(1) 图层的原理是什么?

(2) 什么是填充图层? 什么是调整图层?

(3) 什么是图层混合模式?

3. 上机题

(1) 上机练习普通图层与背景图层之间的转换。

(2) 上机使图层的链接功能。

(3) 上机创建各种图层样式，并明白其中的原理。

(4) 根据所学知识，使用图层混合模式更换衣服颜色，如图 7-132 所示。

制作提示：使用【套索工具】选择衣服区域，新建图层，设置前景色为蓝色，使用【油漆桶工具】填充选区，然且设置图层混合模式为“色相”。

(5) 根据所学知识，制作阴影字效果，如图 7-133 所示。

制作提示：将文字图层转化为普通图层，复制文字图层，为下层的文字应用【高斯模糊】滤镜，然后将两个图层中的文字错开一些距离。

图7-132 更换衣服颜色

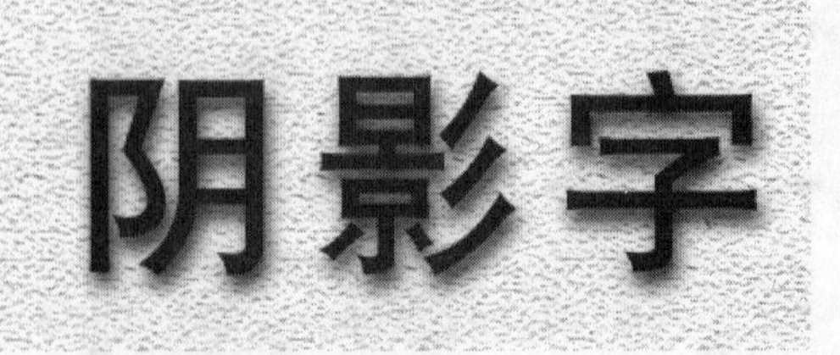

图7-133 阴影字

第8章　文字的应用

内容提要

本章主要介绍 Photoshop CS5 中的文字功能，包括输入文字、设置文字属性、编辑文字、变形文字和路径文字等。

8.1　文字工具

利用工具箱中的文字工具可在图像中输入文字。

Photoshop 提供了横排文字工具、直排文字工具、横排文字蒙版工具、直排文字蒙版工具四种文字工具，如图 8-1 所示。

可以在图像中的任何位置创建文字，并根据需要输入点文字或段落文字。

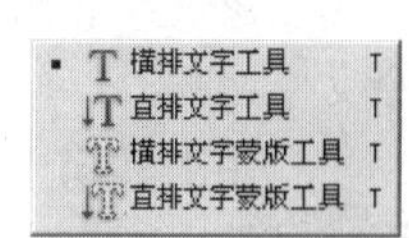

图8-1　文字工具

上机实战　输入点文字和段落文字

所用素材：光盘\素材\第 8 章\宇宙.jpg

（1）输入点文字

01 打开一幅素材图片，

02 选择工具箱中的横排文字工具，此时文字工具选项栏，如图 8-2 所示，它提供了文字格式方面的设置功能，可以在输入文字前先根据需要进行设置。

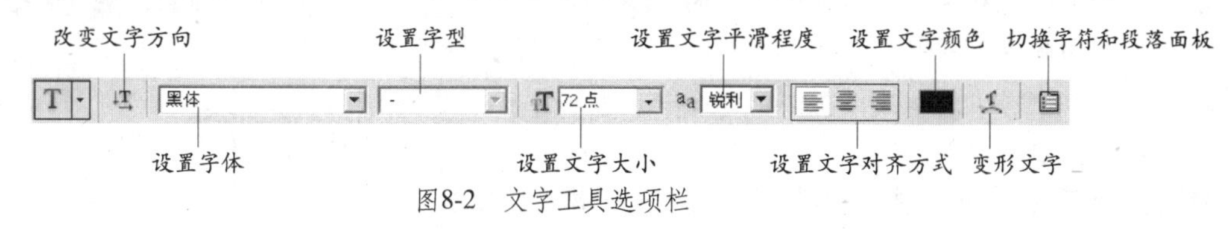

图8-2　文字工具选项栏

03 将鼠标指针移动到图像窗口中，单击鼠标产生文字插入点，然后利用键盘输入文字，如图 8-3 所示。

04 在输入文字的过程中如果需要换行，按下回车键即可，如图 8-4 所示。

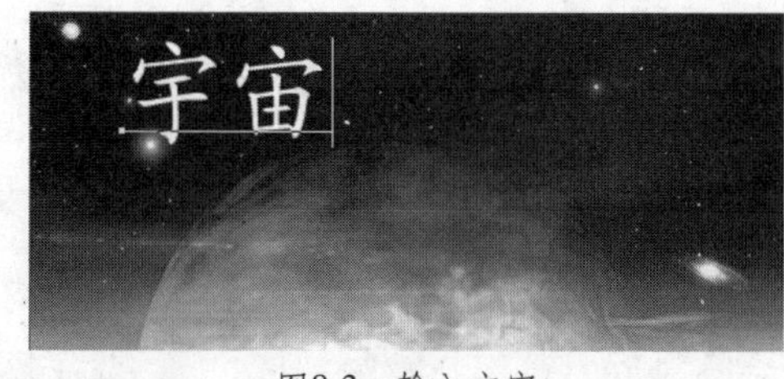

图8-3　输入文字

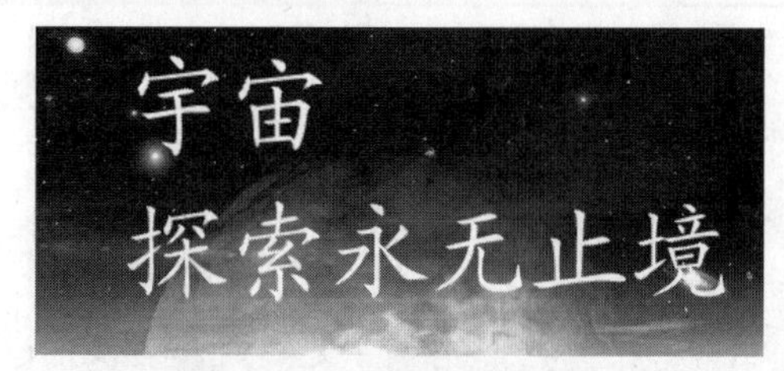

图8-4　按回车键换行输入文字

05 单击文字工具选项栏中右端的确认按钮，结束文字输入的操作。所输入的文字以文字图层的方式出现在【图层】面板中，如图 8-5 所示。

提示 可以看到，输入点文字时，每行文字都是独立的，必须手动换行。点文字对于输入一个字或一行字符很有用。如果输入的文字很多，并且需要自动换行，那么可输入段落文字。

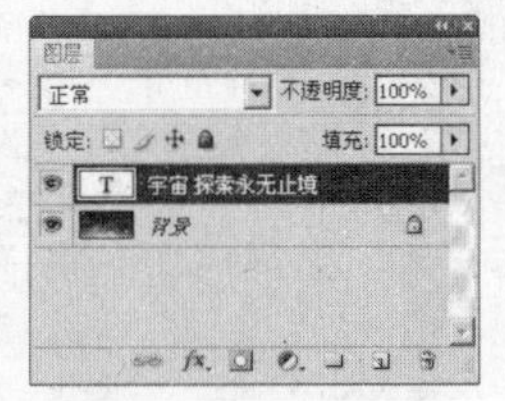

图8-5 【图层】面板

（2）输入段落文字

所用素材：光盘\素材\第8章\天空.jpg

01 打开一幅素材图片。

02 选择工具箱中的横排文字工具，并在文字工具选项栏中设置文字格式。

03 将鼠标指针移动到图像窗口中，单击鼠标并拖曳，得到文字框，然后在文字框中输入文字，如图8-6所示。所输入的文字称之为段落文字。输入段落文字后，在【图层】面板中也会产生一个文字图层。

图8-6 在文字框中输入段落文字

利用工具箱中的直排文字工具，可输入直排方向的文字。利用工具箱中的文字蒙版工具，所输入的文字是选区。

上机实战 输入直排文字和文字蒙版

所用素材：光盘\素材\第8章\小兔.jpg

（1）输入直排文字

01 打开一幅素材图片。

02 选择工具箱中的直排文字工具。

03 将鼠标指针移动到图像窗口中，单击鼠标产生文字插入点，然后利用键盘输入文字，如图8-7所示。

嗨 朋友们 你们好

图8-7 输入直排文字

（2）输入文字蒙版

所用素材：光盘\素材\第8章\水面.jpg

01 打开一幅素材图片。

02 选择工具箱中的横排文字蒙版工具（或直排文字蒙版工具）。

03 将鼠标指针移动到图像窗口中，单击鼠标产生文字插入点，然后利用键盘输入文字，如图8-8所示。

04 单击文字工具选项栏右端的确认按钮✓，确认文字输入的操作，如图8-9所示。

图8-8 使用文字蒙版工具输入文字

图8-9 选区文字

8.2 文字格式的编排

利用文字工具选项栏和【字符】面板可以对图像中输入的文字进行各种格式设置；利用【段落】面板可以设置文字的段落属性，比如居中、对齐、首行缩进等。

8.2.1 选取文字

在设置文字的格式之前，首先要选取文字。

上机实战 选取文字

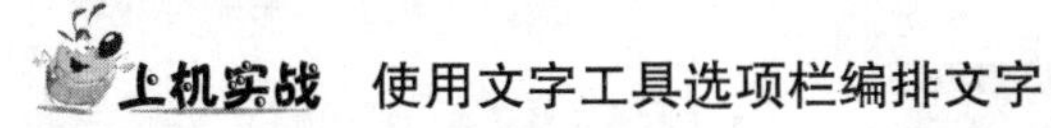

所用素材：光盘\素材\第 8 章\大海.jpg

01 选择工具箱中的文字工具。

02 按住鼠标键不放并以拖曳的方式选取要编辑格式的文字，如图 8-10 所示。选取的文字呈反白显示。

图8-10 选取文字

8.2.2 文字工具选项栏

上机实战 使用文字工具选项栏编排文字

01 选取文字，如图 8-10 所示。

02 在文字工具选项栏中设置字型、大小及颜色等，如图 8-11 所示，

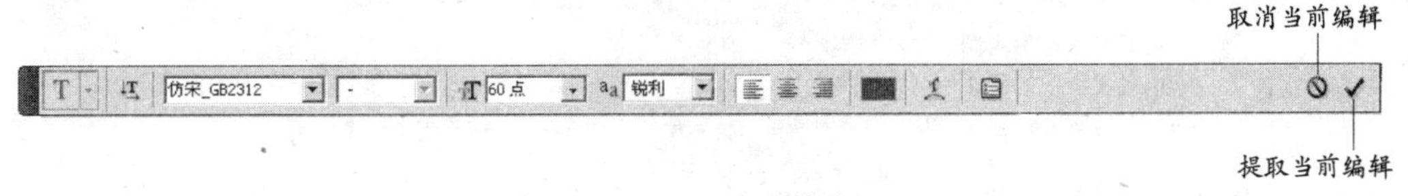

图8-11 设置文字格式

03 单击文字工具选项栏中右端的确认按钮，结束文字格式的编排操作，文字效果如图 8-12 所示。

04 在文字工具选项栏中有一个设置文字平滑程度的下拉列表框，其中提供了 5 个选项，如图 8-13 所示，从中选择不同的选项，得到不同的文字效果，如图 8-14 所示，

图8-12 字体为仿宋，大小为60点，颜色为蓝色的文字

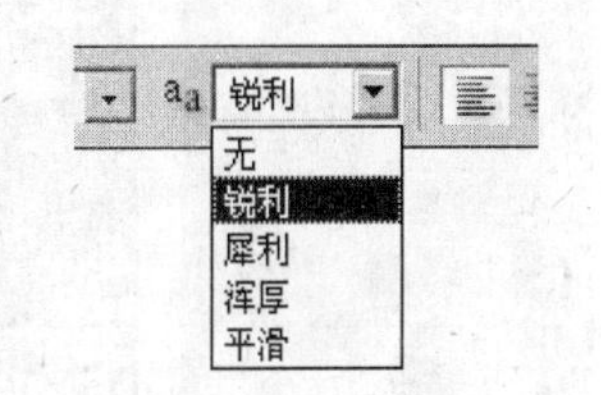

图8-13 防锯齿状下拉列表框

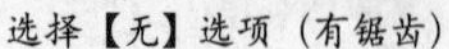
选择【无】选项（有锯齿）　　选择【浑厚】选项（文字较平滑）

图8-14　设置文字平滑效果对比

8.2.3　使用字符和段落面板设置文字格式

上机实战　使用字符和段落面板设置文字格式并编排文字

所用素材：光盘\素材\第8章\仙人掌.jpg

（1）使用字符和段落面板设置文字格式

01 打开一个素材图片并输入文字。

02 单击文字工具选项栏中的【切换字符和段落面板】按钮，弹出【字符】和【段落】面板，如图8-15所示。

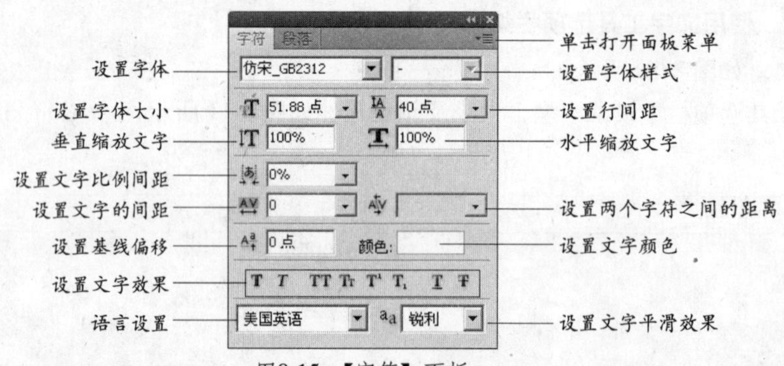

图8-15　【字符】面板

03 在【字符】面板中可以对输入的文字进行格式上的编排，各种文字格式编排的效果如图8-16～图8-18所示。

04 在【字符】面板中还可以设置各种文字效果，比如粗体、斜体、下划线等。如图8-19～图8-26所示为各种文字效果。

图8-16　文字大小分别为40和60的效果

图8-17　默认设置字间距效果和字间距设置为100的效果

图8-18　行距分别为6和12的文字

图8-19　粗体效果

图8-20　斜体效果

图8-21　全部大写

图8-22　小型大写

图8-23　上标

图8-24　下标

图8-25　下划线

图8-26　删除线

（2）使用段落面板编排文字

所用素材：光盘\素材\第8章\石头人.jpg

01 打开一个素材图片并输入段落文字。

02 在【段落】面板中设置段落的对齐，如图8-27所示。不同的对齐效果如图8-28～图8-30所示。

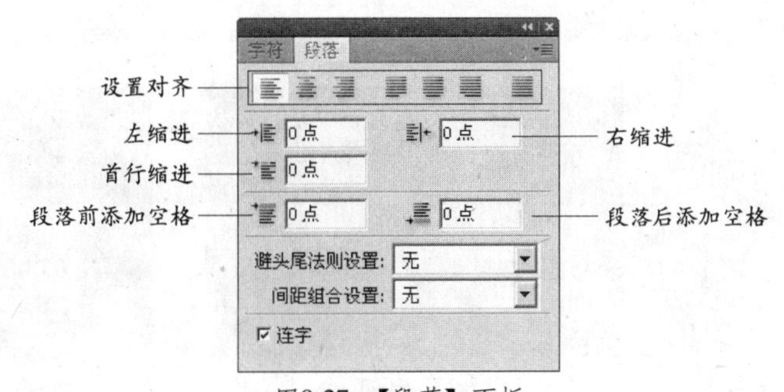

图8-27　【段落】面板

图8-28 靠左对齐

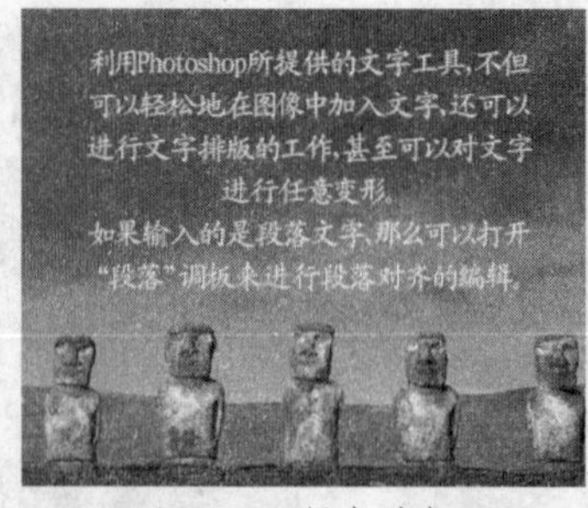

图8-29 居中对齐

图8-30 靠右对齐

8.3 变形文字、路径文字

利用 Photoshop 的变形文字功能可以为文字制作弧形、波浪形等各种变形效果。利用 Photoshop 的路径文字功能可以让文字沿着路径排列。

8.3.1 创建变形文字

上机实战 创建并取消变形文字

所用素材：光盘\素材\第 8 章\蓝天 .jpg

(1) 创建变形文字

01 利用文字工具在图像中输入文字。

02 单击文字工具选项栏中的【变形文字】按钮，弹出【变形文字】对话框，从中可设置变形的参数，如图 8-31 所示。

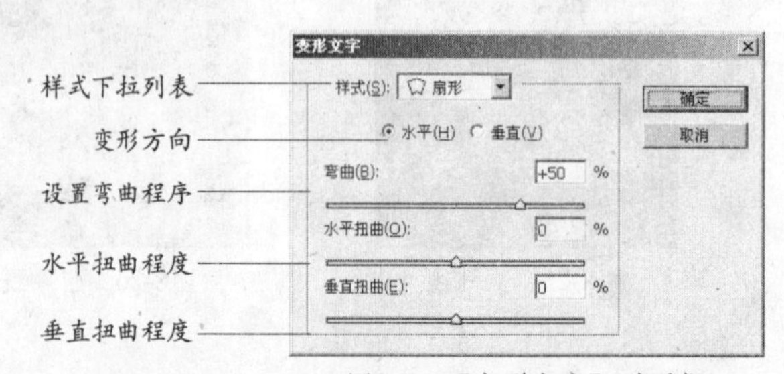

图8-31 【变形文字】对话框

03 在【变形文字】对话框的【样式】下拉列表框中包括了 15 种变形效果，如图 8-32 所示。图 8-33 ～图 8-48 所示分别为各种变形文字的效果。

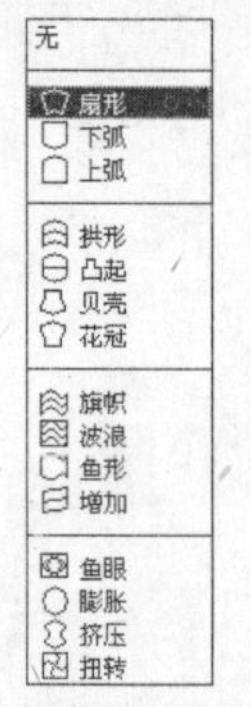

图8-32 【样式】下拉列表框

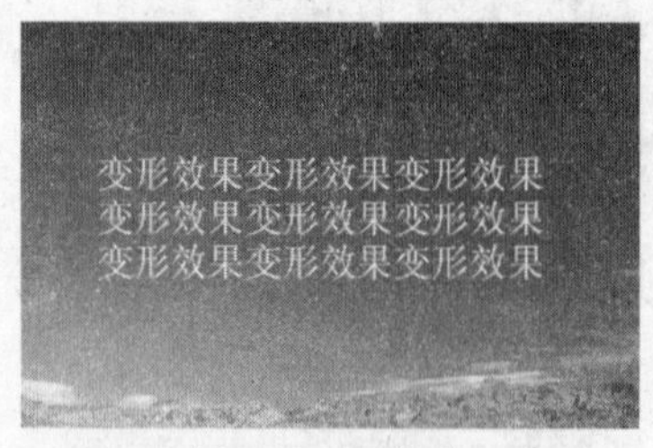

图8-33 无变形

图8-34 扇形变形样式

图8-35　下弧变形样式

图8-36　上弧变形样式

图8-37　拱起变形样式

图8-38　凸起变形样式

图8-39　贝壳变形样式

图8-40　花冠变形样式

图8-41　旗帜变形样式

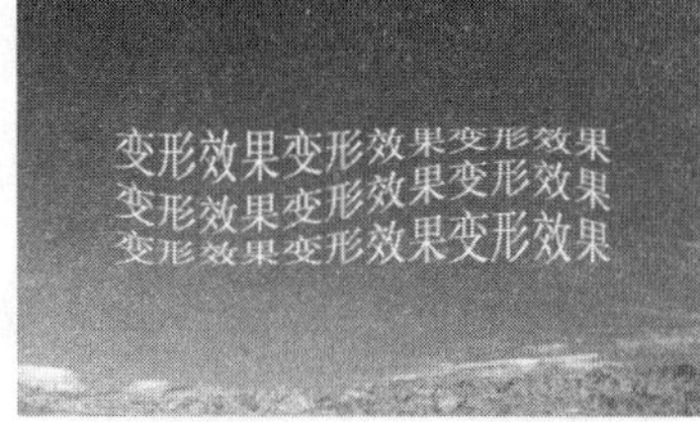

图8-42　波浪变形样式

图8-43　鱼形变形样式

图8-44　增加变形样式

图8-45　鱼眼变形样式

图8-46　膨胀变形样式

图8-47　挤压变形样式

图8-48　扭转变形样式

提示 由于变形文字设置是针对文字图层，而不是针对特定文字。因此，每个文字图层上只能使用一种变形样式。

(2) 取消文字变形

01 选择已应用了变形效果的文字图层。

02 选择文字工具，单击文字工具选项栏中的【变形文字】按钮，弹出【变形文字】对话框。

03 在该对话框的【样式】下拉列表框中选择【无】选项，即可取消文字变形效果。

8.3.2 创建路径文字

创建路径文字之前必须首先利用路径工具创建路径。

上机实战 创建路径文字

01 选择工具箱中的钢笔工具，在图像中绘制路径，如图 8-49 所示。

02 选择工具箱中的横排文字工具在文字工具选项栏中设置适当的字体、字号。

03 将鼠标指针移至图像窗口中，在路径上要输入文字的位置单击鼠标，产生文字插入点，如图 8-50 所示。

图8-49 绘制路径

图8-50 在路径上单击鼠标产生文字插入点

04 利用键盘输入文字，可以看到文字按照路径的形状进行排列，如图 8-51 所示。

05 利用工具箱中的路径选择工具可以调整文字在路径中的位置，如图 8-52 所示。

图8-51 文字自动沿着路径进行排列

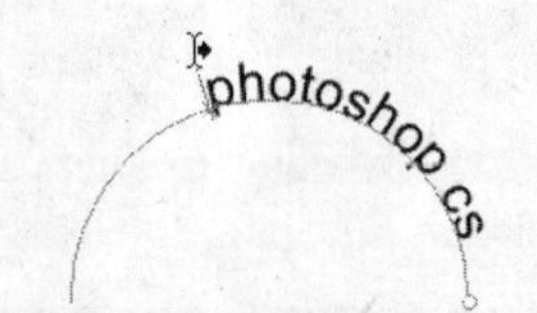

图8-52 调整文字在路径中的位置

8.4 文字图层

利用工具箱中的横排文字工具（或竖排文字工具）在图像中输入文字时，将自动创建的图层，该图层称为文字图层，如图 8-53 所示，打开【图层】面板，从中可看到对应的文字图层，如图 8-54 所示。

图8-53 输入文字

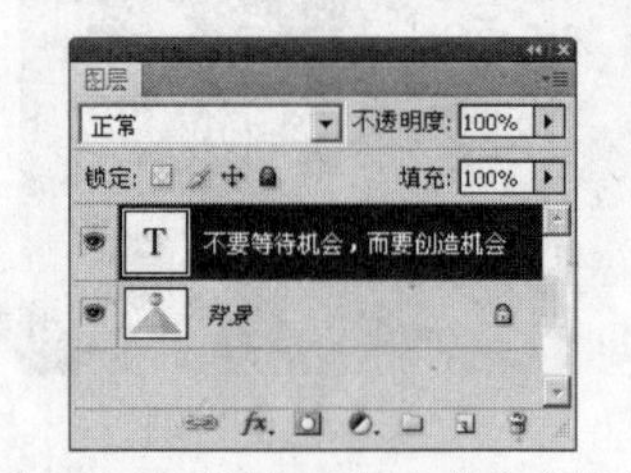

图8-54 【图层】面板中的文字图层

8.4.1 认识文字图层

文字图层具有普通图层一些的特点，比如，可将其移动、复制、删除、变形、改变图层顺序，以及调整不透明度和应用图层混合模式等。除此之外，文字图层还有如下特点：

（1）文字图层含有文字内容和文字格式，可以单独保存在文件中，并且可以反复修改和编辑。

（2）文字图层名称以当前输入的文字为图层名称。

(3) 在文字图层中不可以使用工具箱中的绘画与修饰工具来着色和绘图，如画笔等。

(4) Photoshop 中很多命令都不能够在文字图层中直接使用，也不能直接使用滤镜效果。如果我们想要在文字图层中使用滤镜效果或进行绘图，必须将文字图层转化为普通图层，即栅格化文字图层。

8.4.2 文字图层的变形操作

利用【编辑】/【变换】子菜单中的命令可以对文字进行缩放、旋转、斜切等操作，如图 8-55 所示。

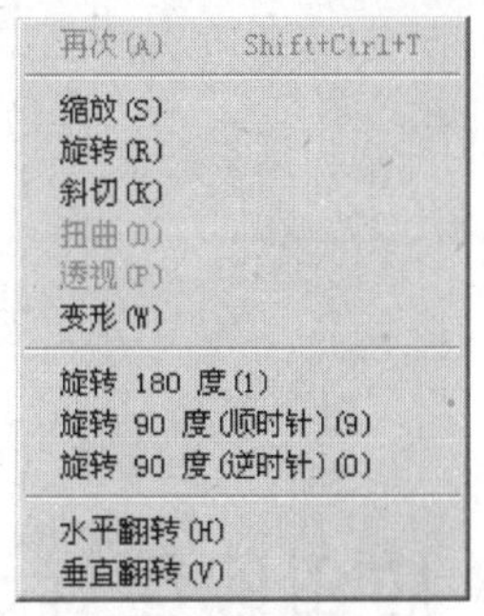

图8-55 【变换】子菜单

上机实战 文字图层的变形

所用素材：光盘\素材\第 8 章\背景.jpg

01 打开一幅图片并输入文字，如图 8-56 所示。

02 单击【编辑】/【变换】/【缩放】命令，文字四周将出现变换框。将鼠标指针移到变换框上，当鼠标指针变为↖形状时，进行拖动可对文字进行缩放操作，如图 8-57 所示。

图8-56 输入文字

图8-57 缩放文字

03 单击【编辑】/【变换】/【旋转】命令，将鼠标指针移到控制点上，当鼠标指针变为↰形状时，可旋转文字，如图 8-58 所示。

04 单击【编辑】/【变换】/【斜切】命令，将鼠标指针移到控制点上，当鼠标指针变为▸形状时，可对文字调整斜切效果，如图 8-59 所示。

图8-58 旋转文字

图8-59 斜切文字

8.4.3 在文字图层上使用图层样式

利用【图层样式】功能可以轻而易举地制作出效果良好的文字特效。

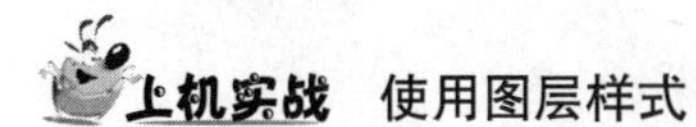

上机实战 使用图层样式

01 选择横排文字工具在图像中输入文字，如图 8-60 所示。

02 双击文字图层，在打开的【图层样式】对话框中为文字设置所需的选项，如图 8-61 所示。

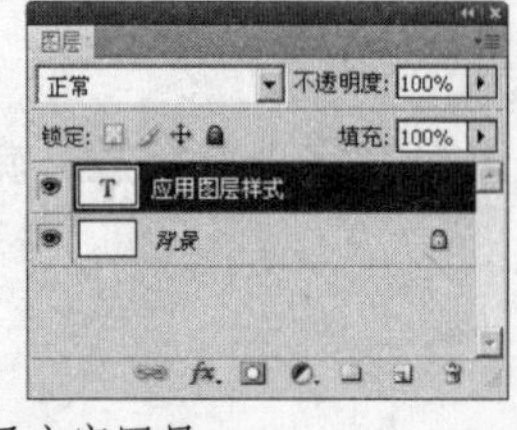
图8-60　文字及文字图层

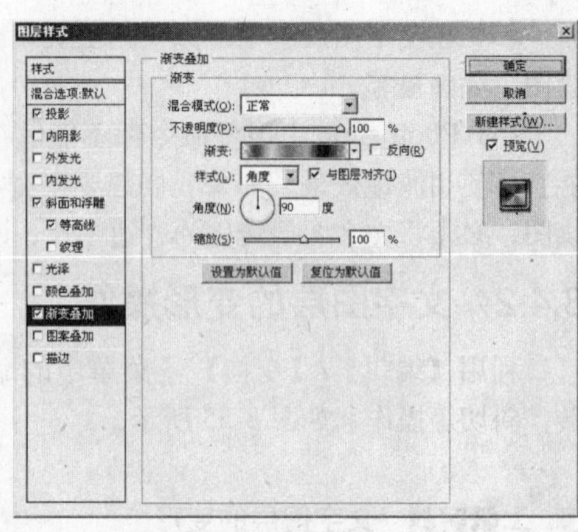
图8-61　【图层样式】对话框

03 单击【确定】按钮后，文字效果以及【图层】面板如图 8-62 所示。

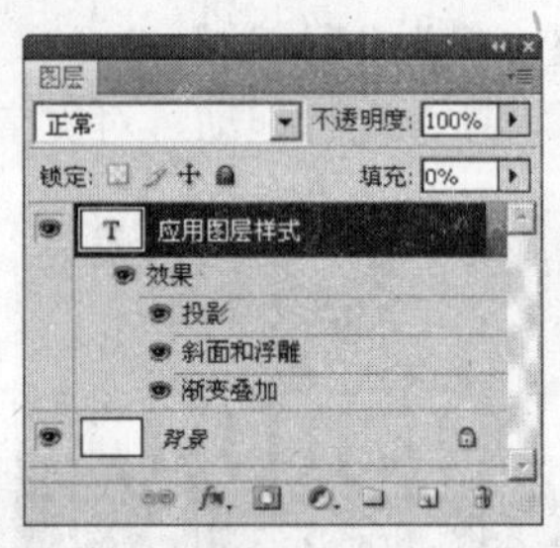
图8-62　使用了图层样式的文字及文字图层

8.4.4　栅格化文字图层

在 Photoshop 中有许多命令和工具（比如滤镜命令和绘画工具等）无法直接用于文字图层。必须在应用命令或使用工具之前栅格化文字图层，将文字图层转换为普通图层。

上机实战　栅格化文字图层

01 在【图层】面板中选择文字图层，将其切换为当前工作图层，如图 8-63 所示。

02 单击【图层】/【栅格化】/【文字】命令，即可将文字图层转化为普通图层，如图 8-64 所示。

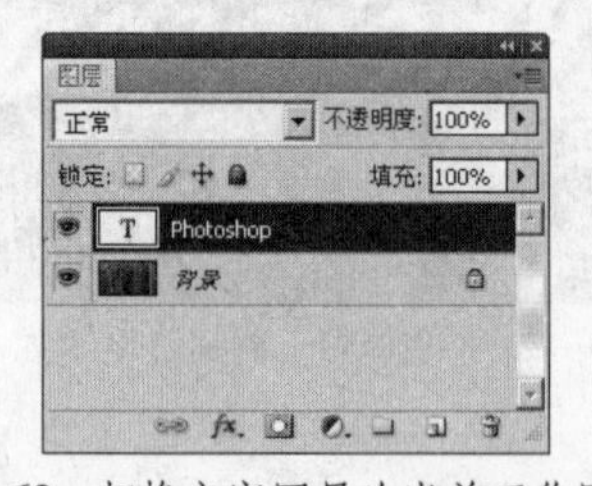
图8-63　切换文字图层为当前工作图层

图8-64　将文字图层转化为普通图层

8.5　课堂实训

8.5.1　阴影字

本例制作阴影字，主要涉及到文字图层的操作，效果如图 8-65 所示。

图8-65　阴影字

上机实战　制作阴影字

所用素材：光盘\素材\第8章\草地.jpg

最终效果：光盘\效果\第8章\阴影字.psd

01 单击【文件】/【打开】命令，打开一幅图像文件，如图8-66所示。

图8-66　素材图像

02 选择工具箱中的文字工具，并在其选项栏中设置适当的字体、字号、颜色，如图8-67所示。在图像中输入文字“shadow”，并调整到合适的位置，如图8-68所示。

图8-67　设置文字属性

图8-68　输入文字

03 在【图层】面板中拖动“shadow”文字图层到【创建新图层】按钮上面，复制该图层为【shadow副本】，如图8-69所示。

04 在图层面板中单击【shadow副本】图层左边的眼睛图标，隐藏该图层，如图8-70所示。

05 确认当前图层为“shadow”文字图层，并将该图层的文字颜色重新设置为黑色，如图8-71所示。

06 单击【滤镜】/【模糊】/【高斯模糊】命令，在弹出的是否栅格化文字提示对话框，如图7-72所示。

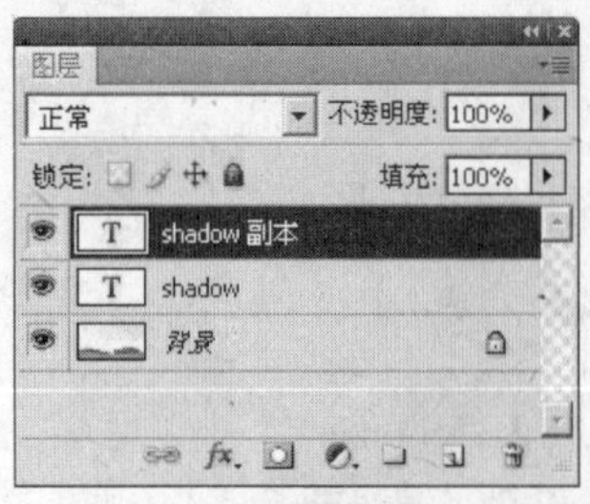

图8-69　复制图层

图8-70　隐藏图层

图8-71　改变文字颜色

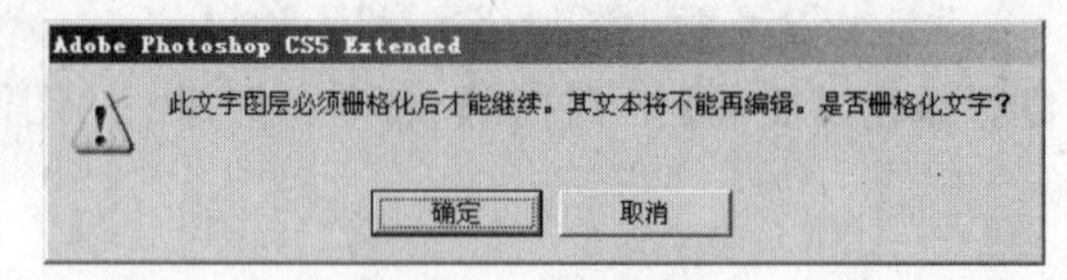

图8-72　提示对话框

07 单击【确定】按钮打开【高斯模糊】对话框，在其中设置【半径】为4像素，如图8-73所示，单击【确定】按钮，效果如图8-74所示。

图8-73　【高斯模糊】对话框

图8-74　应用【高斯模糊】后的效果

08 单击【shadow 副本】图层前面的眼睛图标，取消对该图层的隐藏，此时图像效果如图8-75所示。

09 使用键盘上的方向键将“shadow”图层中的文字向下向右各移动6次，使之与他上方的文字层错开一些距离，如图8-76所示。

图8-75　图像效果

图8-76　移动文字图层

8.5.2 动感字

本例制作动感字，效果如图 8-77 所示。

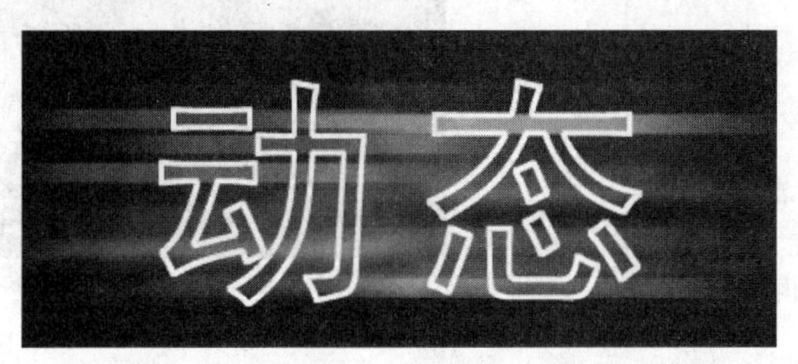

图8-77 动感字

上机实战 制作动感字

最终效果：光盘\效果\第 8 章\动感字.psd

01 单击【文件】/【新建】命令，新建一幅背景色为黑色的 RGB 图像文件。

02 从工具箱中选择文字工具，在其栏中设置合适的字体、字号及文字大小，在图像窗口中输入文字，如图 8-78 所示。

03 按住【Ctrl】键单击【图层】面板中的文字图层，载入该文字选区，并将文字图层隐藏，如图 8-79 所示。

图8-78 输入文字

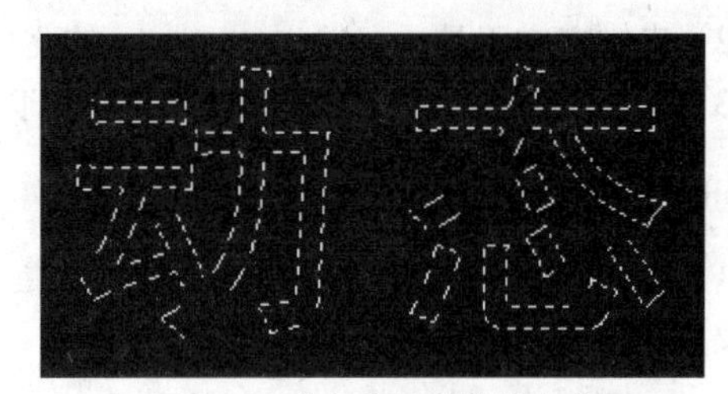

图8-79 载入选区并隐藏文字

04 单击【图层】面板下方的【创建新图层】按钮，建立一个新的图层，单击【编辑】/【描边】命令，在弹出的【描边】对话框中将【宽度】设置为 3（如图 8-80 所示），单击【确定】按钮，效果如图 8-81 所示。

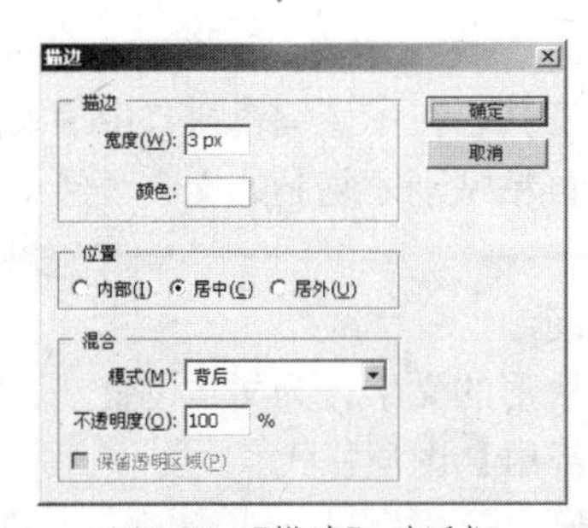

图8-80 【描边】对话框

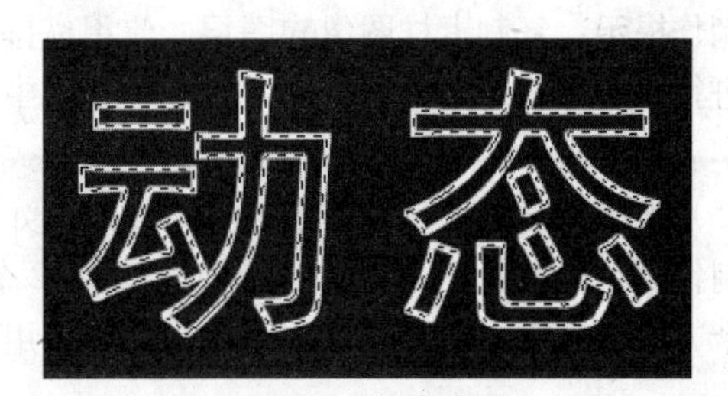

图8-81 描边效果

05 显示并选中文字图层，单击鼠标右键，在弹出的快捷菜单中选择【栅格化文字】选项，将文字图层转换为普通图层，按【Ctrl+D】组合键取消选区。

06 单击【滤镜】/【模糊】/【动感模糊】命令，在打开的【动感模糊】对话框中设置各项参数（如图 8-82 所示）。设置完毕后单击【确定】按钮，图像效果如图 8-83 所示。

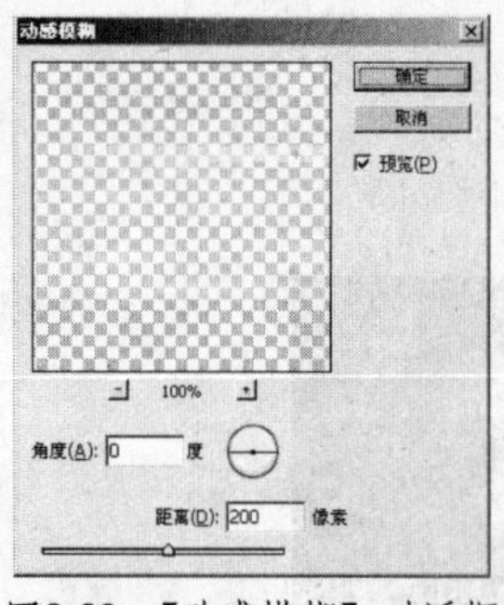

图8-82 【动感模糊】对话框

图8-83 图像效果

8.6 本章小结

本章介绍了文字工具的使用方法和一些文字效果的制作方法。通过掌握文字工具，可以制作出具有特殊效果的文字。

8.7 习题

1. 填空题

（1）可以在图像中的任何位置创建文字，并根据需要输入________或________。
（2）直排文字工具，可输入________的文字。
（3）利用 Photoshop 的路径文字功能，可以让文字沿着________排列。

2. 问答题

（1）Photoshop 提供的文字工具有哪四种？
（2）什么是路径文字？

3. 上机题

（1）上机使用文字蒙版工具工具创建文字。
（2）上机制作路径文字。
（3）上机在文字图层中使用图层样式。
（4）根据所学知识，制作木刻字效果，如图 8-84 所示。

制作提示：复制素材图像的图层，使用横排文字蒙版工具，在图像编辑窗口中输入文字选区，然后进行复制，将选区进行扩展，删除掉选区中的内容，再粘贴刚才复制的文字，然后合并图层，为文字应用【投影】和【斜面和浮雕】图层样式。

（5）根据所学知识，制作视窗标志效果，如图 8-85 所示。

制作提示：设置字体为 wingdings，输入 2 个 nn 黑方块形的文字，为文字设置“旗帜”变形，为每个方块形的文字设置颜色，然后为文字应用【斜面和浮雕】图层样式。

图8-84 木刻字

图8-85 视窗标志

第9章　路径与形状的应用

内容提要

本章主要介绍Photoshop的路径与形状功能。虽然Photoshop是点阵图处理软件，但是利用路径与形状功能，也可以处理矢量图（比如绘制矢量图等）。

9.1　路径与形状

路径作为Photoshop中重要的功能之一，它的用途很多。比如可以精确的制作选区，可以绘图等。在Photoshop中绘制的路径还能输入到支持路径功能的矢量绘图软件中。

9.1.1　路径和形状的概念

在Photoshop中，矢量图被称为形状，路径是所有矢量图的基础。也就是说，在Photoshop中形状是通过路径来记录的。

路径是指利用路径工具绘制得到的矢量化图形，它由一系列锚点、直线或曲线组成。

利用路径可以绘制复杂的图形，尤其是具有弧度的曲线图形。由于路径的本质是矢量化的线条，无论将路径缩小或放大，都不会影响其分辨率或平滑程度。

Photoshop中的路径与形状，有如下特点：

（1）Photoshop的形状是以路径为基础存在的，必须绘制在形状图层中。

（2）路径是矢量线条，在缩小或放大时不会影响它的分辨率和平滑度。

（3）路径工具也能创建形状，形状工具也能创建路径。

（4）路径和Alpha通道一样可以和图像文件一起保存，而且占用的磁盘空间较小。

（5）可以通过编辑和微调路径绘制出复杂的线条。

（6）编辑完成的路径可以转换为选区，也可以利用路径描边或填充。

（7）通过路径可以将一些不够精确的选区转换为路径后再进行编辑和微调，然后再转换为选区使用。

9.1.2　绘制路径和形状的工具

在Photoshop中用于绘制路径的工具主要是路径工具，如图9-1所示。而绘制形状主要的工具就是形状工具，如图9-2所示。

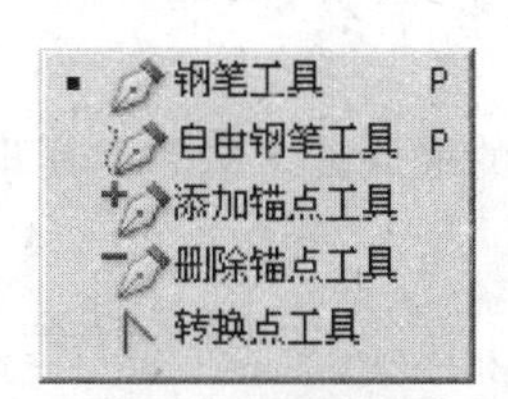

图9-1　路径工具

图9-2　形状工具

在Photoshop中，既可以用路径工具来绘制路径和形状，也可以用形状工具来绘制路径和形状。

9.1.3 关于路径的名词术语

在绘制路径的过程中将涉及一些专门的名词术语，如图 9-3 所示，下面分别进行解释：

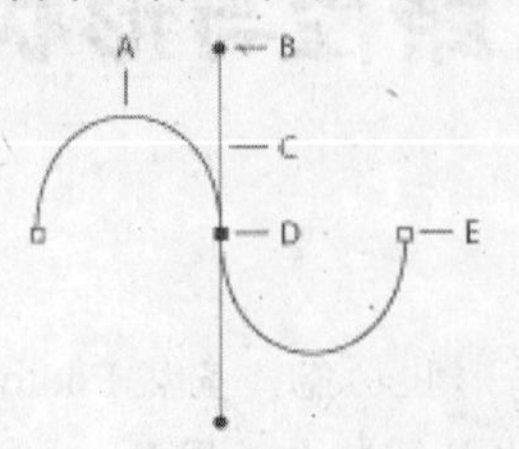

A：线段　B：方向点　C：方向线　D：选中的锚点　E：未选中的锚点

图9-3　绘制路径的示意图

线段：连接两个锚点的线称为线段，如果两端连接的锚点都具有直线属性，则该线段为直线；如果任一锚点具有曲线属性，则线段为曲线。

锚点：当使用路径工具绘制路径时将会产生路径的锚点。锚点具有两种类型：直线锚点与曲线锚点。这两种锚点所连接的路径线段分别是直线和曲线。可以使用工具箱中的转换点工具来切换锚点的属性。

控制杆：控制杆由两部分组成：方向点、方向线。选中具有曲线属性的锚点时，锚点左右两侧会出现控制杆。将控制杆的方向点进行拖曳，方向线将随方向点变化。

起点、终点：第一个绘制的锚点为起点，最后一个绘制的锚点为终点。如果起点和终点为同一个锚点，那么绘制得到的是闭合路径，否则为开放路径。如图 9-4 所示。

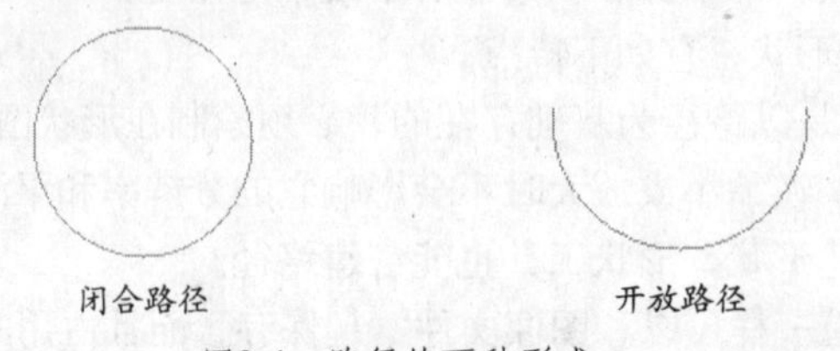

闭合路径　开放路径

图9-4　路径的两种形式

9.2 绘制路径

工具箱中的钢笔工具是绘制路径的主要工具，常用于创建各种直线或是曲线路径。

除了钢笔工具之外，还有其他的一些路径绘制与编辑工具（比如自由钢笔工具），但是钢笔工具的功能相当强大，几乎可以完成路径绘制与编辑的全部工作。

钢笔工具不仅可以绘制路径，也可以绘制形状，在绘制之前可在钢笔工具选项栏中进行切换（决定绘制路径还是形状）。无论是绘制路径还是形状，其绘制操作是相同的。

9.2.1 钢笔工具

钢笔工具使用方便，它提供了良好的控制性和较高的准确度。选择工具箱中的钢笔工具后，工具选项栏如图 9-5 所示。

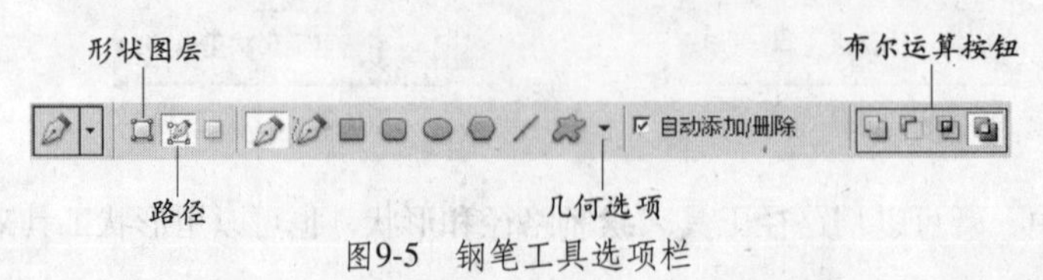

图9-5　钢笔工具选项栏

钢笔工具选项栏中主要选项的含义如下：

- 【形状图层按钮图标】（形状图层）按钮：单击该按钮将创建形状，并以前景色填充该形状。
- 【路径按钮图标】（路径）：单击该按钮将创建工作路径。
- 【下拉按钮图标】（几何选项）下拉按钮：单击该下拉按钮在打开的面板中有个【橡皮带】复选框，如图9-6所示，选中该复选框在屏幕上移动鼠标时，从上一个鼠标单击点到当前鼠标所在位置之间将会显示一条线段，而且该线会随着光标移动，如图9-7所示。

图9-6 几何选项下拉面板

图9-7 选中橡皮带与未选中橡皮带效果

- 【布尔运算按钮图标】布尔运算按钮：在该选项区中单击相应的按钮，可以像选区运算模式一样，对路径进行相加、相减等运算操作。

上机实战　使用钢笔工具绘制直线路径和曲线路径

（1）绘制直线路径

01 选择工具箱中的钢笔工具，在其选项栏中单击【路径】按钮。

02 将鼠标移至图像中的合适位置，单击路径的起始点，绘制第一个锚点。移动到下一点单击即可得到第二个锚点，如图 9-8 所示。

03 按照同样的操作，可以得到其他的锚点，如果是封闭路径，当鼠标指针变成 ♤ 标志时，表明终点已经连接到了起始点，单击鼠标即可得到一个封闭的路径，如图 9-9 所示。

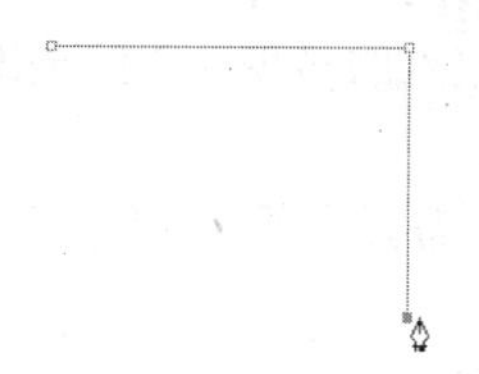

图9-8 创建锚点

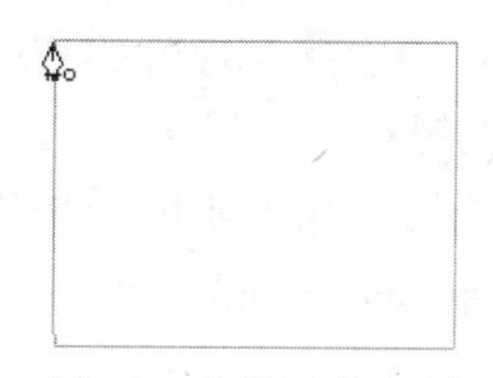

图9-9 绘制直线路径

（2）绘制曲线路径

01 选取工具箱中的钢笔工具，在其选项栏中单击【路径】按钮。

02 将鼠标指针放在曲线开始的位置，按住鼠标左键，绘制第一个锚点。这时，鼠标指针变为一个箭头形状▶。不要放开鼠标键，并沿需要绘制的方向拖动鼠标，会导出两个方向点，如图 9-10 所示。方向线的长度和斜率决定了曲线线段的形状。

03 将鼠标指针放在下一个线段开始的位置，然后拖动鼠标，使曲线与想要绘制的形状吻合，绘制曲线的第二个锚点，如图 9-11 所示。

图9-10 绘制曲线的第一个锚点

图9-11 绘制曲线的第二个锚点

04 当鼠标指针变成 标志时，单击鼠标即可得到一个封闭的路径。

9.2.2 自由钢笔工具

利用工具箱中的自由钢笔工具可以自由地绘制路径，它跟钢笔工具在使用方法上略有不同，使用自由钢笔工具绘制路径时，Photoshop 将自动添加锚点。

使用自由钢笔工具可以自由地绘制路径，在绘制过程中 Photoshop 将自动添加锚点。路径绘制完成以后，还可以对路径进行精细的调整。自由钢笔工具选项栏如图 9-12 所示。

图9-12 自由钢笔工具选项栏

选择自由钢笔工具后，单击选项栏中的几何选项下拉按钮，弹出【自由钢笔选项】面板，如图 9-13 所示。

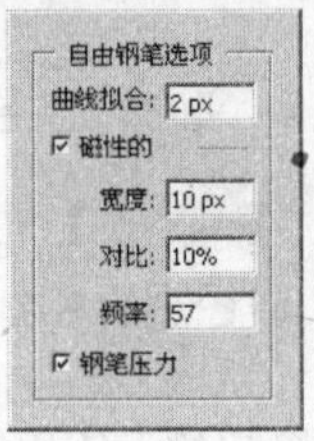

图9-13 【自由钢笔选项】面板

在【自由钢笔选项】面板中，各主要选项的含义如下：

- 【曲线拟合】文本框：用于控制绘制路径的敏感度，取值范围为0.5～9像素，输入的数值越大，所创建的路径锚点越少，路径也越光滑。
- 【磁性的】复选框：选中该复选框可以激活磁性钢笔工具，此时【磁性的】选项区中的参数将自动处于激活状态。
- 【宽度】文本框：用于定义磁性钢笔工具检索的范围，取值范围为1～256像素。数值越大，则磁性钢笔控测的距离越大。
- 【对比】文本框：用于定义磁性钢笔工具对边缘的敏感度，数值越大，能检索到的物体边缘与背景的对比度越大；数值越小，则可检索到背景对比度较低的边缘，取值范围为1%～90%。
- 【频率】文本框：用于控制磁性钢笔工具生成固定点的多少，取值范围为0～90。数值越大，则得到路径的锚点数量越多。
- 【钢笔压力】复选框：如果使用了光笔绘图板，就需要选择此选项，当选择该复选框时，钢笔压力的增加将导致宽度的减小。

上机实战 自由钢笔工具的使用

01 选择工具箱中的自由钢笔工具，在其选项栏中单击【路径】按钮。

02 在图像窗口中拖动鼠标，即可进行手工绘制路径，如图 9-14 所示。

03 如果要建立闭合的路径，拖动鼠标到路径的起点（这时鼠标指针旁边会出现一个圆圈），然后释放鼠标即可建立闭合路径。

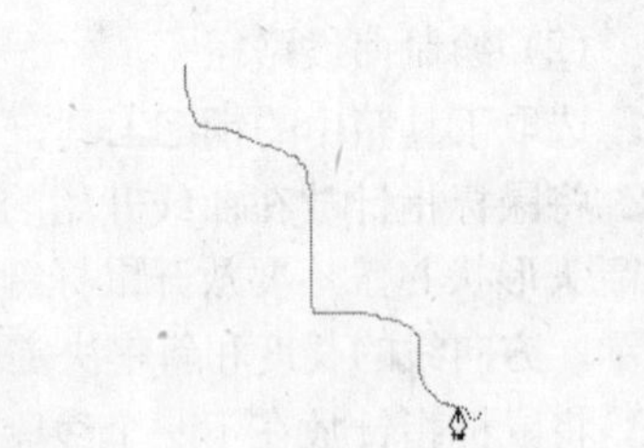

图9-14 使用自由钢笔工具绘制的路径

9.3 利用路径工具编辑路径

利用工具箱中的路径工具可以对路径进行修改与编辑。

除了钢笔工具之外，这些路径工具分别是添加锚点工具、删除锚点工具、转换锚点工具、路径选择工具和直接选择工具。

9.3.1 使用添加锚点与删除锚点工具

（1）利用添加锚点工具和删除锚点工具，可以在路径的线段上添加或者删除锚点。

上机实战 添加锚点工具的使用

01 利用钢笔工具创建路径，如图 9-15 所示。

02 选择工具箱中的添加锚点工具。

03 将鼠标指针定位在路径上，此时鼠标指针旁出现加号，如图 9-16 所示。单击鼠标即可添加锚点，如图 9-17 所示。

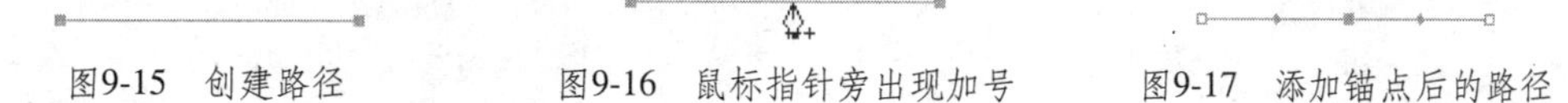

图9-15 创建路径　　图9-16 鼠标指针旁出现加号　　图9-17 添加锚点后的路径

（2）利用删除锚点工具，可将路径上的锚点删除掉。

上机实战 删除锚点工具的使用

01 创建一条路径，如图 9-18 所示。

02 选择工具箱中的删除锚点工具。

03 将鼠标指针放在要删除的锚点上，此时鼠标指针旁会出现减号，如图 9-19 所示。单击鼠标即可删除锚点，如图 9-20 所示。

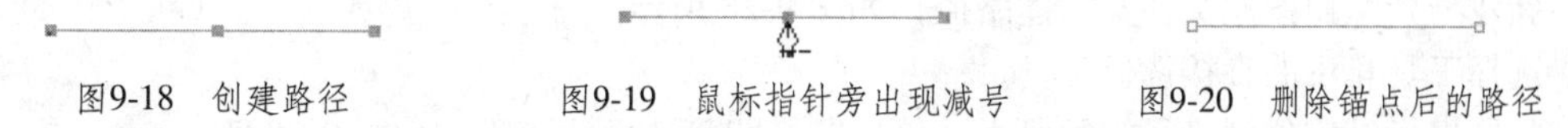

图9-18 创建路径　　图9-19 鼠标指针旁出现减号　　图9-20 删除锚点后的路径

9.3.2 使用转换点工具

锚点有直线锚点和曲线锚点两种类型。利用转换点工具可以在直线锚点和曲线锚点之间进行转换。

上机实战 转换描点工具的使用

01 新建一个空白图像文件并创建路径，如图 9-21 所示。

02 在工具箱中选择转换点工具。

03 将鼠标指针定位在某一个锚点上，如图 9-22 所示，该锚点为曲线锚点，单击鼠标，即可将曲线锚点转换为直线锚点，如图 9-23 所示。

图9-21 创建路径

04 再次将鼠标指针定位在该直线锚点上，单击鼠标并拖曳即可将直线锚点转换为曲线锚点，如图 9-24 所示。

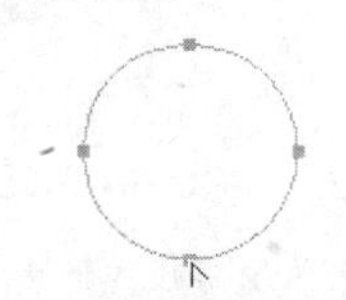

图9-22 将鼠标定位在锚点上

图9-23 曲线锚点转换为直线锚点

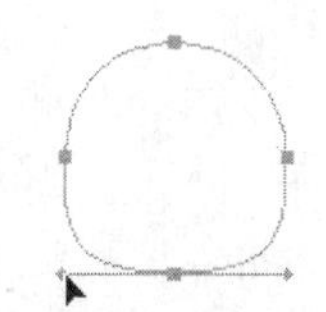

图9-24 直线锚点转换为曲线锚点

9.3.3 使用路径选择工具

利用路径选择工具可以 选择整个的路径，以方便路径的整体移动、删除、旋转等。

上机实战　路径选择工具的使用

01 新建一个空白图像文件并创建路径，如图 9-25 所示。

02 选择工具箱中的路径选择工具。

03 将鼠标指针定位到路径上，单击鼠标即可选取整个路径，如图 9-26 所示。

04 选择路径后，在路径上单击鼠标并拖曳可以移动路径。按下【Delete】键可以删除路径。利用【编辑】/【变换路径】子菜单中的命令可以变换路径，如图 9-27 所示。

图9-25　创建路径

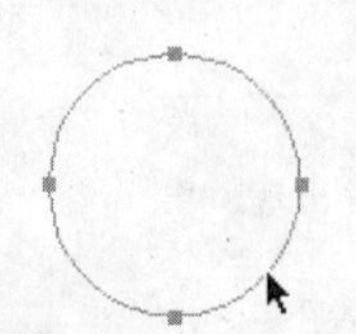

图9-26　选取整个路径

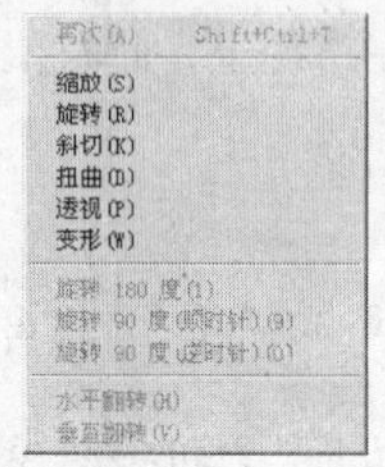

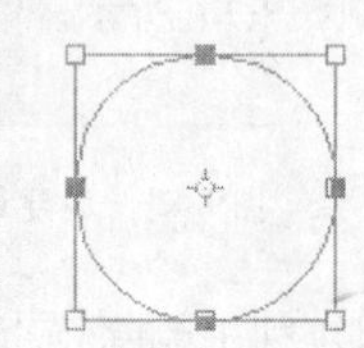

图9-27　利用【变换路径】子菜单中的命令变换路径

9.3.4　使用直接选择工具

利用直接选择工具可以选择路径中的锚点、线段。

上机实战　直接选择工具的使用

01 新建一个空白图像文件并创建路径，如图 9-28 所示。

02 选择工具箱中的直接选择工具。

03 将鼠标指针定位到路径的线段上，单击鼠标即可选择该线段，如图 9-29 所示。

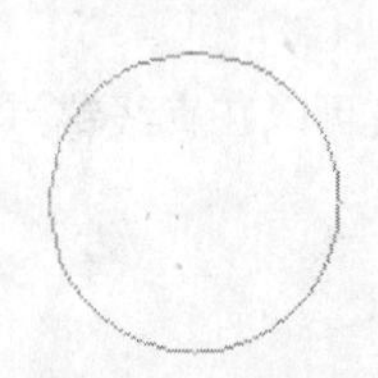

图9-28　创建路径

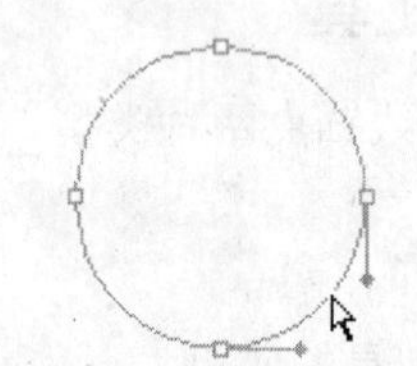

图9-29　选择路径的线段

04 选择路径的线段后，用鼠标单击方向点并拖曳可以改变路径的形状，如图 9-30 所示。

05 用鼠标单击锚点并拖曳，也可以改变路径的形状，如图 9-31 所示。

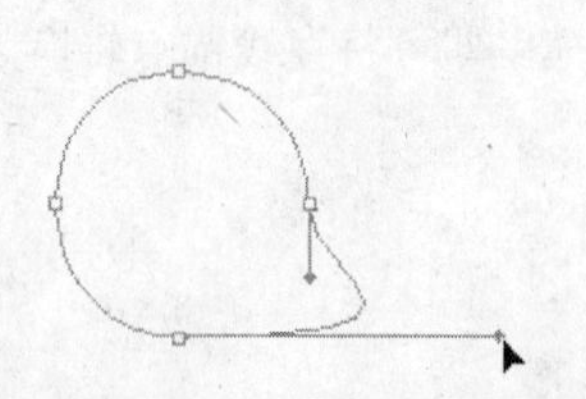

图9-30　通过移动方向点来改变路径的形状

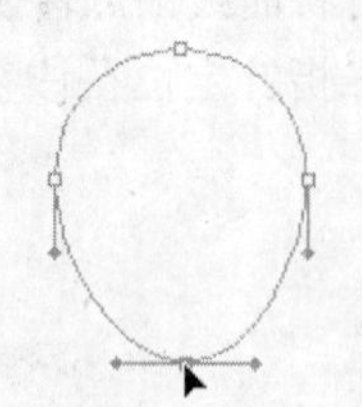

图9-31　通过移动锚点来改变路径的形状

9.4　利用路径面板管理路径

表面上看路径好像绘制在图像上，实际上路径独立存在于路径层中。

单击【窗口】/【路径】命令打开【路径】面板，如图 9-32 所示，可以看到所绘制的路径。利用【路径】面板可以对路径进行管理。

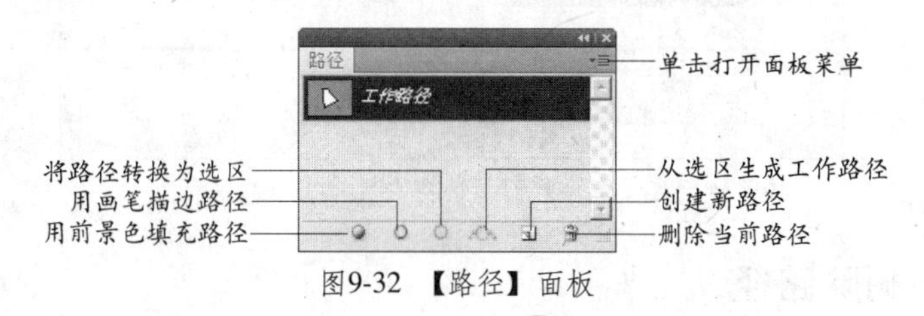

图9-32 【路径】面板

对路径进行管理包括保存路径、切换路径、关闭路径、复制与删除路径。【路径】面板的功能不仅仅是这些，除此之外，利用【路径】面板还可以进行路径与选区之间的切换操作。

9.4.1 保存路径

绘制好的路径在【路径】面板中将以临时的方式存在，名称为【工作路径】。

工作路径只是一个暂时存在的路径，如果再次绘制路径，则当前的工作路径将被重新绘制的路径所取代。利用【路径】面板可以将工作路径保存为固定的路径。

上机实战 保存路径

01 新建一个文件并创建路径。

02 在【路径】面板中拖曳工作路径到面板底部的【创建新路径】按钮上，松开鼠标即可将工作路径保存为一般路径，从而不会轻易丢失，如图 9-33 所示。

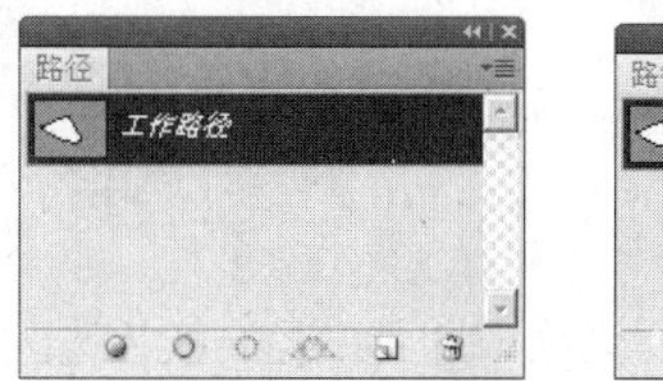

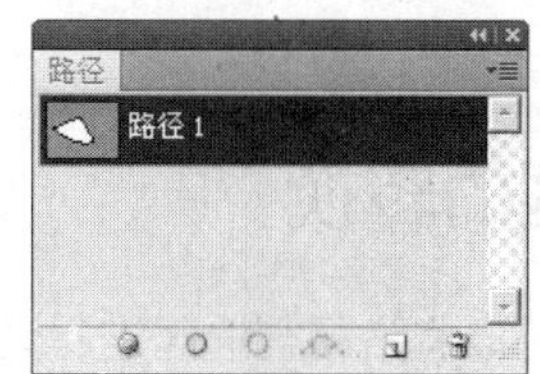

图9-33 临时的路径与保存后的路径

9.4.2 切换路径

如果【路径】面板中存在多条路径，可以在各路径之间切换（切换为当前路径）。当前路径则在图像窗口中显示出来。

上机实战 切换为当前路径

01 打开【路径】面板，目前正在使用的路径反白显示。

02 单击某一路径即可将其切换为当前路径。

9.4.3 关闭路径

如果需要将路径暂时隐藏起来（不显示在图像窗口中），可以将其关闭。

上机实战 关闭路径

01 打开【路径】面板。

02 在【路径】面板的空白处单击鼠标，可以关闭路径（即取消路径的工作状态），如图 9-34 所示。

图9-34　在【路径】面板的空白处单击鼠标关闭路径

9.4.4　复制与删除路径

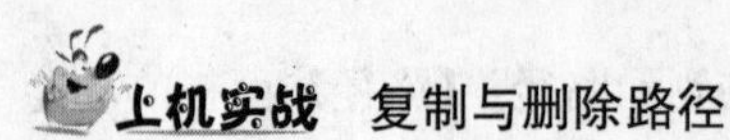

上机实战　复制与删除路径

01 在【路径】面板中选择需要复制的路径，将其拖曳到面板底部的【创建新路径】按钮上。

02 松开鼠标后，复制的路径将出现在【路径】面板中，如图 9-35 所示。

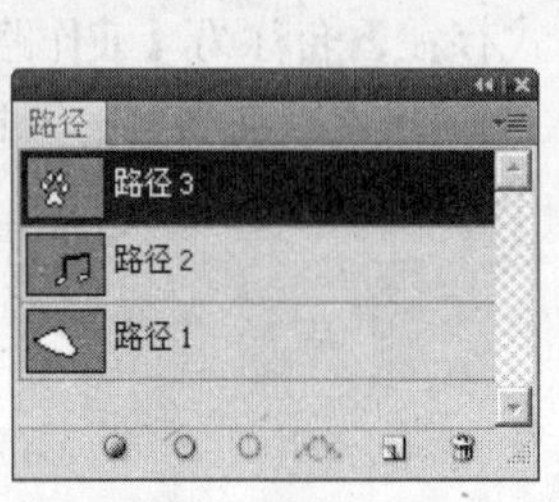

图9-35　复制【路径3】

03 如果需要删除路径，可以选择该路径，将其拖曳到面板底部的【删除当前路径】按钮上。松开鼠标即可将路径删除。

9.5　路径与选区的转换

利用【路径】面板可以将路径与选区进行切换，即将路径转换为选区，将选区转换为路径。

9.5.1　将路径转换为选区

上机实战　将路径转换为选区

01 新建一幅空白图像，在图像中创建路径，如图 9-36 所示。

02 打开【路径】面板，单击面板下部的【将路径作为选区载入】按钮，即可将路径转换为选区，如图 9-37 所示。

图9-36　创建路径

图9-37　转换为选区

9.5.2 将选区转换为路径

上机实战 将选区转换为路径

01 新建一幅空白图像，在图像中创建选区，如图 9-38 所示。

02 打开【路径】面板，单击面板底部的【从选区生成工作路径】按钮，即可将选区转换为路径，如图 9-56 所示。此时【路径】面板如图 9-39 所示。

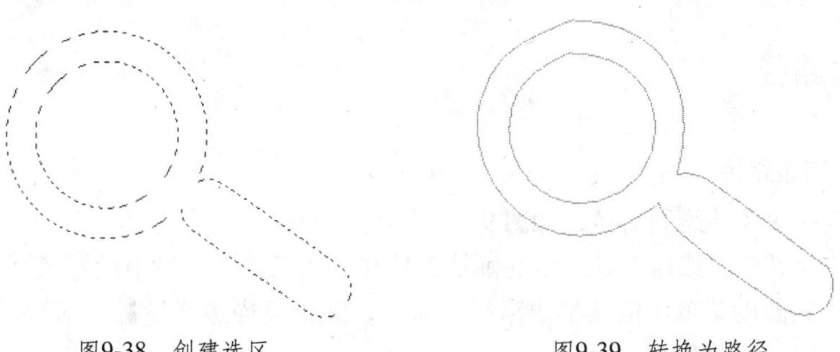

图9-38 创建选区　　图9-39 转换为路径

9.6 利用路径进行填充与描边

绘制好路径后，可以利用【路径】面板对路径进行描边和填充操作，从而绘制图形。这也是路径的重要功能。

9.6.1 填充路径

上机实战 填充路径

01 新建一幅图片并绘制路径，如图 9-40 所示。

02 将前景色设置为黄色，打开【路径】面板，单击面板下部的【用前景色填充路径】按钮，填充后的图像效果如图 9-41 所示。

03 在【路径】面板的空白处单击鼠标，可以隐藏路径的显示，如图 9-42 所示。

图9-40 绘制路径

图9-41 用前景色填充路径

图9-42 隐藏路径的显示

04 如果用图案填充路径，单击【路径】面板菜单中的【填充路径】命令，弹出【填充路径】对话框，在该对话的【使用】下拉列表框中选择【图案】选项，如图 9-43 所示。

05 在【自定图案】下拉面板中选择一种图案效果，如图 9-44 所示。

06 单击【确定】按钮，填充图案后的图像效果如图 9-45 所示。

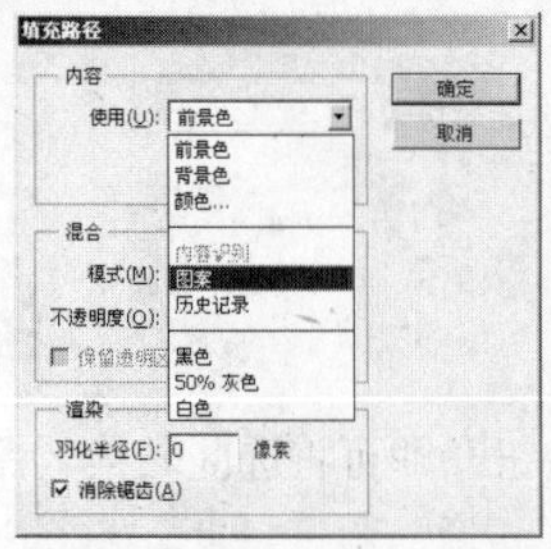

图9-43 【填充路径】对话框

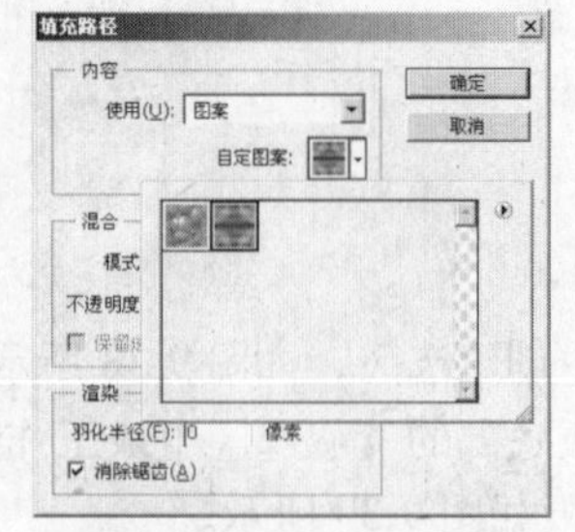

图9-44 选择要填充的图案

图9-45 用图案填充路径

9.6.2 描边路径

上机实战 描边路径

01 新建一幅空白图像并绘制路径，如图 9-46 所示。

02 设置所需的前景色。选择工具箱中的画笔工具并在其工具选项栏中设置笔刷的大小。

03 单击【路径】面板菜单中的【描边路径】命令，弹出【描边路径】对话框，从下拉列表框中选择【画笔】选项，如图 9-47 所示。

04 单击【确定】按钮，即可对路径进行描边操作，图像效果如图 9-48 所示。

图9-46 绘制路径

图9-47 【描边路径】对话框

图9-48 用画笔描边路径

9.7 利用形状工具绘制形状

利用工具箱中的形状工具可以绘制各种形状。这些工具分别是矩形工具、圆角矩形工具、椭圆工具、多边形工具、直线工具，以及自定形状工具。

形状工具不仅可以绘制形状，也可以绘制路径，绘制之前可以在形状工具选项栏中进行切换(决定绘制路径还是形状)。无论是绘制路径还是形状，其绘制操作是相同的。习惯上通常使用形状工具来绘制形状，使用钢笔工具来绘制路径。

上机实战 各种形状工具的使用

(1) 矩形工具的使用

01 新建一幅空白图像文件。

02 选择工具箱中的矩形工具，并在其工具选项栏中单击【形状图层】按钮。

03 在图像窗口中单击鼠标不放并拖曳，绘制出矩形，如图 9-49 所示。

04 绘制形状后，在【图层】面板将自动创建形状图层，如图 9-50 所示。

(2) 圆角矩形工具的使用

01 新建一幅空白图像文件。

02 选择工具箱中的圆角矩形工具，在其工具选项栏中单击【形状图层】按钮，并设置适当的颜色，这里是蓝色。

图9-49　绘制矩形

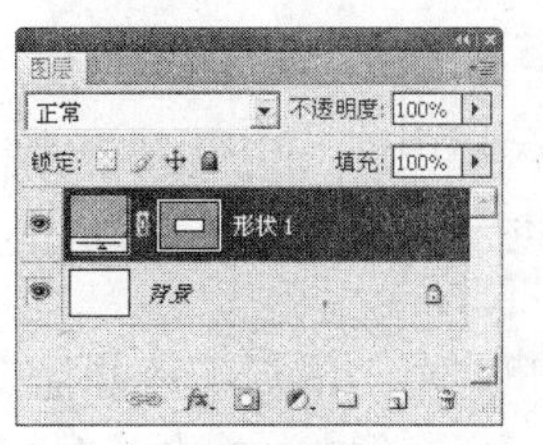

图9-50　【图层】面板

03 在图像窗口中单击鼠标不放并拖曳，即可绘制出圆角矩形。

04 在绘制圆角矩形时若在其工具选项栏中的【半径】文本框输入数值，可控制圆角矩形 4 个角的圆滑程度，默认情况下为 9 像素，其值越大则绘制的矩形的四个角越圆滑，如图 9-51 所示。

半径=9

半径=40

图9-51　不同半径值的圆角矩形

（3）椭圆工具的使用

01 新建一幅空白图像文件。

02 选择工具箱中的椭圆工具，在其工具选项栏中单击【形状图层】按钮，并设置适当的颜色。

03 在图像窗口中单击鼠标不放并拖曳，绘制出椭圆，如图 9-52 所示。

04 若在绘制的同时按下【Shift】键，则绘制出正圆形，如图 9-53 所示。

图9-52　椭圆形

图9-53　正圆形

（4）多边形工具的使用

01 新建一幅空白图像文件。

02 选择工具箱中的多边形工具，在其工具选项栏中单击【形状图层】按钮并设置适当的颜色。

03 在图像窗口中单击鼠标不放并拖曳，绘制出多边形，如图 9-54 所示。

04 在多边形工具选项栏有一个【边】文本框，用于设置绘制多边形的边数，默认为 5，其范围为 3 ～ 90，当边数达到 90 时，绘制出的形状近似为一个圆。如图 9-55 所示为边的值分别为 3 与 7 的多边形。

图9-54　绘制多边形

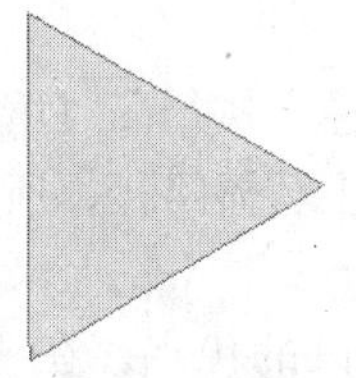

三角形

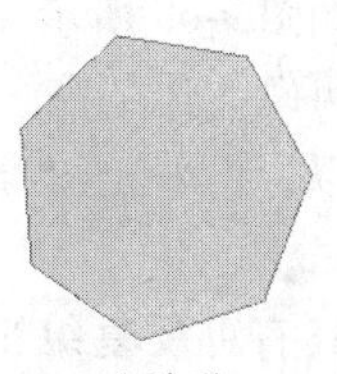

七边形

图9-55　不同边数的多边形

(5) 直线工具的使用

01 新建一幅空白图像文件。

02 选择工具箱中的直线工具，在其工具选项栏中单击【形状图层】按钮，在【粗细】文本框中设置线条的宽度。

03 在图像窗口中单击鼠标不放并拖曳，即可绘制出直线。

04 在直线工具选项栏中单击【几何选项】按钮，弹出【箭头】设置框，如图 9-56 所示，可以从中设置不同的前头效果，如图 9-57 所示。

图9-56 【箭头】设置框

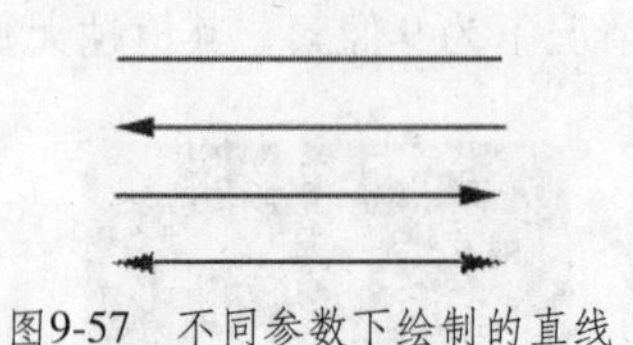

图9-57 不同参数下绘制的直线

(6) 自定形状工具的使用

01 新建一幅空白图像文件。

02 选择工具箱中的自定形状工具，在其工具选项栏中单击【形状图层】按钮并打开【形状】下拉列表框，如图 9-58 所示，从中可选择各种自定形状。

03 在图像窗口中单击鼠标不放并拖曳，绘制出自定形状，如图 9-59 所示。

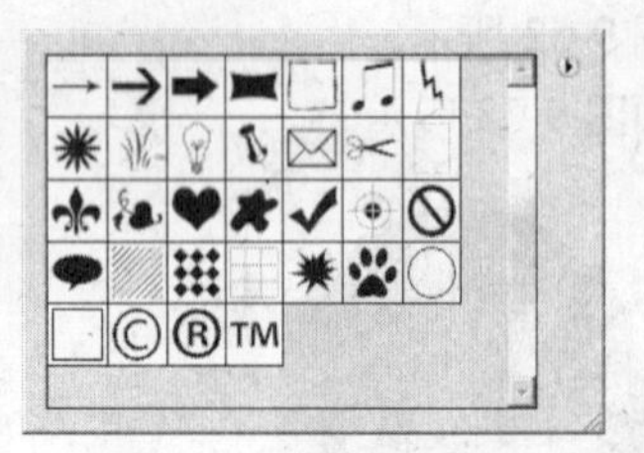

图9-58 自定形状工具选项栏

图9-59 各种自定形状

9.8 形状图层

绘制形状后在【图层】面板将自动创建形状图层。在 Photoshop 中，形状图层是形状的专用图层，有关形状图层的基本操作与一般图层也大同小异。

9.8.1 理解形状图层

在图像中绘制形状后，将自动产生形状图层，形状图层与填充图层很相似，在【图层】面板中有一个图层缩览图以及一个链接图标，在此链接符号的右侧有一个矢量蒙版缩览图，如图 9-60 所示，

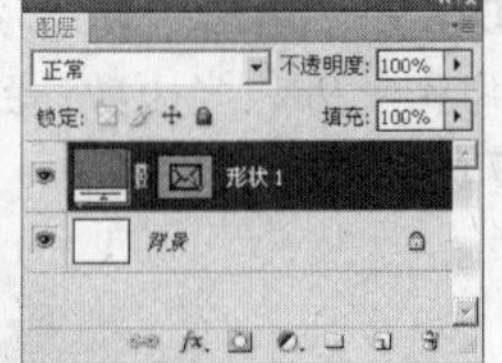

图9-60 形状图层及其【图层】面板

形状图层可以看作是在一个路径上执行了【填充】命令的结果，可以说，填充图层再加上剪辑路径，所得到的就是形状图层。

形状图层具有可反复编辑和修改的优点，在【图层】面板中单击矢量蒙版缩览图，即可在【路径】面板中自动选中当前路径，然后可以利用各种工具编辑路径，也可以通过双击图层缩览图来打开【拾色器】对话框重新设置填充颜色。

9.8.2 修改形状轮廓

形状的基础是建立在路径之上的，绘制好的形状包括两部分：填充内容、剪辑路径。剪辑路径就是形状的轮廓。可以利用路径工具对形状的轮廓进行修改和调整。

上机实战 修改形状轮廓

01 新建空白图像文件并绘制形状。

02 选择工具箱中的直接选择工具。

03 在图像窗口中单击选中形状，如图 9-61 所示，然后可调整形状上的锚点，即可修改形状的轮廓。

图9-61 修改形状的轮廓

9.8.3 形状图层的栅格化

形状就是矢量图形，根据图像处理的需要，可以将形状（矢量图形）转换为点阵图，这时可以将形状图层栅格化，转换成普通图层。

上机实战 栅格化形状图层

01 在【图层】面板中，用鼠标右键单击形状图层。

02 在弹出的快捷菜单中选择【栅格化图层】命令，即可栅格化形状图层，如图 9-62 所示。

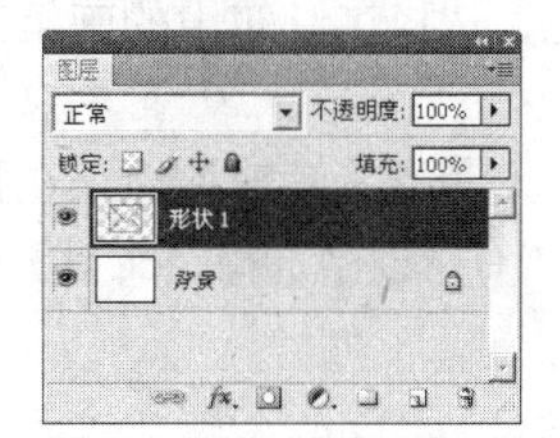

图9-62 栅格化形状图层

9.9 课堂实训

9.9.1 描边字

本例制作描边字，其中主要用到了描边路径的功能，效果如图 9-63 所示。

图9-63 描边特效文字

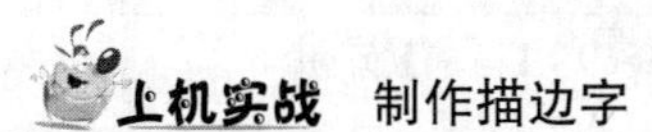

上机实战 制作描边字

所用素材：光盘\素材\第 9 章\蓝天.jpg

最终效果：光盘\效果\第 9 章\描边字.psd

01 打开一幅素材图片，如图 9-64 所示。

02 单击【图层】面板中的【创建新的图层】按钮，新建【图层 1】。选择工具箱中的横排文字蒙版工具，并在其选项栏中设置适当的字体、字号，在图像窗口中输入文字“天空”，然后将文字移动到适当的位置，如图 9-65 所示。

图9-64 素材图片

图9-65 输入文字

03 单击【窗口】/【路径】命令，打开【路径】面板。单击【路径】面板中右上角的三角形按钮，在弹出的面板菜单中选择【建立工作路径】命令，在打开的【建立工作路径】对话框中设置【容差】为 1 像素，如图 9-66 所示。

图9-66 【建立工作路径】对话框

04 单击【确定】按钮，如图 9-67 所示，此时图像中的文字选区将作为工作路径被存储到【路径】面板中，如图 9-68 所示。

05 将前景色设置为白色，选择工具箱中的画笔工具，打开【画笔】面板，在该面板中设置各参数，如图 9-69 所示。

06 单击【路径】面板右上角的三角形按钮，在弹出的面板菜单中单击【描边路径】命令，打开【描边路径】对话框。在该对话框中选择【工具】为【画笔】，如图 9-70 所示。

图9-67 建立的工作路径

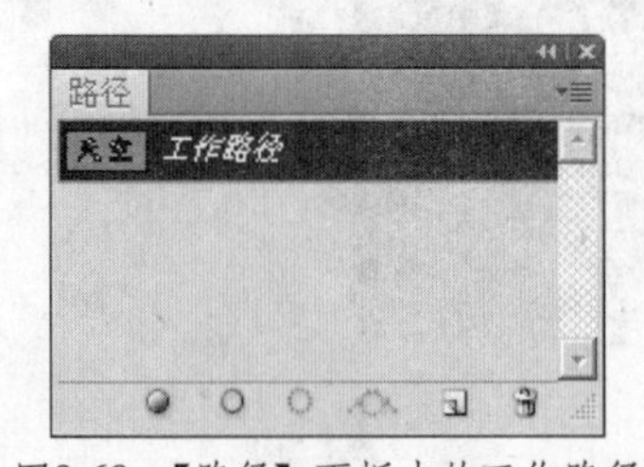

图9-68 【路径】面板中的工作路径

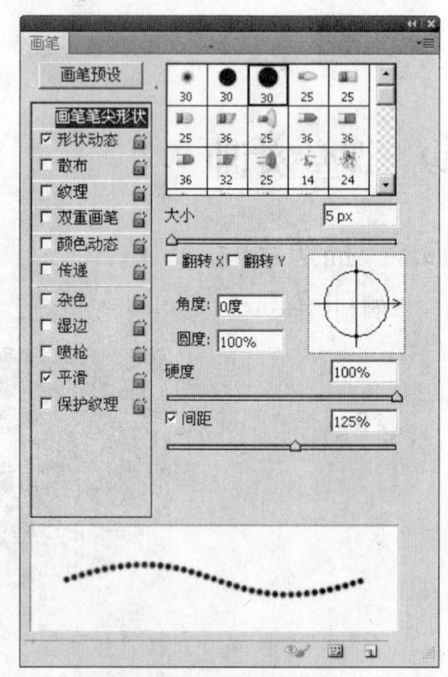

图9-69 【画笔】面板

07 单击【确定】按钮对路径进行描边，然后在【路径】面板中将工作路径删除，得到的效果如图 9-71 所示。

图9-70 【描边路径】对话框　　图9-71 描边路径后的效果

08 在【图层】面板中双击【图层 1】，在弹出的【图层样式】对话框中选择【投影】选项，如图 9-72 所示，单击【确定】按钮，最终效果如图 9-73 所示。

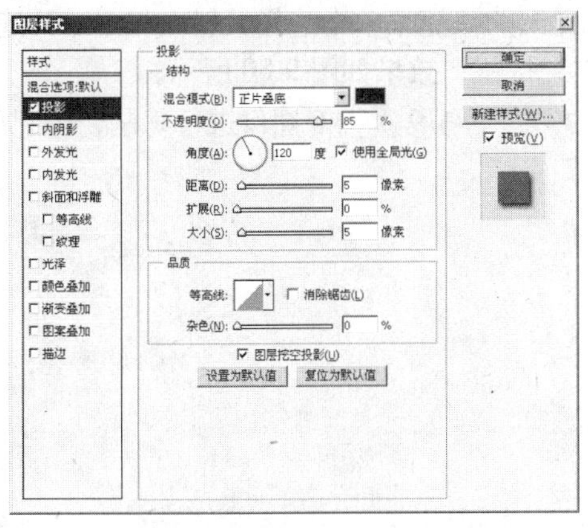

图9-72 【图层样式】对话框

图9-73 描边特效文字

9.9.2 金钥匙

本例制作金钥匙，其中主要用到了形状工具以及图层样式等，效果如图 9-74 所示。

图9-74 金钥匙

上机实战 制作金钥匙

所用素材：光盘 \ 素材 \ 第 9 章 \ 背景 .jpg
最终效果：光盘 \ 效果 \ 第 9 章 \ 金钥匙 .psd

01 单击【文件】/【新建】命令，新建一幅 RGB 模式的空白图像。
02 设置前景色为黄色，选择工具箱中的自定形状工具，在其工具选项栏的【形状】下拉列表框中选择一种形状，如图 9-75 所示。

图9-75 选择形状

03 按住【Shift】键的同时在图像窗口中拖动鼠标，绘制钥匙，如图 9-76 所示。

04 绘制好钥匙后，在图层面板中将自动生成形状图层，如图 9-77 所示。

05 单击【图层】/【栅格化】/【形状】命令，将形状图层转换为普通图层，如图 9-78 所示。

图9-76　绘制钥匙

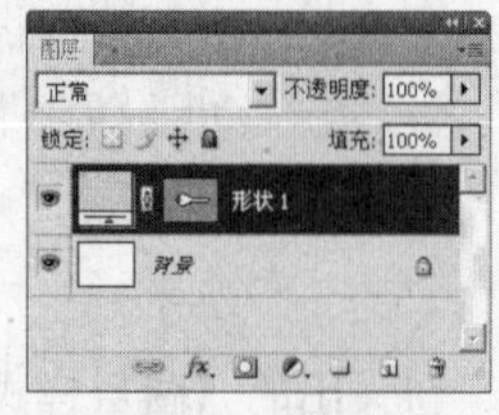

图9-77　形状图层

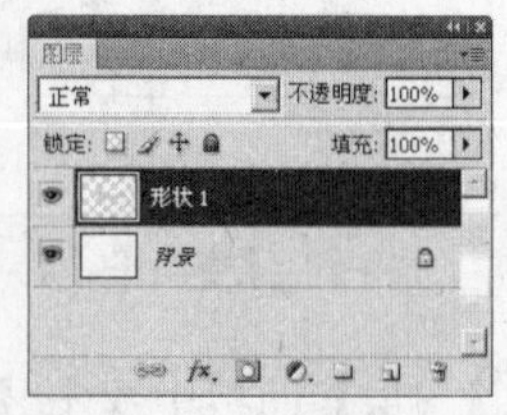

图9-78　栅格化后的图层

06 单击图层面板下方的【添加图层样式】按钮，在弹出的快捷菜单中选择【斜面和浮雕】选项，并在其中设置各项参数，如图 9-79 所示。单击【确定】按钮，效果如图 9-80 所示。

07 按下【Ctrl+Alt】组合键的同时交替按方向键向右、向下各 9 次，对图像进行复制，得到如图 9-81 所示的效果。

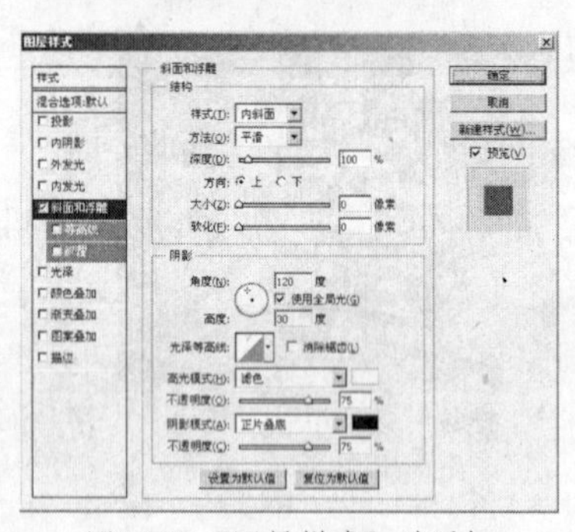
图9-79　【图层样式】对话框

图9-80　应用【图层样式】后的效果

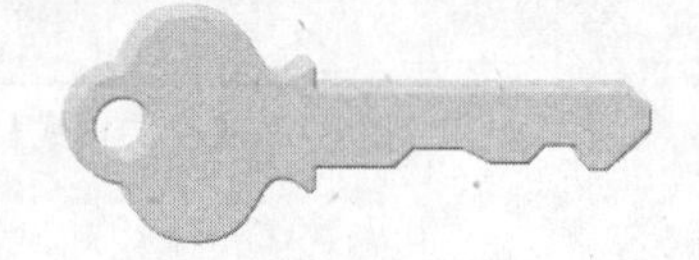
图9-81　金钥匙效果

08 为图像添加背景得到最终效果，如图 9-74 所示。

9.10　本章小结

通过本章内容的学习，可以学会用路径工具绘制图形，用形状工具绘制各种形状的路径，或者使用路径的功能来完成一些较为精密的选取范围。

路径的功能是非常强大的，只有通过不断练习才能真正掌握它的使用方法，才能使它成为制作图像的好帮手。

9.11　习题

1. 填空题

(1) 路径的用途很多。比如可以精确的制作________，可以________等。

(2) 在 Photoshop 中，矢量图被称为________，而且，路径是所有矢量图的基础。

(3) 形状工具不仅可以绘制________，也可以绘制________。

2. 问答题

(1) 什么是路径?

（2）形状工具分别有哪些？

3. 上机题

（1）上机练习使用钢笔工具绘制路径。

（2）上机练习将路径转换为选区。

（3）上机练习为路径描边。

（4）根据所学知识，制作汽车标志效果，如图 9-82 所示。

制作提示：使用钢笔工具绘制路径，然后将路径转换为选区，对选区进行描边，最后添加图层样式。

（5）根据所学知识，制作圆形按钮效果，如图 9-83 所示。

制作提示：创建选区，填充渐变颜色，应用【投影】和【描边】图层样式，使用自定形状工具绘制路径，将路径转换为选区后填充颜色，然后添加图层样式。

图9-82　汽车标志

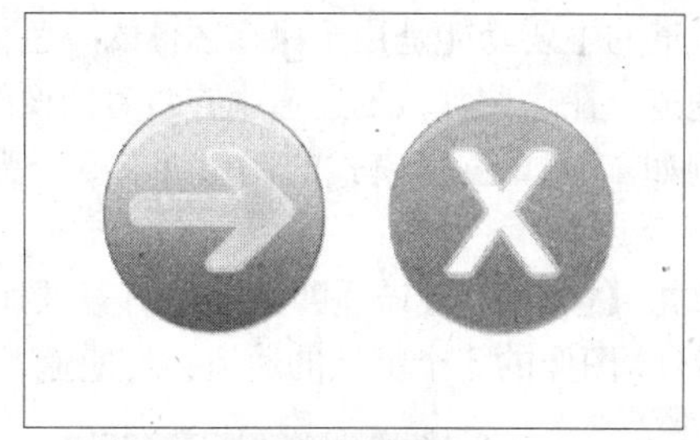

图9-83　圆形按钮

第10章　通道与蒙版的应用

内容提要

本章主要介绍 Photoshop 的通道功能。通道是图像处理中的难点，也是 Photoshop 的精华所在。本章的重点是理解通道在图像处理中的重要作用和通道与蒙版的原理。

10.1　理解通道

通道的主要功能是用于保存图像的颜色信息。在 Photoshop 中，每个图像都具有一个或多个默认的通道，在这些默认的通道中存放着图像的颜色信息。

例如，RGB 色彩模式的图像拥有 3 个默认的通道，分别代表红色、绿色和蓝色信息，如图 10-1 所示。

单击【窗口】/【通道】命令，打开【通道】面板，如图 10-2 所示。在【通道】面板中可以看到 RGB 图像的 3 个默认的通道：红通道、绿通道、蓝通道，还有一个混合通道：RGB 通道。

图10-1　RGB模式的图像

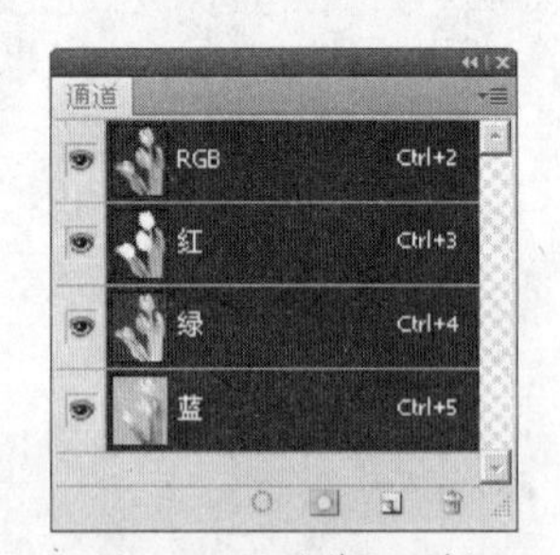

图10-2　【通道】面板

在默认情况下，位图、灰度、双色调和索引色图像只拥有一个通道，RGB 和 Lab 图像拥有 3 个通道，而 CMYK 图像拥有 4 个通道。

在 Photoshop 中，不管是新建的图像文件还是打开的图像文件，都会随着不同的色彩模式而自动地建立不同的通道，这些通道存放着图像的色彩资料。例如，打开一幅 RGB 模式的图像，会自动在【通道】面板中建立 4 个通道，其中包含了 RGB、红、绿和蓝 4 个通道，每个通道都记录了不同的色彩信息，而 RGB 通道则代表其他 3 个通道重叠在一起的总和。

除了默认的通道之外，还可以为图像添加通道，添加的通道分为两种：一种是 Alpha 通道（也称为蒙版），另一种是专色通道。可以为图像添加多个通道（Alpha 通道或专色通道），但一个图像最多不能超过 24 个通道。

10.2　通道的基本操作

打开一幅图像后，所有的通道都将显示在【通道】面板中，而通道的基本操作，比如复制、删除、新建等，也都是利用【通道】面板来完成的。

10.2.1 通道面板

打开一幅素材图片，如图 10-3 所示。单击【窗口】/【通道】命令，打开【通道】面板，如图 10-4 所示。

图10-3 素材图像

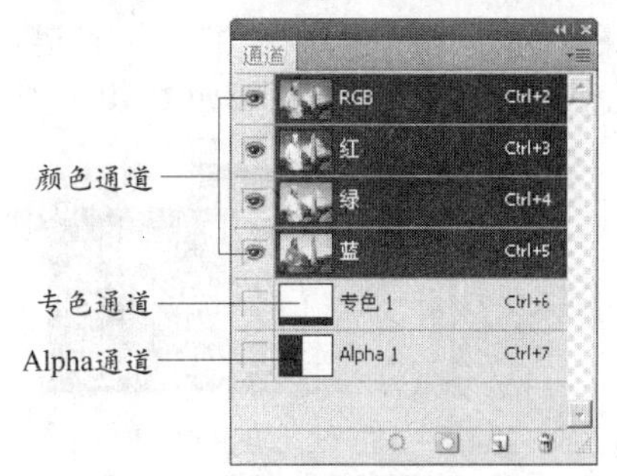

图10-4 【通道】面板

在【通道】面板中显示了图像中的所有通道，除了默认的通道外，还有 Alpha 通道和专色通道，利用【通道】面板可以完成所有的通道基本操作，如建立新通道，删除、复制、合并及拆分通道等。

10.2.2 通道的基本操作

上机实战 通道的基本操作

(1) 切换通道

如果要对图像的某一通道进行处理，应将其切换为当前工作通道。

所用素材：光盘\素材\第 10 章\叶子.jpg

01 打开一幅 RGB 模式的图片，如图 10-5 所示，此时【通道】面板如图 10-6 所示。

图10-5 素材图片

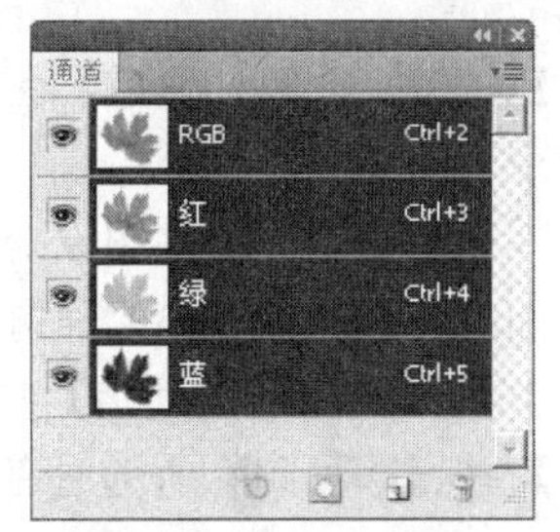

图10-6 【通道】面板

02 在【通道】面板中单击某一通道，这里单击【红】通道，如图 10-7 所示，此时图像窗口中将只显示红通道中的图像，如图 10-8 所示。

图10-7 切换到【红】通道

图10-8 图像窗口中只显示绿色通道

> **提示** 可以看到，在【通道】面板中蓝色高亮显示的通道为当前通道，也就是当在图像窗口中编辑时所影响到的通道。

（2）隐藏与显示通道

01 在【通道】面板中要隐藏某一通道，可以单击该通道前面的眼睛图标，如图 10-9 所示。隐藏某一通道后的【通道】面板如图 10-10 所示。

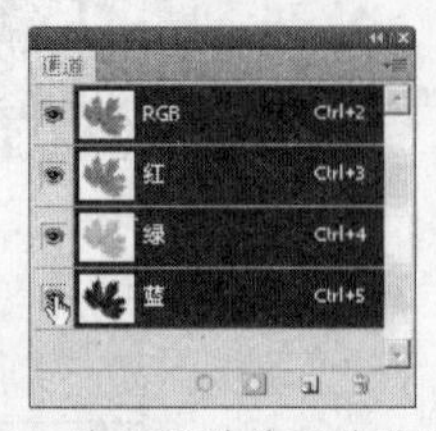

图10-9　单击通道前面的眼睛图标

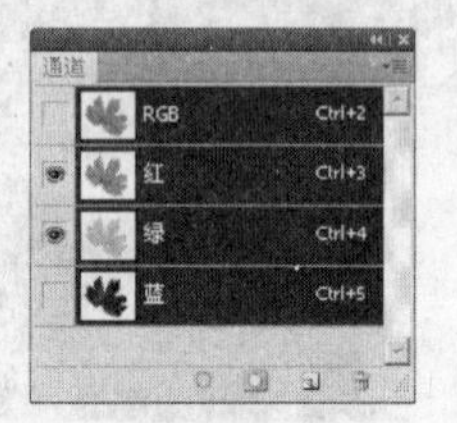

图10-10　隐藏通道

02 如果要将隐藏的通道显示出来，在该通道的眼睛图标位置处单击鼠标即可。

（3）复制通道

01 在【通道】面板中选择某一通道，如图 10-11 所示，这里是【红】通道。

02 单击【通道】面板菜单中的【复制通道】命令弹出【复制通道】对话框，如图 10-12 所示。

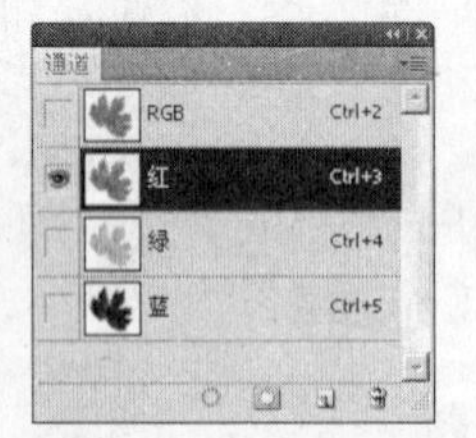

图10-11　选择【红】通道

图10-12　【复制通道】对话框

03 单击【确定】按钮，此时【通道】面板如图 10-13 所示，复制红通道得到【红副本】通道。

（4）删除通道

为了节省文件存储空间和提高图像处理速度，可以删除一些不再使用的通道。

01 在【通道】面板中选择需删除的通道。

02 单击面板下部的【删除当前通道】按钮将弹出提示对话框，如图 10-14 提示是否要删除该通道，单击【确定】按钮即可删除所选通道。

图10-13　复制得到【红副本】通道

图10-14　提示对话框

10.3　使用Alpha通道

在【通道】面板中所创建的 Alpha 通道就是所谓的蒙版。蒙版源于摄影领域中的术语，从本质上讲，蒙版是一项高级的选区技术。当要给图像的某些区域运用颜色变化、滤镜和其他效果时，蒙版能隔离和保护图像的某些区域。当选择了图像的某一部分时，没有被选择的区域（即被蒙版的区域）将被保护起来，而不被改变。

蒙版除了具有存放选区的功能之外，还可以自由、精细地修改遮罩范围。

蒙版还可以用于复杂的图像编辑，比如将颜色或滤镜效果逐渐运用到图像上。

事实上，Alpha 通道的功能不仅仅是保存选区，通过 Alpha 通道还可以进行更多的图像控制（例如进行蒙版编辑和应用），并可以得到一些特殊效果。

Alpha 通道实际上是一幅 256 色灰度图像，其中的黑色部分为透明区，白色部分为不透明区，而灰色部分为半透明区。

10.3.1 Alpha通道的基本操作

利用【通道】面板可以将选区存储为 Alpha 通道并可以载入 Alpha 通道为选区。

上机实战 Alpha通道的基本操作

（1）将选区存储为 Alpha 通道

所用素材：光盘\素材\第 10 章\背景.jpg

01 打开一幅图像并创建选区，如图 10-15 所示。

02 单击【通道】面板下部的【将选区存储为通道】按钮，此时在【通道】面板中选区将创建成【Alpha】通道，如图 10-16 所示。

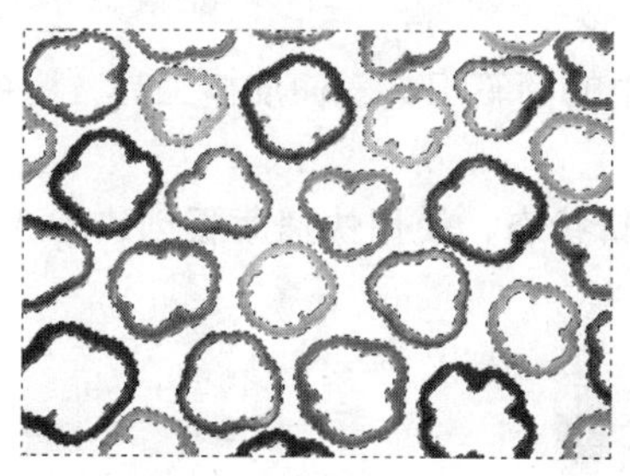

图10-15 创建选区

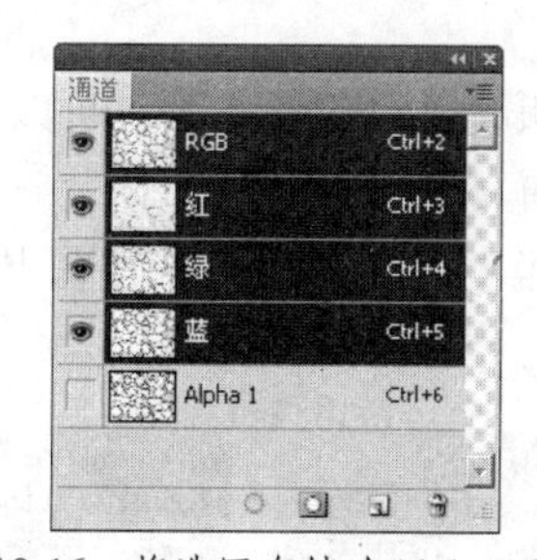

图10-16 将选区存储为Alpha 1通道

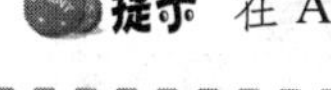

提示 在 Alpha 通道中，白色的部分是选区，而黑色部分是蒙版区域。

（2）载入 Alpha 通道

01 在【通道】面板中选择【Alpha1】通道，如图 10-17 所示。

02 单击面板下部的【将通道作为选区载入】按钮，单击【通道】面板中的 RGB 通道，可以看到载入的选区，如图 10-18 所示。

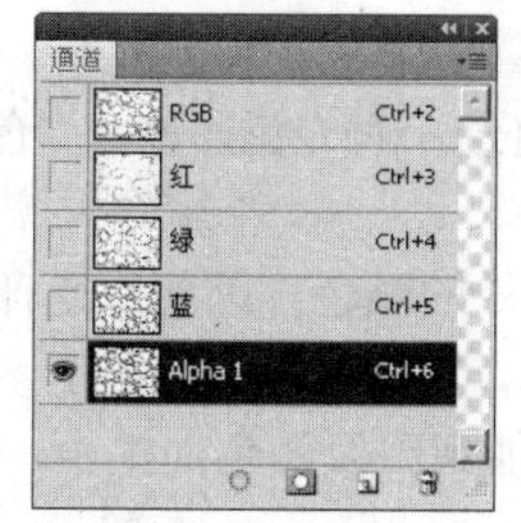

图10-17 选择【Alpha1】通道

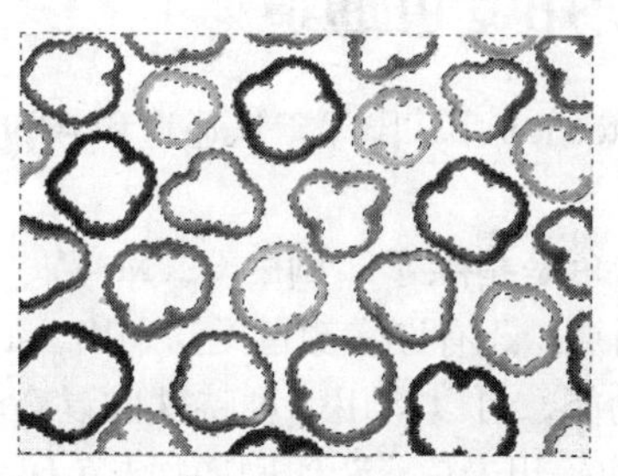

图10-18 载入Alpha 1通道成为选区

10.3.2 快速蒙版

利用工具箱中的快速蒙版工具可以临时性地将选区转换为蒙版，这就是所谓的快速蒙版。

快速蒙版的功能与蒙版基本相同，其区别在于在快速蒙版模式下可以同时查看图像与蒙版，并且退出快速蒙版编辑状态后，【通道】面板中不再存留蒙版。

上机实战 快速蒙版的使用

所用素材：光盘\素材\第10章\蛋.jpg

01 打开一幅图像并创建选区，如图10-19所示。

02 单击工具箱中的快速蒙版工具进入快速蒙版编辑状态，如图10-20所示。

图10-19 创建选区

图10-20 进入快速蒙版编辑状态

03 在快速蒙版模式编辑状态下，可以使用工具箱中的画笔工具、橡皮擦工具、模糊工具等对蒙版区域进行编辑，如图10-21所示。

04 单击工具箱中的标准模式工具退出快速蒙版编辑状态，使用快速蒙版创建的选区如图10-22所示。

图10-21 对快速蒙版进行编辑

图10-22 将快速蒙版转换为选区

10.4 使用专色通道

在Photoshop中，除了默认通道和Alpha通道之外，还有一种专色通道，专色通道主要用于辅助印刷。

所谓专色是指除了印刷中C、M、Y、K四色油墨以外的颜色。因为四色印刷的元素只有4种颜色的网点，还有许多颜色无法印出，必须使用到专色，所以就必须输出更多的通道。利用专色通道的功能，可以使用一种特殊的混合油墨替代或附加到图像颜色油墨中，从而可以直接在Photoshop中输出专色，为印刷增加专色印版。

提示 使用专色通道，有如下注意事项：

(1) 为图像加上专色（如烫金、印银及局部上光等印刷效果）的处理时，可以使用专色通道。

(2) 专色通道的应用效果将会覆盖在图像之上，也就是说会覆盖在所有可见的图层之上。

(3) 专色通道无法针对某些单独的图层应用，应用范围为整幅图像。

(4) 可以根据需要将多个专色通道与图像原有的通道合并。

上机实战 专色通道的基本操作

(1) 创建专色通道

所用素材：光盘\素材\第10章\科技背景.jpg

01 打开一幅图片，创建选区，如图10-23所示。

02 单击【通道】面板的菜单按钮，从中选择【新建专色通道】选项，弹出【新建专色通道】对话框，如图10-24所示。

图10-23 创建选区

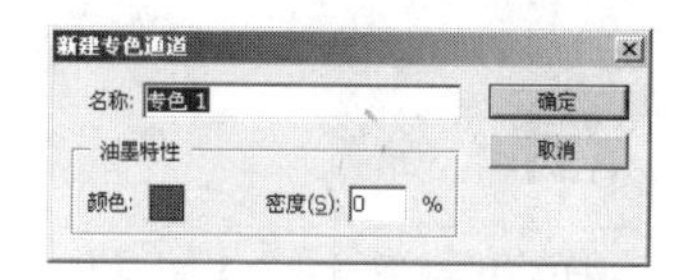

图10-24 【新专色通道】对话框

03 在【新建专色通道】对话框中单击【颜色】旁边的颜色块，弹出【选择专色】对话框，如图10-25所示，从中选取需要的专色。

04 单击【确定】按钮返回【新专色通道】对话框，设置油墨的【密度】为100，如图10-26所示。

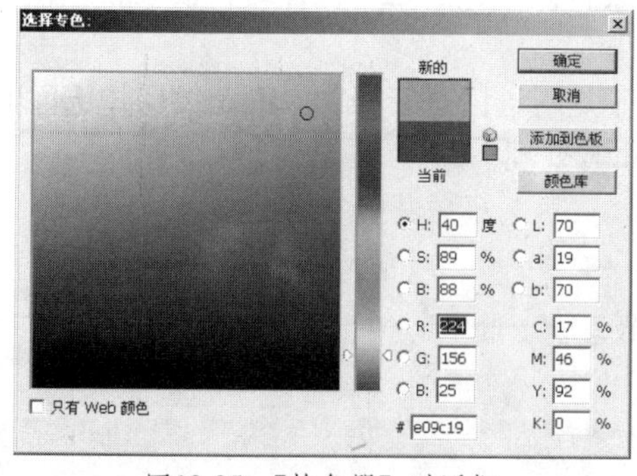

图10-25 【拾色器】对话框

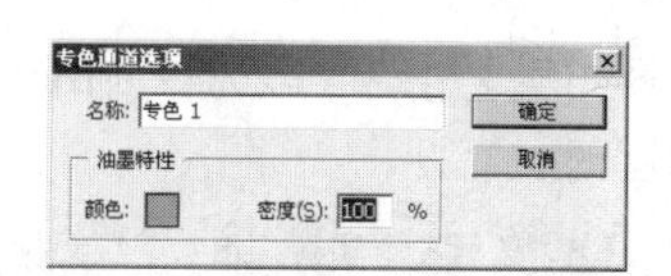

图10-26 设置油墨的【密度】

05 单击【确定】按钮完成专色通道的创建操作，如图10-27所示。此时【通道】面板如图10-28所示。

图10-27　创建专色通道

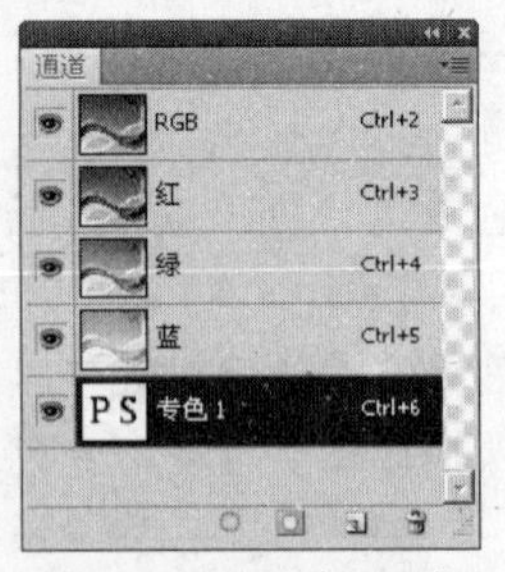

图10-28　【通道】面板

提示 在【新专色通道】对话框中，【密度】文本框表示专色的油墨浓度，密度的值越高，表示油墨的浓度越高。

(2) 将Alpha通道转换为专色通道

01 在【通道】面板中双击【Alpha】通道，弹出【通道选项】对话框，如图10-29所示。

02 在该对话框的【色彩指示】选项区中选择【专色】单选按钮，如图10-30所示。单击【确定】按钮，即可将Alpha通道转换为专色通道。

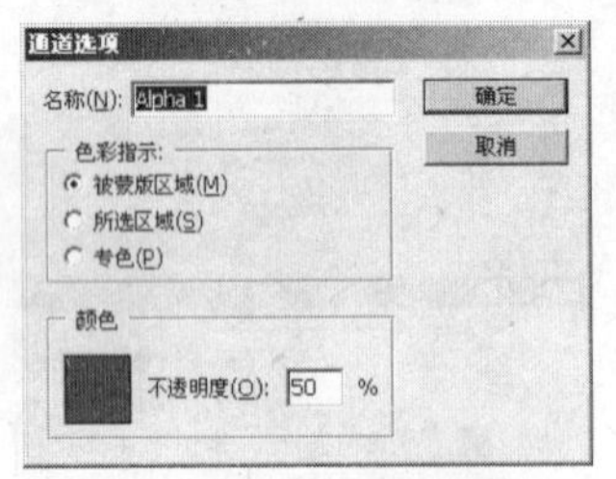

图10-29　【通道选项】对话框

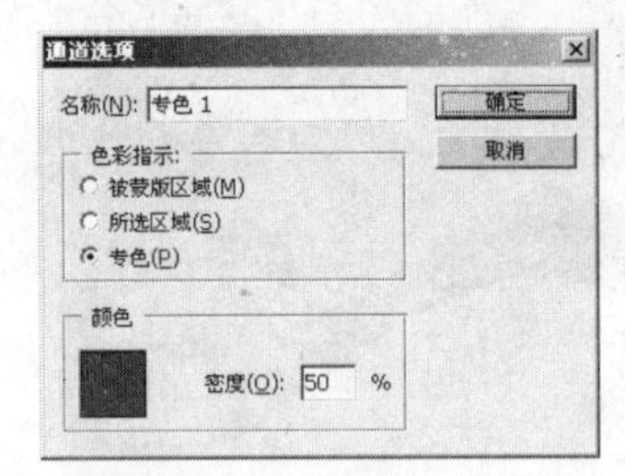

图10-30　选择【专色】单选按钮

10.5　图层蒙版

在使用photoshop进行图像处理时，常常需要保护一部分图像，以使它们不受各种处理操作的影响，图层蒙版就是这样的一种工具，它是一种灰度图像，其作用就像一张布，可以遮盖住处理区域中的一部分，当对处理区域内的整个图像进行模糊、上色等操作时，被蒙版遮盖起来的部分就不会受到改变。

图层蒙版是一种特殊的选区，但它的目的并不是对选区进行操作，而是要保护选区的不被操作。同时，不处于蒙板范围的地方则可以进行编辑与处理。

上机实战　图层蒙版基本操作

除了背景图层之外，可以为任何图层创建蒙版。

(1) 创建图层蒙版

所用素材：光盘\素材\第10章\图层蒙版素材.psd

01 打开一幅图像文件，该图像有两个图层，如图10-31所示。

02 单击【图层】面板下部的【添加图层蒙版】按钮，即可为该图层创建图层蒙版，如图10-32所示。

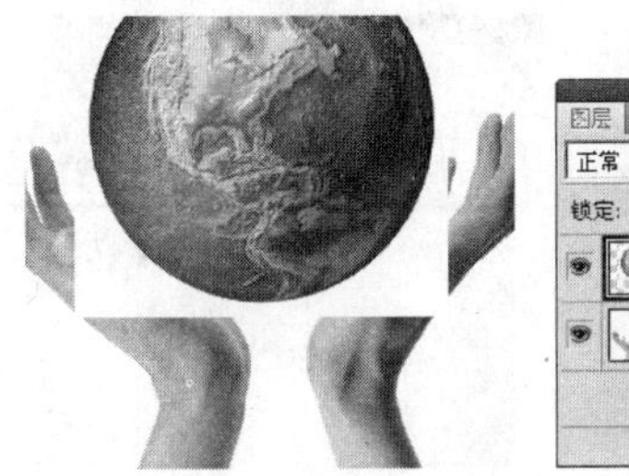
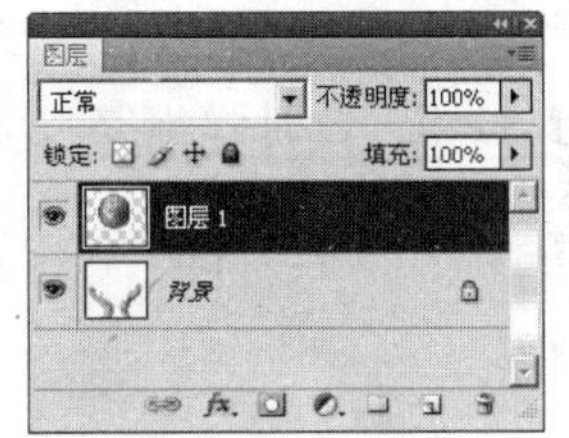

图10-31 图像与图层

图10-32 为图层创建图层蒙版

提示 其他创建图层蒙版的方法：

方法1 单击【图层】/【添加图层蒙版】/【显示全部】命令。不论图像是否已经建立选区，该命令都会建立一个完全没有遮罩效果的蒙版（即图像将完全显示出来）。

方法2 单击【图层】/【添加图层蒙版】/【隐藏全部】命令。该命令会对所有的图像区域产生一个完全遮罩效果的蒙版。

方法3 单击【图层】/【添加图层蒙版】/【显示选区】命令。该命令表示只显示选区中的图像，即根据选区制作蒙版。

方法4 单击【图层】/【添加图层蒙版】/【隐藏选区】命令。该命令与【图层】/【添加图层蒙版】/【显示选区】命令相反，将对选区建立一个完全遮罩的蒙版，选区以外的部分则不受遮罩。

（2）编辑图层蒙版

01 在【图层】面板中单击图层蒙版，使其处于被选中的状态，如图10-33所示。

02 选择工具箱中的画笔工具，对图层蒙版进行绘画编辑，如图10-34所示。编辑图层蒙版后的【图层】面板如图10-35所示。

图10-33 单击图层蒙版

图10-34 利用画笔工具编辑图层蒙版

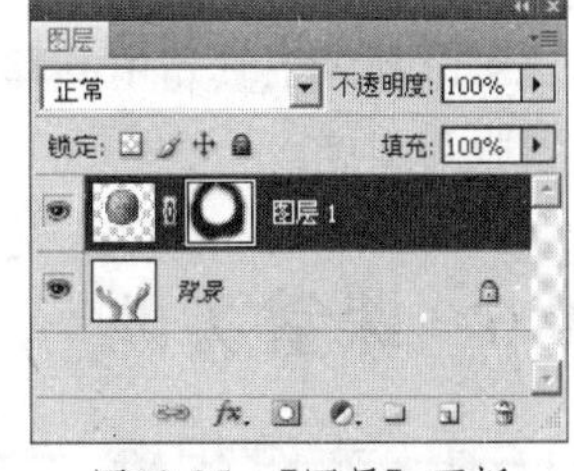

图10-35 【图层】面板

提示 在编辑图层蒙版时有如下事项需要注意：

（1）需要将图层中的图像完全遮罩时，可以将其完全填充为黑色（表示完全被遮罩的效果）。

（2）当需要将图像完全显示出来时，选取白色填充在蒙版上，填充的区域将完全没有蒙版遮罩的效果。

（3）在蒙版上填充灰色时，表示这些部分的图像将会以部分饱和的效果显示出来。

（4）灰色越深，遮罩效果越强；灰色越浅，遮罩越透明。

(3) 删除图层蒙版

01 在【图层】面板中单击图层蒙版。

02 单击【图层】面板底部的【删除图层】按钮，此时弹出警告对话框，提示在移去图层蒙版之前是否将其应用到图层上，如图 10-36 所示。

图10-36 警告信息框

03 单击【删除】按钮，即可将图层蒙版删除。

(4) 关闭与启用图层蒙版

> **提示** 关闭图层蒙版和删除图层蒙版是有区别的，区别在于前者只是将图层蒙版的遮罩效果暂时关闭起来，以便对图像作进一步精确的修改与编辑。

01 在【图层】面板中选择图层蒙版。

02 单击【图层】/【图层蒙版】/【停用】命令，停用后的【图层】面板如图 10-37 所示。

03 如果要启用图层蒙版，单击【图层】/【图层蒙版】/【启用】命令即可。

(5) 取消图层与蒙版的链接

> **提示** 为图层创建蒙版后，蒙版将与图层链接在一起并应用在图层上。当然，也可以取消它们之间的链接，从而可分别移动它们的位置。

04 在【图层】面板中单击图层蒙版中的链接图标，即可取消图层与蒙版之间的链接，如图 10-38 所示。

图10-37 关闭蒙版后的【图层】面板

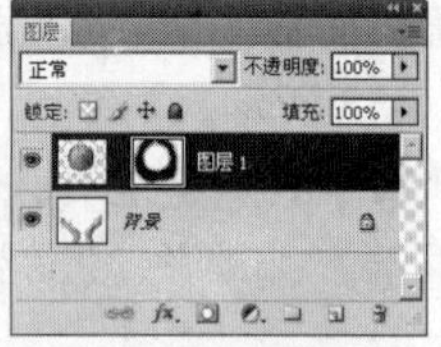

图10-38 取消蒙版与图层之间的链接

05 取消蒙版与图层的链接后并不会影响图层蒙版应用在图层上的效果。取消链接后的蒙版与图层，可以利用工具箱中的移动工具分别移动它们的位置。再次单击链接图标的位置，可以重新链接蒙版与图层。

10.6 课堂实训

10.6.1 木纹相框

本例制作木纹相框，其中主要用到了 Alpha 通道等，如图 10-39 所示。

图10-39 木纹相框

上机实战　制作木纹相框

所用素材：光盘\素材\第10章\外国小男孩.jpg

最终效果：光盘\效果\第10章\电视墙效果.psd

01 按【Ctrl+O】组合键，打开一幅素材图像，如图10-40所示。

02 在【图层】面板中将【背景】图层拖曳到【创建新图层】按钮上，复制图层为【背景 副本】，如图10-41所示。

图10-40　素材图像

图10-41　复制图层

03 单击【编辑】/【变换】/【缩放】命令，在按住【Ctrl+Shift+Alt】组合键的同时拖动鼠标缩放图像，将【背景 副本】图层缩小，如图10-42所示，按下【Enter】键确认变换。

04 单击【窗口】/【通道】命令，打开【通道】面板。按【Ctrl+A】组合键选中整个图像，单击【通道】面板中的【将选区存储为通道】按钮，建立新通道【Alpha 1】，如图10-43所示。

图10-42　缩放图像

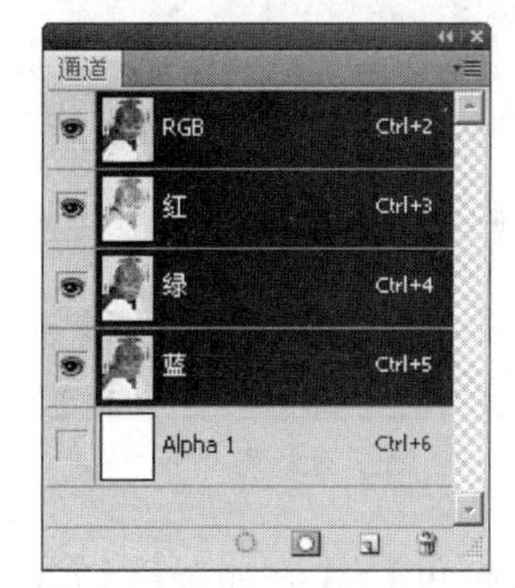

图10-43　建立新通道【Alpha 1】

05 在按住【Ctrl】键的同时单击【图层】面板中的【背景 副本】图层，载入其选区，如图10-44所示。在【通道】面板中单击【将选区存储为通道】按钮，建立新通道【Alpha 2】，如图10-45所示。

图10-44　载入选区

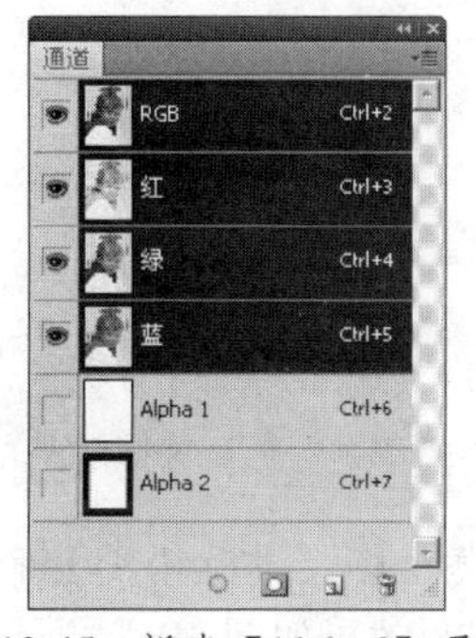

图10-45　新建【Alpha 2】通道

06 在【通道】面板中使【Alpha 2】通道处于当前通道，在按住【Ctrl】键的同时单击【Alpha 1】通道载入其选区，如图 10-46 所示。

07 单击工具箱中的魔棒工具，在按住【Alt】键的同时单击通道中的白色区域，然后单击【通道】面板中的【将选区存储为通道】按钮，建立新通道【Alpha 3】，如图 10-47 所示。

08 单击工具箱中的前景色图标，在弹出的【拾色器】对话框中设置前景色，如图 10-48 所示。

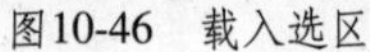

图10-46　载入选区

图10-47　存储选区为通道

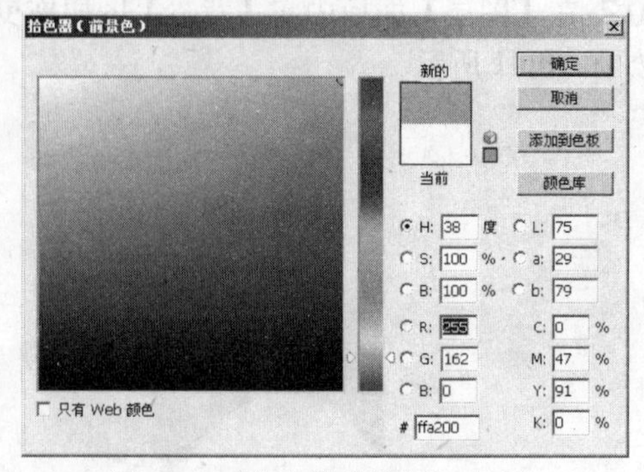

图10-48　【拾色器前景色】对话框

09 在【图层】面板中单击【创建新图层】按钮，创建一个新的图层，单击【编辑】/【填充】命令，在弹出的【填充】对话框中设置各项参数，如图 10-49 所示，将选区填充为前景色。单击【确定】按钮，效果如图 10-50 所示。

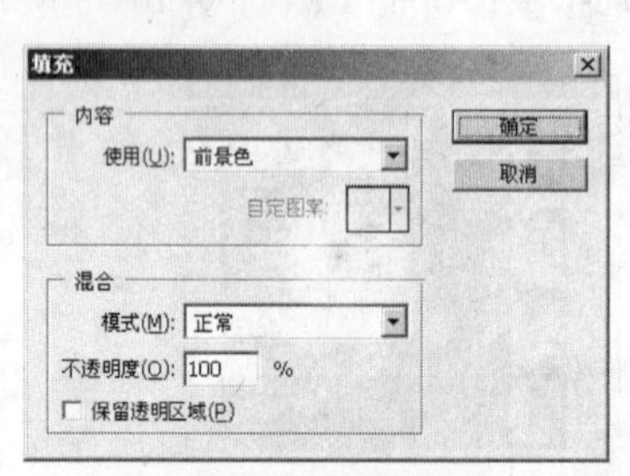

图10-49　【填充】对话框

图10-50　填充效果

10 单击【滤镜】/【杂色】/【添加杂色】命令，在弹出的如图 10-51 所示的对话框中设置参数，单击【确定】按钮，效果如图 10-52 所示。

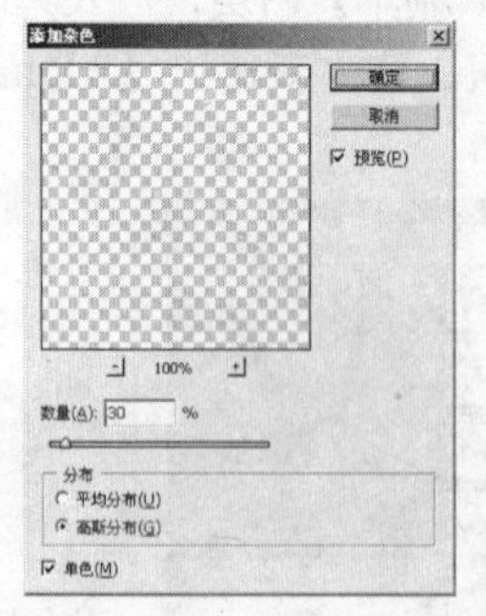

图10-51　【添加杂色】对话框

图10-52　【添加杂色】滤镜效果

11 单击【滤镜】/【模糊】/【动感模糊】命令，在弹出的如图 10-53 所示的对话框中进行参数设置，单击【确定】按钮，效果如图 10-54 所示。

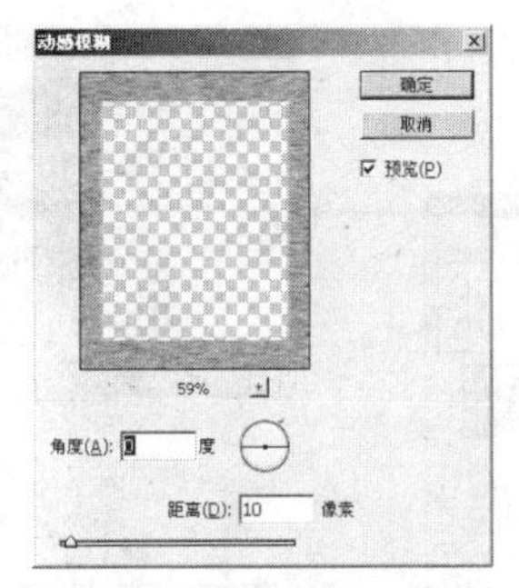

图10-53 【动感模糊】对话框

图10-54 【动感模糊】滤镜效果

12 按【Ctrl+D】组合键取消选区，在【图层】面板中双击【图层 1】，弹出【图层样式】对话框，在该对话框中进行参数设置，如图 10-55 所示。单击【确定】按钮，最终效果如图 10-56 所示。

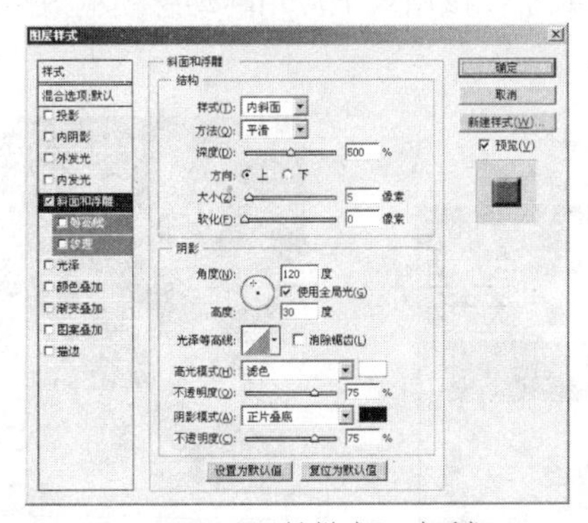

图10-55 【图层样式】对话框

图10-56 木纹相框

10.6.2 动感特效

本例制作动感特效，其中主要用到了图层蒙版的功能，如图 10-57 所示。

图10-57 动感特效

上机实战 制作动感特效

所用素材：光盘\素材\第 10 章\滑雪.jpg

最终效果：光盘\效果\第 10 章\滑雪.jpg

01 打开需要进行处理的图片，如图 10-58 所示。

02 在【图层】面板中复制【背景】图层为【背景 副本】，如图 10-59 所示。

03 单击【滤镜】/【模糊】/【动感模糊】命令，在打开的【动感模糊】对话框中设置各项参数，如图 10-60 所示。设置完成后单击【确定】按钮，效果如图 10-61 所示。

图10-58　素材图片

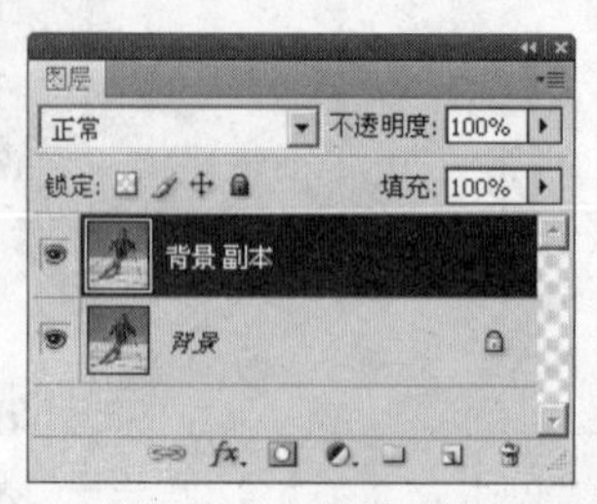

图10-59　复制图层

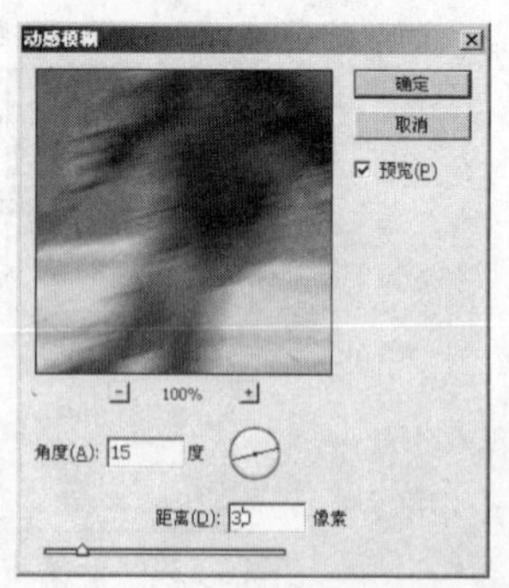

图10-60　【动感模糊】对话框

04 在按下【Alt】键的同时单击【图层】面板底部的【添加图层蒙版】按钮，为【背景 副本】图层添加图层蒙版，此时图层蒙版被黑色填充，隐藏了在该图层上应用的动感模糊效果，【图层】面板如图 10-62 所示。图像效果如图 10-63 所示。

图10-61　动感模糊效果

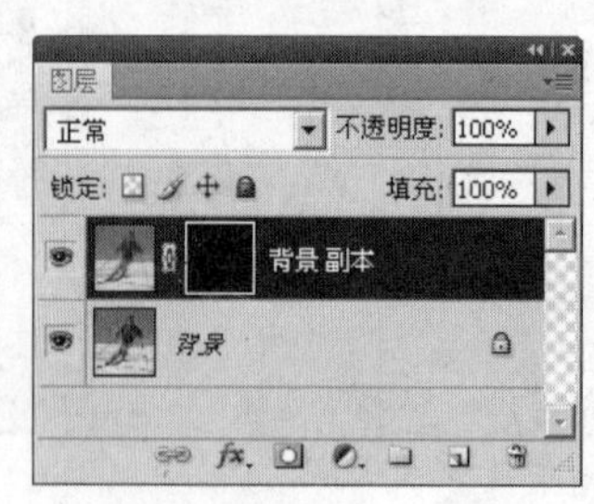

图10-62　添加图层蒙版

图10-63　添加图层蒙版后的图像

05 选择工具箱中的画笔工具并选择中等大小柔角的笔刷，在需要具有动感模糊效果的区域上描绘，如图 10-64 所示。

06 当进行绘制时图像上会重新显示出在该图层上已经应用的动感模糊效果，【图层】面板如图 10-65 所示。

07 继续在图像上面进行绘制，完成后的图像效果如图 10-66 所示。

图10-64　用画笔工具进行绘制

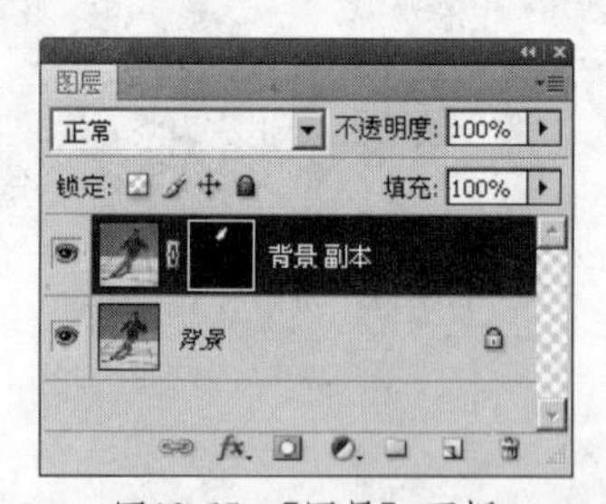

图10-65　【图层】面板

图10-66　动感特效

10.7　本章小结

本章主要介绍了通道和蒙版的基本功能和操作方法，从通道的概念开始，介绍了它们的具体使用方法，循序渐进地引导读者学习，让读者能够领会通道和蒙版这两个神奇的功能。

通道是Photoshop的重要功能之一。学会灵活运用道道和蒙版，能够让用户很轻松地合成图像的各种效果，是真正掌握Photoshop图像处理技术的标志。

10.8 习题

1. 填空题

(1) 通道的主要功能是用于保存图像的________。

(2) RGB色彩模式的图像拥有3个默认的通道，分别代表________、________和________信息。

(3) 专色通道主要用于________。

2. 问答题

(1) 通道的主要功能是什么？

(2) 什么是Alpha通道？什么是专色通道？各有什么作用？

(3) 图层蒙版有什么作用？

3. 上机题

(1) 上机利用快速蒙版制作选区。

(2) 上机练习将选区存储为Alpha通道。

(3) 上机练习将Alpha通道转换为专色通道。

(4) 根据所学知识，制作立体透明字，如图10-67所示。

制作提示：创建通道【Alpha 1】，设置前景色为白色输入文字，应用【动感模糊】和【查找边缘】滤镜，反相显示图像。激活所有颜色通道，使用油漆桶工具将整幅图像填充为黑色，然后载入选区，对选区进行渐变填充，最后使用【色阶】命令适当调整图像。

图10-67 立体透明字

(5) 根据所学知识，制作景深效果，如图10-68所示。

制作提示：打开图像，单击【以快速蒙版模式编辑】按钮，切换到快速蒙版编辑模式，在图像中填充黑到白色的渐变，退出快速蒙版模式得到选区，为选区中的图像添加【镜头模糊】滤镜。

图10-68 景深效果前后对比

第11章　滤镜的应用

内容提要

本章主要介绍 Photoshop 的滤镜功能以及各种滤镜的效果，熟练掌握在 Photoshop 中使用外挂滤镜的方法。

11.1　滤镜入门

Photoshop 的所有滤镜都分门别类地放在【滤镜】菜单中，使用时只需要单击【滤镜】菜单，然后在相应的子菜单中单击相应的滤镜命令即可。

在 Photoshop 中包括两大类滤镜，即内部滤镜和外挂滤镜。内部滤镜是 Photoshop 自带的滤镜，大约有 100 个左右的内部滤镜，而外挂滤镜则是第三方厂商提供的滤镜。

各个滤镜的功能各不相同，灵活利用这些滤镜可以获得神奇无比的图像效果。

滤镜的功能非常强大，经常用于实现各种图像特效。使用滤镜时应注意如下事项：

(1) 滤镜可以针对选区进行处理，如果没有定义选区，则默认为对整个图像进行操作；如果当前的操作对象是某一个图层或是某一个通道，则只对该图层或通道起作用。

(2) 大部分滤镜在使用的时候将会占用大量的内存，尤其是应用于高分辨率的图像时。必要的时候可以单击【编辑】/【清理】子菜中的命令释放内存，加快处理速度。

(3) 使用某一个滤镜之后，在【滤镜】菜单的顶端将会出现该滤镜命令，单击该命令可以再次执行该滤镜功能。

(4) 单击【编辑】/【消退】命令可以减轻图像中所应用的滤镜效果。

(5) 在滤镜对话框中按下【Alt】键，对话框中的【取消】按钮将变为【复位】按钮，单击该按钮可以将滤镜参数设置恢复原来的状态。

(6) 位图、索引色和 16 位 / 通道模式的图像不可以使用滤镜，不同的颜色模式所适用的滤镜范围也不同。通常，RGB 模式图像可以将滤镜功能发挥到最大。

(7) 在对文字图层和形状图层使用滤镜时，Photoshop 会提示将其转换为普通图层后才可以执行滤镜功能。

(8) 滤镜的处理效果以像素为单位，就是说相同的参数处理不同分辨率的图像，效果会不同。

(9) 有些滤镜可以单独处理图像中的某一个通道，例如绿色通道，从而可实现意想不到的效果。

(10) 有些滤镜的效果非常明显，细微的参数调整会导致明显的变化，因此在使用时要仔细调整，以获得满意的效果。

(11) 应当有节制地使用滤镜，否则将恰得其反，收不到良好的效果。

上机实战　滤镜的使用

01 新建一幅空白图像，然后用橙色填充，如图 11-1 所示。

图11-1　填充图像

02 单击【滤镜】/【纹理】/【纹理化】命令，弹出【纹理化】对话框，如图 11-2 所示。在该滤镜对话框中可以设定【纹理】、【缩放】、【凸现】和【光照】等选项。

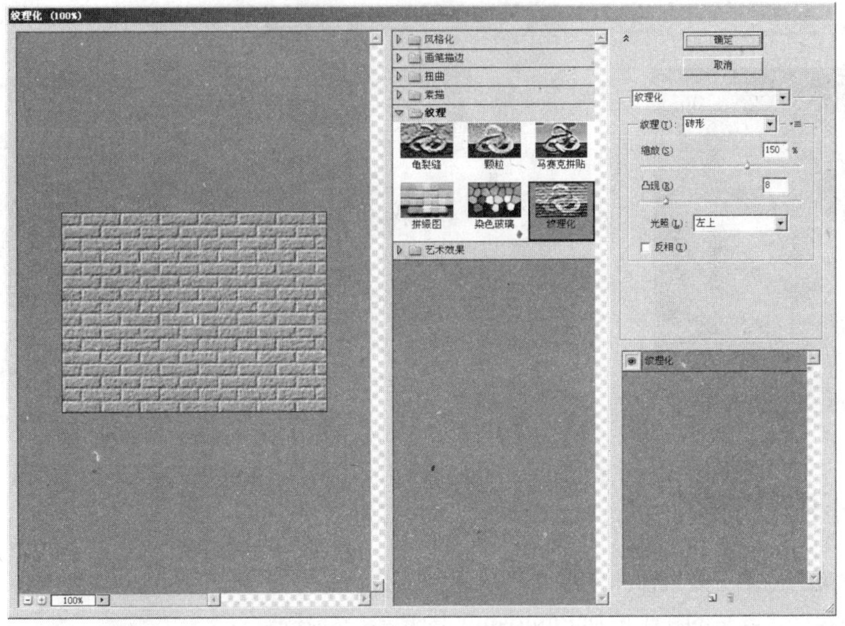

图11-2 【纹理化】对话框

03 设置完毕后单击【确定】按钮，效果如图 11-3 所示。

图11-3 【纹理化】滤镜效果

【滤镜库】功能将大量常用的滤镜组织在一起，使用起来十分方便、直观。

上机实战 滤镜库功能的使用

所用素材：光盘\素材\第 11 章\印度美女.jpg

01 打开一幅图片，如图 11-4 所示。

02 单击【滤镜】/【滤镜库】命令弹出【滤镜库】对话框，可以在其中查看各种滤镜的效果，使用起来十分方便。如图 11-5 所示。

图11-4　素材图片

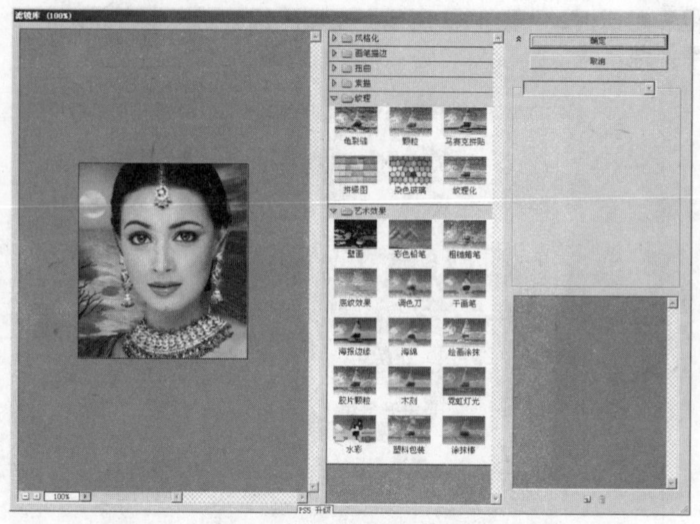

图11-5　【滤镜库】对话框

11.2　外挂滤镜

外挂滤镜是由第三方软件开发商（即非 Adobe 公司）开发的一些软件程序，其目的在于增加 Photoshop 的功能。外挂滤镜通常安装在 Photoshop 系统的 Plug-ins 文件夹中。

需要安装外挂滤镜时，如果该外挂滤镜提供安装程序，运行外挂滤镜安装程序即可。否则可以将外挂滤镜文件拷贝到 Photoshop 系统的 Plug-ins 文件夹下。

安装好外挂滤镜后，重新启动 Photoshop，在【滤镜】菜单的下部将显示所安装的外挂滤镜，如图 11-6 所示。

外挂滤镜的使用方法同内置滤镜基本一致。

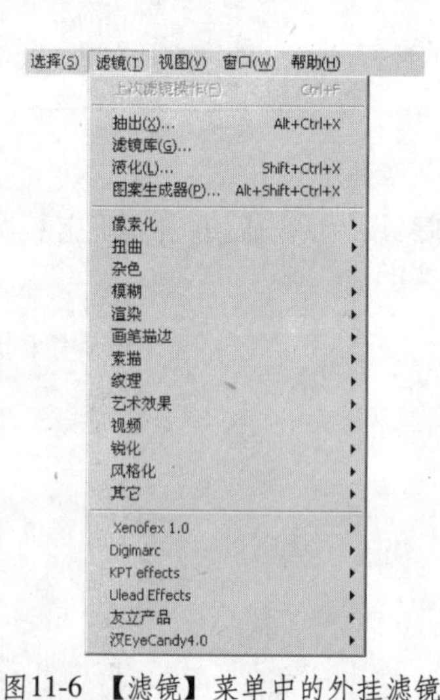

图11-6　【滤镜】菜单中的外挂滤镜

上机实战　外挂滤镜的使用

01 新建一幅空白图像。

02 单击【滤镜】/EyeCandy4.0/【木材】命令，弹出【木材纹理】对话框，从中选择【普通】选项卡，并设置各项参数，如图 11-7 所示。

03 在【木材纹理】对话框中选择【细粒】选项卡并设置各项参数，如图 11-8 所示。

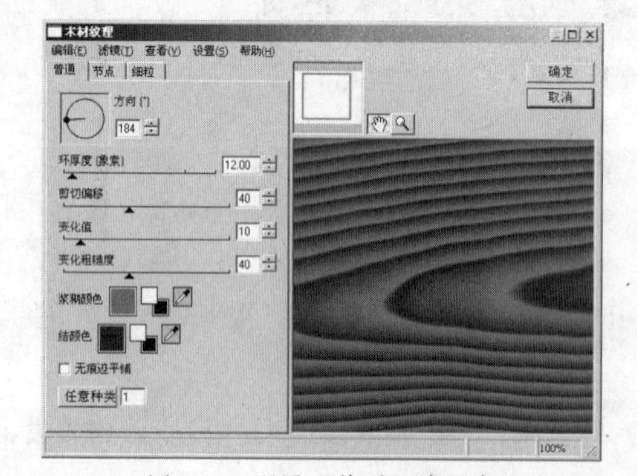

图11-7　设置【普通】选项卡

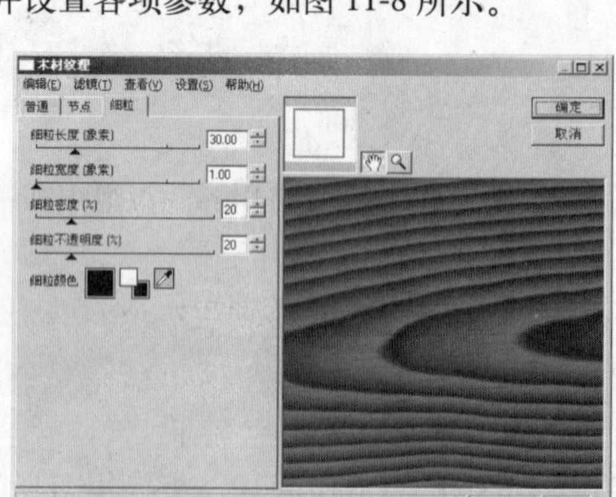

图11-8　设置【细粒】选项卡

04 单击【确定】按钮，效果如图 11-9 所示。

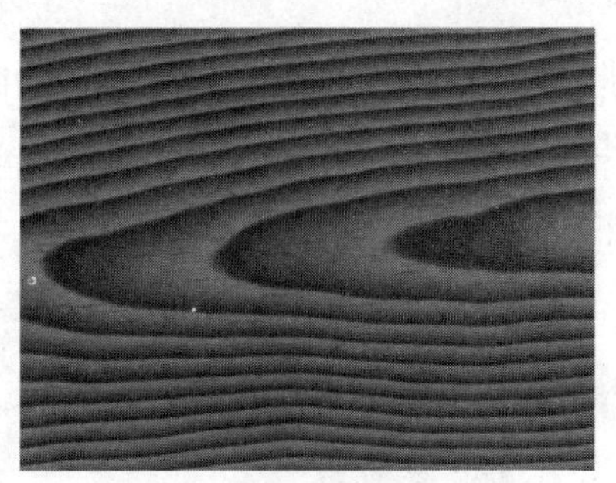

图11-9 【木材】滤镜效果

11.3 滤镜功能详解

所有的滤镜命令都位于【滤镜】菜单中，下面择要进行详细的介绍。

11.3.1 像素化滤镜组

利用【像素化】滤镜组可以将图像分块或将图像平面化。该类滤镜的特点是可以将原图像变得面目全非。

1. 彩色半调

利用【彩色半调】滤镜可以模拟在图像的每个通道上使用放大的半调网屏的效果，即在图像的每一个通道中扩大网点在屏幕上的显示效果，如图 11-10 所示。

原图

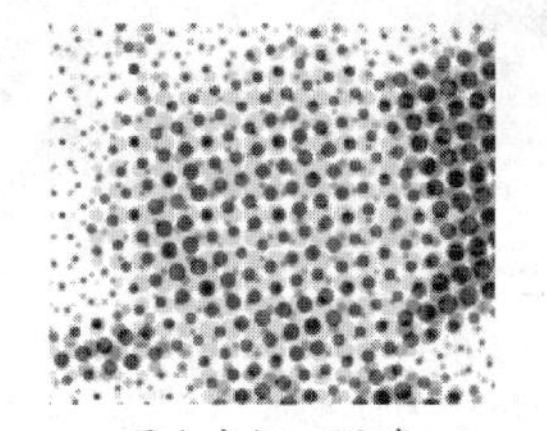

最大半径：6像素
通道1：108
通道2：162
通道3：90
通道4：45

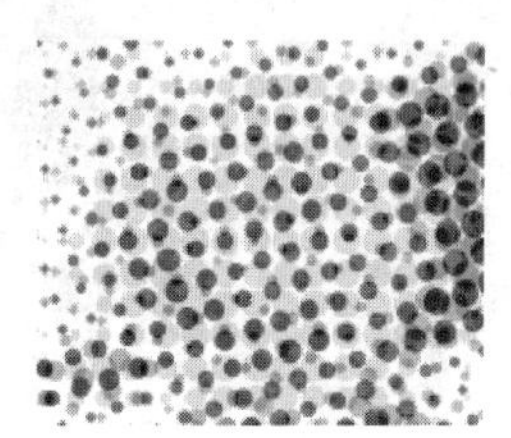

最大半径：8像素
通道1：108
通道2：162
通道3：90
通道4：45

图11-10 【彩色半调】滤镜效果

2. 晶格化

利用【晶格化】滤镜可以将相近的有色像素集中到一个像素的多角形网格中，使得图像清晰化，如图 11-11 所示。

原图

单元格大小：5

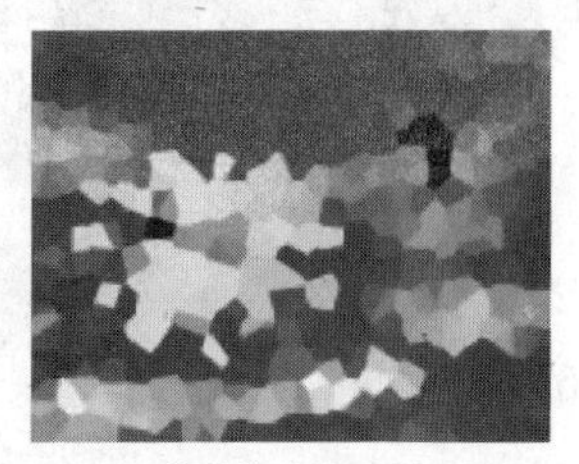

单元格大小：10

图11-11 【晶格化】滤镜效果

3. 点状化

利用【点状化】滤镜可以将图像中的颜色分散为随机分布的网点，如同点画法绘画一样，再将背景色用作网点之间的画布区域，如图 11-12 所示。

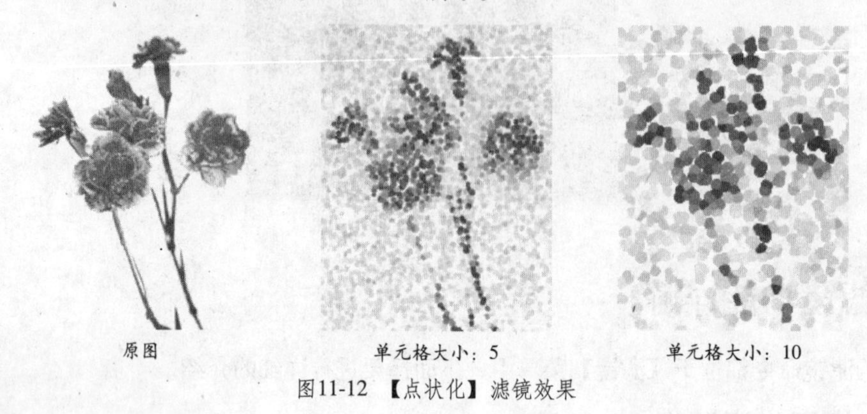

原图　　单元格大小：5　　单元格大小：10

图11-12 【点状化】滤镜效果

4. 碎片

利用【碎片】滤镜可以为选区内的像素创建 4 个副本，进行平均后再使它们互相偏移，如图 11-13 所示。该滤镜没有对话框。

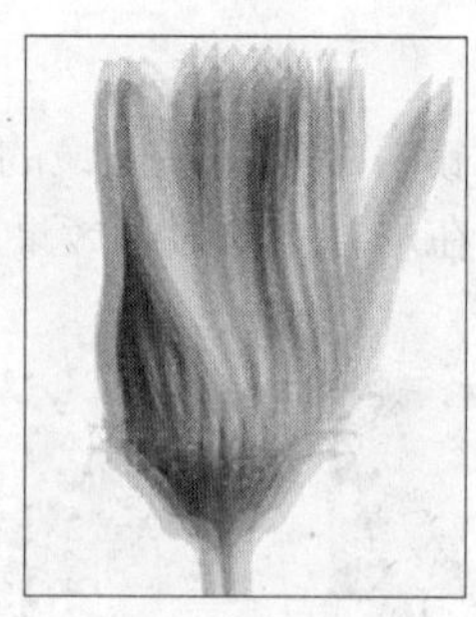

原图　　效果

图11-13 【碎片】滤镜效果

5. 铜版雕刻

利用【铜版雕刻】滤镜可以将灰度图像转换为黑白区域的随机图案，将彩色图像转换为全饱和颜色随机图案，以模拟不光滑或年代已久的金属板效果，如图 11-14 所示。

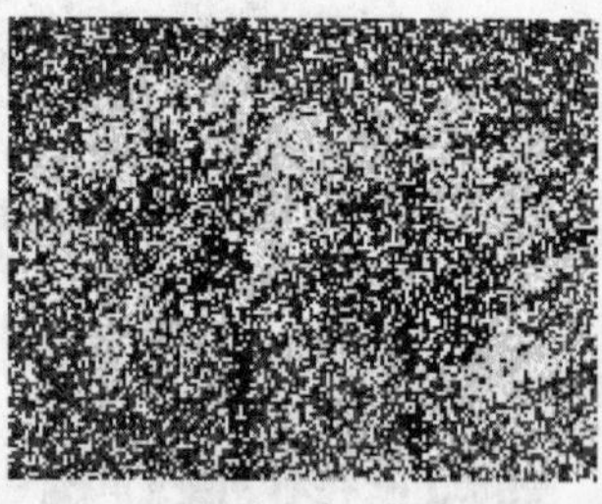

原图　　类型：精细点　　类型：长边

图11-14 【铜版雕刻】滤镜效果

6. 马赛克

利用【马赛克】滤镜可以将具有相似色彩的像素合成更大的方块，并按原图规则排列模拟马赛克的效果，如图 11-15 所示。

原图

单元格大小：5方形

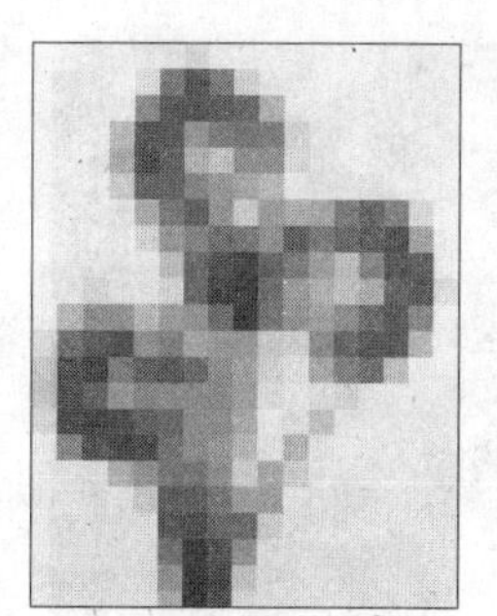
单元格大小：10方形

图11-15 【马赛克】滤镜效果

11.3.2 扭曲滤镜组

【扭曲】滤镜组的主要功能是使图像产生扭曲的效果。

1. 切变

利用【切变】滤镜可以按一定的扭曲路径来扭曲图像，如图 11-16 所示。

原图

未定义区域：折回

未定义区域：重复边缘像素

图11-16 【切变】滤镜效果

2. 扩散亮光

利用【扩散亮光】滤镜可以为图像添加透明的白色杂色，亮光从选区中心渐隐，从而产生一种光芒漫射的效果，如图 11-17 所示。

原图

粒度：1
发光量：10
清除数量：10

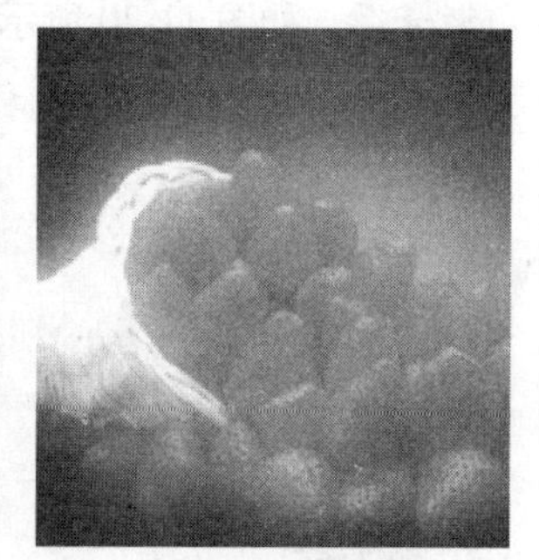
粒度：2
发光量：5
清除数量：5

图11-17 【扩散亮光】滤镜效果

3. 挤压

利用【挤压】滤镜可以将整个图像向内或向外挤压，产生一种挤压变形的效果，如图 11-18 所示。

原图

数量：100

数量：-100

图11-18 【挤压】滤镜效果

4. 旋转扭曲

利用【旋转扭曲】滤镜可以产生旋转的风轮效果，旋转中心为物体中心，如图 11-19 所示。

原图

角度：200度

角度：400度

图11-19 【旋转扭曲】滤镜效果

5. 极坐标

利用【极坐标】滤镜可以将图像坐标从直角坐标系转化成极坐标系，或者反过来将极坐标系转化为直角坐标系，如图 11-20 所示。

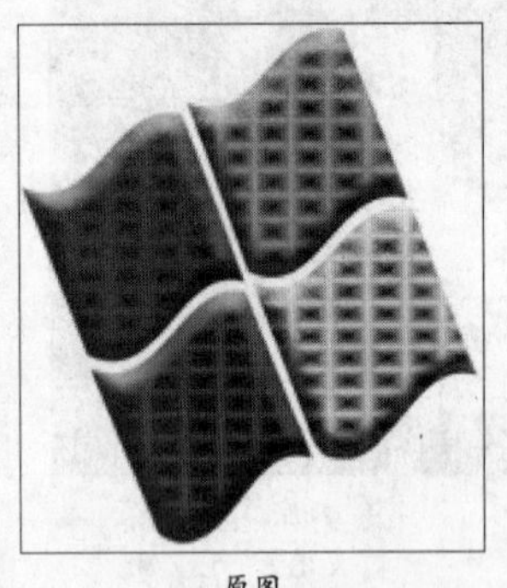
原图

平面坐标到极坐标

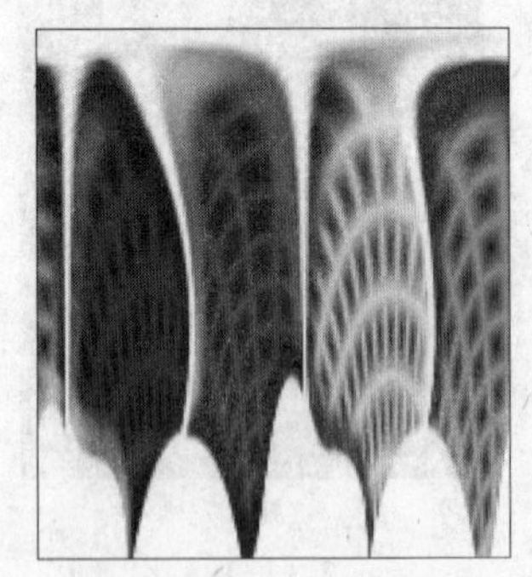
极坐标到平面坐标

图11-20 【极坐标】滤镜效果

6. 水波

利用【水波】滤镜可以按各种设定产生锯齿状扭曲，并将它们按同心环状由中心向外排布，产生的效果如同湖面上的涟漪，如图 11-21 所示。

原图

数量：50
起伏：5
样式：水池波纹

数量：80
起伏：10
样式：水池波纹

图11-21 【水波】滤镜效果

7. 波浪

利用【波浪】滤镜可以在图像中产生波动起伏的效果，如图 11-22 所示。

原图

生成器数：1
波长最小：110，最大：110
波幅最小：34，最大：34
比例水平：100，垂直：100
类型：正弦
未定义区域：重复边缘像素

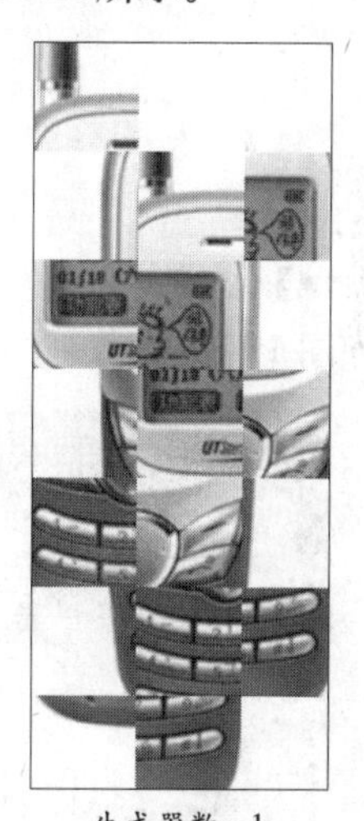
生成器数：1
波长最小：110，最大：110
波幅最小：34，最大：34
比例水平：100，垂直：100
类型：方形
未定义区域：重复边缘像素

图11-22 【波浪】滤镜效果

8. 波纹

利用【波纹】滤镜可以在图像中产生类似水池表面的波纹效果，如图 11-23 所示。

原图

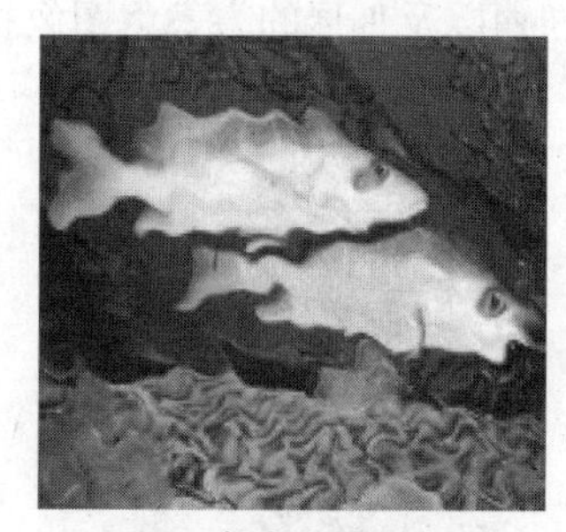
数量：150
大小：中

数量：150
大小：大

图11-23 【波纹】滤镜效果

9. 海洋波纹

利用【海洋波纹】滤镜可以模拟海洋表面的波纹效果，其波纹比较细小且边缘有很多的抖动，如图 11-24 所示。

原图

波纹大小：5
波纹幅度：5

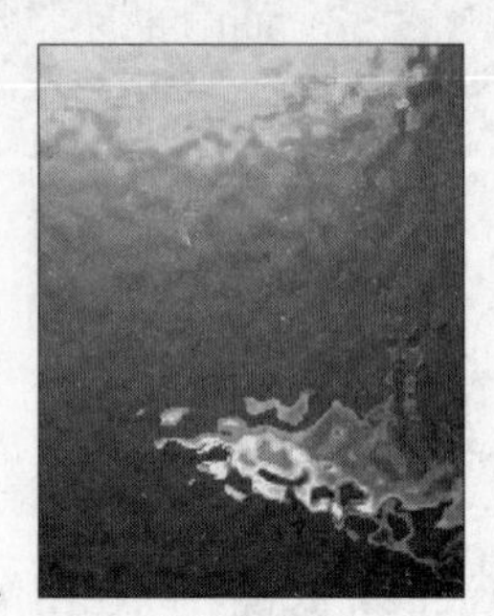
波纹大小：8
波纹幅度：10

图11-24 【海洋波纹】滤镜效果

10. 玻璃

利用【玻璃】滤镜可以得到一系列细小纹理，使图像看起来像是透过不同类型的玻璃观察图片的效果，如图 11-25 所示。

原图

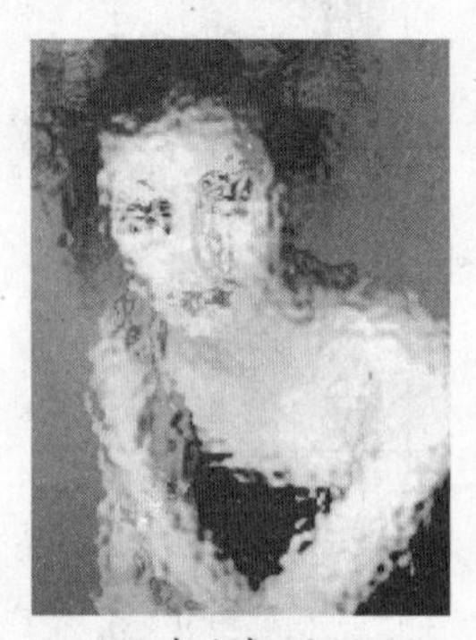
扭曲度：3
平滑度：3
纹理：画布
缩放：100%

扭曲度：2
平滑度：2
纹理：微晶体
缩放：50%

图11-25 【玻璃】滤镜效果

11. 球面化

利用【球面化】滤镜可以通过扭曲以及伸展的方式将图像折成球形，得到三维的效果，如图 11-26 所示。

原图

数量：100
模式：正常

数量：-100
模式：正常

图11-26 【球面化】滤镜效果

11.3.3 杂色滤镜组

利用【杂色】滤镜组可以添加、移去杂色或带有随机分布色阶的像素，从而得到与众不同的纹理，或者移去图像中有问题的区域，如灰尘和划痕。

1. 添加杂色

利用【添加杂色】滤镜可以在图像上添加一些杂点，模拟在高速胶片上拍照的效果，如图11-27所示。【添加杂色】滤镜也可以用于减少羽化选区或渐变填充中的条纹，或使经过重大修饰的区域看起来更真实。

原图

数量：20
分布：平均分布
单色：取消选择

数量：30
分布：高斯分布
单色：选择

图11-27 【添加杂色】滤镜效果

2. 蒙尘与划痕

利用【蒙尘与划痕】滤镜可以更改相异的像素减少杂色，如图11-28所示。【蒙尘与划痕】滤镜通常用于修改图像的细小缺陷。

原图

半径：5像素
阈值：10色阶

半径：20像素
阈值：20色阶

图11-28 【蒙尘与划痕】滤镜效果

11.3.4 模糊滤镜组

利用【模糊】滤镜组可以削弱相邻像素之间的对比度，达到柔化图像的效果。【模糊】滤镜组是使用最为频繁的滤镜，比如用于制作纹理、特效文字等。

1. 动感模糊

利用【动感模糊】滤镜可以对像素进行线性位移，从而产生沿某一方向运动的模糊效果，其效果类似于拍摄处于运动状态中物体的照片，如图11-29所示。

原图　　角度：-15度 距离：15像素　　角度：-15度 距离：30像素

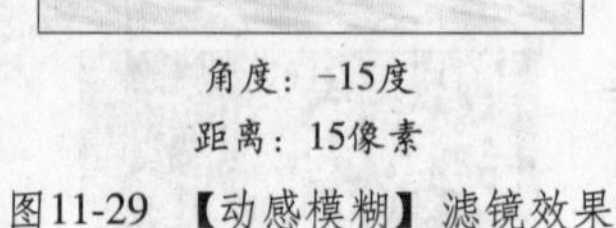

图11-29 【动感模糊】滤镜效果

2. 径向模糊

利用【径向模糊】滤镜可以产生旋转模糊的效果，类似于拍摄旋转物体的相片，如图 11-30 所示。

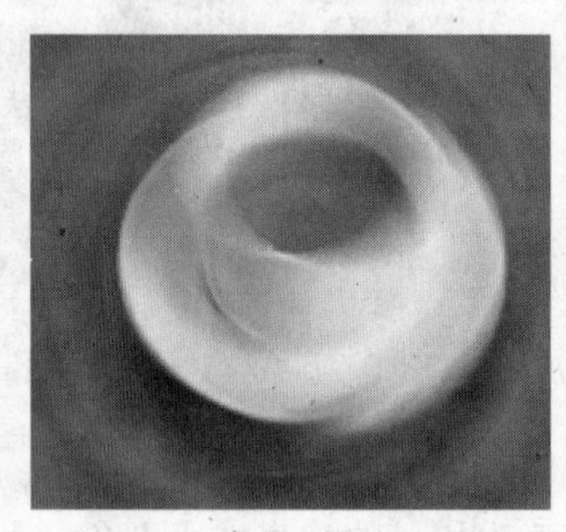
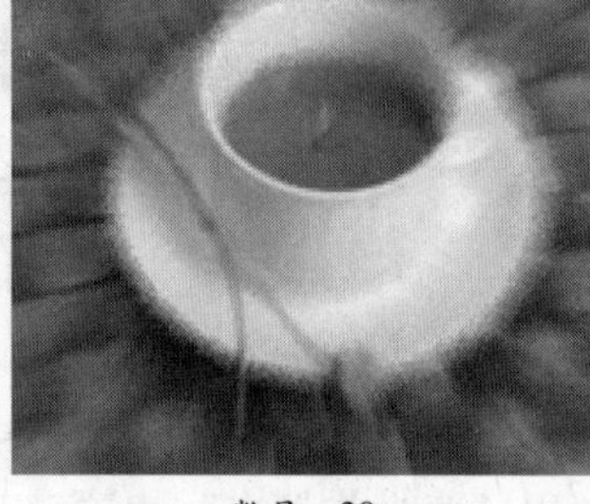

原图　　数量：30 模糊方法：旋转 品质：好　　数量：30 模糊方法：缩放 品质：好

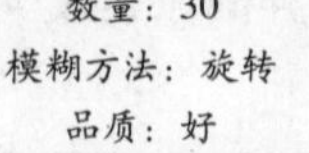

图11-30 【径向模糊】滤镜效果

3. 高斯模糊

利用【高斯模糊】滤镜可以按高斯曲线的分布模式有选择地模糊图像，如图 11-31 所示。

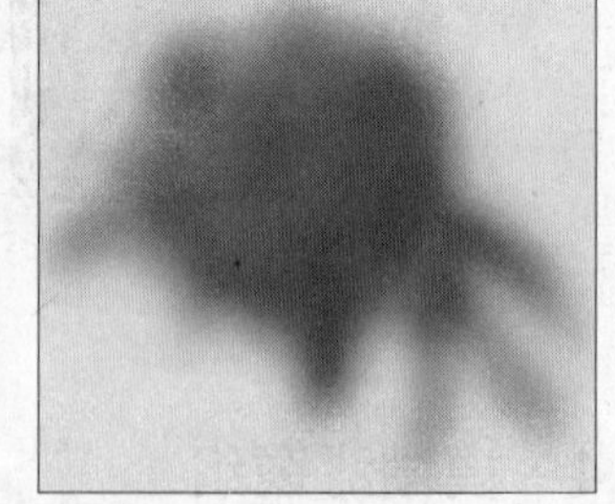

原图　　半径：3像素　　半径：6像素

图11-31 【高斯模糊】滤镜效果

11.3.5 渲染滤镜组

利用【渲染】滤镜组可以在图像中形成纤维效果、云彩图案效果、折射图案效果，还可以模拟光的照射效果。

1. 云彩

利用【云彩】滤镜可以按照介于前景色与背景色之间的随机值生成柔和的云彩图案，如图11-32所示。该滤镜没有对话框。

前景色：黑色
背景色：白色

前景色：红色
背景色：白色

前景色：蓝色
背景色：白色

图11-32 【云彩】滤镜效果

2. 光照效果

利用【光照效果】滤镜可以在图像上产生无数种的光照效果，模拟不同的灯光，使图像产生立体效果，如图11-33所示。

原图

样式：三处点光
（其他选项均采取默认值）

样式：喷涌光
（其他选项均采取默认值）

图11-33 【光照效果】滤镜效果

3. 分层云彩

利用【分层云彩】滤镜可以按前景色和背景色变化产生的随机颜色生成云彩图案，如图11-34所示。多次应用此滤镜，可以得到与大理石花纹相似的横纹和脉纹图案。

前景色：黑色
背景色：白色

前景色：红色
背景色：白色

前景色：蓝色
背景色：白色

图11-34 【分层云彩】滤镜效果

4. 镜头光晕

利用【镜头光晕】滤镜可以模拟亮光照在相机镜头上时所产生的折射效果，如图11-35所示。

原图

亮度：150%
镜头类型：50～300毫米变焦

亮度：150%
镜头类型：电影镜头

图11-35 【镜头光晕】滤镜效果

11.3.6 画笔描边滤镜组

利用【画笔描边】滤镜组可以通过不同的画笔和油墨描边效果创造出绘画般的效果。

1. 喷溅

利用【喷溅】滤镜可以模拟喷枪绘画的效果，如图 11-36 所示。

原图

喷色半径：10
平滑度：5

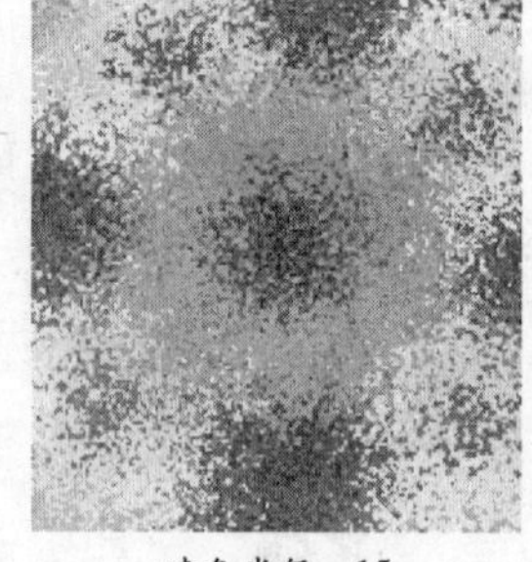

喷色半径：15
平滑度：2

图11-36 【喷溅】滤镜效果

2. 喷色描边

利用【喷色描边】滤镜可以按成角的、喷溅的颜色线条重新描绘图像，如图 11-37 所示。【喷色描边】滤镜与【喷溅】滤镜相似，也可以产生斜纹飞溅效果。

原图

描边长度：2
喷色半径：5
描边方向：右对角线

描边长度：20
喷色半径：20
描边方向：水平

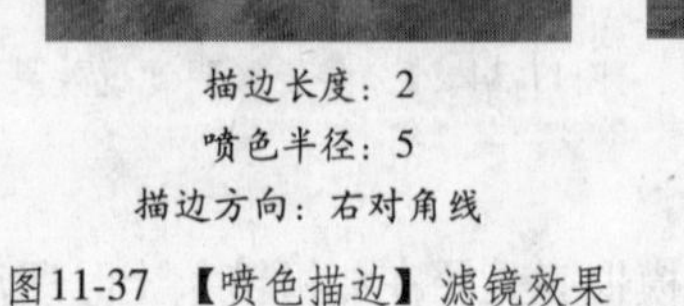

图11-37 【喷色描边】滤镜效果

3. 墨水廓轮

利用【墨水廓轮】滤镜可以使用钢笔画的风格，用纤细的线条在图像的颜色边界上用油墨勾画出图像的轮廓，如图 11-38 所示。

原图

描边长度：10
深色强度：5
光照强度：40

边长度：50
深色强度：21
光照强度：40

图11-38 【墨水廓轮】滤镜效果

4. 强化的边缘

利用【强化的边缘】滤镜可以强化图像边缘，如图 11-39 所示。

原图

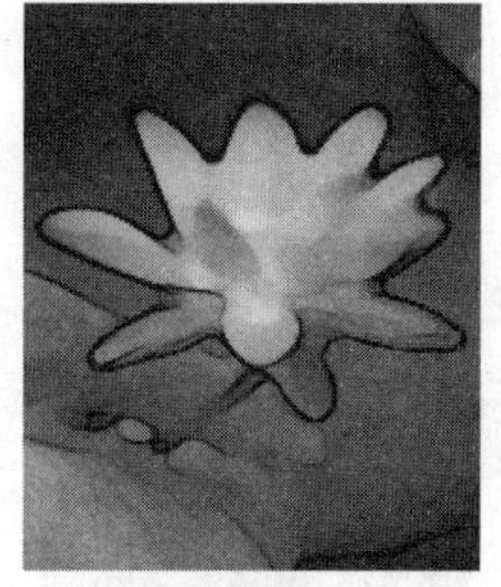

边缘宽度：1
边缘亮度：10
平滑度：10

边缘宽度：4
边缘亮度：30
平滑度：5

图11-39 【强化的边缘】滤镜效果

5. 成角的线条

利用【成角的线条】滤镜可以产生交叉网状和笔锋，如图 11-40 所示。该滤镜与【阴影线】滤镜效果相似。

原图

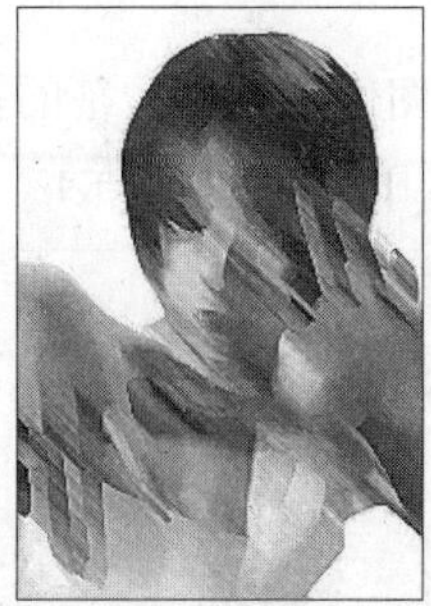

方向平衡：0
描边长度：15
锐化程度：5

方向平衡：100
描边长度：15
锐化程度：10

图11-40 【成角的线条】滤镜效果

6. 深色线条

利用【深色线条】滤镜可以在图像中用短而密集的线条绘制与黑色接近的深色区域，并用白色的较长的线条绘制图像中颜色较浅的区域，从而产生强烈的黑白对比效果，如图 11-41 所示。

原图

平衡：0
黑色强度：5
白色强度：0

平衡：8
黑色强度：0
白色强度：8

图11-41 【深色线条】滤镜效果

7. 烟灰墨

利用【烟灰墨】滤镜可以得到类似于用饱含黑色墨水的湿画笔在宣纸上绘画的效果，如图 11-42 所示。

原图

描边宽度：3
描边压力：2
对比度：0

描边宽度：5
描边压力：8
对比度：30

图11-42 【烟灰墨】滤镜效果

8. 阴影线

利用【阴影线】滤镜可以在保留原图像细节和特征的基础上，使用模拟的铅笔阴影线添加纹理，并使图像中彩色区域的边缘变粗糙，如图 11-43 所示。

原图

描边长度：10
锐化程度：5
强度：2

描边长度：8
锐化程度：8
强度：3

图11-43 【阴影线】滤镜效果

11.3.7 素描滤镜组

利用【素描】滤镜组可以将纹理添加到图像上从而获得 3D 效果。该滤镜组中的大部分滤镜将使用前景色和背景色进行图像处理。

1. 便条纸

利用【便条纸】滤镜可以产生类似浮雕的颗粒状图像，得到类似用手工制作的纸张效果，如图 11-44 所示。该滤镜使用前景色和背景色来着色。

原图

图像平衡：27
粒度：11
凸现：16

图像平衡：40
粒度：0
凸现：25

图11-44 【便条纸】滤镜效果

2. 图章

利用【图章】滤镜可以简化图像并模拟橡皮或木制图章盖印的效果，如图 11-45 所示。该滤镜用于黑白图像时效果最佳。

原图

明/暗平衡：1
平滑度：1

明/暗平衡：20
平滑度：6

图11-45 【图章】滤镜效果

3. 基底凸现

利用【基底凸现】滤镜可以变换图像，使之呈浅浮雕的雕刻状和突出光照下变化各异的表面，其中图像的暗区呈现前景色，而浅色使用背景色，如图 11-46 所示。

原图

细节：13
平滑度：1
光照：左上

细节：15
平滑度：2
光照：上

图11-46 【基底凸现】滤镜效果

4. 塑料效果

利用【塑料效果】滤镜可以使图像产生塑料般的效果，即按照3D塑料效果塑造图像，然后使用前景色与背景色为结果图像着色，使得暗区凸起，亮区凹陷，如图11-47所示。

原图

图像平衡：3
平滑度：1
光照：上

图像平衡：15
平滑度：1
光照：上

图11-47 【塑料效果】滤镜效果

5. 影印

利用【影印】滤镜可以模拟影印的效果，如图11-48所示。经过【影印】滤镜处理后的图像高亮区显示前景色，阴暗区显示背景色。【影印】滤镜类似于【图章】滤镜，但比【图章】滤镜清晰。

原图

细节：10
暗度：5

细节：20
暗度：20

图11-48 【影印】滤镜效果

6. 水彩画纸

利用【水彩画纸】滤镜可以产生画面浸湿、纸张扩散的效果，如图11-49所示。

7. 炭笔

利用【炭笔】滤镜可以使图像表现出使用炭笔绘制的效果，主要边缘以粗线条绘制，而中间色调用对角描边进行素描，如图11-50所示。

原图

纤维长度：15
亮度：60
对比度：80

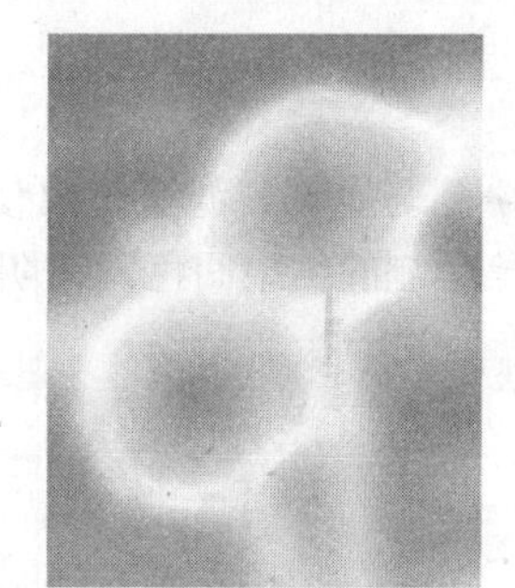
纤维长度：40
亮度：60
对比度：80

图11-49 【水彩画纸】滤镜效果

原图

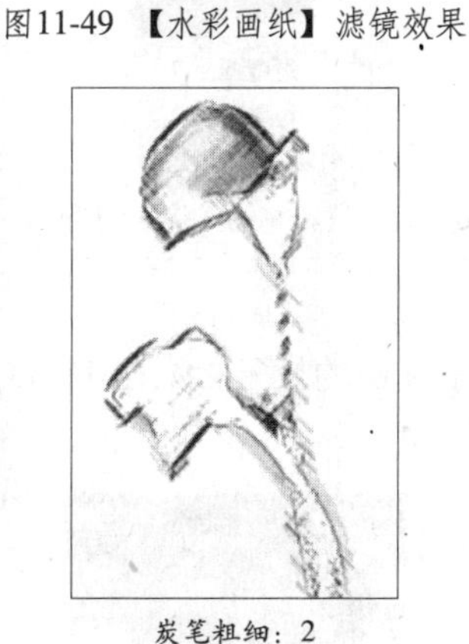
炭笔粗细：2
细节：5
明/暗平衡：50

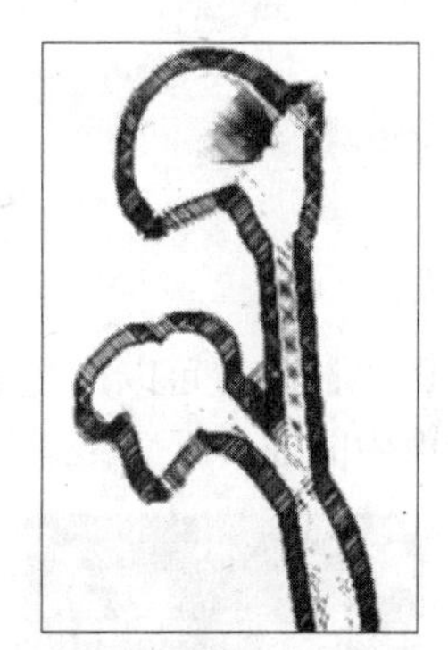
炭笔粗细：7
细节：3
明/暗平衡：20

图11-50 【炭笔】滤镜效果

8. 炭精笔

利用【炭精笔】滤镜可以在图像上模拟浓黑和纯白的炭精笔纹理，如图11-51所示。该滤镜在暗区使用前景色，在亮区使用背景色，为了获得更逼真的效果，可以在应用滤镜之前将前景色改为常见的炭精笔颜色（比如黑色、深褐色和血红色）。

原图

前景色阶：1
背景色阶：5
纹理：画布
缩放：50%
凸现：5
光照：上

前景色阶：14
背景色阶：1
纹理：砖形
缩放：50%
凸现：2
光照：上

图11-51 【炭精笔】滤镜效果

9. 粉笔与炭笔

利用【粉笔与炭笔】滤镜可以使图像呈现用粉笔与炭笔绘制的效果，如图 11-52 所示。其背景为粗糙粉笔绘制的纯中间色调，阴影区域用黑色对角炭笔线条替换。

原图

炭笔区：1
粉笔区：2
描边压力：2

炭笔区：10
粉笔区：20
描边压力：2

图11-52 【粉笔与炭笔】滤镜效果

10. 绘图笔

利用【绘图笔】滤镜可以产生素描画的效果，如图 11-53 所示。使用较细的、线状的油墨描边以获取原图像中的细节。

原图

描边长度：10
明/暗平衡：100
描边方向：右对角线

描边长度：4
明/暗平衡：70
描边方向：水平

图11-53 【绘图笔】滤镜效果

11. 铬黄

利用【铬黄】滤镜可以产生一种液态金属效果，看起来好像被磨光的铬表面，如图 11-54 所示。在反射表面中，高光为亮点，暗调为暗点。该滤镜不使用前景色和背景色。

原图

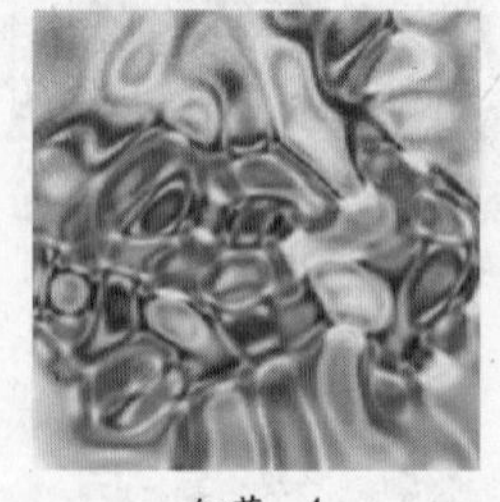
细节：4
平滑度：10

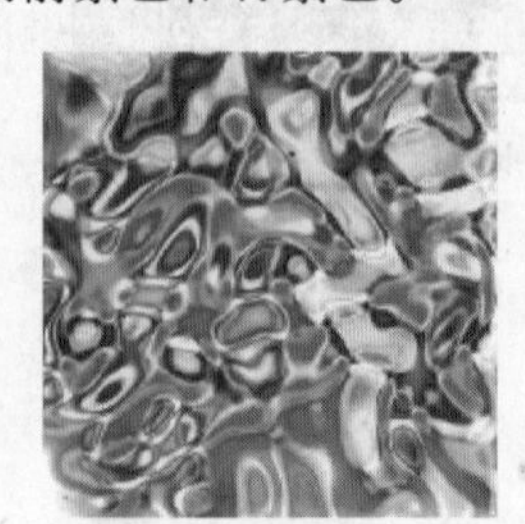
细节：10
平滑度：8

图11-54 【铬黄】滤镜效果

11.3.8 纹理滤镜组

利用【纹理】滤镜组可以在图像中加入各种纹理，使图像表面具有深度感或物质感。

1. 拼缀图

利用【拼缀图】滤镜可以将图像分成一个个规则排列的小方块，每一个小方块内的像素颜色平均作为该方块的颜色，产生一种建筑上贴瓷砖的效果，如图 11-55 所示。

原图

方形大小：4
凸现：5

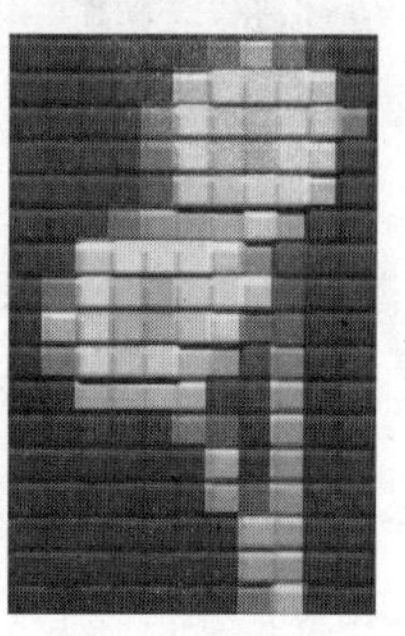
方形大小：10
凸现：15

图11-55 【拼缀图】滤镜效果

2. 纹理化

利用【纹理化】滤镜可以在图像中加入各种纹理，如图 11-56 所示。

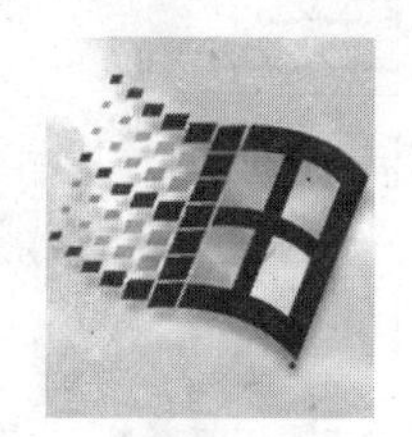
原图

纹理：砖形
缩放：100%
凸现：15
光照：右上

纹理：画布
缩放：100%
凸现：0
光照：右下

图11-56 【纹理化】滤镜效果

3. 颗粒

利用【颗粒】滤镜可以在图像中随机加入不规则的颗粒，从而模拟各种不同种类的纹理，如图 11-57 所示。

原图

强度：40
对比度：50
颗粒类型：常规

强度：100
对比度：100
颗粒类型：斑点

图11-57 【颗粒】滤镜效果

4. 马赛克拼贴

利用【马赛克拼贴】滤镜可以产生马赛克贴壁的效果，如图 11-58 所示。

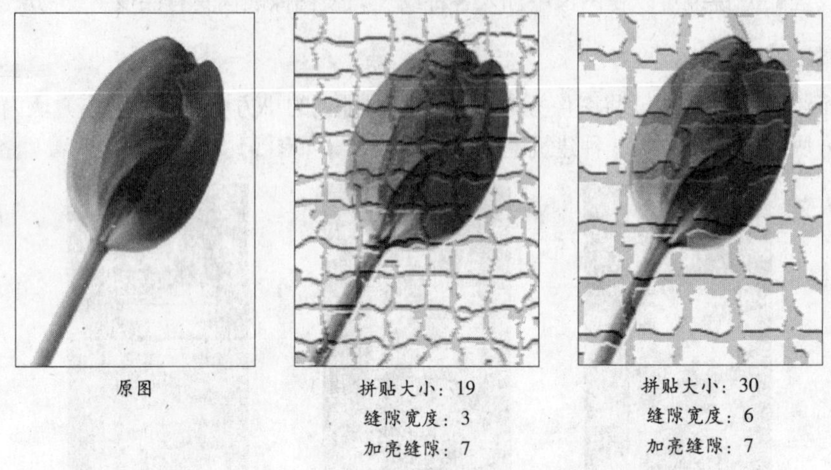

图11-58 【马赛克拼贴】滤镜效果

5. 龟裂缝

利用【龟裂缝】滤镜可以沿图像轮廓产生精细的裂纹网并产生浮雕效果，如图 11-59 所示。

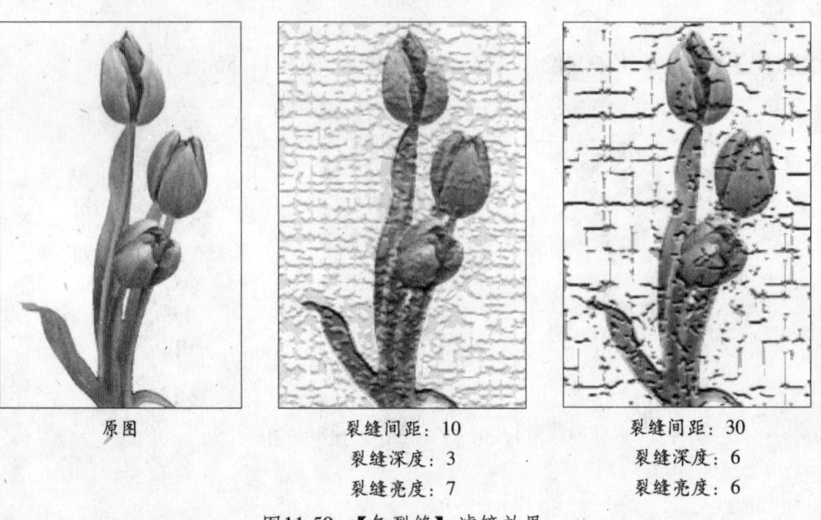

图11-59 【龟裂缝】滤镜效果

11.3.9 艺术效果滤镜组

利用【艺术效果】滤镜组可以在图像中产生绘画效果或其他特殊效果，使它们看起来更贴近传统手工创作的效果。

1. 塑料包装

利用【塑料包装】滤镜可以在图像周围蒙上一层光亮的塑料效果，如图 11-60 所示。

2. 壁画滤镜

利用【壁画】滤镜可以使用短而圆的颜料进行粗略涂画，得到一种粗糙的图像风格，从而产生古壁画的效果，如图 11-61 所示。

原图

高光强度：10
细节：10
平滑度：15

高光强度：20
细节：10
平滑度：15

图11-60 【塑料包装】滤镜效果

原图

画笔大小：0
画笔细节：3
纹理：1

画笔大小：5
画笔细节：10
纹理：3

图11-61 【壁画】滤镜效果

3. 干画笔

利用【干画笔】滤镜可以使用干画笔技术（介于油彩和水彩之间）来绘制图像边缘，同时通过将图像的颜色范围降到普通颜色范围来简化图像，从而得到一种不饱和干枯的油画效果，如图11-62所示。

原图

画笔大小：2
画笔细节：5
纹理：2

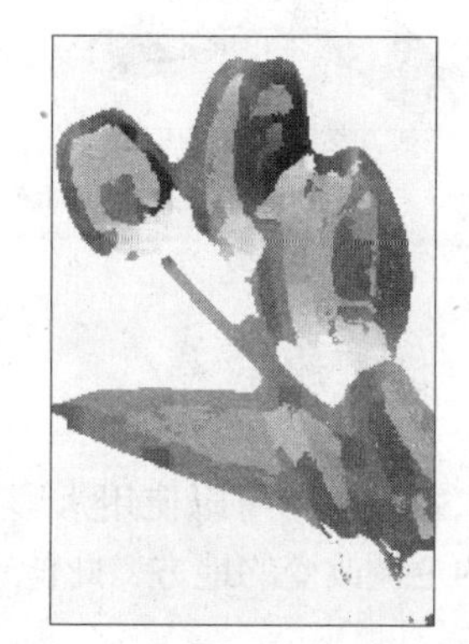

画笔大小：10
画笔细节：5
纹理：3

图11-62 【干画笔】滤镜效果

4. 彩色铅笔

利用【彩色铅笔】滤镜可以在保留重要边缘的基础上，使外观呈粗糙阴影线，纯色背景色透过比较平滑的区域显示出来，从而模拟彩色铅笔绘图的效果，如图 11-63 所示。

原图

铅笔宽度：1
描边压力：15
纸张亮度：50

铅笔宽度：16
描边压力：15
纸张亮度：50

图11-63 【彩色铅笔】滤镜效果

5. 木刻

利用【木刻】滤镜可以模拟剪纸效果，将图像描绘成好像是由从彩纸上剪下的边缘粗糙的剪纸片组成的，如图 11-64 所示。高对比度的图像看起来呈剪影状，而彩色图像看上去是由几层彩纸组成的。

原图

色阶数：4
边缘简化度：5
边缘逼真度：3

色阶数：4
边缘简化度：0
边缘逼真度：3

图11-64 【木刻】滤镜效果

6. 水彩

利用【水彩】滤镜可以使用水彩风格改造图像，简化图像中的细节，如图 11-65 所示。在边缘处有明显的色调改变的地方，此滤镜将使颜色趋向饱和。

7. 海报边缘

利用【海报边缘】滤镜可以减少图像中的颜色数目，查找图像的边缘并在上面画黑线，如图 11-66 所示。图像的大范围区域用简单的阴影表示，精细的深色细节分布在整个图像中。

原图

画笔细节：5
暗调强度：1
纹理：1

画笔细节：10
暗调强度：0
纹理：3

图11-65 【水彩】滤镜效果

原图

边缘厚度：0
边缘强度：3
海报化：0

边缘厚度：10
边缘强度：10
海报化：6

图11-66 【海报边缘】滤镜效果

8. 海绵

利用【海绵】滤镜可以在颜色对比强烈、纹理较重的区域创建图像，从而得到一种海绵绘制的效果，如图 11-67 所示。

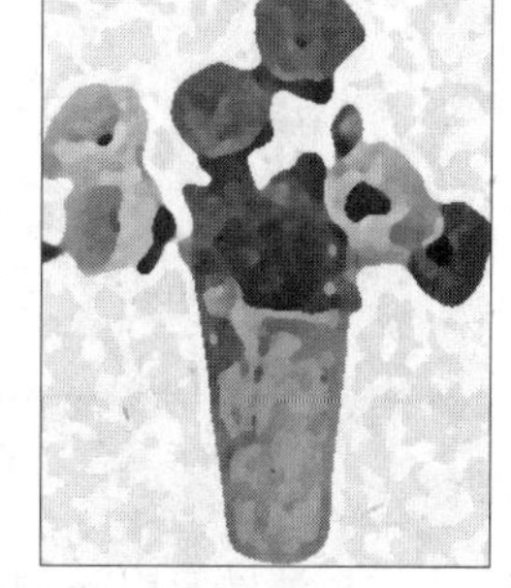

原图

画笔大小：1
清晰度：5
平滑度：3

画笔大小：5
清晰度：10
平滑度：6

图11-67 【海绵】滤镜效果

9. 涂抹棒

利用【涂抹棒】滤镜可以使用较短的对角线来涂抹图像的较暗区域，使图像变得柔和，较亮区域变得更明亮并丢失细节，如图 11-68 所示。

原图

描边长度：0
高光区域：5
强度：5

描边长度：2
高光区域：20
强度：10

图11-68 【涂抹棒】滤镜效果

10. 粗糙蜡笔

利用【粗糙蜡笔】滤镜可以使图像看起来好像是彩色粉笔在纹理背景上描绘的效果，如图11-69 所示。在亮色区域蜡笔显得比较厚且稍带纹理；在较暗的区域蜡笔好像是被刮掉而露出纹理。

原图

描边长度：10
描边细节：10
纹理：画布
缩放：50%
凸现：20
光照：左下

描边长度：40
描边细节：1
纹理：粗麻布
缩放：200%
凸现：50
光照：左下

图11-69 【粗糙蜡笔】滤镜效果

11. 绘画涂抹

利用【绘画涂抹】滤镜可以选取各种大小（从 1 到 50）和类型的画笔，在图像上创建涂抹效果，如图 11-70 所示。

12. 胶片颗粒

利用【胶片颗粒】滤镜可以产生胶片颗粒纹理效果，如图 11-71 所示。

13. 调色刀

利用【调色刀】滤镜可以使相近的颜色融合，从而产生大写意的绘画效果，如图 11-72 所示。

原图

画笔大小：11
锐化程度：30
画笔类型：简单

画笔大小：5
锐化程度：10
画笔类型：宽锐化

图11-70 【绘画涂抹】滤镜效果

原图

颗粒：8
高光区域：0
强度：8

颗粒：15
高光区域：5
强度：10

图11-71 【胶片颗粒】滤镜效果

原图

描边大小：5
描边细节：2
软化度：5

描边大小：10
描边细节：3
软化度：8

图11-72 【调色刀】滤镜效果

14. 霓虹灯光

利用【霓虹灯光】滤镜可以产生彩色氖光灯照射效果，通过将各种类型的发光添加到图像中营造出朦胧的氛围，如图 11-73 所示。

原图

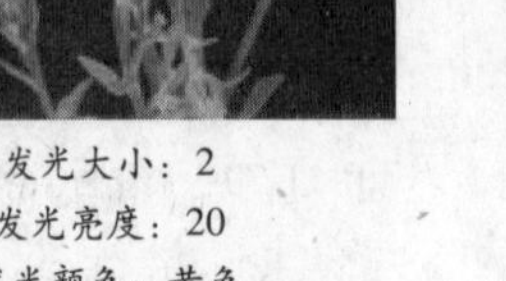

发光大小：2
发光亮度：20
发光颜色：黄色

发光大小：20
发光亮度：15
发光颜色：黄色

图11-73 【霓虹灯光】滤镜效果

11.3.10 锐化滤镜组

利用【锐化】滤镜组可以通过增强相邻像素间的对比度来减弱或消除图像的模糊，从而达到将图像变为清晰的目的。

【锐化】滤镜组中包括【锐化】、【进一步锐化】、【锐化边缘】和【USM 锐化】4 个滤镜。其中，锐化效果最强的是【USM 锐化】滤镜，如图 11-74 所示。它通过调整边缘细节的对比度，在边缘的每侧生成一条亮线和一条暗线，使得边缘突出，造成图像更加锐化的效果。

原图

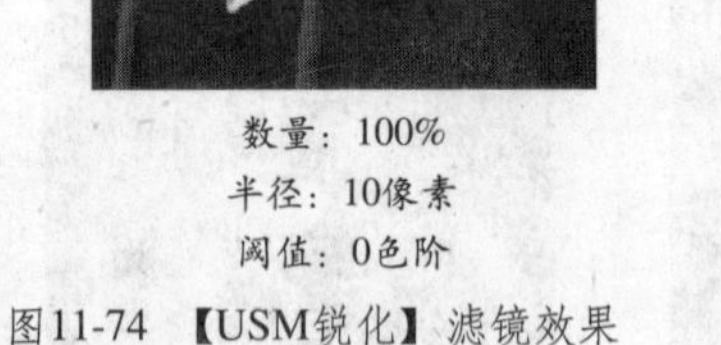

数量：100%
半径：10像素
阈值：0色阶

数量：200%
半径：100像素
阈值：0色阶

图11-74 【USM锐化】滤镜效果

11.3.11 风格化滤镜组

利用【风格化】滤镜组可以通过移动选区内图像的像素，提高像素的对比度，使图像产生印象派或其他风格的效果。

1. 凸出

利用【凸出】滤镜可以为图像加上叠瓦图像效果，将图像分成一系列大小相同但重叠放置的立方体或锥体，如图 11-75 所示。

原图

类型：块
大小：30像素
深度：30

类型：金字塔
大小：10像素
深度：10

图11-75 【凸出】滤镜效果

2. 拼贴

利用【拼贴】滤镜可以使图像产生瓷砖效果，如图 11-76 所示。

原图

拼贴数：6
最大位移：6
填充空白区域用：背景色

拼贴数：11
最大位移：11
填充空白区域用：背景色

图11-76 【拼贴】滤镜效果

3. 曝光过度

利用【曝光过度】滤镜可以产生图像正片和负片混合的效果，类似于摄影中增加光线强度产生的曝光过度效果，如图 11-77 所示。该滤镜没有对话框。

原图

效果

图11-77 【曝光过度】滤镜效果

4. 查找边缘

利用【查找边缘】滤镜可以搜索颜色像素对比度变化强烈的边界，将高反差区变亮，低反差区变暗，其他区域则介于这两者之间，并将硬边变为线条，而柔边则变粗，从而形成一个较为明显的轮廓，如图 11-78 所示。该滤镜没有对话框。

图11-78 【查找边缘】滤镜效果

5. 浮雕效果

利用【浮雕效果】滤镜可以产生浮雕效果，如图 11-79 所示。该滤镜通过勾画图像或选区的轮廓和降低周围色值来产生浮凸的效果。

原图

角度：90度
高度：1像素
数量：110%

角度：110度
高度：2像素
数量：160%

图11-79 【浮雕效果】滤镜效果

6. 照亮边缘

利用【照亮边缘】滤镜可以搜索主要颜色变化区域，加强其过渡像素，产生轮廓发光的效果，如图 11-80 所示。

原图

边缘宽度：1
边缘亮度：10
平滑度：5

边缘宽度：5
边缘亮度：5
平滑度：5

图11-80 【照亮边缘】滤镜效果

7. 等高线

利用【等高线】滤镜可以沿亮区和暗区边界绘制一条较细的线，如图 11-81 所示。【等高线】滤镜与【查找边缘】滤镜的效果类似。

原图

色阶：160
边缘：较低

色阶：100
边缘：较高

图11-81 【等高线】滤镜效果

8. 风

利用【风】滤镜可以在图像中创建细小的水平线条来模拟风的效果，如图 11-82 所示。

原图

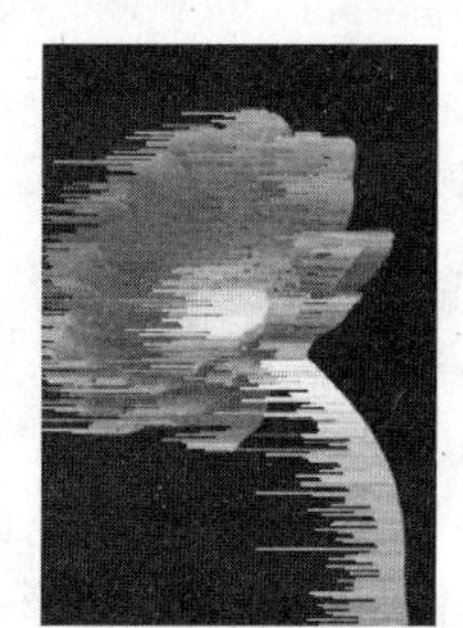
方法：风
方向：从右

方法：大风
方向：从右

图11-82 【风】滤镜效果

11.3.12 液化

利用【液化】滤镜可以将图像进行拼凑、推、拉、旋转、反射、折叠和膨胀等变形操作。【液化】滤镜最典型的应用就是修饰图像，或创建具有夸张效果的艺术作品。

在【液化】对话框中可以选择不同的工具，在预览框中使用鼠标随意扭曲图像，如图 11-83 所示。

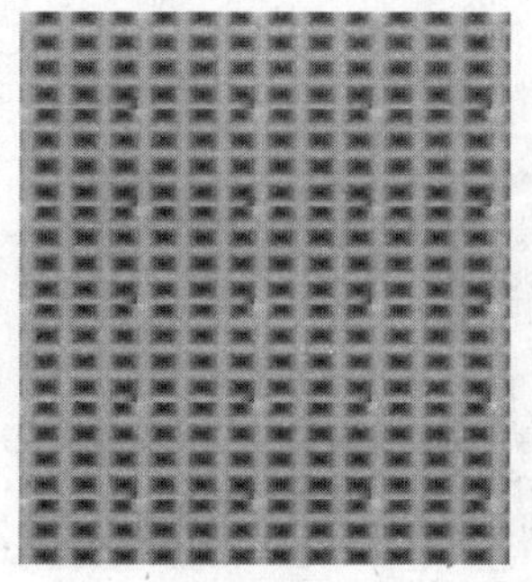

图11-83 使用【液化】滤镜前后的效果对比

11.4 课堂实训

下面详细介绍两个图像特效制作实例，其效果主要运用滤镜功能来实现，其中一个是纹理材质，另一个是特效文字。

11.4.1 牛仔布纹理

本例制作牛仔布纹理，其中主要用到了【半调图案】和【扩散】滤镜功能，效果如图 11-84 所示。

图11-84 牛仔布纹理

上机实战 制作牛仔布纹理

最终效果：光盘 \ 效果 \ 第 11 章 \ 牛仔布纹理 .psd

01 单击【文件】/【新建】命令，新建一幅空白的 RGB 模式图像。

02 将前景色设置为白色，背景色设置蓝色（R：5，G：40，B：190），并用背景色填充图像，如图 11-85 所示。

图11-85 填充图像

03 单击【滤镜】/【素描】/【半调图案】命令，在打开的【半调图案】对话框中设置【大小】为 1、【对比度】为 6、【图案类型】为【网点】，如图 11-86 所示，单击【确定】按钮，效果如图 11-87 所示。

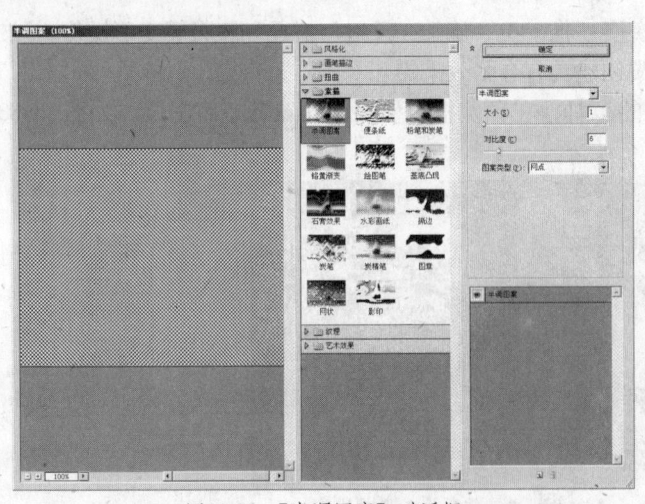

图11-86 【半调图案】对话框

图11-87 应用【半调图案】后的效果

04 单击【滤镜】/【风格化】/【扩散】命令，在打开的【扩散】对话框中选择【变暗优先】单选按钮，如图 11-88 所示，单击【确定】按钮，效果如图 11-89 所示。

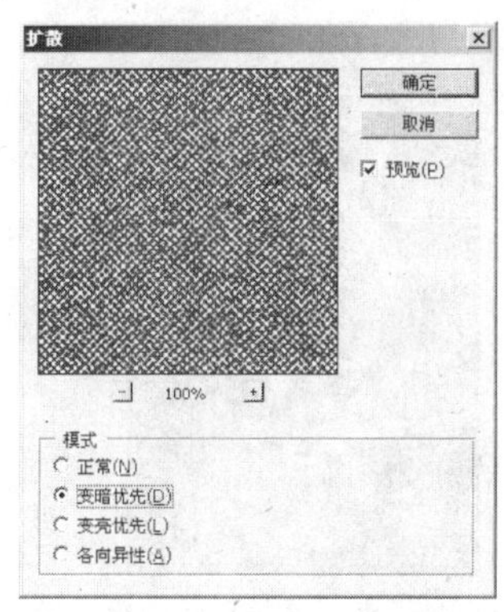

图11-88 【扩散】对话框

图11-89 最终效果

11.4.2 燃烧文字

本例制作燃烧文字，其中主要用到了【风】和【波纹】滤镜功能，效果如图 11-90 所示。

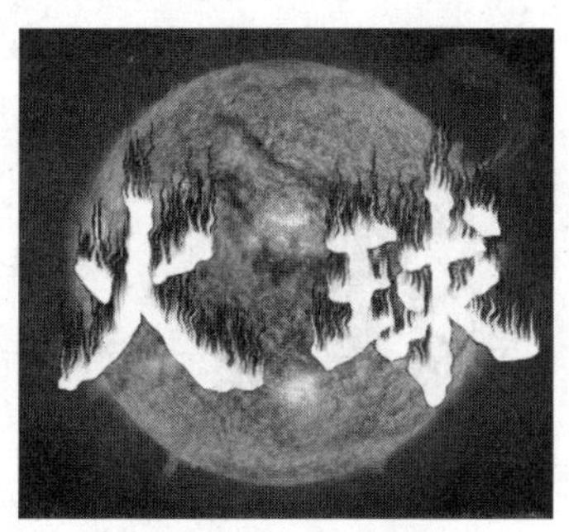

图11-90 燃烧特效字

上机实战 制作燃烧文字

所用素材：光盘 \ 素材 \ 第 11 章 \ 太空 .jpg
最终效果：光盘 \ 效果 \ 第 11 章 \ 燃烧文字 .psd

01 新建一个灰度模式的空白图像文件。

02 将背景颜色填充为黑色，选择工具箱中的文本工具，在其选项栏中选择适当的字体、字号，在图像中输入文字“火球”，并移动到合适的位置，如图 11-91 所示。

03 按下【Ctrl+E】组合键向下合并图层。

04 单击【图像】/【图像旋转】/【90 度（顺时针）】命令，将图像顺时针旋转 90 度，如图 11-92 所示。

图11-91 输入文字

图11-92 顺时针旋转画布

05 单击【滤镜】/【风格化】/【风】命令，在打开的【风】对话框中设置【方法】为【风】、【方向】为【从左】，如图 11-93 所示，设置完成后单击【确定】按钮，图像如图 11-94 所示。按【Ctrl+F】组合键，再次使用【风】滤镜，加强风的效果。

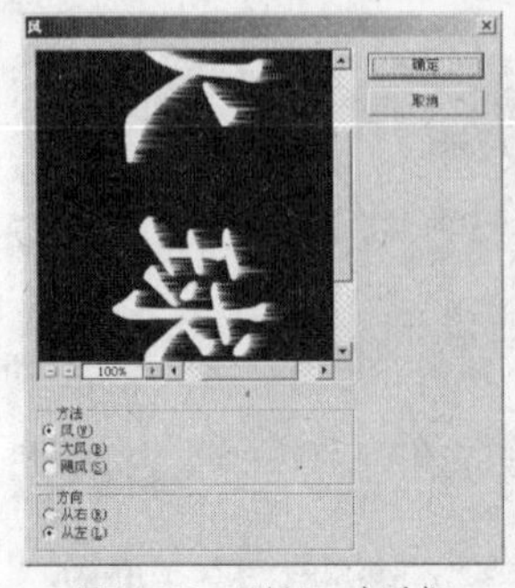
图11-93 【风】对话框

图11-94 应用【风】后的效果

06 单击【图像】/【图像旋转】/【90 度（逆时针）】命令，将图像逆时针旋转 90 度，如图 11-95 所示。

07 单击【滤镜】/【扭曲】/【波纹】命令，在打开的【波纹】对话框中设置【数量】为 100，【大小】为【中】，如图 11-96 所示，设置完成后单击【确定】按钮，效果如图 11-97 所示。

图11-95 逆时针旋转画布

图11-96 【波纹】对话框

图11-97 应用【波纹】后的效果

08 单击【图像】/【模式】/【索引颜色】命令，将图像转换为【索引颜色】模式。

09 单击【图像】/【模式】/【颜色表】命令，在弹出对话框中的【颜色表】下拉列表中选择【黑体】，如图 11-98 所示，单击【确定】按钮，效果如图 11-99 所示。

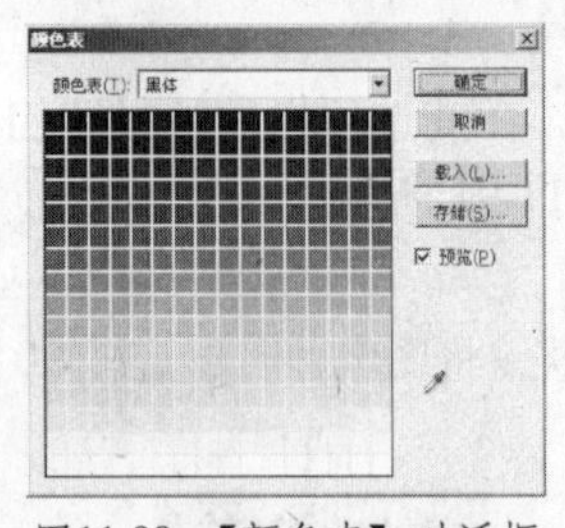
图11-98 【颜色表】对话框

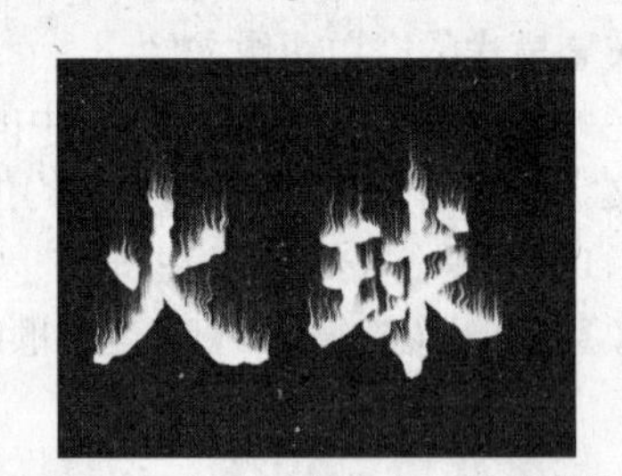
图11-99 调整【颜色表】后的效果

10 选择工具箱中的魔棒工具，在图像上黑色的地方单击，选取黑色，单击【选择】/【反向】命令反选图像。

11 单击【编辑】/【拷贝】命令拷贝图像。

12 打开一幅素材图片，如图 11-100 所示。单击【编辑】/【粘贴】命令，粘贴图像到素材图片中并调整位置，如图 11-101 所示。

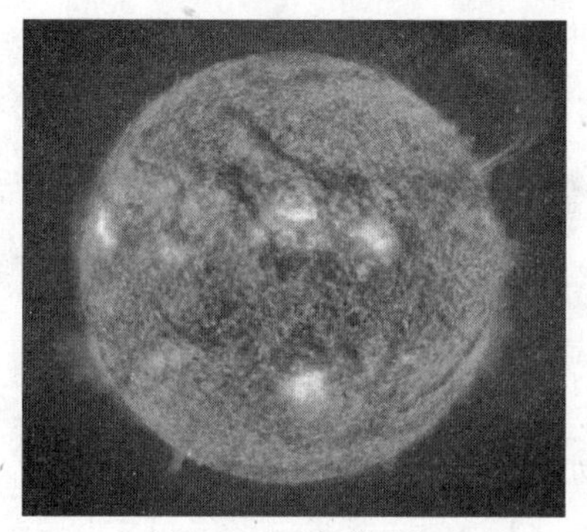

图11-100 素材图片

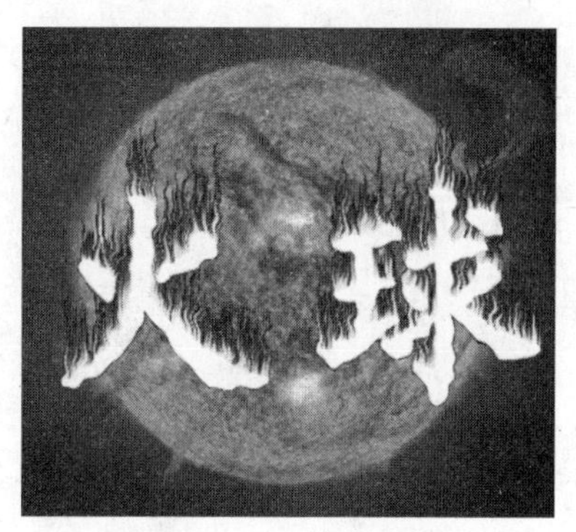

图11-101 粘贴图像

11.5 本章小结

本章介绍了各种滤镜的功能以及滤镜的基本使用方法。滤镜的内容博大精深，是 Photoshop 的精华所在，只有经常练习，仔细观察，逐渐积累制作经验，深入地了解滤镜在 Photoshop 图像处理时的重要作用，才能达到运用自如的程度。

11.6 习题

1. 填空题

（1）在 Photoshop 中，包括两大类滤镜，分别是________和________。

（2）内部滤镜是 Photoshop________的滤镜，而外挂滤镜则是________提供的滤镜。

2. 问答题

（1）使用滤镜需要注意什么？

（2）什么是滤镜库？

3. 上机题

（1）根据所学知识制作波尔卡点，效果如图 11-102 所示。

制作提示：新建通道【Alpha 1】，创建矩形选区，使用【高斯模糊】和【彩色半调】滤镜，回到 RGB 模式得到选区，用绿色填充选区，应用【投影】图层样式。

（2）根据所学知识制作牛皮纸纹理，效果如图 11-103 所示。

制作提示：新建图层，填充颜色，使用【云彩】和【纹理化】滤镜。

图11-102 牛皮纸纹理

图11-103 牛皮纸纹理

第12章　动作的应用

内容提要

本章主要介绍 Photoshop 的动作功能，包括创建动作、编辑动作以及播放动作等。

12.1　理解动作

在 Photoshop 中所谓动作就是对某个或多个图像文件进行自动化图像处理的命令。

充分利用动作的功能，可以将重复性的图像处理操作组合在一起快速执行，不但可以节省操作时间，还可以使得图像处理的过程更加一致，避免人为操作的差错，从而大大提高了图像处理的效率。

动作功能主要是通过【动作】面板来实现的。单击【窗口】/【动作】命令，打开【动作】面板，如图 12-1 所示。

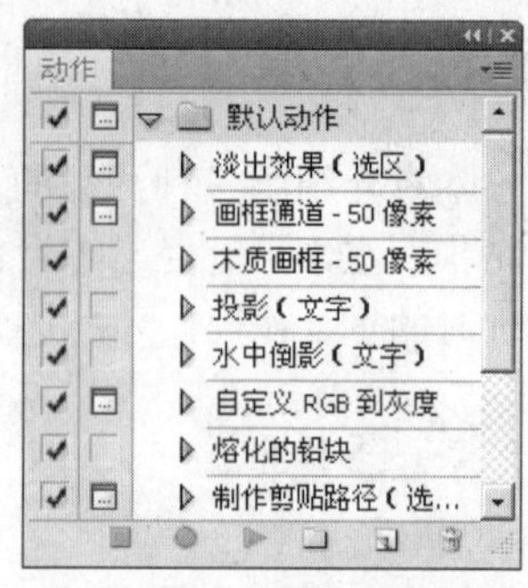

图12-1　【动作】面板

在【动作】面板中已经有一些录制好的动作，那是 Photoshop 附带的动作，可以根据自己的需要来修改它们或者创建新的动作。

上机实战　动作的使用

所用素材：光盘\素材\第 12 章\新娘 .jpg

01 打开一幅图片，如图 12-2 所示。

02 选择【动作】面板中的动作【木质画框】动用，单击【动作】面板下方的【播放选定的动作】按钮，如图 12-3 所示。弹出提示对话框，如图 12-4 所示，单击【继续】按钮，Photoshop 自动执行动作，对图像应用木质画框效果，如图 12-5 所示。

图12-2　素材图片

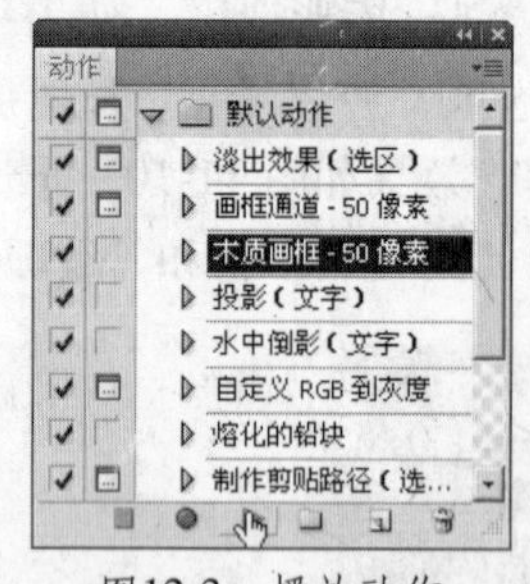

图12-3　播放动作

图12-4　【信息】对话框

图12-5　应用动作（木质画框）后的图像效果

12.2 录制动作

12.2.1 建立新动作组

为了更好地对【动作】进行管理，Photoshop 提供了【动作组】的功能，可以根据不同的工作类型来组织动作。

上机实战 建立新动作组

01 单击【动作】面板底部的【创建新组】按钮，弹出【新建组】对话框，在其中输入序列名称，如图 12-6 所示。

02 单击【确定】按钮即可创建一个动作组，如图 12-7 所示。

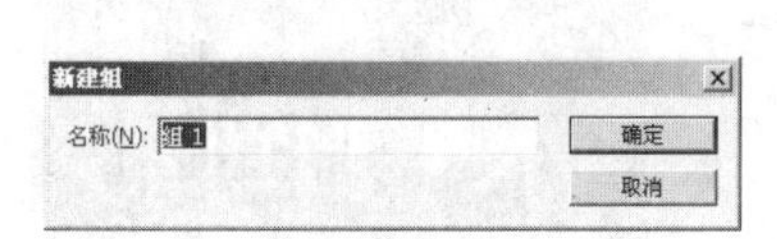

图12-6 【新建组】对话框

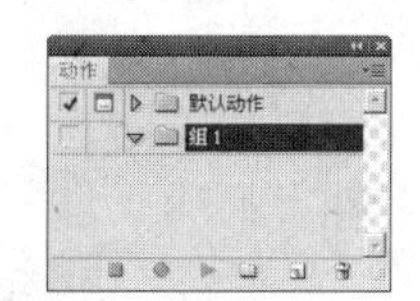

图12-7 新建的动作组

12.2.2 动作的录制

在动作的录制过程中，Photoshop 将把全部操作的过程及其设置记录在【动作】面板中。

录制动作

所用素材：光盘\素材\第 12 章\水面.jpg

01 新建一幅图像文件，在图像中输入文字，如图 12-8 所示。

02 单击【动作】面板中的【创建新动作】按钮，在弹出的【新建动作】对话框中除了可以输入动作的名称及选择该动作所对应的功能键之外，还可以将所录制的动作归类到某个动作序列中，如图 12-9 所示。

图12-8 素材图像

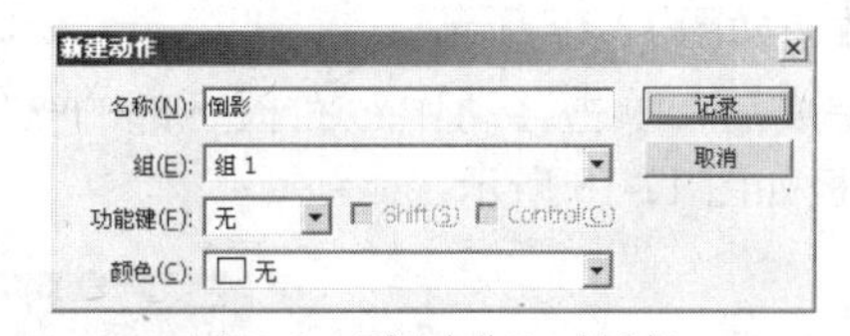

图12-9 【新动作】对话框

03 单击【记录】按钮开始录制动作。

04 使用鼠标右键单击文字所在的图层，在弹出的快捷菜单中单击【栅格化文字】命令。

05 拖动文字图层到【图层】面板底部的【创建新图层】按钮上，复制文字图层。

06 单击【编辑】/【变换】/【扭曲】命令对复制的文字进行变换操作，如图 12-10 所示。

07 单击【编辑】/【变换】/【透视】命令对文字进行透视变换，如图 12-11 所示。

图12-10　变换文字

图12-11　再次对文字进行变换

08 按下【Enter】键确认变换操作。单击【滤镜】/【扭曲】/【波纹】命令弹出【波纹】对话框，从中设置各项参数，如图 12-12 所示。设置完成后单击【确定】按钮，效果如图 12-13 所示。

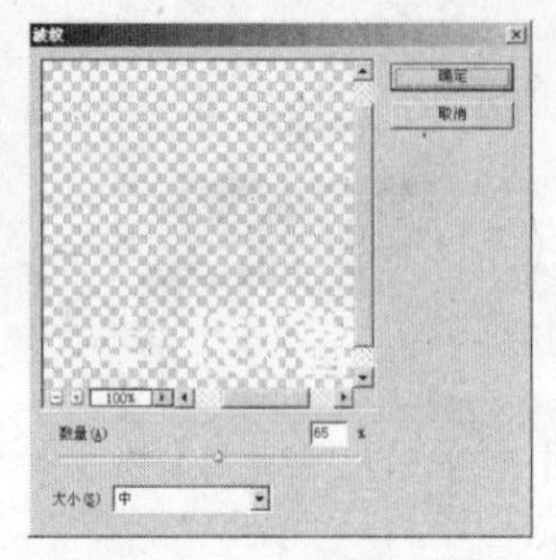

图12-12　【波纹】对话框

图12-13　应用【波纹】命令后的效果

09 单击【滤镜】/【模糊】/【动感模糊】命令弹出【动感模糊】对话框，从中设置各项参数，如图 12-14 所示。设置完成后单击【确定】按钮，效果如图 12-15 所示。

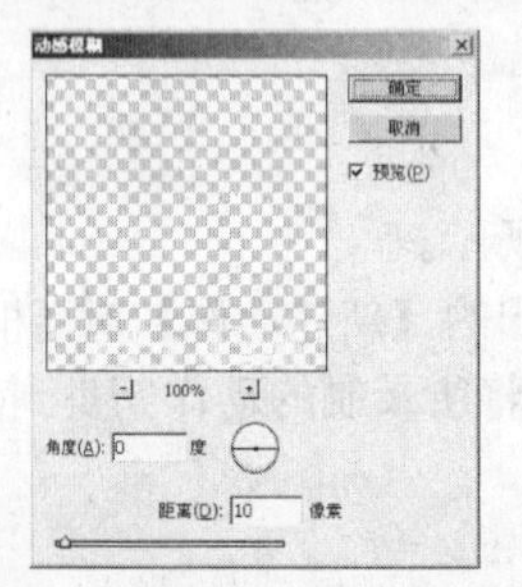

图12-14　【动感模糊】对话框

图12-15　应用【动感模糊】后的效果

10 在【图层】面板中将【水中倒影 副本】图层的【不透明度】设置为 85%，如图 12-16 所示。此时图像效果如图 12-17 所示。

11 录制完成后，单击【动作】面板下部的【停止播放/记录】按钮，结束动作的录制，此时【动作】面板如图 12-18 所示。

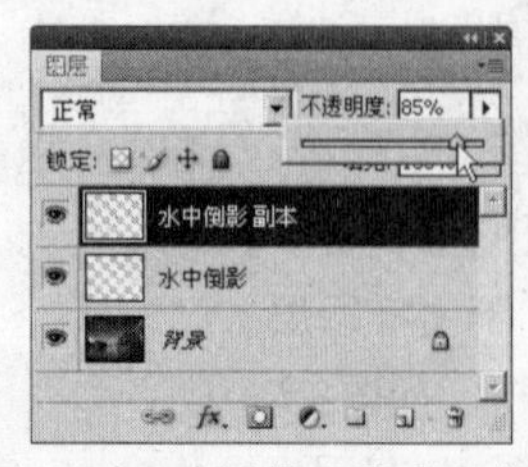

图12-16　为图层设置不透明度

图12-17　最终效果

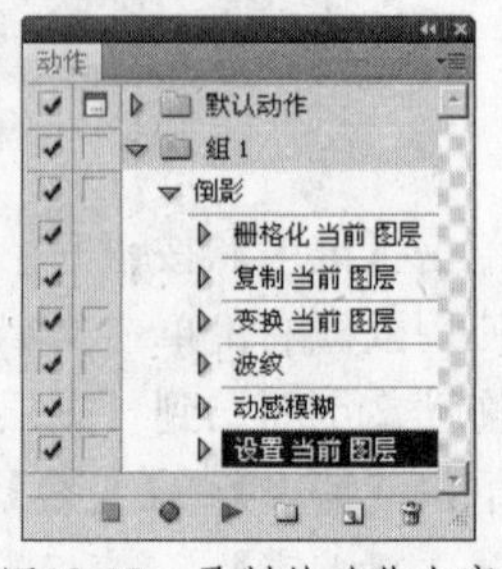

图12-18　录制的动作内容

12.3 查看动作的内容

动作录制完成后，在【动作】面板中可以观察到所录制的动作名称、操作命令名称及其参数设置。

在【动作】面板中，单击要查看的动作名称前面的▶图标，即可展开动作内容，如图12-19所示。单击动作前面的▼图标，可隐藏动作内容。

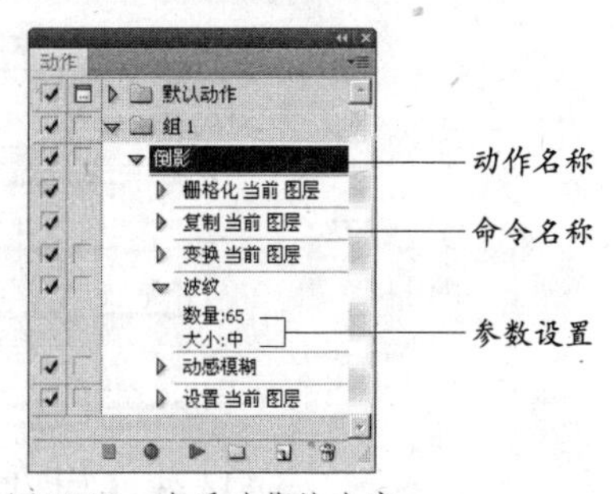

图12-19 查看动作的内容

12.4 手动插入命令

动作录制完成后，如果要添加别的效果，可以通过手动的方式临时增加新的操作。使用【插入菜单项目】命令可以往动作里面添加其他命令；也可以在动作中使用【插入停止】命令。

1. 使用插入菜单项目命令

上机实战　在动作中插入菜单项目

01 在动作列表中选择要插入命令的地方，如图12-20所示。需要注意的是，待插入的命令将会出现在此命令的下面。

02 单击【动作】面板菜单中的【插入菜单项目】命令，弹出【插入菜单项目】对话框，如图12-21所示。

图12-20 选择要插入动作的地方

图12-21 【插入菜单项目】对话框

03 单击【图像】/【调整】/【色相/饱和度】命令，表示要将该命令插入到动作中，如图12-22所示。单击【确定】按钮，【色相/饱和度】命令将出现在【动作】面板的列表中，如图12-23所示。

图12-22 执行【色相/饱和度】命令的结果

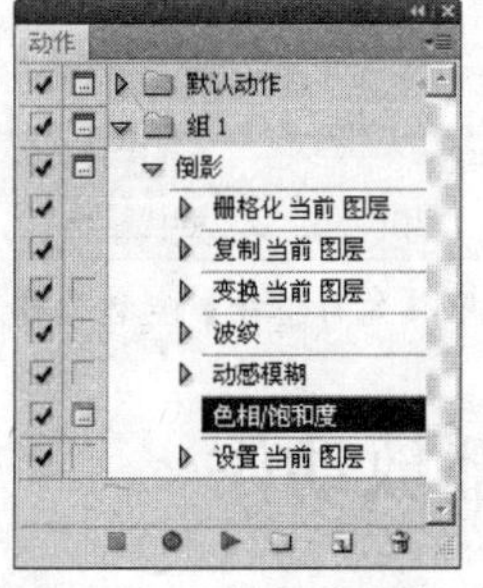
图12-23 插入的命令

04 如果要对【色相 / 饱和度】命令作进一步的设置，可以双击【动作】面板中的【色相 / 饱和度】命令，在弹出的【色相 / 饱和度】对话框中进行参数设置，如图 12-24 所示。设置完成后单击【确定】按钮，修改后的结果将会录制到动作中，如图 12-25 所示。

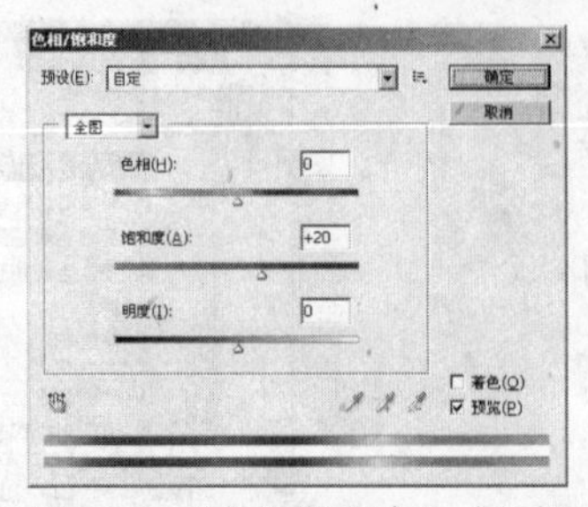

图12-24 【色相/饱和度】对话框

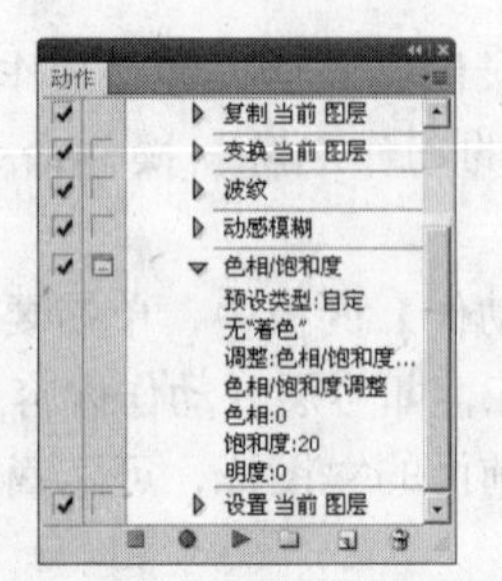

图12-25 进一步修改插入的命令

2. 使用插入停止命令

在播放执行动作时，如果需要暂时停止查看工作进度时，可以在动作中使用【插入停止】命令，并可以在停止时显示一些提示信息，只要在对话框中单击【确定】按钮，就可以接续之前的动作。

上机实战 在动作中插入停止

01 在【动作】面板中单击需要使用【插入停止】命令的位置，如图 12-26 所示。
02 单击【动作】面板菜单中的【插入停止】命令弹出【停止记录】对话框，在【信息】文本框中输入提示信息并选中【允许继续】复选框，如图 12-27 所示。单击【确定】按钮将【停止】命令插入到动作列表中，如图 12-28 所示。

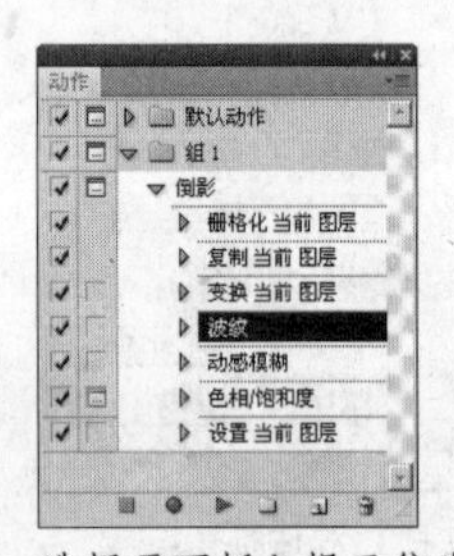

图12-26 选择需要插入提示信息的位置

图12-27 【记录停止】对话框

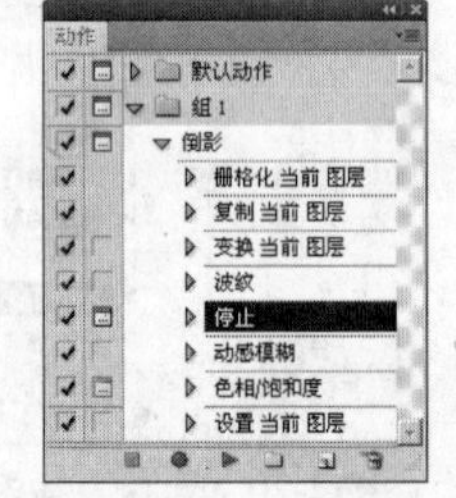

图12-28 插入的【停止】命令

03 在动作中使用【插入停止】命令后，执行到【停止】命令时将弹出【信息】对话框，如图 12-29 所示，单击【继续】按钮接着往下执行动作。若是在【停止记录】对话框中未选中【允许继续】复选框，执行到此命令时将弹出如图 12-30 所示的对话框，将停止动作的执行。

图12-29 选中【允许继续】复选框弹出的对话框

图12-30 未选中【允许继续】复选框弹出的对话框

12.5 播放动作

录制动作的目的就是为了播放动作，即实现 Photoshop 图像处理的自动化操作。

播放动作时除了可以从第一个命令开始播放之外，也可以选择任意一个命令进行播放，或者只播放某些指定的命令。

上机实战 播放动作

所用素材：光盘\素材\第12章\水.psd

01 打开一幅素材图片，如图12-31所示。

02 在【动作】面板中选择前面录制的动作（倒影），如图12-32所示。

图12-31 要应用动作的图像

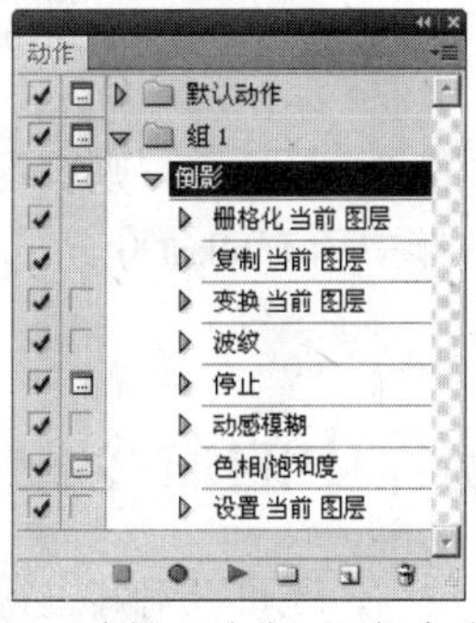

图12-32 选择【动作】面板中的动作

03 单击【动作】面板下部的【播放动作】按钮，即可从该动作的第一个命令开始播放。

04 当执行到【停止】命令时将弹出提示对话框，如图12-33所示，单击【继续】按钮继续播放动作。

05 当执行到【色相/饱和度】命令时将弹出【色相/饱和度】对话框，如图12-34所示，单击【确定】按钮继续播放动作。

06 动作执行完毕后，得到的图像效果如图12-35所示。

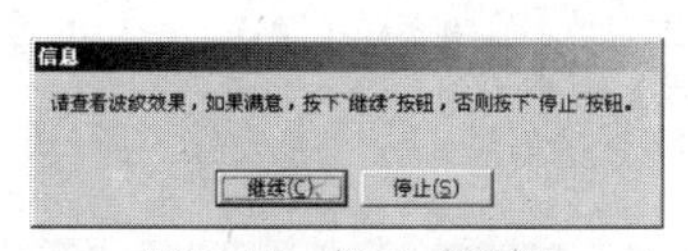

图12-33 提示对话框

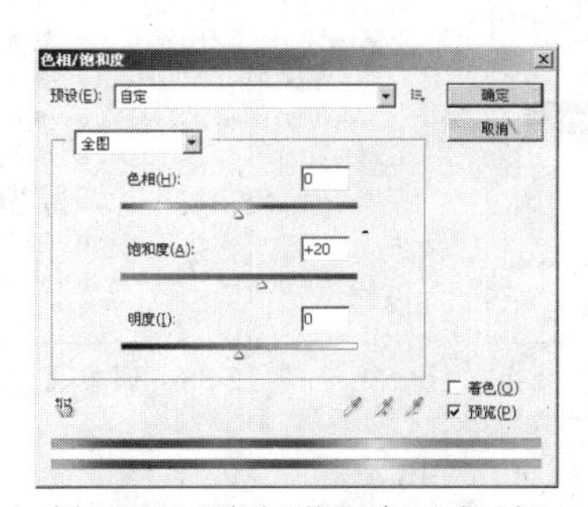

图12-34 【色相/饱和度】对话框

图12-35 执行动作得到的图像效果

12.6 关闭动作中的命令

在播放动作的时候，如果希望部分命令不被执行，可以自由设定是否执行该命令。

上机实战 关闭动作中命令

01 在【动作】面板中该命令左侧的切换项目开/关栏上单击（打上"✓"标记），即表示需要执行此命令，如图12-36所示。

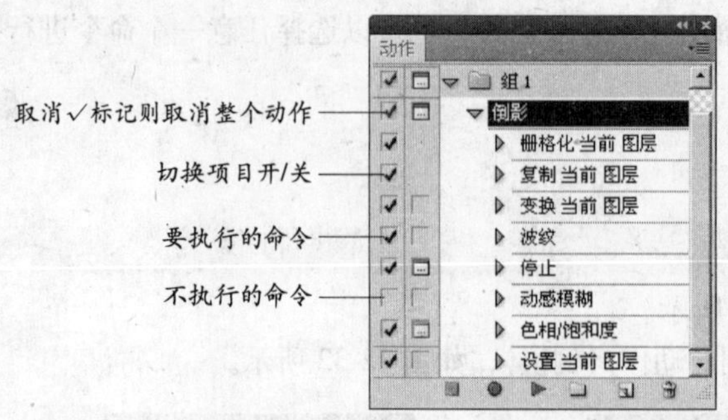

图12-36　关闭动作中的命令

02 再次单击（取消"√"标记）则表示将不执行该命令。

03 如果要关闭动作中所有的命令，只要在该动作名称左侧的切换项目开 / 关栏上单击（取消"√"标记）即可。

12.7　编辑动作中的命令

对于录制好的动作，还可以对其进行编辑，如移动、复制以及删除等。

上机实战　编辑制作中的命令

（1）调整动作中命令顺序

01 在【动作】面板中需要调整的命令上单击，拖动到要想要调整的位置后放开，如图 12-37 所示。

02 调整命令位置后的【动作】面板如图 12-38 所示。

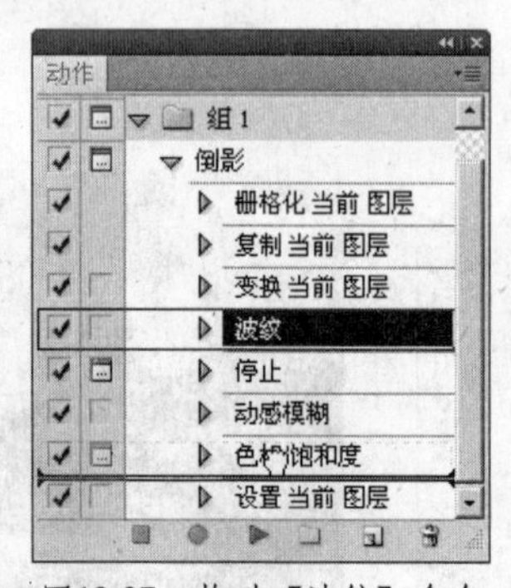

图12-37　拖动【波纹】命令

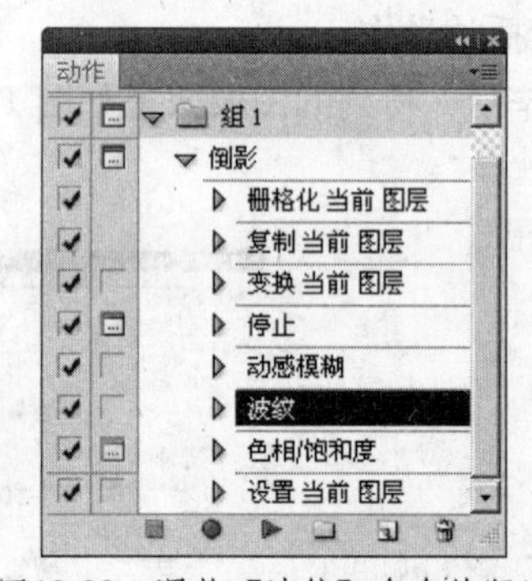

图12-38　调整【波纹】命令的顺序

（2）在动作中添加命令

01 在【动作】面板中单击需要添加命令的位置，如图 12-39 所示。

02 单击【开始记录】按钮进行录制。

03 单击【图像】/【图像大小】命令，设置图像的分辨率为 100，如图 12-40 所示，单击【确定】按钮。

04 单击【停止 / 播放记录】按钮，录制好的动作将出现在【动作】面板中，如图 12-41 所示。

（3）重新录制动作中命令

01 选择需要重新录制的命令（这里选择【波纹】滤镜），如图 12-42 所示。

02 单击【动作】面板菜单中的【再次记录】命令弹出【波纹】对话框，从中重新设置滤镜的参数，如图 12-43 所示。

图12-39　选择需添加命令的位置

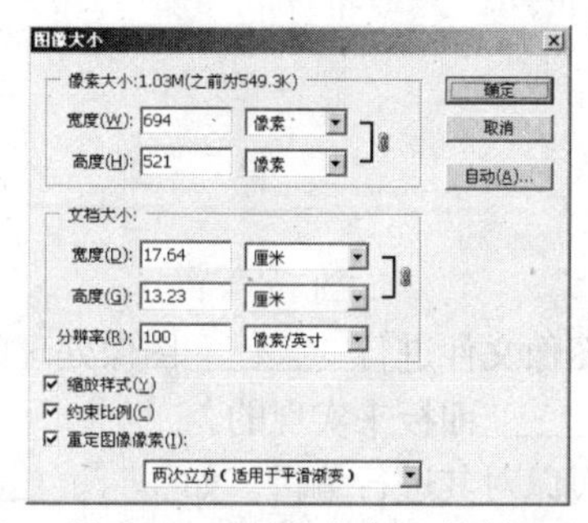

图12-40　【图像大小】对话框

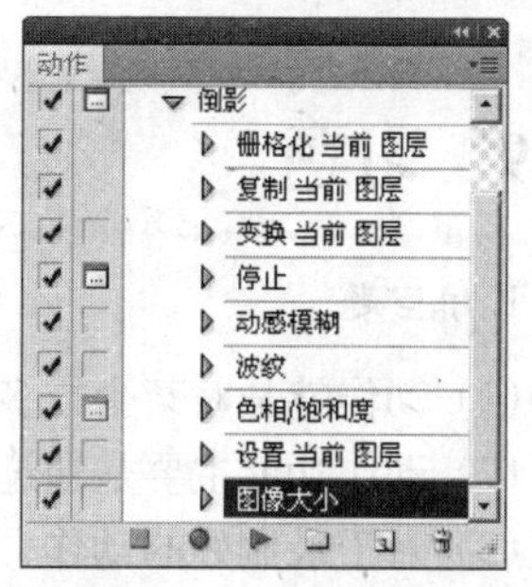

图12-41　添加的命令

03 单击【确定】按钮，此时的【动作】面板如图 12-44 所示，注意【波纹】命令的参数改变了。

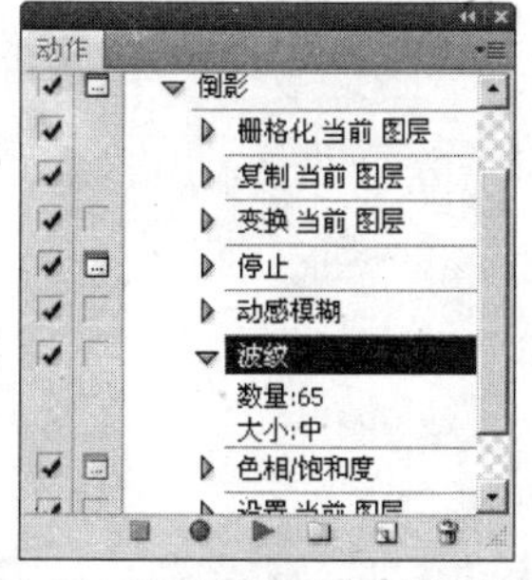

图12-42　选择需要重新录制的命令

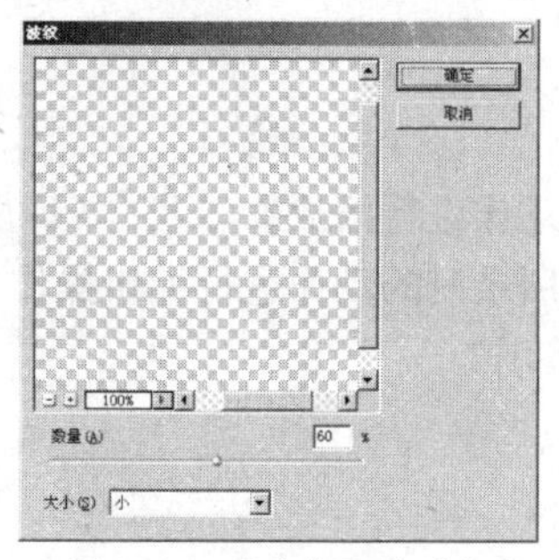

图12-43　【波纹】对话框

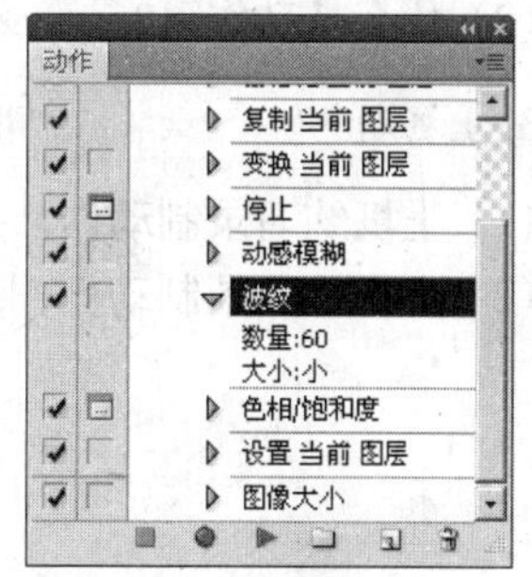

图12-44　重新录制的命令

（4）复制动作中的命令

01 在【动作】面板中单击要进行复制的动作，如图 12-45 所示。

02 在按下【Alt】键的同时拖曳到想要复制的位置，复制动作后的【动作】面板如图 12-46 所示。

图12-45　选择要复制的命令

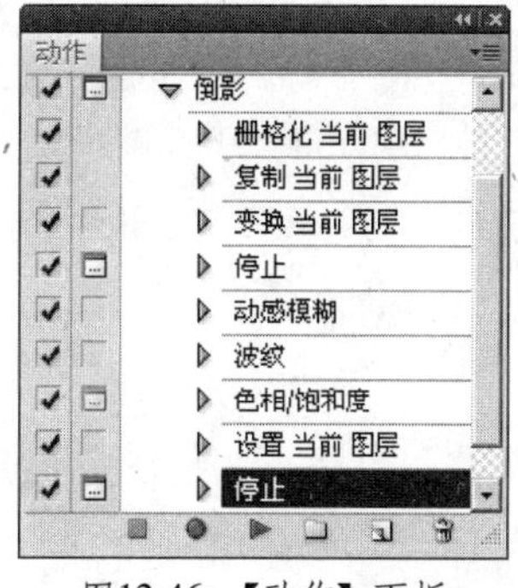

图12-46　【动作】面板

（5）删除动作中的命令

01 在【动作】面板中选中某一个命令。

02 单击【动作】面板底部的【删除】按钮，将弹出提示对话框，如图 12-47 所示。单击【确定】按钮，即可将其删除。

图12-47　提示对话框

12.8　本章小结

本章主要介绍了动作的功能及操作。通过本章的学习，应该学会怎样录制动作，并利用动作的功能去制作图像，来简化编辑图像的操作。

12.9 习题

1. 填空题

(1) 动作就是对某个或多个图像文件进行________图像处理的命令。

(2) 动作功能主要是通过________面板来实现的。

(3) 对于录制好的动作，还可以对其进行编辑，如________、________以及________等。

2. 问答题

(1) 在 Photoshop 是，什么是动作?

(2) 什么是动作组?

3. 上机题

(1) 上机练习录制动作，并对动作进行播放。

(2) 上机练习录制动作，并对所录制的动作进行编辑操作。

第13章　动画与3D的应用

内容提要

本章主要对Photoshop的动画功能及3D技术的使用进行介绍。包括时间轴动画和关键帧动画、3D模型的创建以及编辑等。

13.1　动画

在Photoshop CS5中，通过【动画】面板和【图层】面板的结合可以创建一些简单的动画效果。一般的动画储存为Gif格式，可以直接将其导入到网页中，并以动态的形式显示。

13.1.1　动画面板

在Photoshop CS5中，所有的动画基本上都是在【动画】面板和【图层】面板中完成的。单击【窗口】/【动画】命令可以打开【动画】面板，如图13-1所示。下面择要进行详细的介绍。

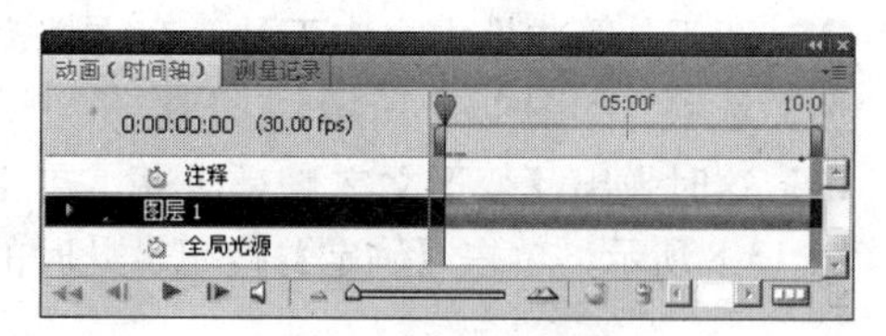

图13-1　【动画】面板

- 【◀◀】（选择第一帧）按钮：单击该按钮可以快速回到第一帧。
- 【◀|】（选择上一帧）按钮：单击该按钮可以返回上一帧。
- 【▶】（播放动画）按钮：单击该按钮可以开始播放动画。
- 【|▶】（选择下一帧）按钮：单击该按钮跳至动画的下一帧。
- 【◁】（启用音频播放）按钮：如果插入了声音文件，可以启用或关闭播放声音文件。
- 【缩放滑块】：用于放大或缩小时间轴。
- 【▭】（转换为帧动画）按钮：单击该按钮可以将【动画】切换至帧动画面板。

13.1.2　时间轴动画

时间轴动画是指时间轴上创建关键点，对关键点的图像进行设置，然后系统自动在两个关键点之间创建动画。

上机实战　创建时间轴动画

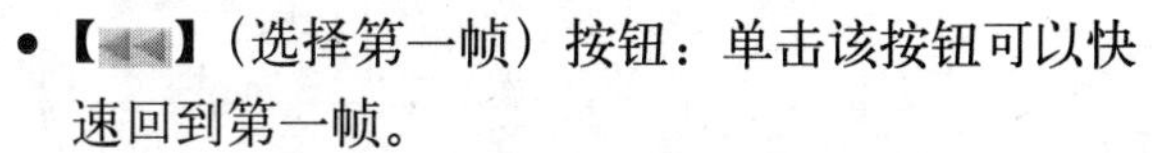
最终效果：光盘\效果\第13章\时间轴动画.psd、时间轴动画.gif

01 新建一个空白图像文件，参数设置如图13-2所示。

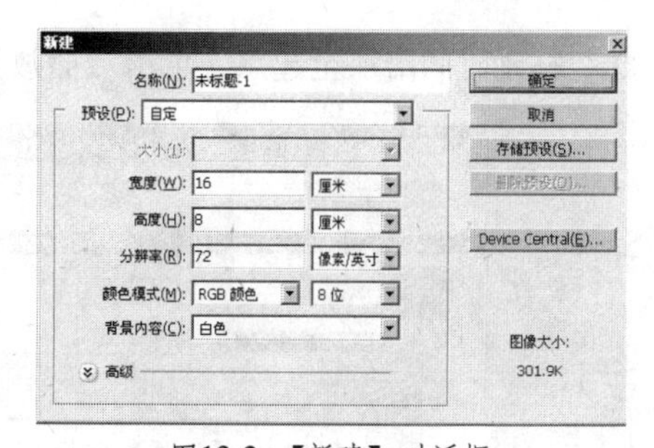

图13-2　【新建】对话框

02 选择工具箱中的横排文字工具，设置字体和字号，在文档窗口中输入文字，如图13-3所示。

03 在【动画】面板中选择【文档设置】选项，弹出【文档时间轴设置】对话框，从中可以设置动画持续的时间和帧速率，如图13-4所示。单击【确定】按钮，在【动画】面板中单击文字左侧的展开按钮，展开后的【动画】面板如图 13-5 所示。

我 会 动

图13-3 输入文本

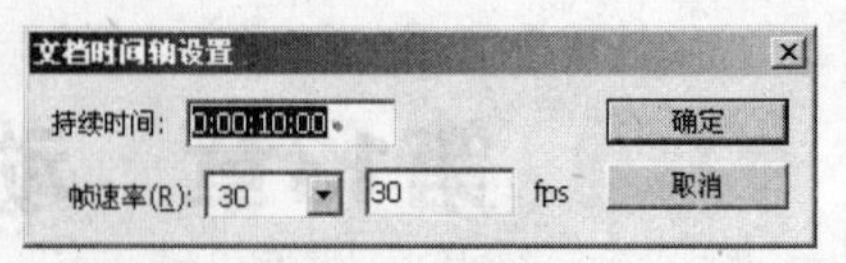

图13-4 设置时间长度

04 单击【文字变形】选项左侧的 按钮，创建关键点，然后移动时间滑块至第 05f，如图 13-6 所示。

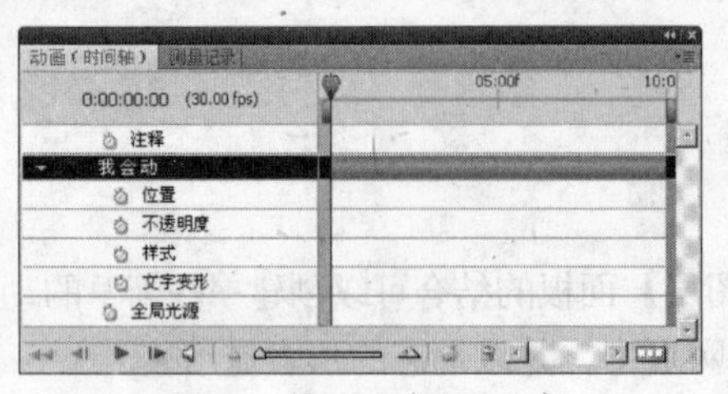

图13-5 展开【动画】面板

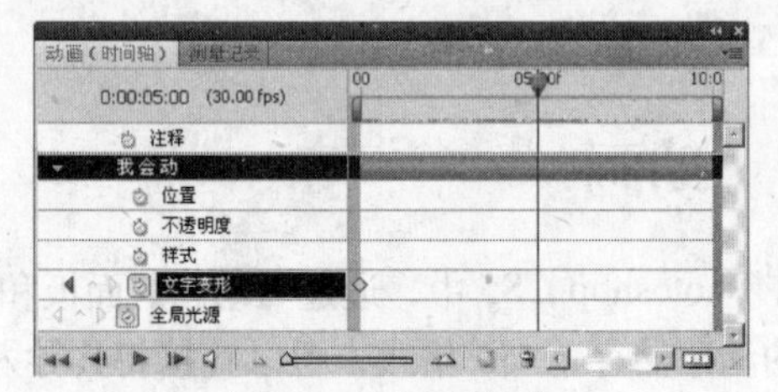

图13-6 创建关键点

05 在工具箱中选中文本工具，在文档窗口中单击鼠标右键，从弹出的快捷菜单中选择【文字变形】选项，如图 13-7 所示。

06 这时弹出【变形文字】对话框，在【样式】下拉列表框中选择【扭转】选项并设置参数，如图 13-8 所示。单击【确定】按钮，此时的【动画】面板如图 13-9 所示。

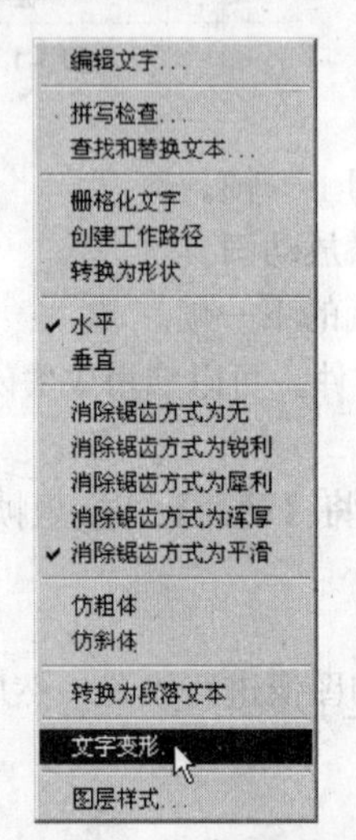

图13-7 选择【文字变形】选项

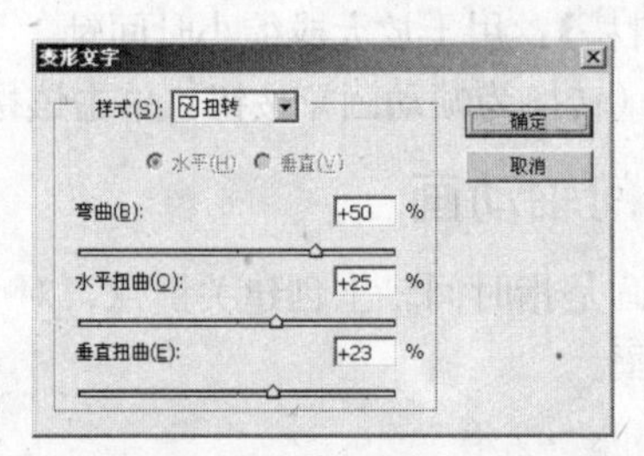

图13-8 【变形文字】对话框

07 移动时间滑块至起点，单击【播放】按钮观看动画效果，如图 13-10 所示。

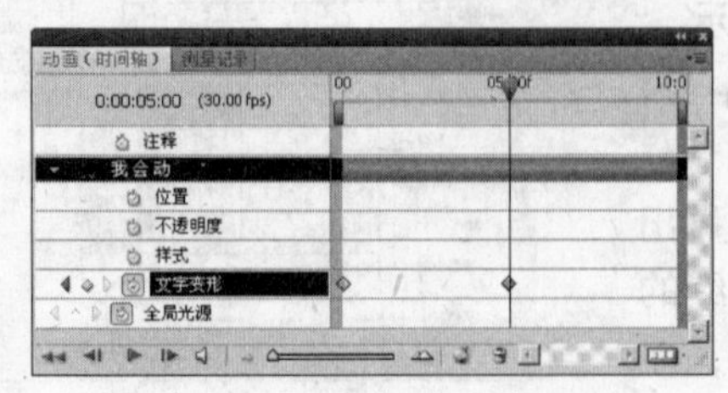

图13-9 【动画】面板

我 会 动

图13-10 观看动画

08 单击【文件】/【存储为 web 和设置所用格式】命令，弹出的【存储为 web 和设置所用格式】对话框中，如图 13-11 所示，单击【存储】按钮，弹出【将优化结果存储为】对话框，设置存储名称，单击【存储】按钮，将文件以 gif 文件格式保存。

图13-11　存储文件

13.1.3　关键帧动画

关键帧是计算机动画的一个重要概念。任何动画要表现运动或变化，至少前后要给出两个不同的关键状态，而中间状态的变化和衔接电脑可以自动完成，表示关键状态的帧动画叫做关键帧动画。

关键帧动画的制作在【帧动画】面板中进行，如图 13-12 所示。下面择要进行详细的介绍。

- 【选择帧延迟时间】下拉列表：在该列表中可以设置在当前帧中的停留时间，如图 13-13 所示。
- 【选择循环选项】下拉列表：在该列表中可以设置动画的播放循环方式，如图 13-14 所示。
- 【 】（过渡动画帧）按钮：单击该按钮后将弹出过渡对话框，用于设置过渡帧的帧数以及过渡方式等。

图13-12 【帧动画】面板

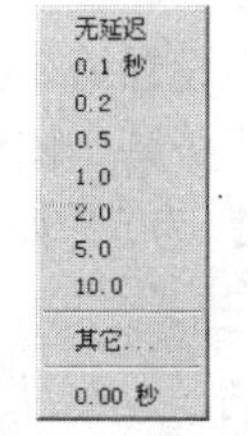

图13-13　设置停留时间

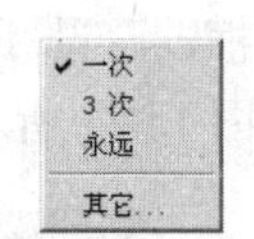

图13-14　播放循环方式

上机实战　创建关键帧动画

所用素材：光盘\素材\第 13 章\飞机 .psd

最终效果：光盘\效果\第 13 章\帧动画 .psd、帧动画 .gif

01 打开一幅素材图像，如图 13-15 所示。

02 在【帧动画】面板中单击三次【复制所选帧】按钮复制帧，如图 13-16 所示。

图13-15　打开素材

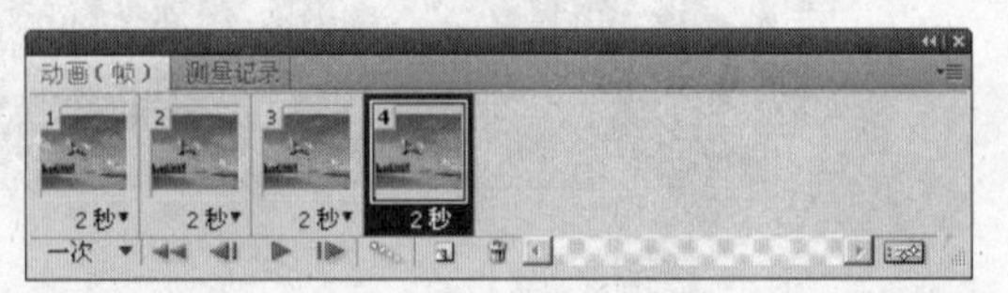

图13-16　复制帧

03 选择第 1 帧，在【图层】面板中隐藏【图层 1】，如图 13-17 所示。然后在【动画】面板中设置第 1 帧的停留时间为 1 秒。

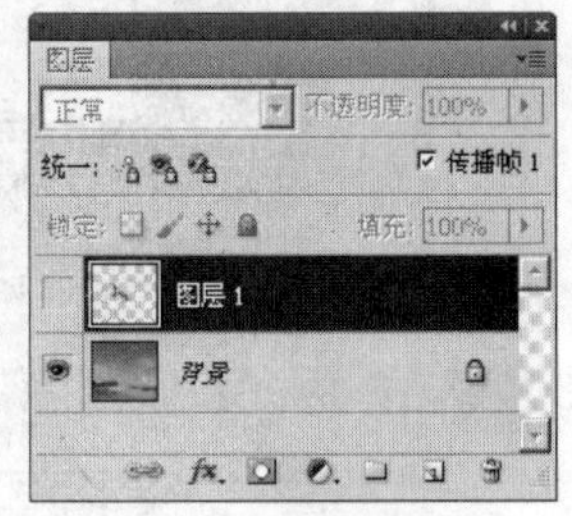

图13-17　在第1帧中隐藏图层1

04 选择第 2 帧，按【Ctrl+J】组合键复制【图层 1】为【图层 1 副本】。调整【图层 1 副本】图像的大小、位置，将图层的不透明度设置为 130%，如图 13-18 所示。

05 隐藏背景层外的其他图层。设置第 2 帧的停留时间为 0.5 秒。

06 选择第 3 帧，按【Ctrl+J】组合键复制【图层 1 副本】为【图层 1 副本 2】，调整【图层 1 副本 2】中图像的大小、位置，并将图层的不透明度设置为 90%，如图 13-19 所示。

图13-18　调整【图层1副本】中的图像

图13-19　调整【图层1副本2】中的图像

07 隐藏背景层外的其他图层，设置第 3 帧的停留时间为 0.5 秒。

08 在【帧动画】面板中同时选择第 2 帧和第 3 帧，单击【过渡动画帧】按钮，弹出【过渡】对话框，设置【要添加的帧数】为 3，如图 13-20 所示，单击【确定】按钮，此时的【动画】面板如图 13-21 所示。

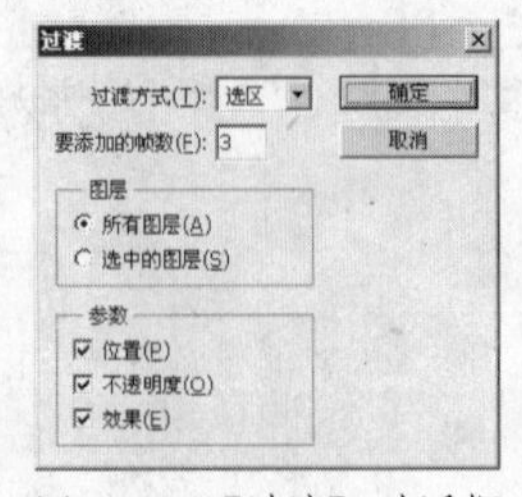

图13-20　【过渡】对话框

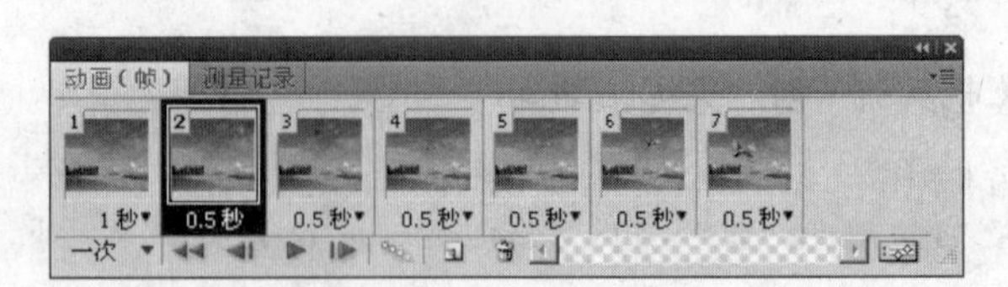

图13-21　【帧动画】面板

09 选择第 1 帧，单击【播放动画】按钮观看动画，如图 13-22 所示。

图13-22 观看动画（第3帧和第5帧）效果

13.2 创建3D模型

在 Photoshop CS5 中集成了三维模型功能，使用 Photoshop CS5 中的三维功能，可以实现在三维软件中所不能达到的效果，如三维与二维的转换等。此外在模型的灯光、材质方面，Photoshop CS5 也有其独到的表现。

13.2.1 创建自带3D模型

Photoshop CS5 本身不具备建模功能。它可以使用外来的三维模型，系统本身也自带了少量简单的模型，如图 13-23 所示。

上机实战 创建自带3D模型

01 新建一空白图像文件。

02 单击【3D】/【从图层新建形状】/【酒瓶】命令，即可在图像中创建三维模型，如图 13-24 所示。

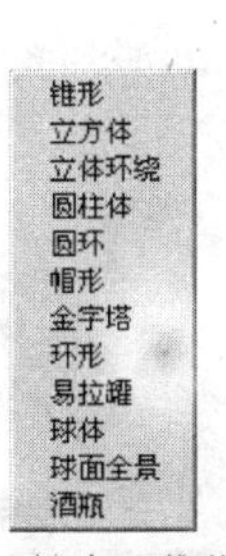

图13-23 创建三维模型命令

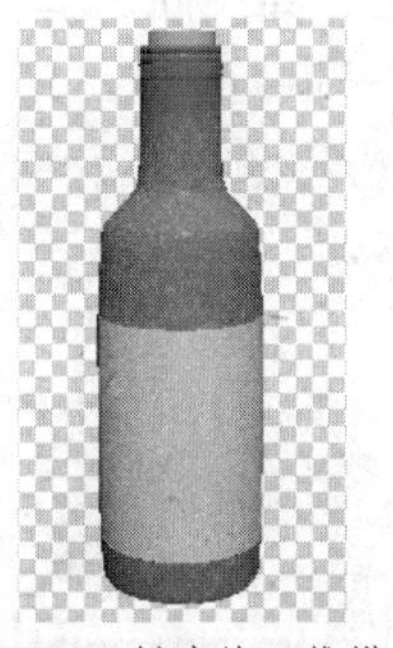

图13-24 创建的三维模型

13.2.2 导入外部3D文件

可以将三维模型对象导入到 Photoshop CS5 中进行编辑。

上机实战 导入外部3D文件

所用素材：光盘\素材\第 13 章\柜子.3DS

01 单击【文件】/【打开】命令，在弹出的【打开】对话框中选择需要打开的三维模型，如图 13-25 所示。

02 单击【打开】命令即可打开外部的三维模型，如图 13-26 所示。

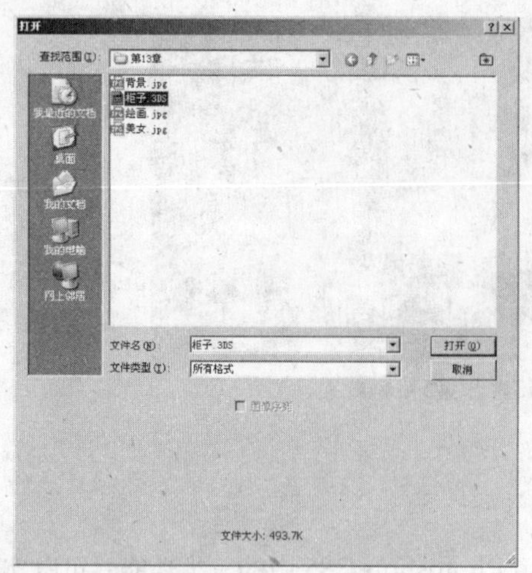

图13-25　选择三维模型

图13-26　打开外部三维模型

13.2.3　创建3D明信片

Photoshop CS5 可以将 2D 图层作为起始点，生成各种基本的 3D 对象。创建 3D 对象后，可以在 3D 空间移动、更改渲染设置、添加光源或将其与其他 3D 图层合并。

上机实战　创建3D明信片

所用素材：光盘\素材\第 13 章\绘画.jpg

01 打开一幅素材文件，如图 13-27 所示。

02 单击【3D】/【从图层新建 3D 明信片】命令即可创建 3D 明信片，此时用三维编辑工具旋转图像，可以发现图像呈三维空间显示，如图 13-28 所示。

图13-27　素材文件

图13-28　创建的3D明信片令

03 要保留新的 3D 内容，可以将 3D 图层以 3D 文件格式导出或以 PSD 格式存储。

13.2.4　创建3D凸纹

凸纹原本描述的是一种金属加工技术，通过对对象表面朝相反方向进行锻造对对象表面进行塑形和添加图案。在 Photoshop CS5 中，【凸纹】命令可以将 2D 对象转换到 3D 网格中，可以在 3D 空间中精确地进行凸出、膨胀和调整位置。

在 Photoshop CS5 中使用文本、路径、蒙板和选区都可以创建凸纹。

上机实战 创建3D凸纹

01 选择工具箱中的自定形状工具，在图像中绘制路径，如图 13-29 所示。

02 单击【3D】/【凸纹】/【所选路径】命令，弹出【凸纹】对话框，如图 13-30 所示。

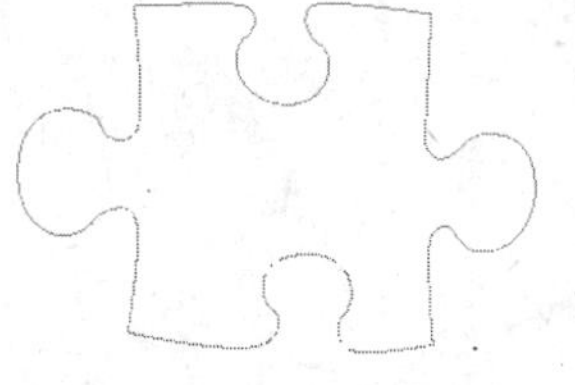

图13-29　创建路径

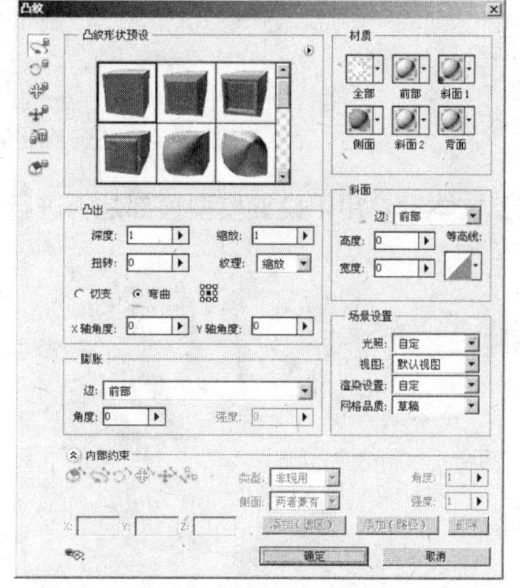

图13-30　【凸纹】对话框

03 在【凸纹】对话框的【凸纹形状预设】下拉列表中选择一种预设，单击【确定】按钮，效果如图 13-31 所示。

04 选择工具箱中的 3D 对象旋转工具调整图像，效果如图 13-32 所示。

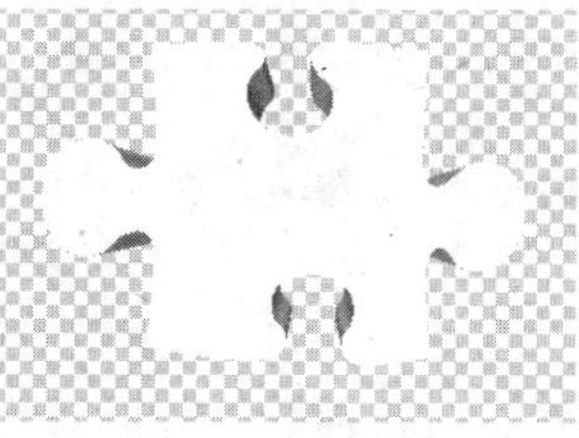

图13-31　凸纹效果

图13-32　旋转后的效果

【凸纹】对话框中各选项说明如下：

- 【凸纹形状预设】下拉列表：用于设置生成模型的类型，Photoshop CS5 默认预设了 113 种生成类型，选择不同的模式可以生成不同种的模型。
- 【深度】文本框：用于设置模型的凸出数量，如图 13-33 所示

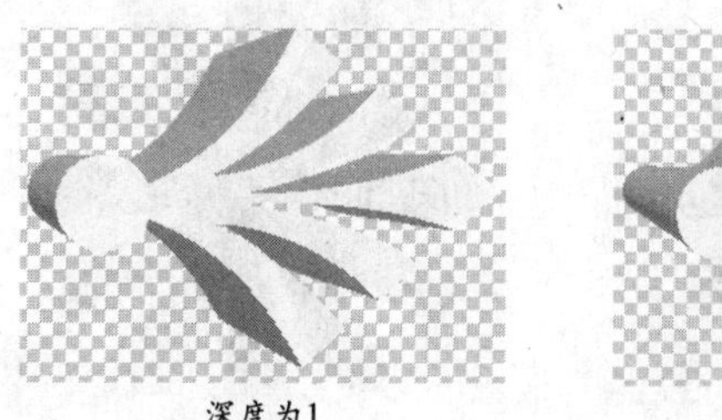

深度为1

深度为3

图13-33　不同凸出深度的模型

- 【缩放】文本框：用于设置模型顶部是否进行缩放，如图 13-34 所示。

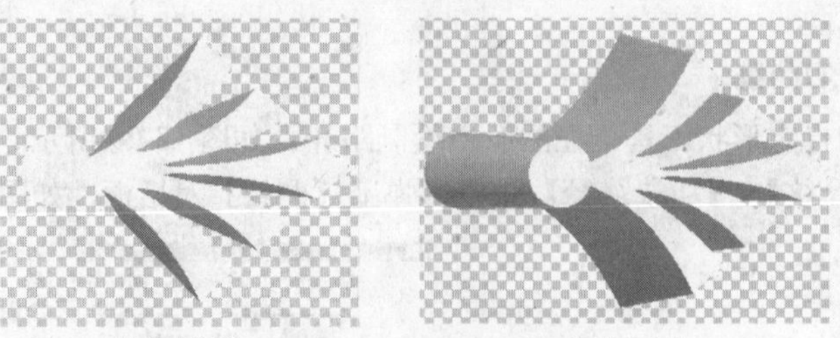

图13-34　不同缩放值生成的模型

- 【扭转】文本框：用于设置模型顶部是否进行旋转，数值为 0 时不旋转，如图 13-35 所示。

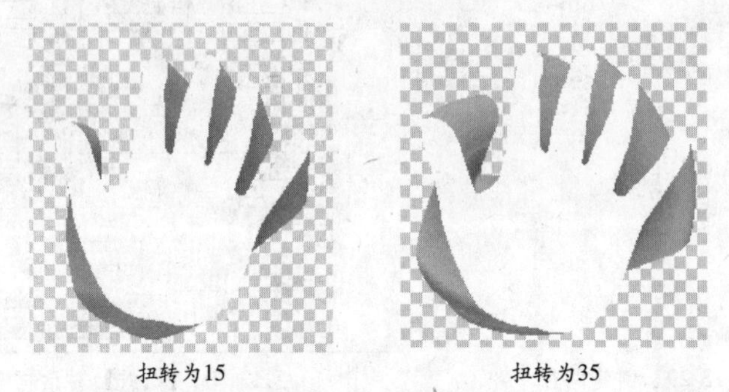

图13-35　不同扭转值的模型

- 【纹理】列表：用于设置纹理的平铺方式。
- 【膨胀】选项区：用于设置模型表面的是否进行膨胀，如图 13-36 所示。

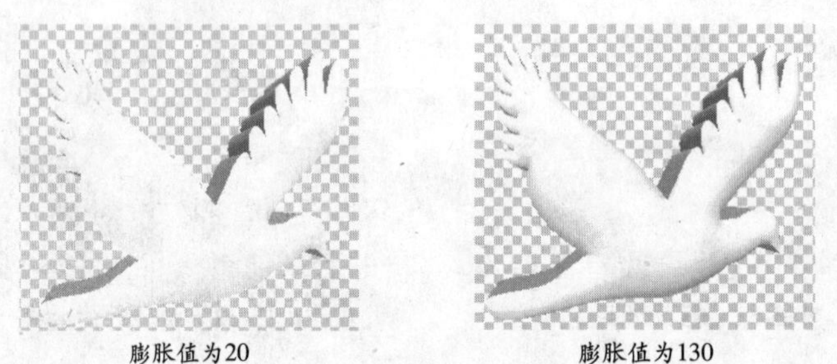

图13-36　不同膨胀值生成的模型

- 【材质】选项区：用于设置模型各个表面的材质类型，如棉织物、趣味纹理等，如图 13-37 所示。

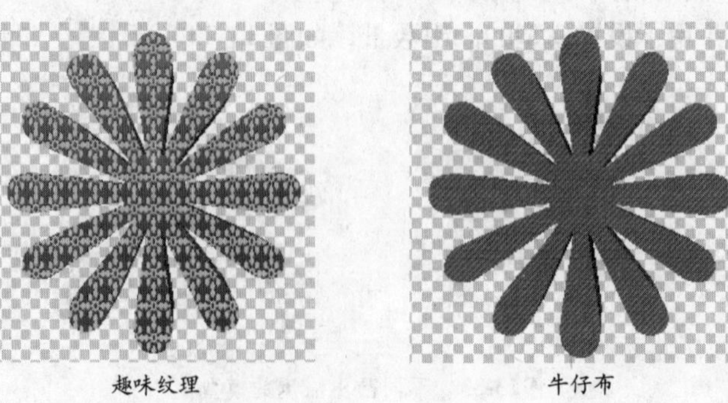

图13-37　不同的材质类型

● 【斜面】选项区：用于设置模型顶面的倒角，如图 13-38 所示。

原模型

添加斜面后的效果

图13-38 斜面

● 【场景设置】选项区：用于设置环境光以及渲染出图的类型，不同的环境类型如图 13-39 所示。

图13-39 不同环境光下的模型

13.3 3D编辑工具

选定 3D 图层时会激活 3D 对象工具，3D 对象工具如图 13-40 所示。使用 3D 对象工具可以旋转、缩放模型或调整模型位置。

图13-40 3D对象工具

在工具箱中单击 3D 对象工具，其选项栏如图 13-41 所示。

图13-41 3D对象工具选项栏

上机实战 3D对象工具的基本应用

（1）3D 对象旋转工具的使用

01 在图像中创建 3D 模型，选择工具箱中的 3D 对象旋转工具。

02 这时在图像的左上方出现 3D 轴，按下鼠标键上下拖动可以将模型围绕其 X 轴旋转；两侧拖动可以将模型围绕其 Y 轴旋转，如图 13-42 所示。

（2）3D 对象滚动工具的使用

01 在图像中创建 3D 模型，选择工具箱中的 3D 对象滚动工具。

02 按下鼠标键两侧拖动可以使模型绕 Z 轴旋转，如图 13-43 所示。

图13-42 3D对象旋转工具

图13-43 3D对象滚动工具

（3）3D 对象平移工具的使用

01 在图像中创建 3D 模型，选择工具箱中的 3D 对象平移工具。

02 按下鼠标键两侧拖动可以沿水平方向移动模型；上下拖动可以沿垂直方向移动模型。在按住【Alt】键的同时进行拖移可以沿 X、Z 方向移动，如图 13-44 所示。

图13-44 3D对象平移工具

（4）3D 对象滑动工具的使用

01 在图像中创建 3D 模型，选择工具箱中的 3D 对象滑动工具。

02 按下鼠标键两侧拖动可以沿水平方向移动模型；上下拖动可以将模型移近或移远。在按住【Alt】键的同时进行拖移可以沿 X、Y 方向移动，如图 13-45 所示。

（5）3D 对象比例工具的使用

01 在图像中创建 3D 模型，选择工具箱中的 3D 对象比例工具。

02 按下鼠标键上下拖动可以将模型放大或缩小。在按住【Alt】键的同时进行拖移可以沿 Z 方向缩放，如图 13-46 所示。

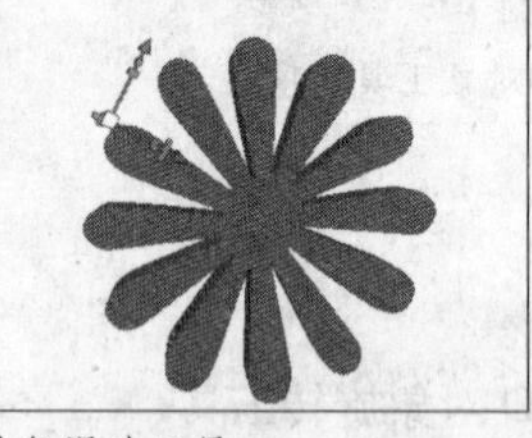

图13-45 3D对象滑动工具

图13-46 3D对象比例工具

提示 单击选项栏中的【返回到初始对象位置】图标可以返回到模型的初始视图。如果要根据数字精确调整位置、旋转或缩放，可以在选项栏右侧的【方向】文本框中输入数值。

13.4 材质与灯光

和其他大型三维软件一样，Photoshop CS5 同样可以为模型赋予材质、贴图和灯光，这些操作主要在 3D 面板中进行。

13.4.1 3D面板

单击【窗口】/【3D】命令打开 3D 面板。选择 3D 图层后，3D 面板会显示关联的 3D 文件的组件。在面板顶部列出文件中的网格、材质和光源。面板的底部显示在顶部选定的 3D 组件的设置和选项。

可以使用 3D 面板顶部的按钮来筛选出现在顶部的组件。单击【场景】按钮显示所有组件，单击【材质】按钮只查看材质。

13.4.2 3D场景设置

使用 3D 场景设置可以更改渲染模式、选择要在其上绘制的纹理或创建横截面。单击 3D 面板中的【场景】按钮，然后在面板的上方选择【场景】选项，如图 13-47 所示，其中各选项说明如下：

- 【渲染设置】下拉列表：指定模型的渲染预设，在该下拉列表中系统提供了多种渲染模式供选择，如线框，顶点等，如图 13-48 所示。

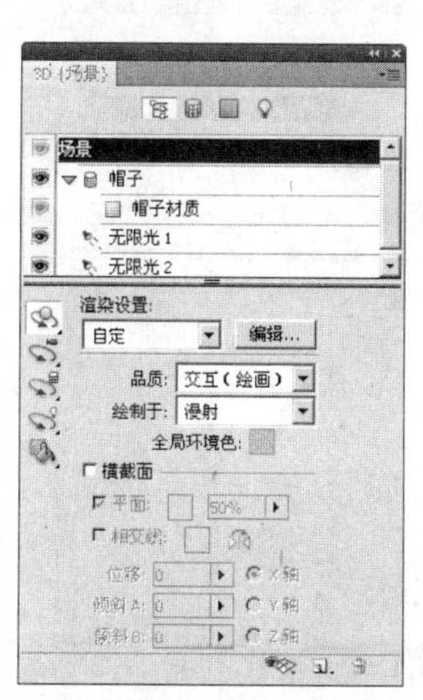

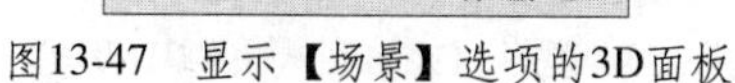
图13-47 显示【场景】选项的3D面板

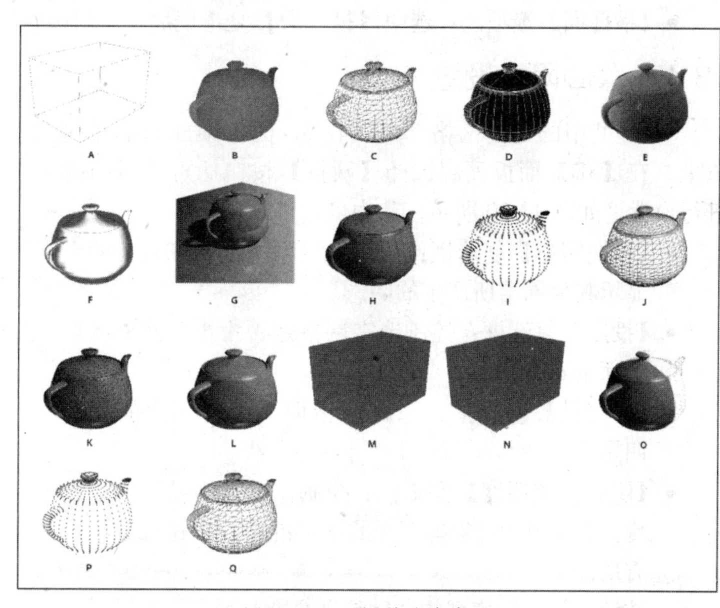

图13-48 不同的渲染类型

- 【编辑】按钮：如果要自定渲染选项，单击【编辑】按钮打开【3D 渲染设置】对话框，可以对选择的设置作更详细的设置，如图 13-49 所示。
- 【品质】下拉列表框：选择该下拉列表框中的设置，可以在保持优良性能的同时呈现最佳的显示品质。
- 【绘制于】下拉列表框：直接在 3D 模型上绘画时，在该下拉列表框中选择要在其上绘制的纹理映射。

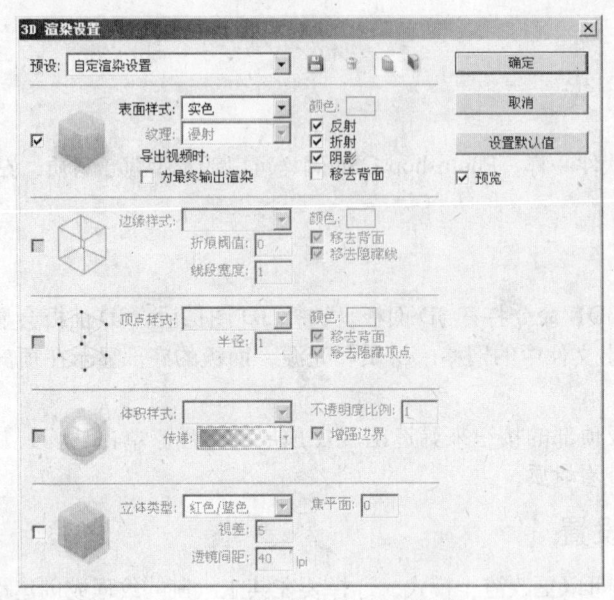

图13-49 【3D渲染设置】对话框

- 【全局环境色】色块：设置在反射表面上可见的全局环境光的颜色。该颜色与用于特定材质的环境色相互作用。
- 【横截面】选项区：选中【横截面】复选框后可以对模型的中心横截面进行设置。

13.4.3 3D网格设置

3D 模型中的每个网格都出现在 3D 面板顶部的单独线条上，在【3D】面板顶部选择【网格】按钮后可以对网格进行设置，如图 13-50 所示，其中各选项说明如下：

- 【捕捉阴影】复选框：控制选定网格是否在其表面上显示其他网格所产生的阴影。
- 【投影】复选框：控制选定网格是否投影到其他网格表面上。
- 【不可见】复选框：隐藏网格但显示其表面的所有阴影。
- 【阴影不透明度】文本框：控制选定网格投影的柔和度。在将 3D 对象与下面的图层混合时，该设置特别有用。
- 统计区：显示模型的各种统计参数。

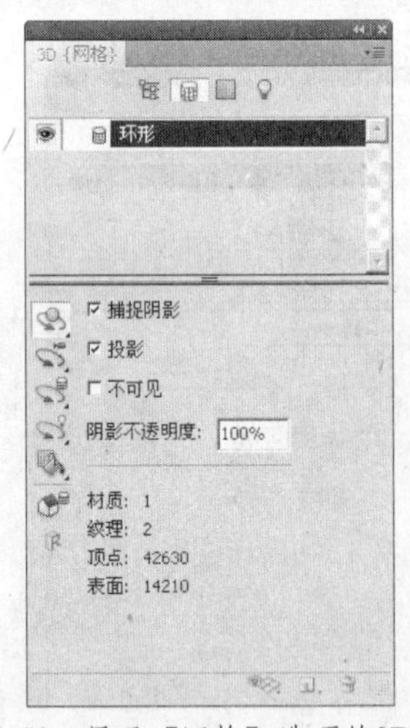

图13-50 显示【网格】选项的3D面板

13.4.4 3D材质设置

3D 面板上方列出了在 3D 文件中使用的材质，可以使用一种或多种材质来创建模型的整体外观。如果模型包含多个网格，则每个网格可能会有与之关联的特定材质。或者模型可能是通过一个网格构建的，但在模型的不同区域中使用了不同的材质。

在【3D】面板顶部选择【材质】按钮后，此时在 3D 面板可以对该模型进行材质设置，如图 13-51 所示。

- 【】材质拾色器：单击该下拉按钮，在打开的下拉列表框中可以选择系统预设的材质类型，如图 13-52 所示。

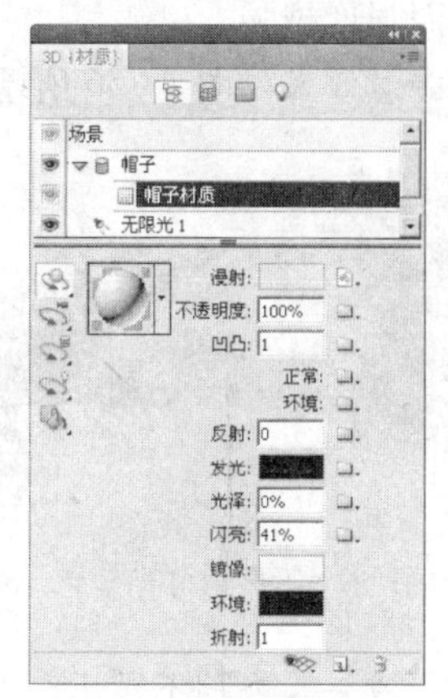

图13-51　显示【材质】选项的3D面板

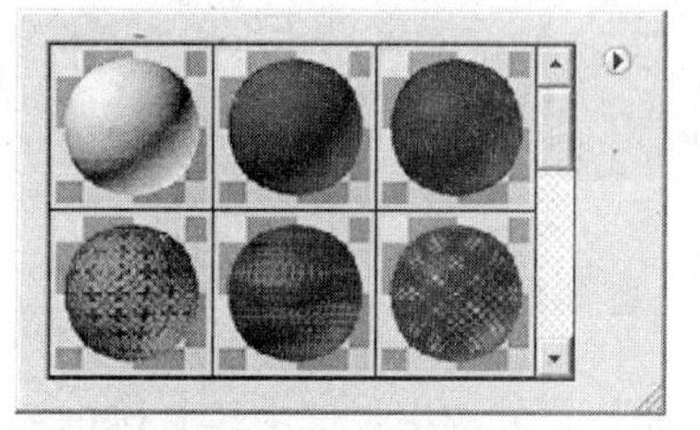

图13-52　材质拾色器

- 【漫射】：用于设置模型表面的颜色和纹理。
- 【不透明度】：用于设置模型的不透明度，0% 为完全透明。
- 【凹凸】：当使用纹理贴图后，用于设置贴图的表面凹凸程度。
- 【反射】：用于设置材质的反射值。
- 【发光】：用于设置材质本身的发光程度。
- 【光泽】：定义来自光源的光线经表面反射，折回到人眼中的光线数量。
- 【闪亮】：定义【光泽】设置所产生的反射光的散射。
- 【环境】：设置在反射表面上可见的环境光的颜色。该颜色与用于整个场景的全局环境色相互作用。

13.4.5　3D光源设置

3D 光源可以从不同角度照亮模型，Photoshop CS5 提供点光、聚光灯和无限光 3 种不同类型的光源。

在 3D 面板中单击【光源】按钮，可以切换至光源面板，在其中可以对灯光进行设置，如图 13-53 所示。

- 【预设】下拉列表：在该列表中可以选择系统自带的灯光预设，如图 13-54 所示。

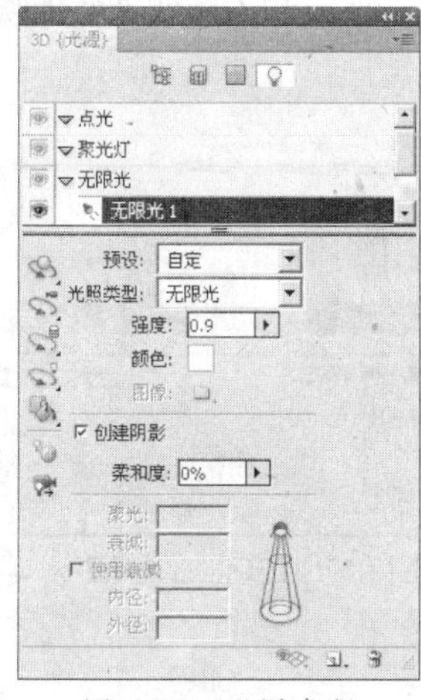

图13-53　设置光源

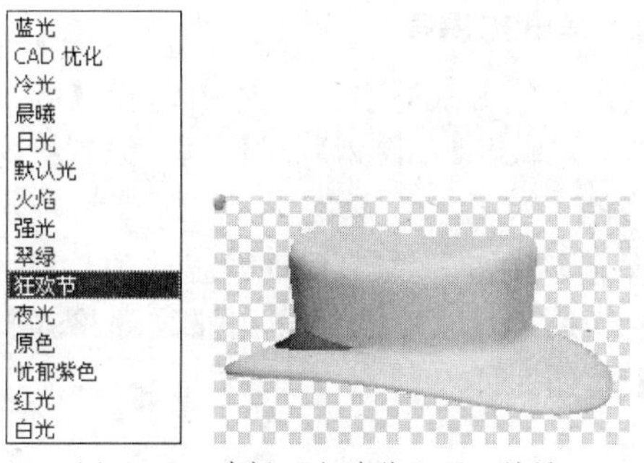

图13-54　选择【狂欢节】预设效果

- 【光照类型】下拉列表：用于选择灯光类型，如点光、聚光灯和无限光，如图 13-55 所示。
- 【强度】文本框：用于设置光照强度，数值越大，光照强度越强。
- 【颜色】色块：用于设置灯光颜色，不同的灯光颜色照射效果如图 13-56 所示。

图13-55 选择【聚光灯】选项

图13-56 不同的灯光颜色

- 【创建阴影】复选框：选中该复选框在模型中显示阴影效果，否则不显示。
- 【使用衰减】复选框：在使用【点光源】和【聚光灯】时该复选框被激活，用于设置灯光的衰减。

13.5 3D图层的操作

3D 图层属于智能图层，普通的二维绘图工具对 3D 图层无法进行操作，在对三维模型进行编辑时，常常是对其所在的图层进行操作。

13.5.1 栅格化3D图层

若要对 3D 图层进行滤镜、图像处理等操作，首先需要将 3D 图层进行栅格化。在 3D 图层上单击鼠标右键，在弹出的快捷菜单中选择【栅格化 3D】选项即可。

13.5.2 存储和导出3D文件

要保留文件中的 3D 内容，可以使用 Photoshop 格式或另一受支持的图像格式存储文件。还可以使用受支持的 3D 文件格式将 3D 图层导出为文件。

1. 导出3D图层

在 Photoshop CS5 中，可以将 3D 模型导出以下所有受支持的 3D 格式：Collada DAE、Wavefront/OBJ、U3D 和 Google Earth 4 KMZ。选取导出格式时，需考虑以下因素：

（1）纹理图层以所有 3D 文件格式存储；但 U3D 只保留漫射、环境和不透明度纹理映射。

（2）Wavefront /OBJ 格式不存储相机设置、光源和动画。

（3）只有 Collada DAE 格式会存储渲染设置。

上机实战 导出3D图层

01 在 3D 图层上单击鼠标右键，从中选择【导出 3D 图层】选项，弹出【存储为】对话框，设置好文件名及保存路径。

02 单击【保存】按钮，弹出【3D 导出选项】对话框，如图 13-57 所示，从中选择导出【纹理格式】，单击【确定】按钮即可。

图13-57 【3D导出选项】对话框

提示 U3D和KMZ支持JPED或PNG作为纹理格式。
DAE和OBJ支持所有Photoshop支持的用于纹理的图像。

2. 存储3D文件

要保留3D模型的位置、光源渲染和横截面，需要将包含3D图层的文件以PSD、PSB、TIFF或PDF格式储存。

上机实战 存储3D文件

01 单击【文件】/【存储】命令弹出【存储为】对话框。
02 在【存储为】对话框的【格式】下拉列表框中选择Photoshop、Photoshop PDF或TIFF格式，单击【保存】按钮。

13.5.3 将3D图层转换为智能对象

将3D图层转换为智能对象可以保留包含在3D图层中的3D信息。转换后可以将变换或智能滤镜等其他调整应用于智能对象。同时也可以重新打开智能对象图层以编辑原始3D场景。应用于智能对象的任何变换或调整会随之应用于更新的3D内容。

如果需要将3D图层转换为智能对象，可以在3D图层上单击鼠标右键，在弹出的菜单中选择【转换为智能对象】选项即可。

提示 将3D图层转换为智能对象后，可以继续在3D模式下编辑模型，方法是在智能图层上单击鼠标右键，在弹出的快捷菜单中选择【编辑内容】选项。

13.6 课堂实训

13.6.1 下雨动画

Photoshop CS5的动画功能在制作小型动画时非常方便，本例制作下雨效果，主要涉及关键帧动画，效果如图13-58所示。

图13-58 下雨效果

上机实战　制作下雨动画

所用素材：光盘 \ 素材 \ 第 13 章 \ 美女 .jpg

最终效果：光盘 \ 效果 \ 第 13 章 \ 下雨 .psd、下雨 .gif

01 单击【文件】/【打开】命令，打开一幅图像文件，如图 13-59 所示。

02 单击【图层】面板下方的【创建新图层】按钮，新建一个图层。

03 按【D】键恢复默认前景色和背景色，按下【Alt+Delete】组合键将图层填充为黑色，如图 13-60 所示。

04 单击【滤镜】/【杂色】/【添加杂色】命令弹出【添加杂色】对话框，进行参数设置，如图 13-61 所示，单击【确定】按钮，效果如图 13-62 所示。

图13-59　素材文件

图13-60　填充图层为黑色

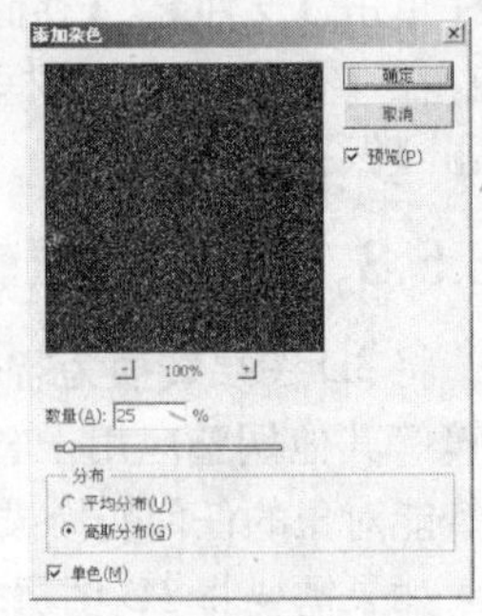

图13-61　【添加杂色】对话框

05 单击【滤镜】/【模糊】/【动感模糊】命令弹出【动感模糊】对话框，进行参数设置，如图 13-63 所示，单击【确定】按钮，效果如图 13-64 所示。

图13-62　添加杂色效果

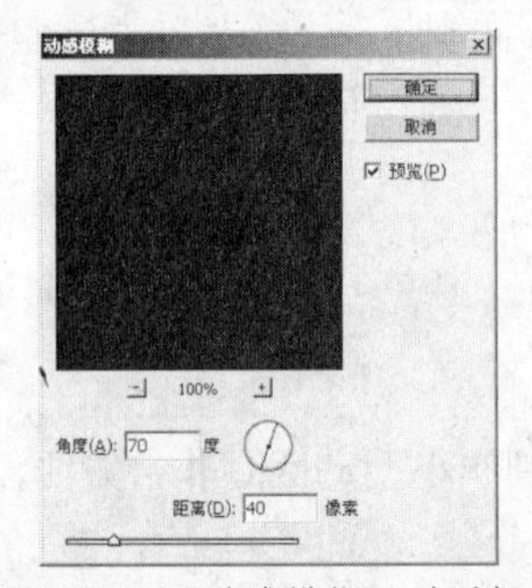

图13-63　【动感模糊】对话框

图13-64　动感模糊效果

06 在【图层】面板中将【图层 1】的混合模式设置为【滤色】，如图 13-65 所示，得到效果如图 13-66 所示。

图13-65　设置图层混合模式

图13-66　图像效果

07 复制【图层 1】为【图层 1 副本】，单击【编辑】/【变换】/【缩放】命令，调整图像大小，如图 13-67 所示，按下【Enter】键确认变换。

08 单击【窗口】/【动画】命令，打开【动画】面板。单击【切换为帧动画】按钮，切换到帧动画模式，单击【复制所选帧】按钮复制帧，如图 13-68 所示。

图13-67 变换图像

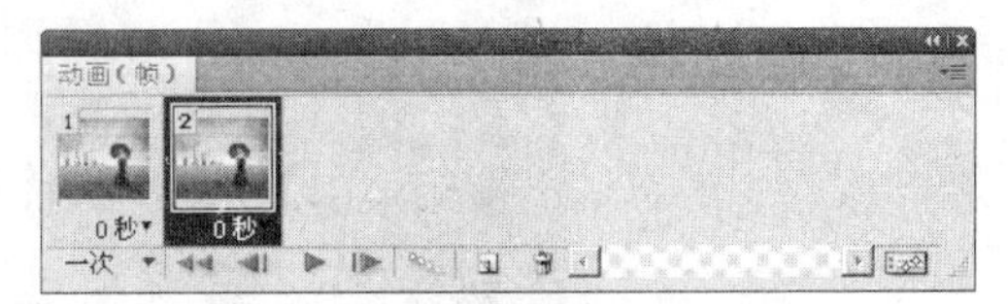

图13-68 复制帧

09 选中第一帧，在【图层】面板中隐藏【图层 1 副本】，如图 13-69 所示。

10 选中第二帧，在【图层】面板中隐藏【图层 1】，显示【图层 1 副本】，如图 13-70 所示。

11 在【动画】面板中同时选中第一帧和第二帧，单击时间列表从中选择【0.2 秒】选项，设置播放循环方式为【永远】选项，如图 13-71 所示。

图13-69 隐藏【图层1副本】

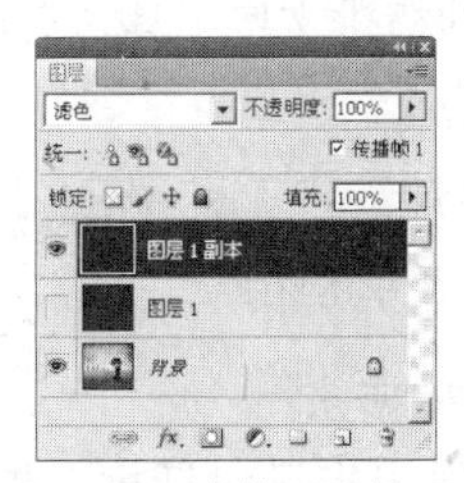

图13-70 隐藏【图层1】

图13-71 设置播放属性

12 单击【播放动画】按钮观看动画效果。

13 单击【文件】/【储存为 web 和设备所用格式】命令弹出【储存为 web 和设备所用格式】对话框，如图 13-72 所示。

14 单击【存储】按钮弹出【将优化结果存储为】对话框，设置存储类型为 gif，单击【保存】按钮，弹出信息提示对话框，如图 13-73 所示，单击【确定】按钮保存动画。

图13-72 优化动画

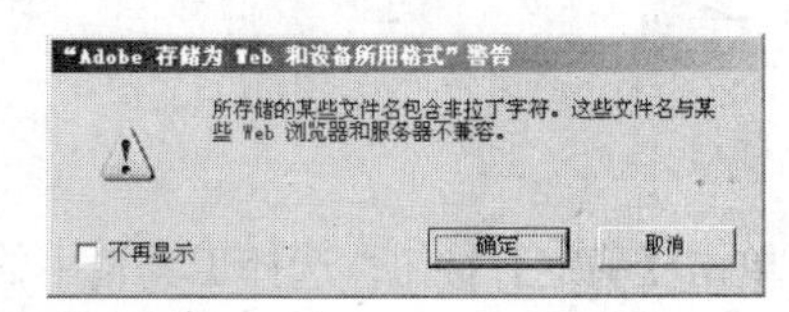

图13-73 信息提示对话框

13.6.2 3D文字

本例使用 Photoshop CS5 制作 3D 文字，效果如图 13-74 所示。

图13-74 3D文字

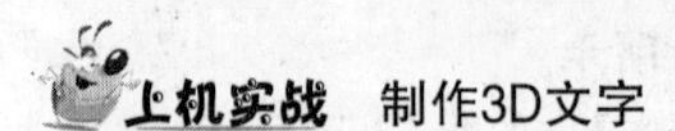

上机实战 制作3D文字

所用素材：光盘\素材\第 13 章\背景.jpg

最终效果：光盘\效果\第 13 章\3D 文字.psd

01 新建一幅空白的图像文件，选择工具箱中的横排文字工具，在选项栏中设置字体和字号，如图 13-75 所示。

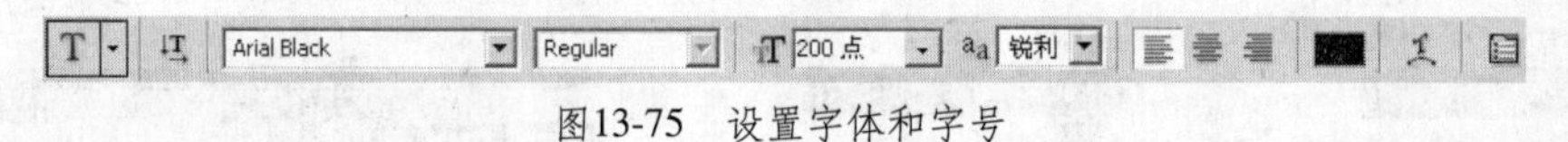

图13-75 设置字体和字号

02 在文档窗口中单击鼠标输入文字，如图 13-76 所示。

03 单击【3D】/【凸纹】/【文本图层】命令弹出提示对话框，提示将文本进行栅格化，如图 13-77 所示，单击【是】按钮。

04 在【凸纹】对话框中的【凸纹形状预设】选项中选择第一个选项，设置【深度】为 0.4，在材质列表中选择【大理石材质】，如图 13-78 所示。

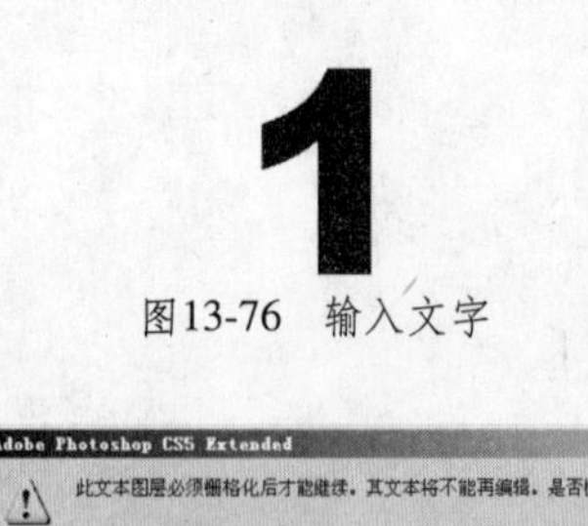

图13-76 输入文字

图13-77 提示对话框

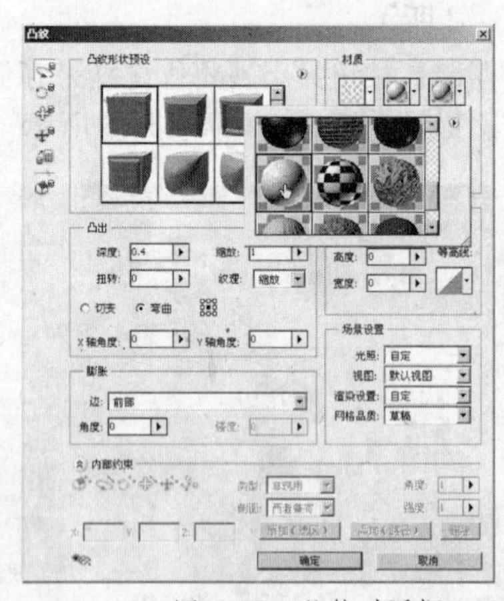

图13-78 凸纹对话框

05 单击【确定】按钮，选择工具箱中的 3D 对象旋转工具对文字进行旋转，效果如图 13-79 所示。

06 单击【文件】/【打开】命令，打开一幅素材图像文件。

07 拖动3D文字到素材图像窗口中，然后调整文字的位置，效果如图13-80所示。
08 按照同样的方法制作其他文字，最终效果如图13-74所示。

13.7 本章小结

通过本章的学习，首先应该领会动画的原理，以及关键帧动画与时间轴动画的区别，悟出其中的奥妙才能使用得恰到好处。在3D的应用方面，应该领会3D工具的使用方法和这些工具的功能，同时掌握这些工具的技巧，在此基础上灵活使用这些工具制作出漂亮的3D图像。

图13-79 3D文字

图13-80 3D文字效果

13.8 习题

1. 填空题

(1) 在Photoshop CS5中，所有的动画基本上都是在________面板和________面板中完成。
(2) 单击【窗口】/【________】命令，可以打开【动画】面板。
(3) 关键帧动画的制作都是在【________】面板中进行。

2. 问答题

(1) 什么是时间轴动画？
(2) 什么是关键帧动画？

3. 上机题

(1) 上机制作时间轴动画。
(2) 上机制作关键帧动画。
(3) 上机练习使用3D编辑工具。
(4) 根据所学知识制作如图13-81所示的立体效果文字。

制作提示：先制作出纹理，新建图层输入文字并应用3D效果，在图层调板中设置文字图层的不透明度设为50%。

(5) 根据所学知识制作如图13-82所示的下雪动画。

制作提示：先制作出下雪效果，然后对其图层添加帧动画，可参照本章中的下雨动画。

图13-81 立体效果文字

图13-82 下雪动画

第14章 Photoshop CS5综合案例

内容提要

本章通过多个典型实例，帮助读者掌握更多的实际操作经验。

14.1 图像合成特效

图像合成特效是 Photoshop 中应用最广的领域，本节主要介绍图像合成的操作方法和技巧。

14.1.1 帛画

本例将制作一幅具有帛画效果的图像，如图 14-1 所示。

图14-1 帛画效果

上机实战 制作帛画

所用素材：光盘\素材\第 14 章\梅花 .jpg、画纸 .jpg

最终效果：光盘\效果\第 14 章\帛画 .psd

01 单击【文件】/【打开】命令，打开两幅素材图像，如图 14-2 所示。

图14-2 打开的素材图像

02 选择第一幅图像中的梅花，将其拖曳到第二幅图像中，然后调整其大小及位置，效果如图 14-3 所示。

图14-3　调整大小及位置

03 选中【图层1】，单击【滤镜】/【艺术效果】/【涂抹棒】命令，在弹出的【涂抹棒】对话框中将【描边长度】设置为3、【高光区域】设置为10、【强度】设置为2，如图14-4所示。单击【确定】按钮得到如图14-5所示的效果。

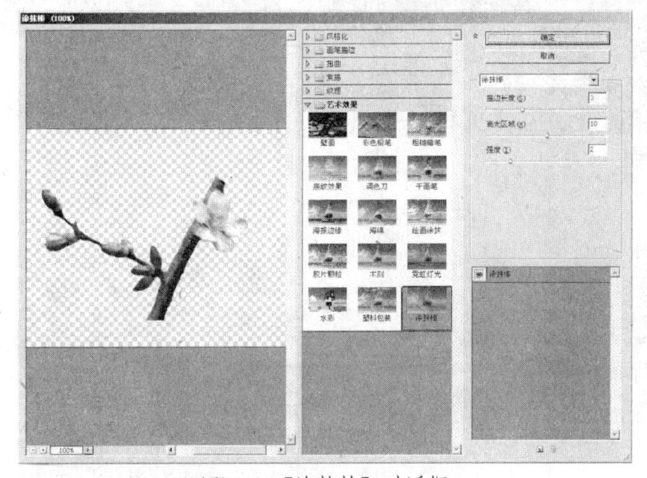

图14-4　【涂抹棒】对话框

图14-5　【涂抹棒】滤镜效果

04 单击【滤镜】/【艺术效果】/【水彩】命令，在打开的【水彩】对话框中将【画笔细节】设置为14、【纹理】设置为3，如图14-6所示。单击【确定】按钮得到如图14-7所示的效果。

图14-6　【水彩】对话框

图14-7　【水彩】滤镜效果

05 单击工具箱中的直排文字工具，设置字体和字号，在图像中输入文字完成本例的制作，效果如图14-1所示。

14.1.2 水中倒影

本例制作水中倒影效果，如图 14-8 所示。

图14-8 水中倒影

上机实战 制作水中倒影

所用素材：光盘\素材\第 14 章\风景.bmp

最终效果：光盘\效果\第 14 章\水中倒影.psd

01 按【D】键，将前景色设置为黑色，背景色设置为白色，单击【文件】/【打开】命令，打开一幅素材图像，如图 14-9 所示。

图14-9 打开的素材图像

02 单击【图像】/【画布大小】命令打开【画布大小】对话框，在保持【宽度】不变的情况下将【高度】增大 2 倍，【定位】在上中部，如图 14-10 所示。单击【确定】按钮，增大画布后的图像如图 14-11 所示。

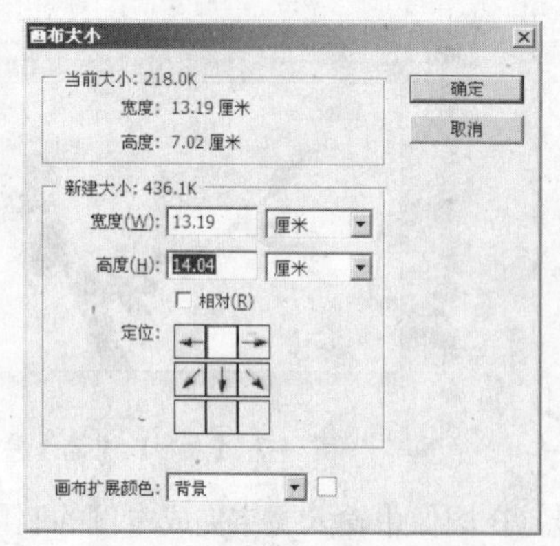

图14-10 【画布大小】对话框

图14-11 增大画布后的图像

03 单击工具箱中的魔棒工具，选中图像下部的白色部分，单击【选择】/【反向】命令反选选区，单击【编辑】/【拷贝】命令，然后单击【编辑】/【粘贴】命令，将图像粘贴到新的图层中。

04 此时新图层将自动命名为【图层1】，选择工具箱中的移动工具，将刚粘贴的图像移到图像的下部，如图14-12所示。

05 将当前图层选择为【图层1】，然后单击【编辑】/【变换】/【垂直翻转】命令，将得到如图14-13所示的效果。

06 单击【编辑】/【变换】/【缩放】命令，将图像进行垂直压缩，如图14-14所示。

图14-12　复制图像

图14-13　垂直翻转图像

图14-14　垂直压缩图像

07 单击工具箱中的裁剪工具裁剪图像中的空白区域。选中【图层1】，单击【图像】/【调整】/【亮度/对比度】命令，在打开的【亮度/对比度】对话框中设置各项参数，如图14-15所示。单击【确定】按钮，降低图像的亮度，效果如图14-16所示。

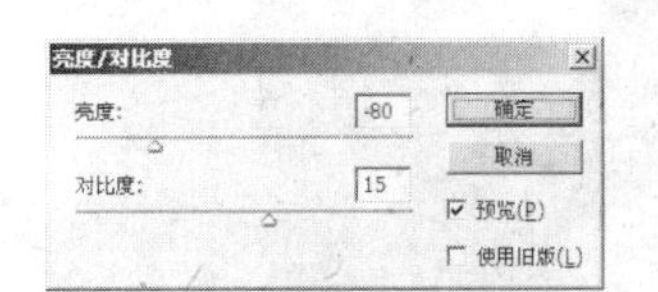

图14-15　【亮度/对比度】对话框

图14-16　调整亮度和对比度后的效果

08 单击【滤镜】/【扭曲】/【海洋波纹】命令，在打开的【海洋波纹】对话框中设置各项参数如图14-17所示，单击【确定】按钮得到如图14-18所示的效果。

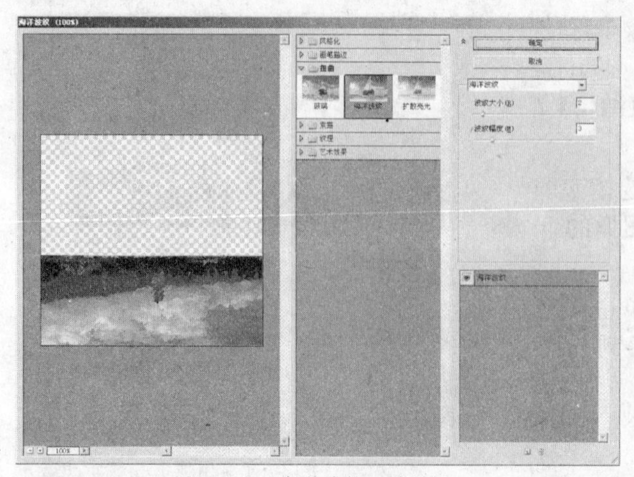

图14-17 【海洋波纹】对话框

图14-18 【海洋波纹】滤镜效果

09 单击工具箱中的椭圆选框工具，在倒影上创建一个椭圆选区，然后单击【滤镜】/【扭曲】/【水波】命令，在打开的【水波】对话框中进行参数设置，如图 14-19 所示。单击【确定】按钮得到如图 14-20 所示的效果。

图14-19 【水波】对话框

图14-20 【水波】滤镜效果

10 参照步骤 9 重复进行上述操作，制作多个水波效果，得到最终的倒影效果，如图 14-8 所示。

14.1.3 老电影效果

本例制作具有老电影效果的图像，如图 14-21 所示。

图14-21 老电影效果

上机实战 制作老电影效果的图像

所用素材：光盘\素材\第14章\海报.jpg
最终效果：光盘\效果\第14章\老电影.psd

01 按【D】键将前景色设置为黑色、背景色设置为白色，单击【文件】/【打开】命令，打开一幅素材图像，如图14-22所示。

02 在【图层】面板中拖动背景图层到【创建新图层】按钮上面，复制为【背景 副本】图层。

03 单击【滤镜】/【杂色】/【添加杂色】命令，在弹出的【添加杂色】对话框中设置各项参数，如图14-23所示，单击【确定】按钮，效果如图14-24所示。

图14-22 素材图像

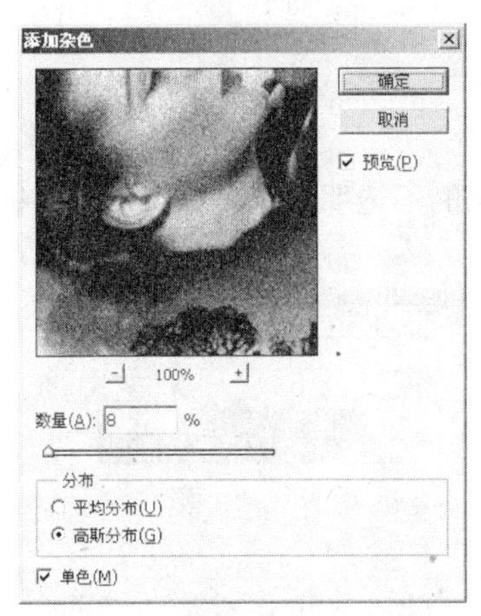

图14-23 【添加杂色】对话框

图14-24 【添加杂色】滤镜效果

04 单击【图像】/【调整】/【去色】命令，效果如图14-25所示。

05 按【Ctrl+U】组合键，在弹出的【色相/饱和度】对话框中设置各项参数，如图14-26所示。单击【确定】按钮得到如图14-27所示的效果。

图14-25 去色后的效果

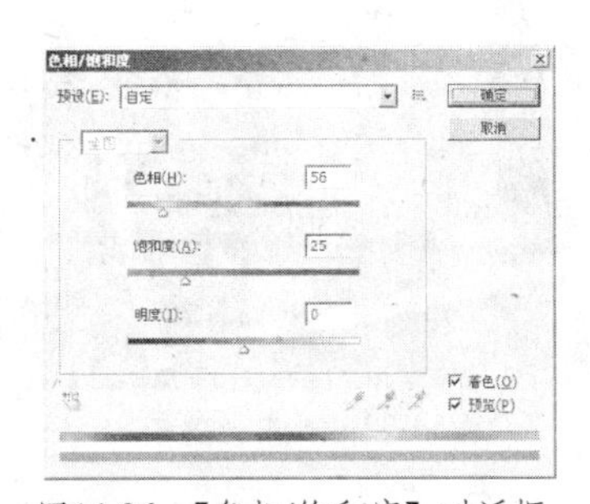

图14-26 【色相/饱和度】对话框

图14-27 调整图像后的效果

06 新建一个图层，单击工具箱中的单列选框工具，在按下【Shift】键的同时，随意在图像中单击鼠标，绘制几条直线，如图14-28所示。

07 单击【编辑】/【描边】命令，在打开的【描边】对话框中设置【宽度】为1像素、【颜色】为白色，如图14-29所示，单击【确定】按钮，效果如图14-30所示。

图14-28 创建直线选区

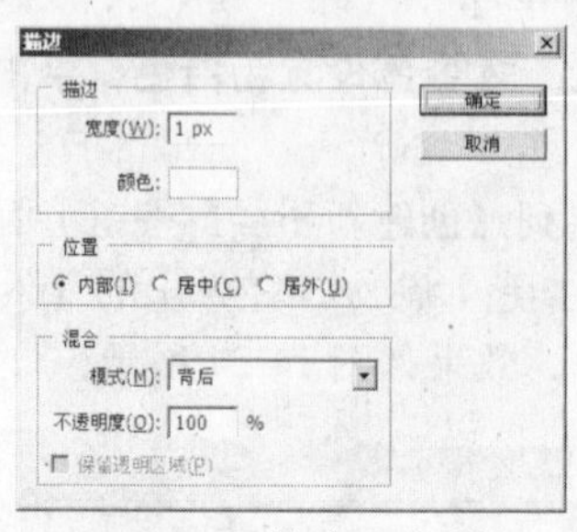

图14-29 【描边】对话框

图14-30 描边效果

08 在【图层】面板中调整该图层的不透明度为25%，如图14-31所示。至此完成本例的制作，效果如图14-21所示。

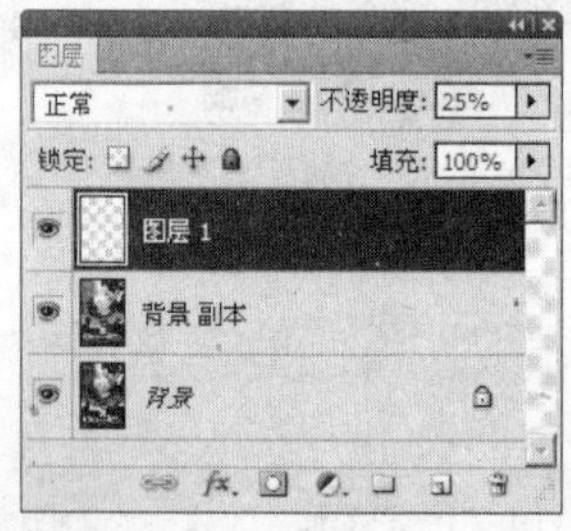

图14-31 改变不透明度

14.1.4 画中画效果

本例制作画中有画的图像效果，如图14-32所示。

图14-32 画中画效果

上机实战 制作画中画

所用素材：光盘\素材\第14章\新娘.jpg

最终效果：光盘\效果\第14章\画中画效果.psd

01 按【D】键将前景色设置为黑色、背景色设置为白色，单击【文件】/【打开】命令，打开一幅素材图像，如图14-33所示。

02 单击工具箱中的矩形选框工具，在图像中创建一个选区，单击【选择】/【变换选区】命令对选区进行变换操作，如图 14-34 所示。

图14-33　打开图像

图14-34　变换选区

03 按【Ctrl+J】键两次复制得到【图层 1】和【图层 1 副本】两个图层。

04 选择【图层 1】，在按住【Ctrl】键的同时用鼠标单击其缩略图，载入该选区，按【Alt+Delete】组合键用黑色填充选区，按下【Ctrl+D】组合键取消选区。

05 单击【滤镜】/【模糊】/【高斯模糊】，在打开的【高斯模糊】对放话框中设置参数，如图 14-35 所示，单击【确定】按钮，效果如图 14-36 所示。

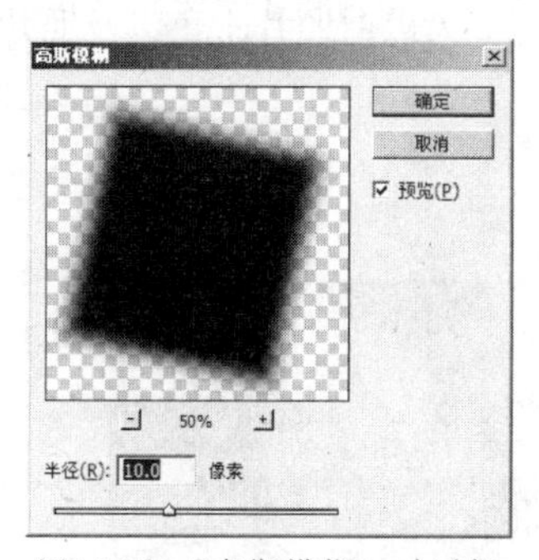

图14-35　【高斯模糊】对话框

图14-36　【高斯模糊】效果

06 双击【图层 1 副本】的缩略图，在打开的【图层样式】中选择【描边】选项，如图 14-37 所示设置参数，单击【确定】按钮，效果如图 14-38 所示。

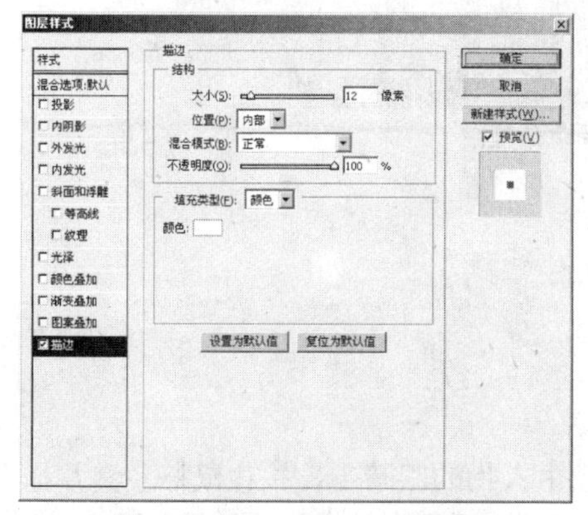

图14-37　【图层样式】对话框

图14-38　添加图层样式后的效果

07 选择背景图层，单击【图像】/【调整】/【去色】命令将背景图层去除颜色，得到的效果如图 14-39 所示。

图14-39　将背景图层去色

14.2　数码照片处理

利用 Photoshop 可以修复旧的照片、处理照片中的瑕疵、为黑白照片上色以及照片合成等。

14.2.1　消除照片中的红眼

本例将对照片中人物的红眼进行处理，如图 14-40 所示。

图14-40　消除照片中的红眼

上机实战　消除照片中的红眼

所用素材：光盘\素材\第 14 章\红眼照片.jpg
最终效果：光盘\效果\第 14 章\消除照片中的红眼.jpg

01 单击【文件】/【打开】命令，打开一幅红眼图像。

02 选择工具箱中的红眼工具，将鼠标指针移到图像中人物的眼睛上，按住鼠标左键并拖曳，将会拖出一个矩形框，如图 14-41 所示。释放鼠标后即可消除图像中的红眼，效果如图 14-42 所示。

03 继续对另一只眼睛做同样的处理，得到的最终效果如图 14-40 所示。

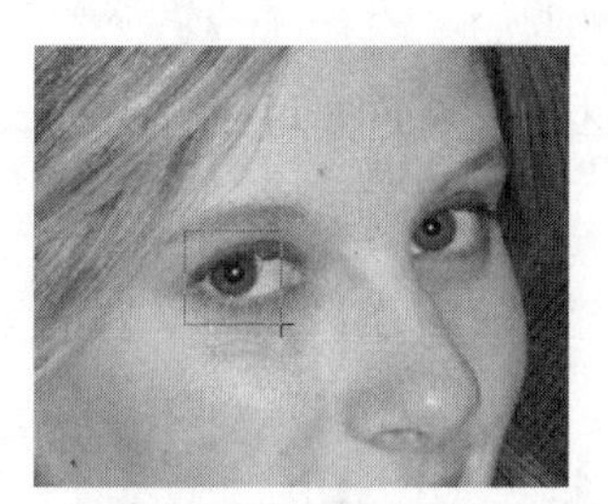

图14-41　对红眼进行处理

图14-42　消除红眼

14.2.2　黑白照片上色

本例为黑白照片进行上色，效果如图 14-43 所示。

图14-43　黑白照片上色效果

上机实战　为黑白照片上色

所用素材：光盘\素材\第 14 章\黑白照片.jpg

最终效果：光盘\效果\第 14 章\黑白照片上色.jpg

01 单击【文件】/【打开】命令，打开一幅黑白素材图片，如图 14-44 所示。

02 选择工具箱中的魔棒工具，在图像中仔细选择人物的皮肤区域，创建皮肤选区，如图 14-45 所示。

图14-44　打开的黑白照片

图14-45　选择皮肤区域

03 单击【图像】/【调整】/【色相/饱和度】命令，在弹出的【色相/饱和度】对话框中设置各项参数，如图 14-46 所示。

04 单击【确定】按钮，按【Ctrl+D】组合键取消选区，效果如图 14-47 所示。

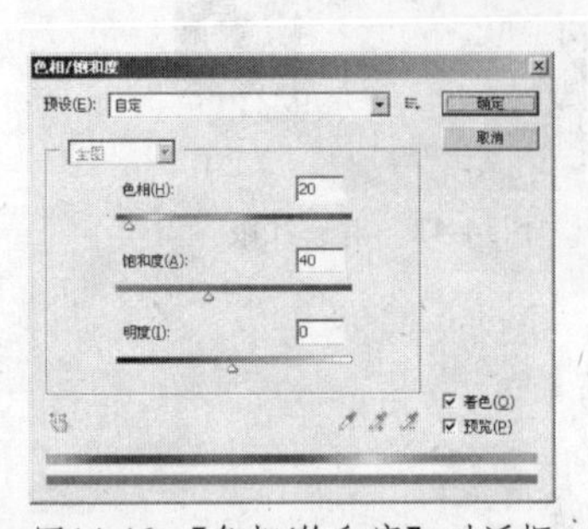

图14-46 【色相/饱和度】对话框

图14-47 调整皮肤后的效果

05 再用同样的方法选择人物裙子部分，得到裙子选区，如图 14-48 所示。

06 单击【图像】/【调整】/【色相/饱和度】命令，在弹出的【色相/饱和度】对话框中设置各项参数，如图 14-49 所示。

图14-48 选择头发部分

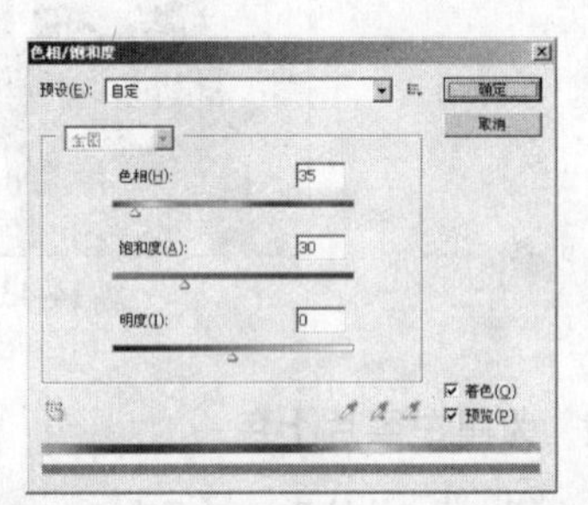

图14-49 【色相/饱和度】对话框

07 单击【确定】按钮，按【Ctrl+D】组合键取消选区，效果如图 14-50 所示。

08 选择人物的头发部分，如图 14-51 所示。同样在【色相/饱和度】对话框中进行调整，如图 14-52 所示。

图14-50 调整裙子的颜色

图14-51 选择头发部分

09 单击【确定】按钮，按【Ctrl+D】组合键取消选区，效果如图 14-53 所示。

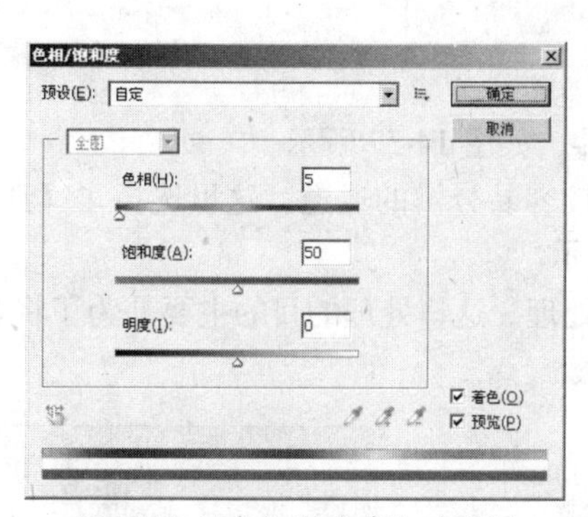

图14-52 【色相/饱和度】对话框

图14-53 调整头发的颜色

10 选择人物的腰带部分，如图 14-54 所示。单击【图像】/【调整】/【色相/饱和度】命令，在弹出的【色相/饱和度】对话框中设置各项参数，如图 14-55 所示。

图14-54 【色相/饱和度】对话框

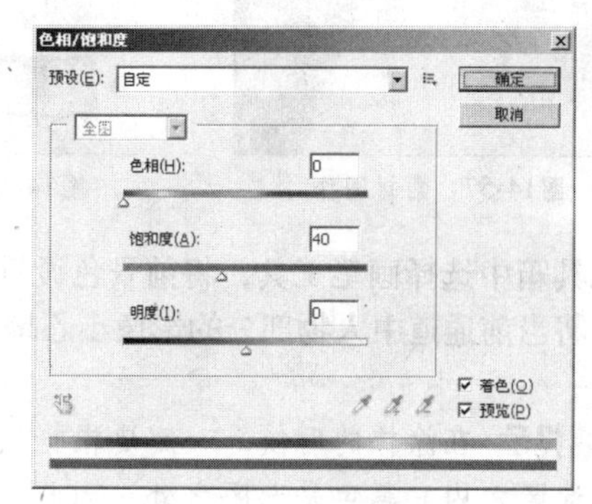

图14-55 【色彩平衡】对话框

11 单击【确定】按钮，按【Ctrl+D】组合键取消选区，上色后的效果如图 14-43 所示。

14.2.3 婚纱抠像

本例对婚纱照片进行抠像处理，效果如图 14-56 所示。

图14-56 抠像效果

上机实战　婚纱抠像

所用素材：光盘\素材\第14章\婚纱.jpg、美景.jpg

最终效果：光盘\效果\第14章\婚纱抠像.psd.

01 单击【文件】/【打开】命令，打开素材图像文件，如图14-57所示。

02 打开【通道】面板，挑选一个人物和婚纱都比较容易分辨的通道。这里选择了【红】通道，将【红】通道复制为【红副本】通道，如图14-58所示。

03 按下【Ctrl+I】组合键将【红副本】通道做反相处理。这样处理的目的主要是为了将背景变为浅颜色，使后面做选择背景更方便，如图14-59所示。

图14-57　素材图像

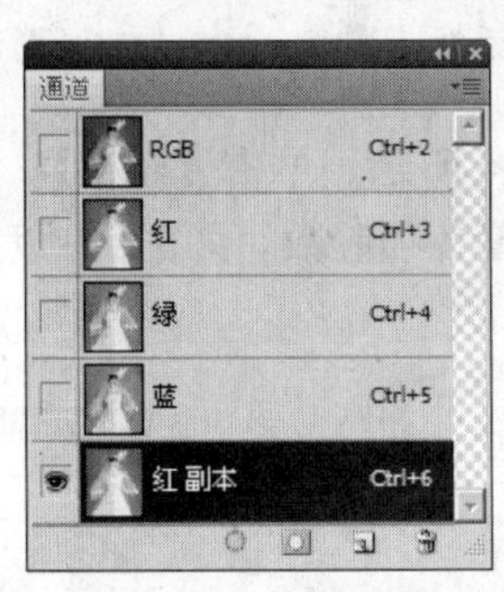

图14-58　选择通道

图14-59　反相显示图像

04 在工具箱中选择画笔工具，将前景色设置为黑色，在画笔工具选项栏中设置合适的笔刷直径和硬度，将当前通道中人物部分的影像小心地涂抹为黑色，如图14-60所示。

> **提示**　在涂抹的时候，一定要根据实际情况及时调整笔刷的硬度。在通道中白色是选区之内，黑色是选区之外，因此，将不是背景的、不需要替换的部分完全涂抹成黑色。

05 选择【图像】/【调整】/【色阶】命令打开【色阶】对话框，在面板右侧选中设置白场吸管，如图14-61所示。用吸管在图像中的背景中单击，将背景设置为白色，如图14-62所示。

图14-60　处理图像

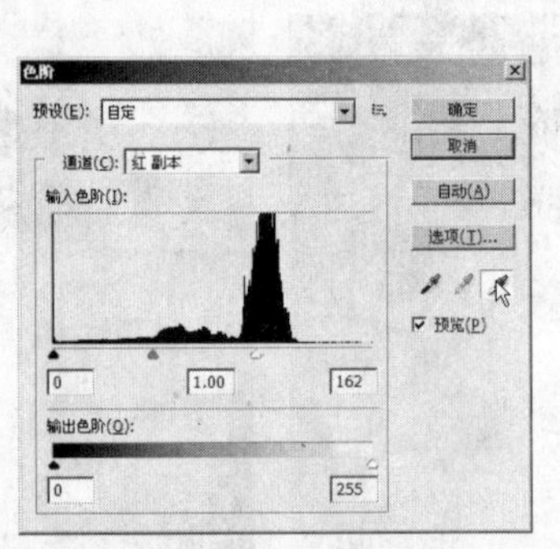

图14-61　【色阶】对话框

图14-62　单击图像背景

06 按住【Ctrl】键用鼠标单击通道面板上的当前通道，当前通道的选区被载入，如图14-63所示。

07 单击【文件】/【打开】命令，打开一幅素材图像，如图 14-64 所示。按【Ctrl+A】组合键全选图像。然后复制图像。

08 在通道面板中单击 RGB 复合通道回到图层面板，单击【编辑】/【选择性粘贴】/【贴入】命令，当前层上自动产生了图层蒙版。在蒙版的作用下，鲜花贴到了人物的后面，而且人物的披纱是半透明的，如图 14-65 所示。

图14-63 载入选区

图14-64 素材图像

图14-65 最终效果

14.2.4 旧照片的修复与翻新

本例对旧照片进行修复翻新处理，效果如图 14-66 所示。

图14-66 旧照片修复翻新前后的效果对比

上机实战 修复翻新旧照片

所用素材：光盘\素材\第 14 章\旧照片.jpg

最终效果：光盘\效果\第 14 章\修复的旧照片.psd

01 单击【文件】/【打开】命令，打开要进行修复的照片，如图 14-67 所示。

02 选择魔棒工具，在图像中白色的地方单击，选中白色的区域，如图 14-68 所示。

03 单击【选择】/【反向】命令反选选区，效果如图 14-69 所示。

04 单击【图层】/【新建】/【通过剪切的图层】命令，然后将背景图层填充为灰色，效果如图 14-70 所示。此时的【图层】面板如图 14-71 所示。

05 选择"图层 1"为当前图层。单击【选择】/【载入选区】命令打开【载入选区】对话框，如图 14-72 所示。单击【确定】按钮载入其选区，如图 14-73 所示。

图14-67　打开素材图像

图14-68　制作选区

图14-69　反选选区

图14-70　填充背景图层

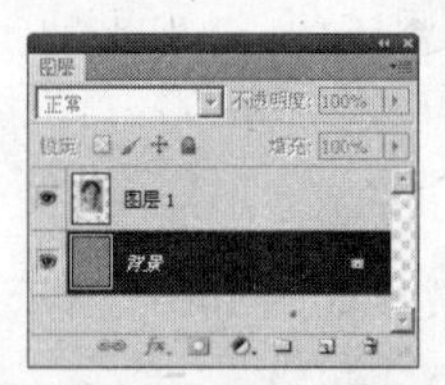

图14-71　【图层】调板

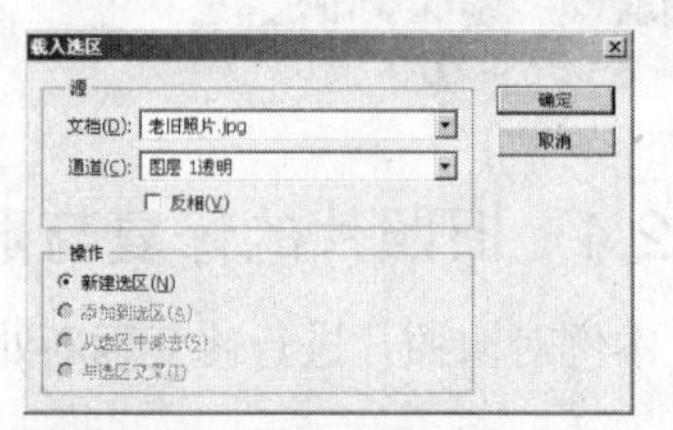

图14-72　载入图层1的选区

06 选择矩形选框工具，在按下【Alt】键的同时在原选区中裁切选区，如图 14-74 所示。

07 将背景颜色设置为白色，按下【Ctrl+Delete】组合键填充选区，然后按【Ctrl+D】组合键取消选区，效果如图 14-75 所示。

图14-73　载入选区

图14-74　裁切选区

图14-75　填充选区

08 在【图层】面板中复制“图层 1”为“图层 1 副本”，此时的【图层】面板如图 14-76 所示。

09 单击【滤镜】/【杂色】/【蒙尘与划痕】命令，在弹出的【蒙尘与划痕】对话框中进行参数设置，如图 14-77 所示。单击【确定】按钮，效果如图 14-78 所示。

10 在按下【Alt】键的同时单击【图层】面板中的【添加图层蒙版】按钮，为“图层 1 副本”添加图层蒙版，此时【图层】面板如图 14-79 所示。

11 选择橡皮擦工具对头发、眼睛、嘴巴等部位进行擦除操作，效果如图 14-80 所示。

12 按下【Ctrl+E】组合键将【图层 1 副本】与【图层 1】合并。

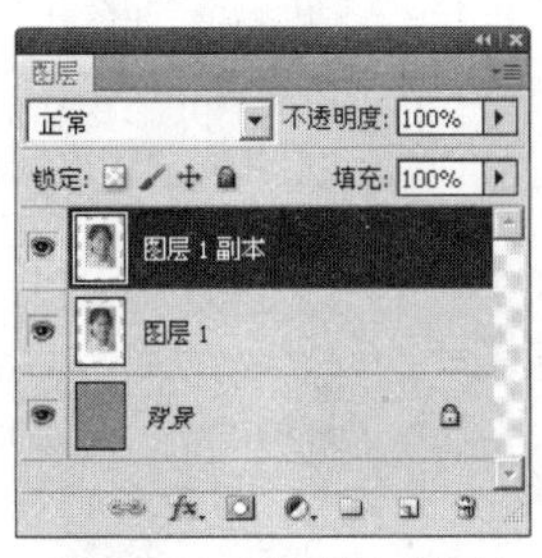

图14-76 【图层】调板

图14-77 【蒙尘与划痕】对话框

图14-78 应用后的效果

13 单击【图像】/【调整】/【去色】命令，效果如图 14-81 所示。

图14-79 【图层】调板

图14-80 利用橡皮擦工具修饰图像

图14-81 去色后的效果

14 单击【图像】/【自动对比度】命令，效果如图 14-82 所示。

15 单击【图像】/【调整】/【曲线】命令，在弹出的【曲线】对话框中调整曲线形状，如图 14-83 所示，单击【确定】按钮。

16 结合运用图章工具和减淡工具对照片进行整体上的修饰，最终效果如图 14-84 所示。

图14-82 调整【自动对比度】后的效果

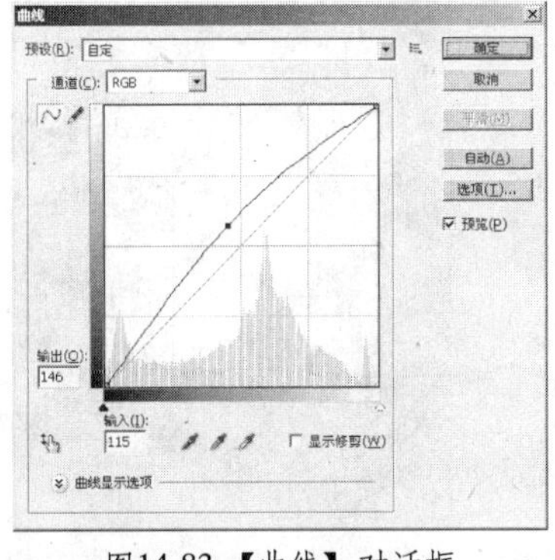

图14-83 【曲线】对话框

图14-84 最终效果

14.3 图形设计

本节主要通过 4 个图形设计实例的学习，熟练掌握在 Photoshp CS5 中设计与制作图形的技能。

14.3.1 高尔夫球

本例制作高尔夫球，效果如图 14-85 所示。

图14-85 高尔夫球

上机实战 制作高尔夫球

所用素材：光盘\素材\第 14 章\小狗 .jpg

最终效果：光盘\效果\第 14 章\高尔夫球 .psd

01 单击【文件】/【新建】命令，新建一幅 RGB 模式的空白图像。

02 单击【图层】面板中的【创建新图层】按钮，新建一个【图层 1】

03 选择工具箱中的渐变工具并在其工具选项栏中单击【径向渐变】按钮选中【反向】复选框，在图像中从左上向右下应用渐变，如图 14-86 所示。

04 单击【滤镜】/【按钮】/【玻璃】命令，在弹出的【玻璃】对话框中按照如图 14-87 所示进行设置，单击【确定】按钮，效果如图 14-88 所示。

图14-86 在图像中应用渐变

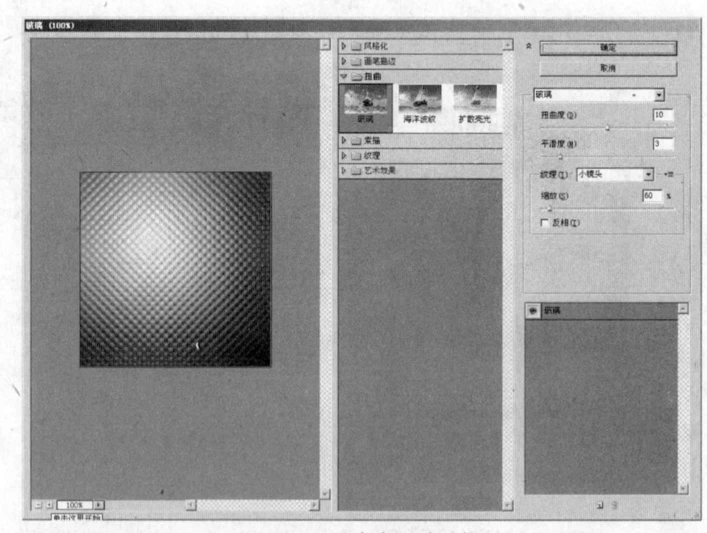

图14-87 【玻璃】对话框

05 选择工具箱中的椭圆选框工具，在按下【Shift】键的同时在图像中创建一个正圆形的选区，如图 14-89 所示。

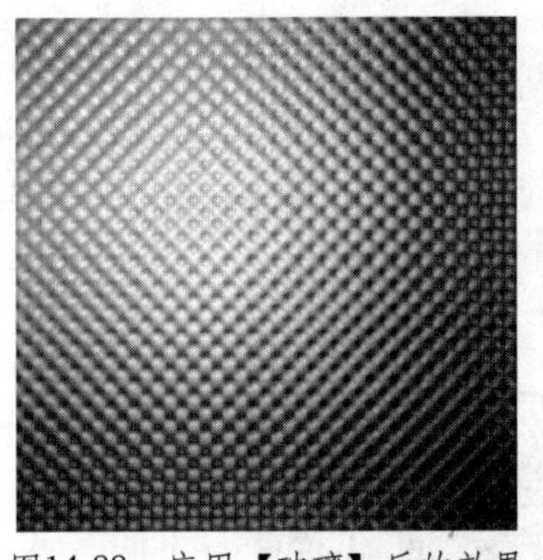
图14-88 应用【玻璃】后的效果

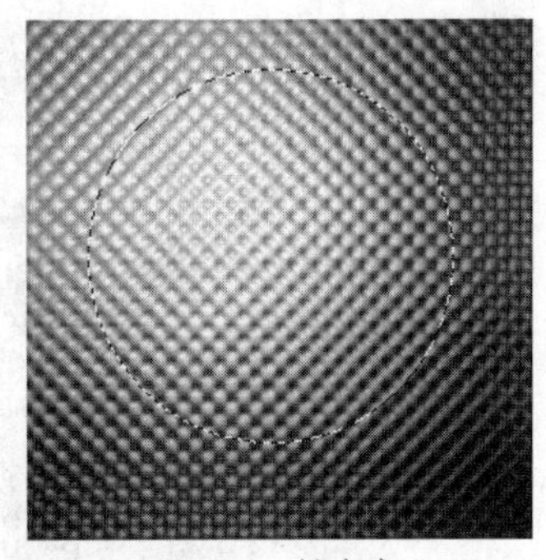
图14-89 创建选区

06 按【Ctrl+Shift+I】组合键反选选区，单击【编辑】/【清除】命令，删除选区中的内容，如图14-90所示。

07 按【Ctrl+Shift+I】组合键反选选区，单击【滤镜】/【按钮】/【球面化】命令在弹出的【球面化】对话框中设置【数量】为90、【模式】为【正常】如图14-91所示。设置完成后单击【确定】按钮，按【Ctrl+D】组合键取消选区，效果如图14-92所示。

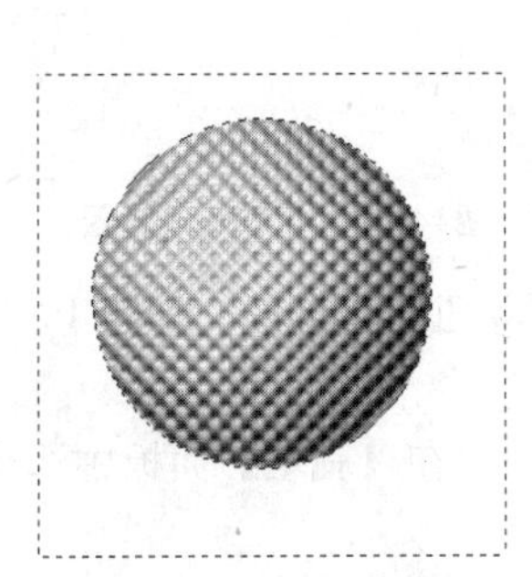
图14-90 反选并删除

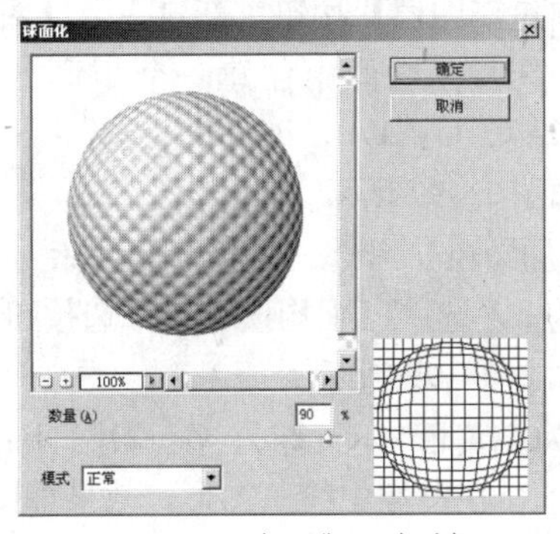

图14-91 【球面化】对话框

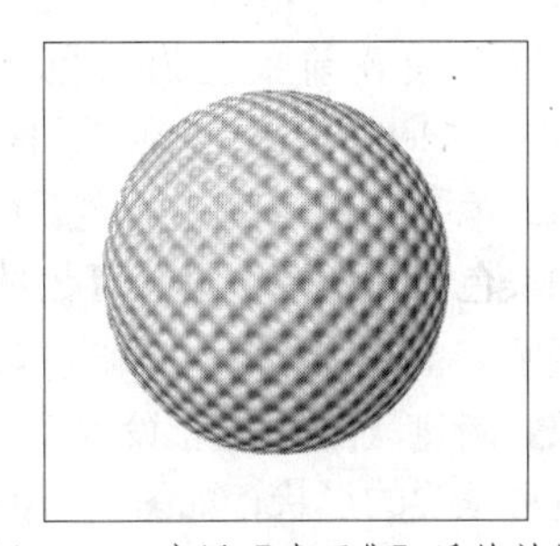
图14-92 应用【球面化】后的效果

08 单击【图像】/【调整】/【亮度/对比度】命令，在弹出的【亮度/对比度】对话框中设置【亮度】为40、【对比度】为20，如图14-93所示，单击【确定】按钮，效果如图14-94所示。

09 单击背景图层，将其设为当前图层，单击【图层】面板中的【创建新图层】按钮，在背景图层上面新建一个【图层2】。

10 选择工具箱中的画笔工具为高尔夫球做出光照的阴影效果，如图14-95所示。

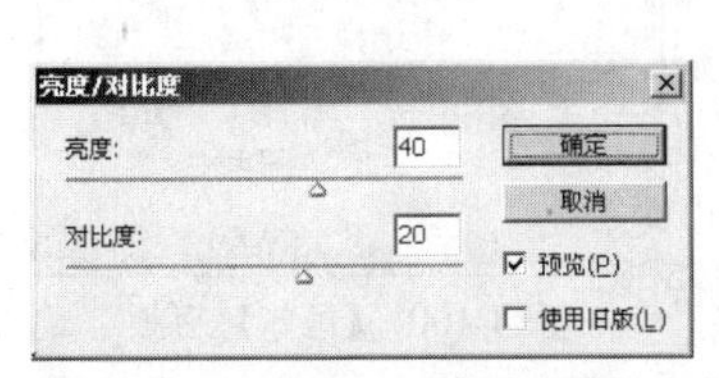

图14-93 【亮度/对比度】对话框

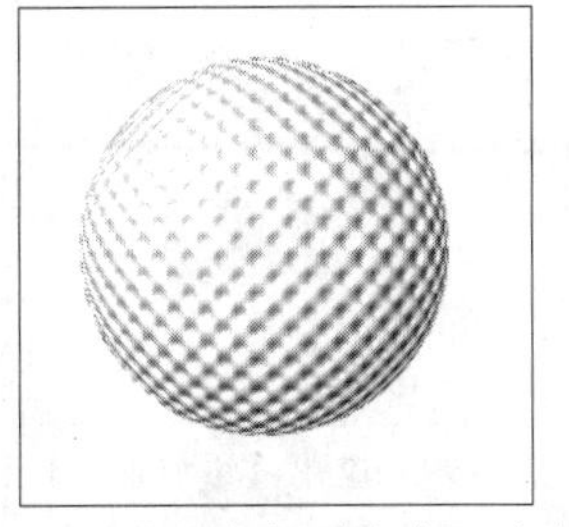
图14-94 调整【亮度/对比度】后的效果

图14-95 制作阴影

14.3.2 卷烟

本例制作卷烟效果，如图14-96所示。

图14-96　卷烟

上机实战　制作烟卷

所用素材：光盘\素材\第14章\木地板.jpg、香烟盒.jpg
最终效果：光盘\效果\第14章\卷烟.psd

01 单击【文件】/【新建】命令，新建一幅RGB模式的空白图像。

02 单击【图层】面板底部的【创建新图层】按钮，新建一个【图层1】。

03 选择工具箱中的矩形选框工具，在图像中创建一个矩形选区，设置前景色为黄色（R：247，G：170，B：90），按下【Alt+Delete】组合键填充选区，如图14-97所示。

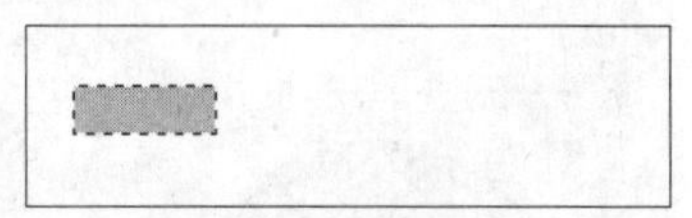

图14-97　创建矩形选区

04 单击【滤镜】/【杂色】/【添加杂色】命令，在打开的【添加杂色】对话框中设置【数量】为5，选中【平均模糊】单选按钮和【单色】复选框，如图14-98所示，单击【确定】按钮，效果如图14-99所示。

05 新建【图层2】，设置前景色为亮黄色（R：246，G：218，B：127），在【画笔】面板中选择一种笔尖的形状，如图14-100所示，在图像中绘制图形，效果如图14-101所示。

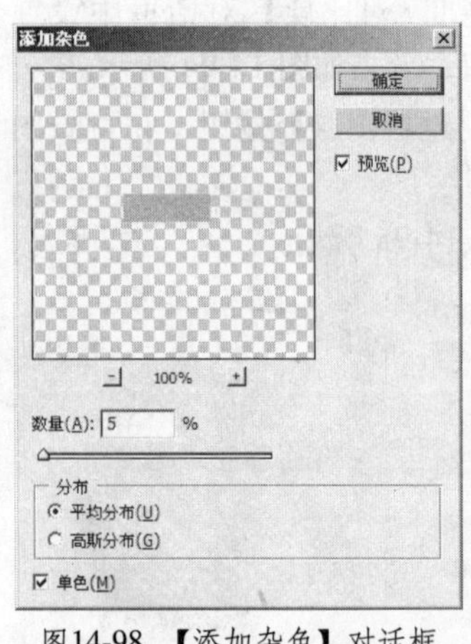

图14-98　【添加杂色】对话框

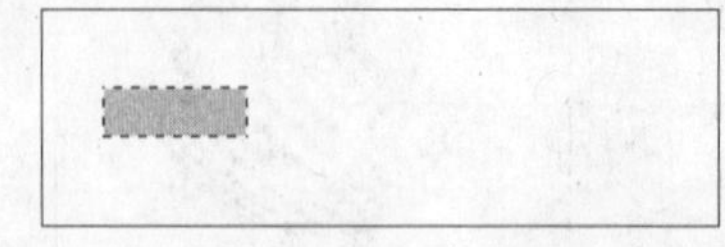

图14-99　应用【添加杂色】后的效果

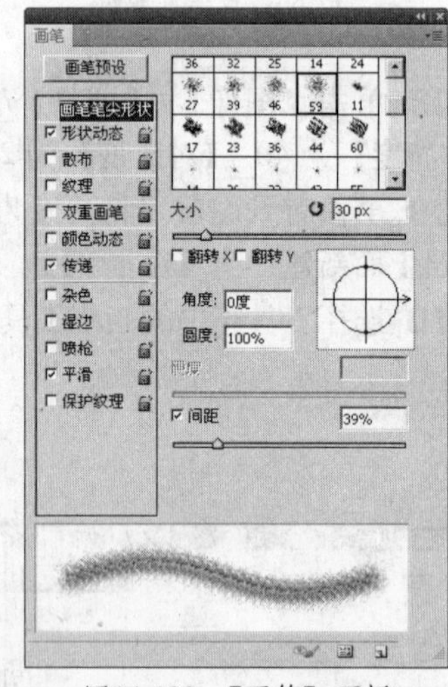

图14-100　【画笔】面板

06 新建一个【图层3】，选择工具箱中的矩形选框工具，在图像的右侧创建一个矩形选区并将其填充为白色，如图14-102所示。

07 单击【滤镜】/【素描】/【便条纸】命令，在打开的【便条纸】对话框中设置各项参数，如图14-103所示，单击【确定】按钮，效果如图14-104所示。

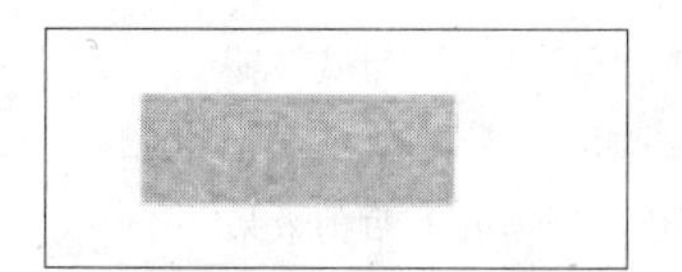

图14-101　绘画后的图像

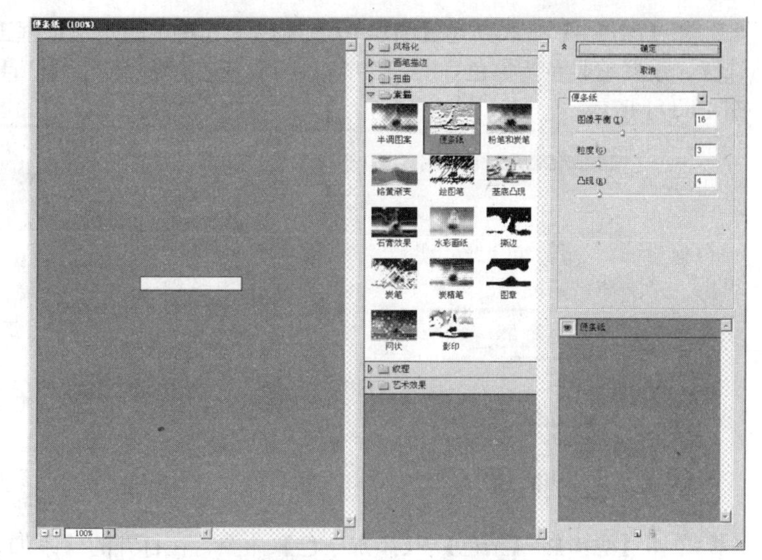

图14-102　创建选区

图14-103　【便条纸】对话框

08 新建一个【图层4】，选择工具箱中的渐变工具并在其工具选项栏中单击【点按可编辑渐变】按钮，在打开的对话框中调整渐变，如图14-105所示，单击【确定】按钮退出。

09 在渐变选项栏中单击【线性渐变】按钮，在选区中从上到下拖动鼠标填充渐变色，按【Ctrl+D】组合键取消选区，效果如图14-106所示。

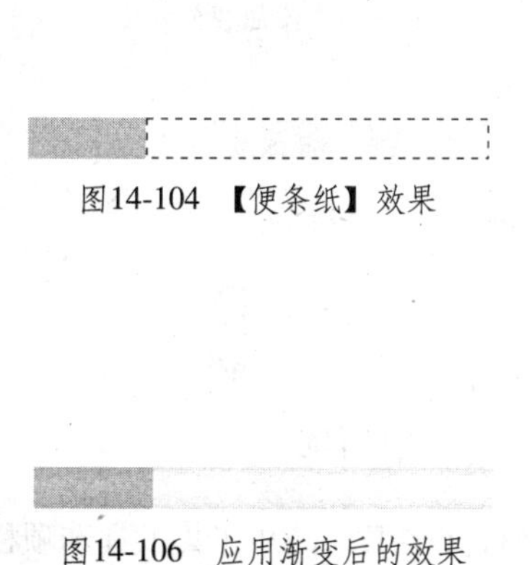

图14-104　【便条纸】效果

图14-106　应用渐变后的效果

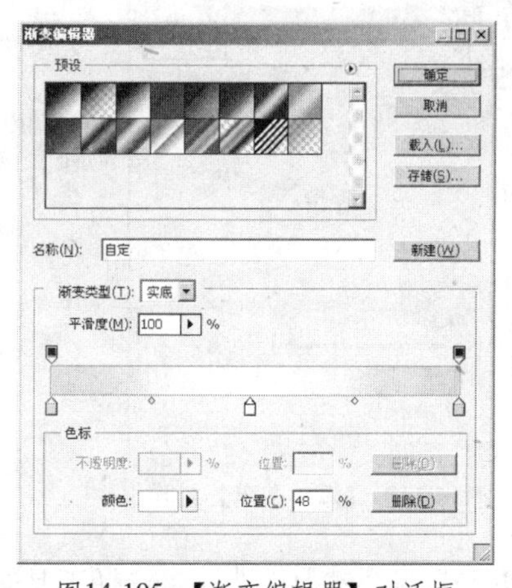

图14-105　【渐变编辑器】对话框

10 在【图层】面板中设置【图层3】的不透明度为80%，使卷烟的纹理更自然。

11 在【图层4】上面新建【图层5】并将图像放大，选择工具箱中的矩形选框工具，创建矩形选区，如图14-107所示，然后选择工具箱中的渐变工具对选区进行填充，如图14-108所示。

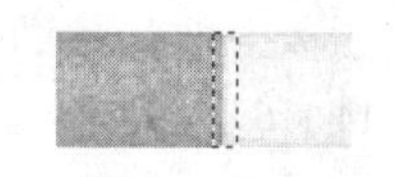

图14-107　创建选区

图14-108　填充选区

12 单击【图像】/【调整】/【色相/饱和度】命令，在打开的【色相/饱和度】对话框中设置各项参数，如图14-109所示，单击【确定】按钮并按【Ctrl+D】组合键取消选区，效果如图14-110所示。

13 在【图层 4】上面新建【图层 6】，选择工具箱中的矩形选框工具，在卷烟的最右侧创建矩形选区，设置前景色为棕色（R：150，G：96，B：55），按下【Ctrl+Delete】组合键填充选区，如图 14-111 所示。

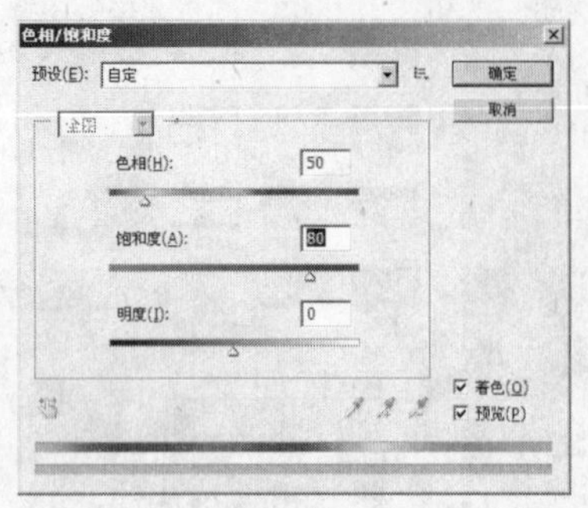

图14-109 【色相/饱和度】对话框

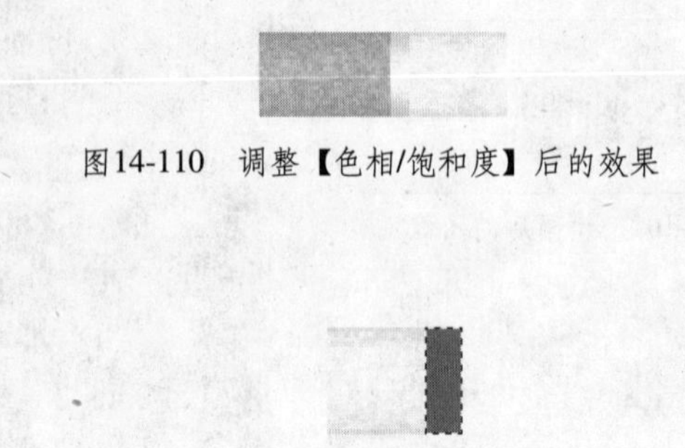

图14-110 调整【色相/饱和度】后的效果

图14-111 填充选区

14 单击【滤镜】/【杂色】/【添加杂色】命令，在打开的【添加杂色】对话框中设置【数量】为 25，选中【高斯模糊】单选按钮和【单色】复选框，如图 14-112 所示，单击【确定】按钮添加杂色滤镜。

15 按下【Ctrl+D】组合键取消选区，效果如图 14-113 所示。

16 选择工具箱中的套索工具在图像中创建如图 14-114 所示的选区。单击【编辑】/【清除】命令，删除选区中的内容，效果如图 14-115 所示。

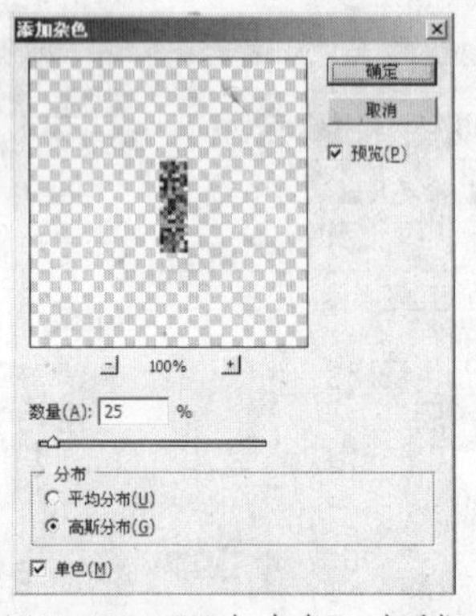

图14-112 【添加杂色】对话框

图14-113 添加杂色效果

图14-114 创建选区

17 按【Ctrl+D】组合键取消选区，选择工具箱中的横排文字工具，并在其工具选项栏中设置适当的字体、字号及颜色，在图像中输入文字“中华”，然后对文字进行调整，再将图层栅格化，如图 14-116 所示。

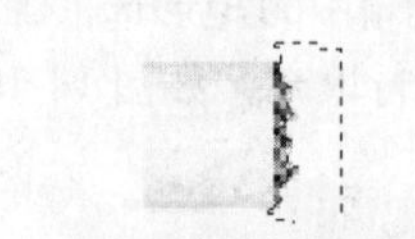

图14-115 删除选区中的内容

图14-116 输入文字

18 将【图层 6】、【图层 5】、【图层 4】、【图层 3】、【图层 2】以及【图层 1】进行合并，然后将合并后的图层命名为“中华”。

19 在“中华”图层上面双击鼠标，在弹出的【图层样式】对话框中选择【投影】选项，如图 14-117 所示，单击【确定】按钮，效果如图 14-118 所示。

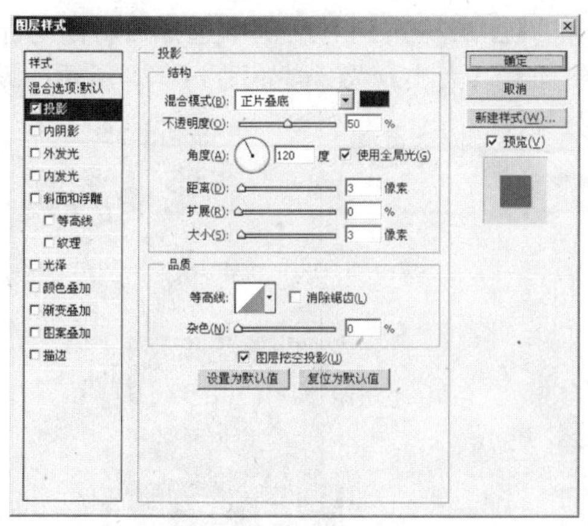

图14-117　设置【投影】效果

图14-118　投影效果

14.3.3　CPU

本例制作CPU，效果如图14-119所示。

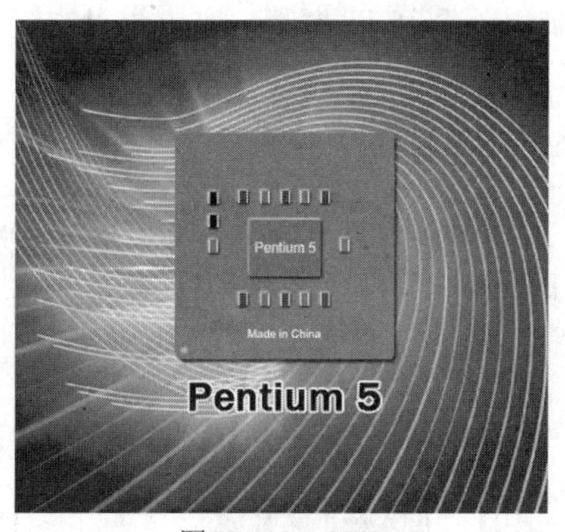

图14-119　CPU

上机实战　制作CPO

所用素材：光盘\素材\第14章\科技背景.jpg

最终效果：光盘\效果\第14章\CPU.psd

01 单击【文件】/【新建】命令，新建一幅RGB模式的空白图像。

02 选择工具箱中的矩形选框工具，在按住【Shift】键的同时在图像窗口中拖曳，绘制一个正方形选区并用紫色填充（R：126，G：112，B：141），如图14-120所示。

03 单击【图层】面板下方的【创建新图层】按钮，新建【图层2】，选择工具箱中的矩形选框工具，在图像窗口中拖曳一个长方形选区并用绿色填充（R：97，G：118，B：100），如图14-121所示。

图14-120　绘制正方形

图14-121　绘制长方形

04 在【图层】面板中双击【图层 2】，在弹出的【图层样式】对话框中选择【斜面与浮雕】选项，并在右面的选项区中设置【样式】为【外斜面】，【大小】为 3，如图 14-122 所示，设置完成后单击【确定】按钮，得到如图 14-123 所示的效果。

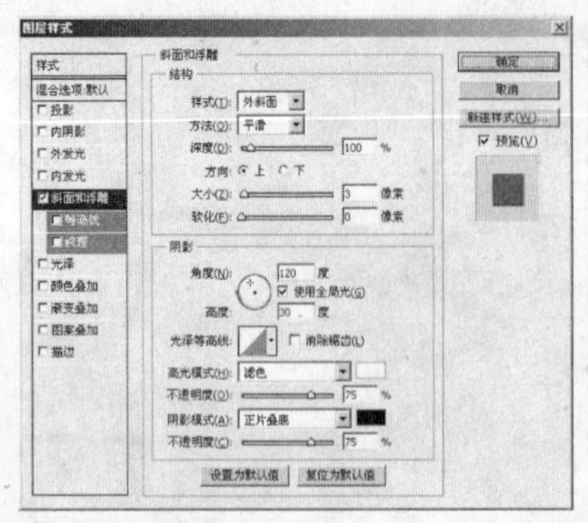
图14-122 【图层样式】对话框

图14-123 应用【图层样式】后的效果

05 单击【图层】面板下方的【创建新图层】按钮，新建【图层 3】，选择工具箱中的矩形选框工具，在图像窗口中创建一个高 11 像素、宽 6 像素的矩形选区，并用紫色填充（R：97，G：118，B：100），在矩形的两边各绘制出一个高 11 像素、宽 1 像素的矩形选区，并用白色填充，如图 14-124 所示，称它们为“电阻”。

06 重复步骤 5 创建出另一个“电阻”，将填充颜色改为 R：141，G：112，B：82，如图 14-125 所示。

07 将【图层 3】与【图层 4】中的图形进行复制得到若干个“电阻”，并将其排列在绿色矩形的周围，如图 14-126 所示。然后将【图层 3】与【图层 4】合并。

图14-124 创建选区并填充

图14-125 改变颜色

图14-126 复制并排列整齐

08 在【图层】面板中双击合并后的图层，在弹出的【图层样式】对话框中选择【斜面与浮雕】选项，并在右面的选项区中设置【样式】为【外斜面】，【大小】为 2，【软化】为 2，如图 14-127 所示，效果如图 14-128 所示。

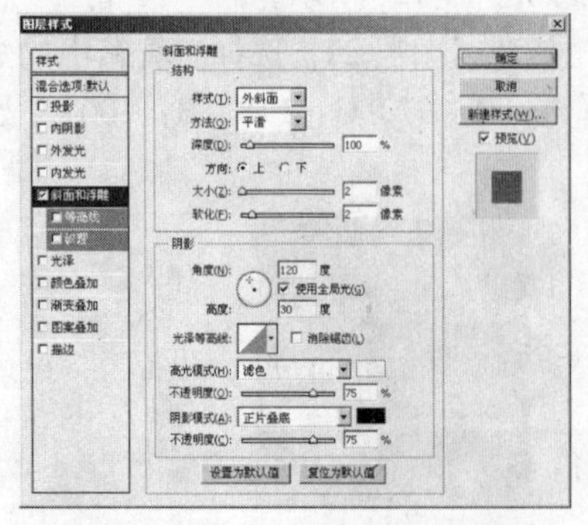
图14-127 【图层样式】对话框

图14-128 应用【图层样式】后的效果

09 新建一个图层，在图像窗口中绘制出一个长为 12 像素、宽为 6 像素的长方形选区，用黑色填充，再次新建一个图层，放在上一个图层的下面，创建一个长为 10 像素、宽为 2 像素的长方形选区，用白色进行填充，如图 14-129 所示。

10 将步骤 9 中创建的两个图层合并，调整图形的位置到左边，然后将该图形复制并调整位置。双击该图层，在弹出的【图层样式】对话框中选择【斜面与浮雕】选项，设置【样式】为【外斜面】，【大小】为 2，【软化】为 2，单击【确定】按钮，在适当的地方再添上一些“电阻”，效果如图 14-130 所示。

11 选择工具箱中的横排文字工具，并在选项栏中设置适当的字体、字号及颜色，在图像中输入文字，如图 14-131 所示。

图14-129　创建选区并填充

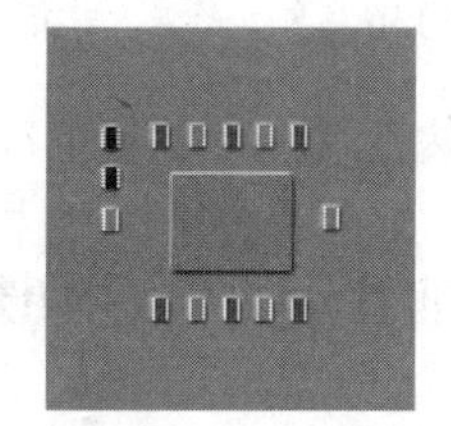

图14-130　复制并排列整齐

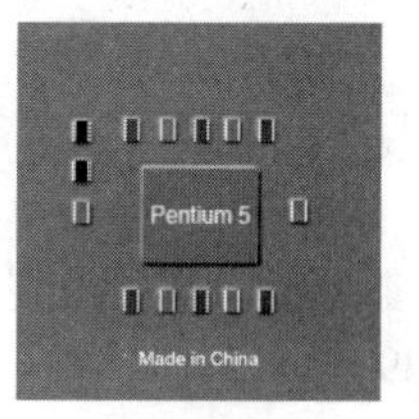

图14-131　输入文字

12 确认【图层 1】为当前图层，选择工具箱中的套索工具，在图像的四个角上面做出选区并进行删除，制作出圆角效果。然后在左下角用绘图工具绘制出一个圆点，得到效果如图 14-132 所示。

13 双击【图层 1】，在弹出的【图层样式】对话框中选择【投影】选项并保持默认值，如图 14-133 所示，单击【确定】按钮，得到如图 14-134 所示的最终效果。

图14-132　制作圆角

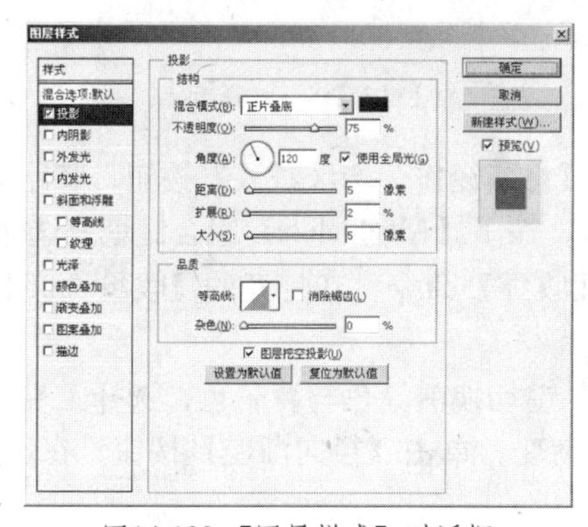

图14-133　【图层样式】对话框

图14-134　最终效果

14.3.4　齿轮

本例制作齿轮，效果如图 14-135 所示。

图14-135　齿轮

上机实战　制作齿轮

最终效果：光盘\效果\第14章\齿轮.psd

01 单击【文件】/【新建】命令，新建一幅RGB模式的空白图像。

02 单击【图层】面板下方的【创建新图层】按钮，新建【图层1】，选择工具箱中的多边形工具，在其工具选项栏中设置【边】的数值为48，如图14-136所示，然后在图像窗口中拖动鼠标，绘制出如图14-137所示的图形。

图14-136　多边形工具选项栏

03 选择工具箱中的直接选择工具，在按下【Shift】键的同时将刚才所绘制的圆的节点两个隔两个的选中，如图14-138所示。

04 单击【编辑】/【自由变换】命令，再按住【Shift+Alt】组合键将所选节点进行等比例收缩，如图14-139所示。

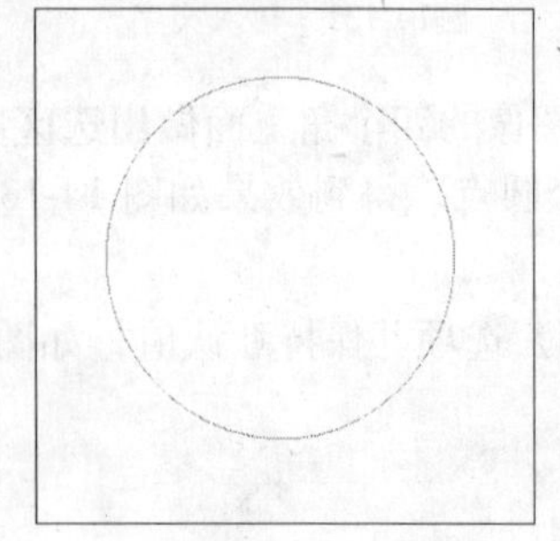

图14-137　绘制多边形

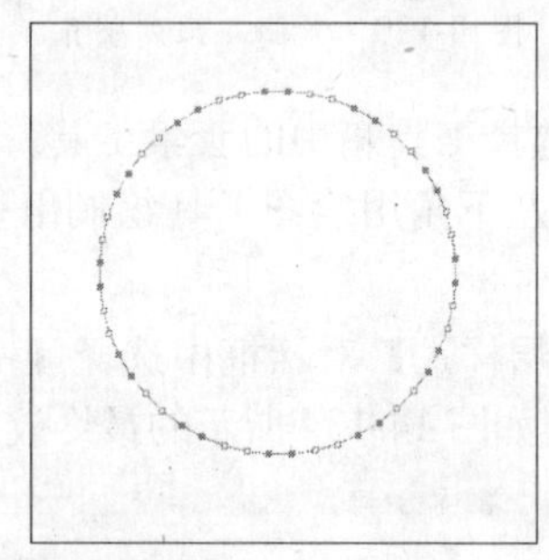

图14-138　选择节点

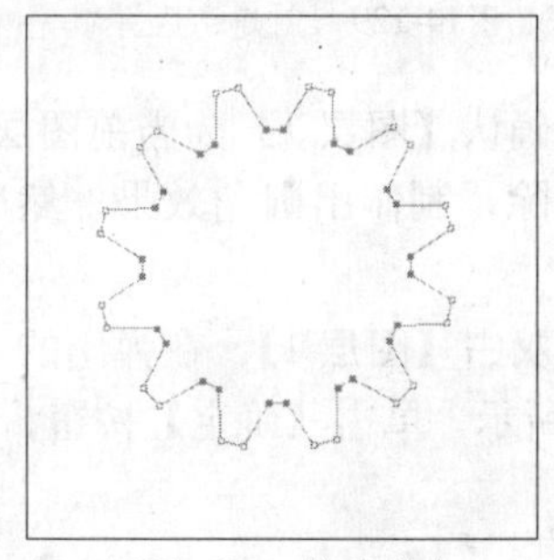

图14-139　收缩节点

05 单击【路径】面板底部的【将路径作为选区载入】按钮，将路径转换为选区，设置前景色为棕色（R：142，G：96，B：0），按下【Alt+Delete】组合键填充选区，如图14-140所示。

06 单击【选择】/【修改】/【收缩】命令，在打开的【收缩选区】对话框中将选区收缩4个像素，如图14-141所示。

07 新建【图层2】，按下【X】键切换前景色与背景色，选择工具箱中的渐变工具，并在其工具选项栏中选择前景色到背景色渐变，单击【径向渐变】按钮，在选区中从左上到右下应用渐变，效果如图14-142所示。

图14-140　填充选区

图14-141　收缩选区

图14-142　应用渐变

08 单击【滤镜】/【杂色】/【添加杂色】命令，在弹出的【添加杂色】对话框中设置参数，如图14-143所示，单击【确定】按钮，效果如图14-144所示。

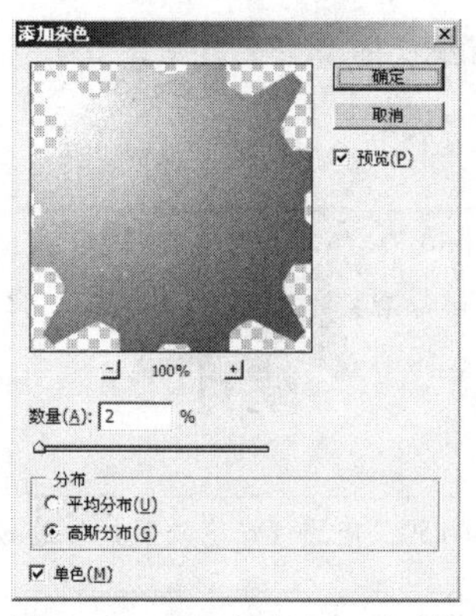

图14-143 【添加杂色】对话框

图14-144 应用【添加杂色】后的效果

09 双击【图层 2】，在弹出的【图层样式】对话框中选择【投影】选项，其参数保持默认设置；选择【内发光】选项，设置各项参数，如图 14-145 所示。选择【斜面和浮雕】选项，设置各项参数，如图 14-146 所示。

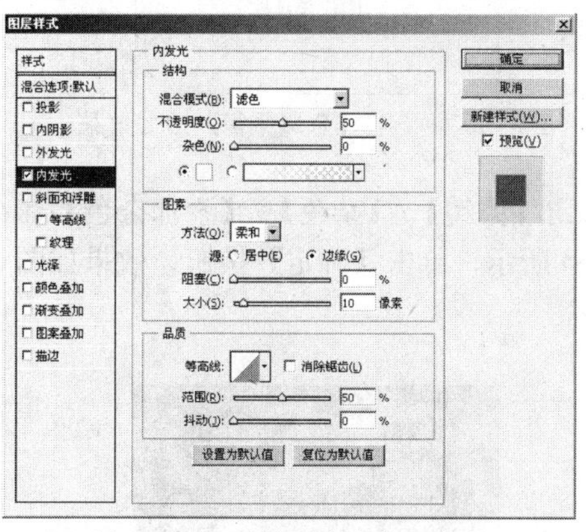

图14-145 设置【内发光】选项

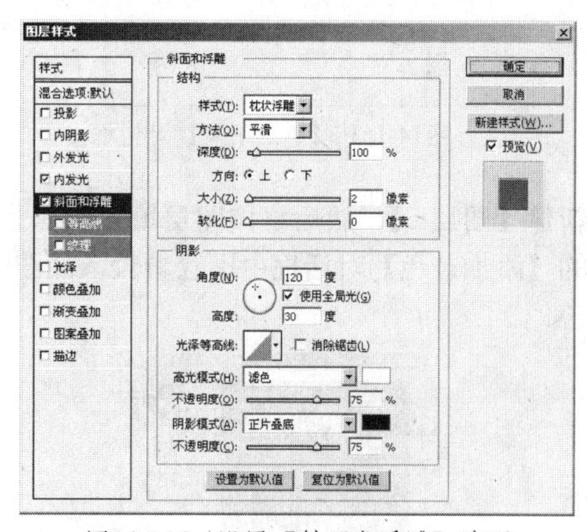

图14-146 设置【斜面和浮雕】选项

10 设置完成后，单击【确定】按钮，效果如图 14-147 所示。

11 单击【图像】/【调整】/【渐变映射】命令弹出【渐变映射】对话框，如图 14-148 所示。

图14-147 应用【图层样式】后的效果

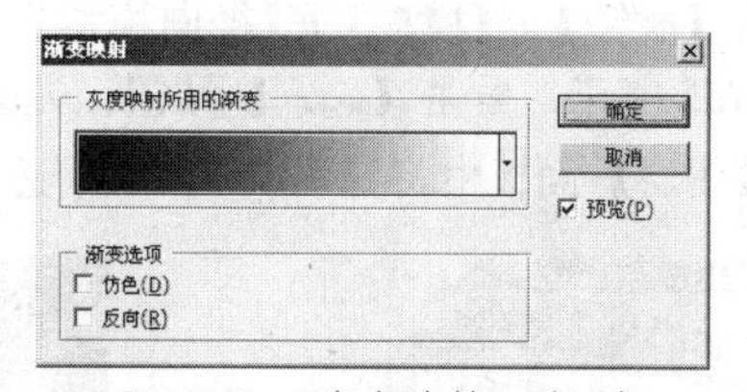

图14-148 【渐变映射】对话框

12 在其中单击【点按可编辑渐变】按钮，在弹出的【渐变编辑器】窗口中选择【铜色】渐变，并重新进行编辑，如图 14-149 所示，单击【确定】按钮，效果如图 14-150 所示。

13 单击【图像】/【调整】/【色彩平衡】命令，在弹出的【色彩平衡】对话框中设置各项参数，如图 14-151 所示，单击【确定】按钮，效果如图 14-152 所示。

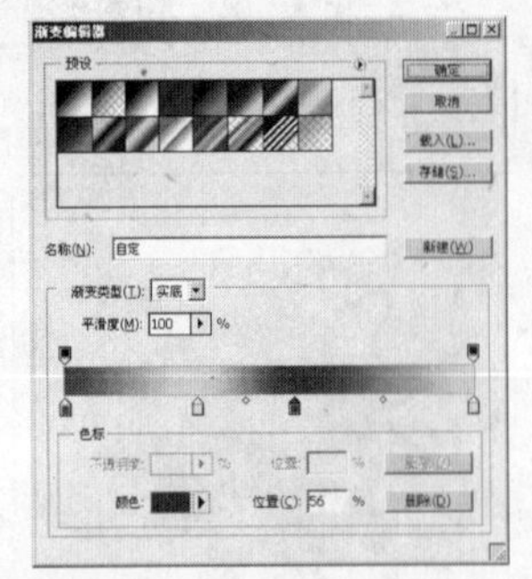

图14-149 【渐变编辑器】窗口

图14-150 应用【渐变映射】后的效果

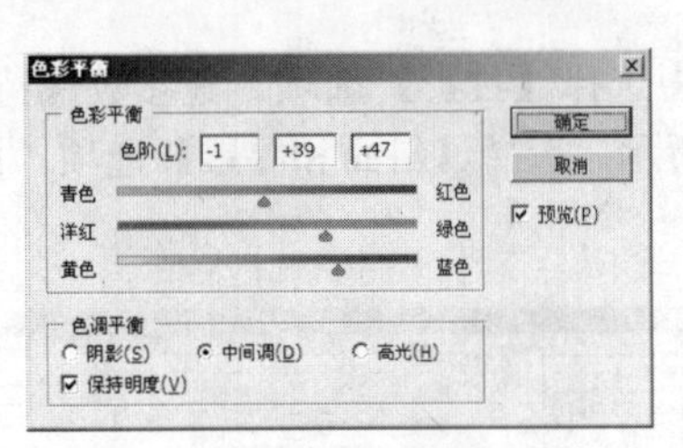

图14-151 【色彩平衡】对话框

图14-152 调整【色彩平衡】后的效果

14 新建【图层 3】，然后将该图层填充为黑色，单击【滤镜】/【杂色】/【添加杂色】命令，在弹出的【添加杂色】对话框中设置参数，如图 14-153 所示，单击【确定】按钮，效果如图 14-154 所示。

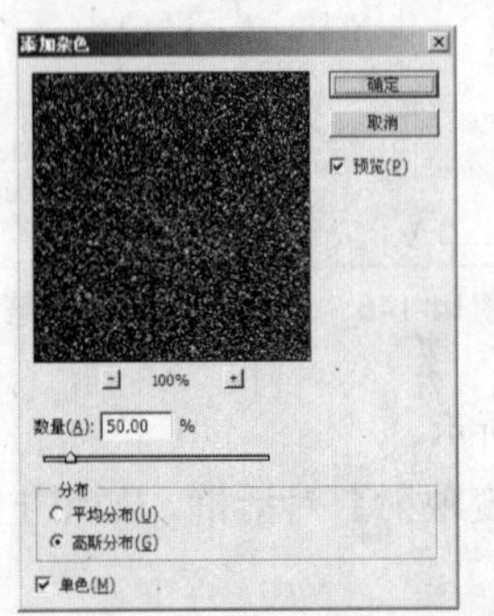

图14-153 【添加杂色】对话框

图14-154 应用【添加杂色】后的效果

15 单击【滤镜】/【模糊】/【径向模糊】命令，在弹出的【径向模糊】对话框中设置各项参数，如图 14-155 所示，单击【确定】按钮，效果如图 14-156 所示。

16 在【图层】面板中将【图层 3】的不透明度设置为 60%，效果如图 14-157 所示。

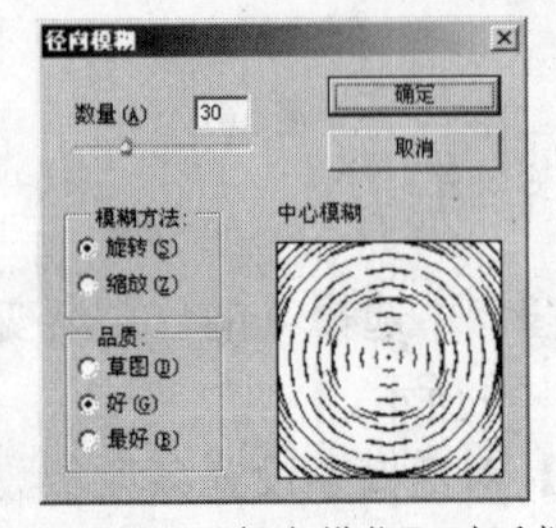

图14-155 【径向模糊】对话框

图14-167 径向模糊效果

图14-157 调整不透明度后的图像

17 在按住【Ctrl】键的同时单击【图层 1】，按下【Ctrl+Shift+I】组合键进行反选，如图 14-158 所示。单击【编辑】/【清除】命令删除选区中的内容，如图 14-159 所示。

18 在【图层】面板中将【图层 3】的混合模式设置为【差值】，此时的图像效果如图 14-160 所示。

图14-158　反选选区

图14-159　删除选区中的内容

图14-160　调整图层模式后的图像

19 新建【图层 4】，选择工具箱中的椭圆选框工具，在齿轮的中间创建一个正圆选区并填充为黑色，选择【图层 3】将选中部分删除，如图 14-161 所示。

20 双击【图层 4】，在弹出的【图层样式】对话框中设置各项参数，如图 14-162 所示，单击【确定】按钮，然后将此图层的混合模式设置为【变亮】，效果如图 14-163 所示。

图14-161　删除选区中的内容

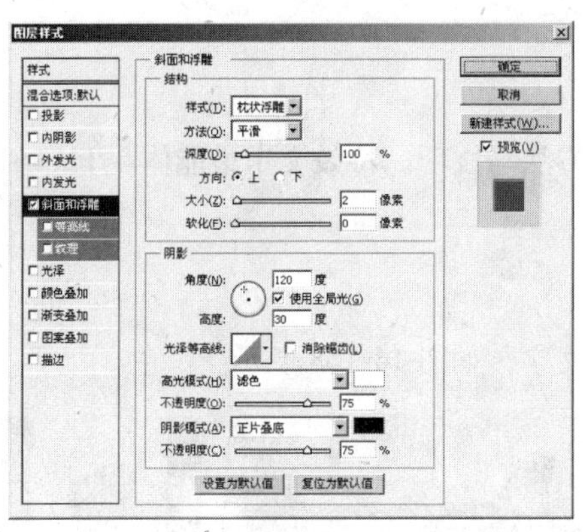

图14-162　【图层样式】对话框

图14-163　改变图层模式后的效果

21 将【图层 4】拖曳到【图层】面板底部的【创建新图层】按钮上面，复制一个【图层 4 副本】，按下【Ctrl+T】组合键将圆形等比例缩小，如图 14-164 所示。分别单击【图层 1】、【图层 2】、【图层 3】、【图层 4】，将被选中部分删除，如图 14-165 所示。

图14-164　缩小圆形

图14-165　删除选区中的内容

22 将【图层 4】再复制一个【图层 4 副本 2】，将其置于【图层 4】的下面，双击该图层打开【图层样式】对话框，取消选择【斜面与浮雕】选项，选择【外发光】选项并设置发光参数，如图 14-166 所示。

23 单击【确定】按钮，然后在【图层】面板中将此图层的混合模式设置为【柔光】，效果如图 14-167 所示。

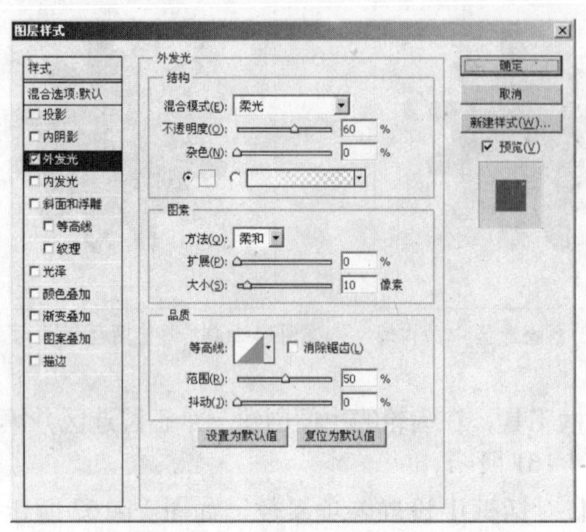

图14-166 【图层样式】对话框

图14-167 图像效果

14.4 文字设计

本节介绍特效文字的制作方法与技巧。特效文字最能体现 Photoshop 图像处理的特色，希望读者能深入掌握本节内容。

14.4.1 彩块字

本例制作具有彩块效果的文字，如图 14-168 所示。

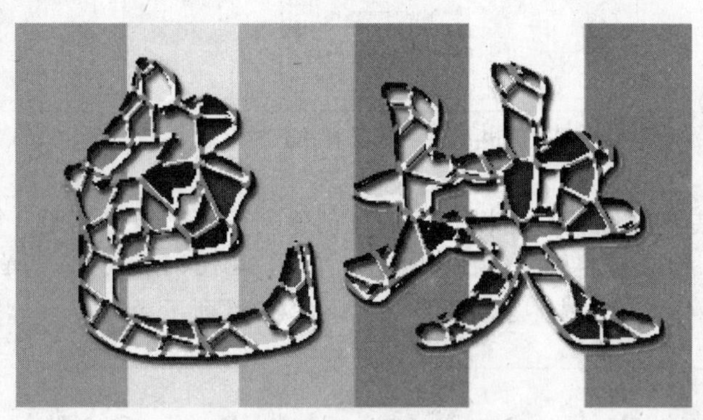

图14-168 彩块字

上机实战 制作彩块字

最终效果：光盘\效果\第 14 章\彩块字 .psd

01 单击【文件】/【新建】命令，新建一个 RGB 图像文件。

02 选择工具箱中的横排文字工具，在工具选项栏中设置合适的字体、字号，在图像窗口中输入文字并将文字移动到合适的位置，如图 14-169 所示。

03 单击【图层】/【栅格化】/【文字】命令，将文字图层转换为普通层，按住【Ctrl】键单击文字图层，选中文字区域，在【通道】面板中单击【将选区存储为通道】按钮，建立通道【Alpha 1】，此时的【通道】面板如图 14-170 所示。

图14-169 输入文字

图14-170 【通道】面板

04 将前景色设置为黄色，单击【编辑】/【填充】命令，在弹出的【填充】对话框中将【使用】设置为【前景色】，如图 14-171 所示，单击【确定】按钮，效果如图 14-172 所示。

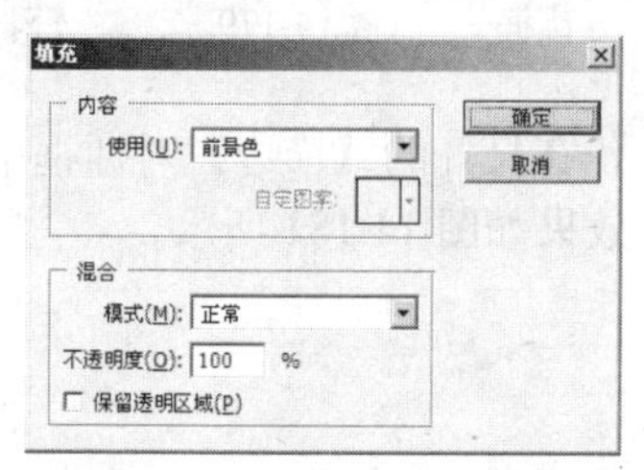

图14-171 【填充】对话框

图14-172 填充效果

05 单击【滤镜】/【杂色】/【添加杂色】命令，在打开的【添加杂色】对话框中设置各项参数，如图 14-173 所示，设置完成后单击【确定】按钮，效果如图 14-174 所示。

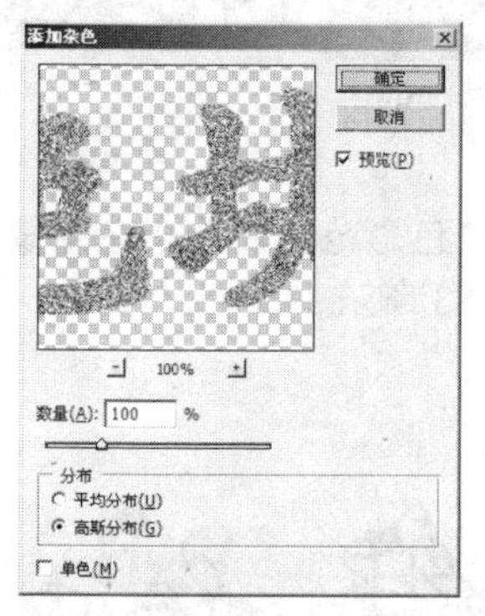

图14-173 【添加杂色】对话框

图14-174 应用【添加杂色】后的效果

06 单击【滤镜】/【像素化】/【晶格化】命令，在打开的【晶格化】对话框中设置各项参数，如图 14-175 所示，设置完成后单击【确定】按钮，效果如图 14-176 所示。

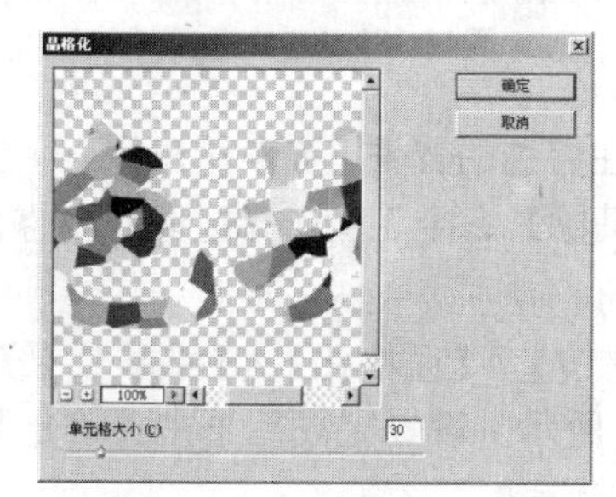

图14-175 【晶格化】对话框

图14-176 应用【晶格化】后的效果

07 在按住【Ctrl】键的同时单击文字图层得到文字选区，按【Ctrl+C】组合键拷贝选区的内容，按【Ctrl+V】组合键将剪贴板中的内容粘贴到新的图层中。

08 在按住【Ctrl】键的同时单击【通道】面板中的【Alpha 1】通道，载入选择区域，单击【滤镜】/【风格化】/【查找边缘】命令，效果如图 14-177 所示。

09 单击【图像】/【调整】/【阈值】命令，在打开的【阈值】对话框中设置【阈值色阶】为 255，如图 14-178 所示，设置完成后单击【确定】按钮，效果如图 14-179 所示。

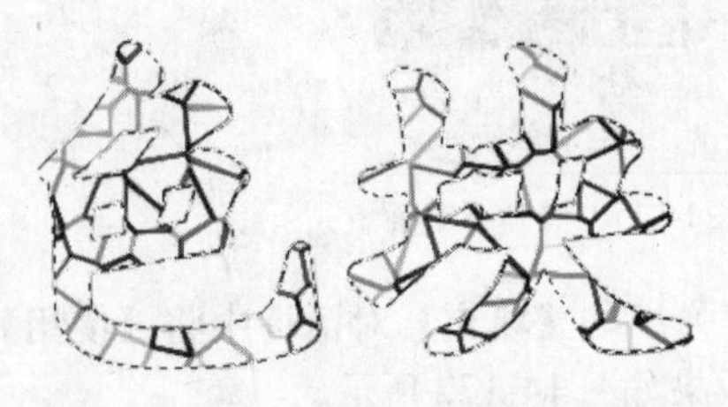

图14-177　应用【查找边缘】后的效果

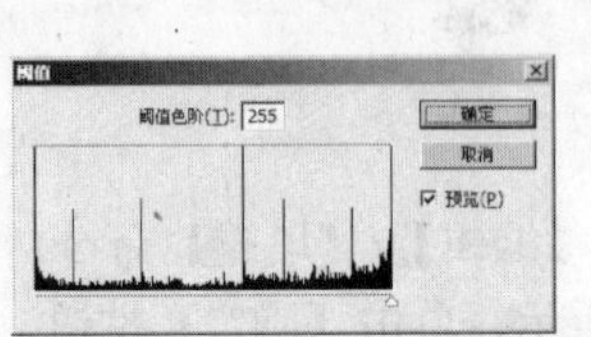

图14-178　【阈值】对话框

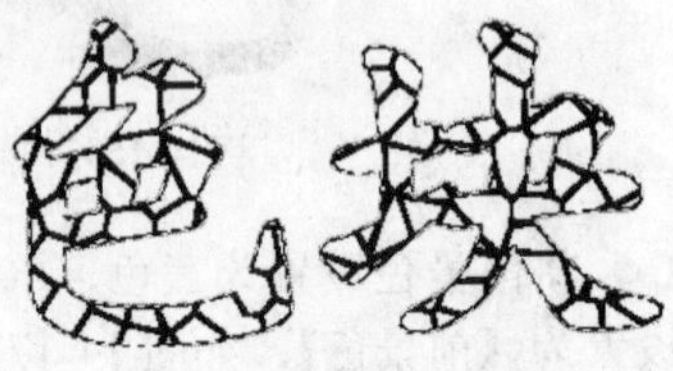

图14-179　调整【阈值】后的效果

10 将前景色设置为黑色，单击【编辑】/【描边】命令，在打开的【描边】对话框中设置各项参数，如图 14-180 所示，设置完成后单击【确定】按钮，效果如图 14-181 所示。

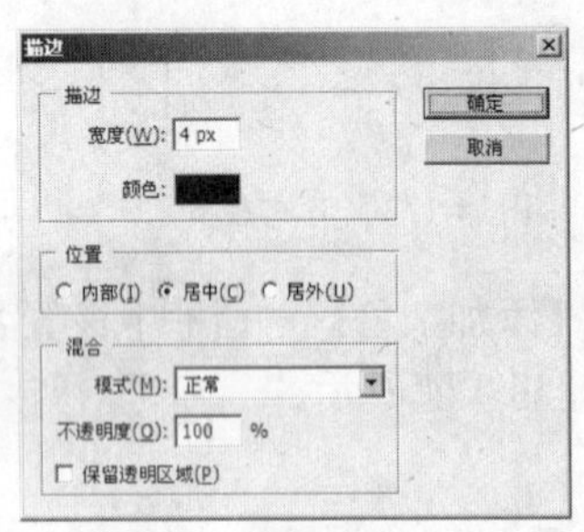

图14-180　【描边】对话框

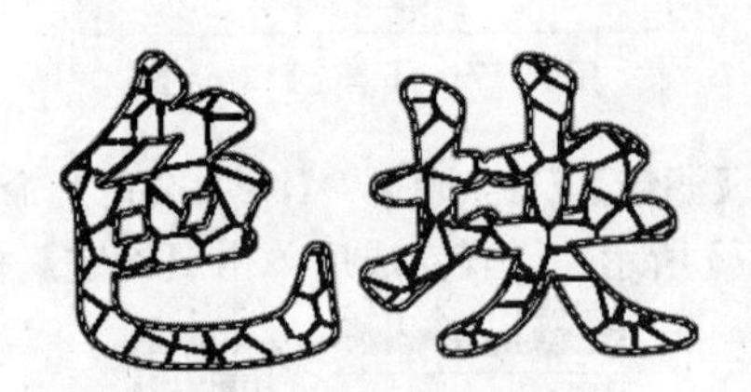

图14-181　描边效果

11 按【Ctrl+D】组合键取消选择区域，单击【选择】/【色彩范围】命令在图像中单击白色区域，如图 14-182 所示，单击【确定】按钮，效果如图 14-183 所示。

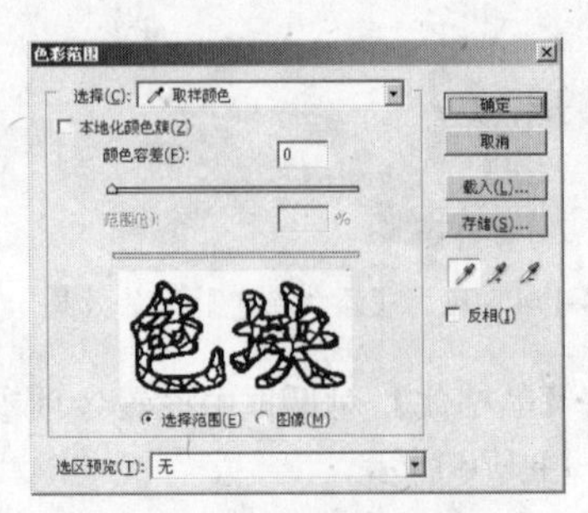

图14-182　【色彩范围】对话框

图14-183　创建选区

12 选择工具箱中的魔棒工具，按住【Alt】键的同时在白色的背景上面单击鼠标，去掉白色背景的选区，只留下文字中的白色选区，单击【编辑】/【清除】命令删除选择区域的内容，效果如图 14-184 所示。

13 单击【选择】/【反向】命令反选选区，单击【滤镜】/【风格化】/【浮雕效果】命令，在打开的【浮雕效果】对话框中设置参数，如图 14-185 所示，设置完成后单击【确定】按钮。按【Ctrl+D】组合键取消选择区域，图像效果如图 14-186 所示。

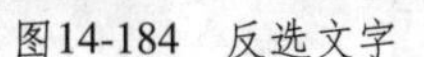

图14-184　反选文字

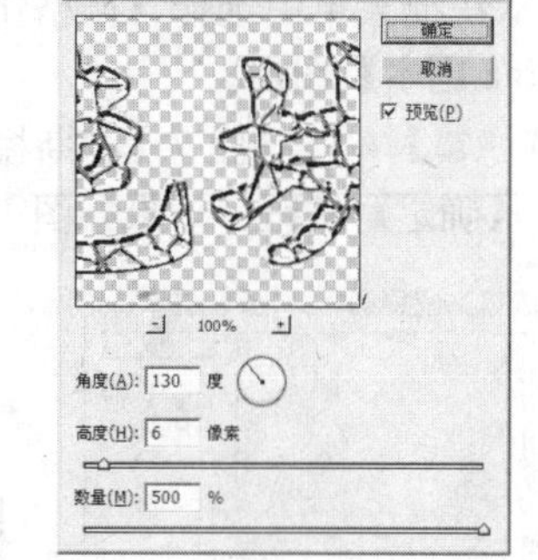

图14-185　【浮雕效果】对话框

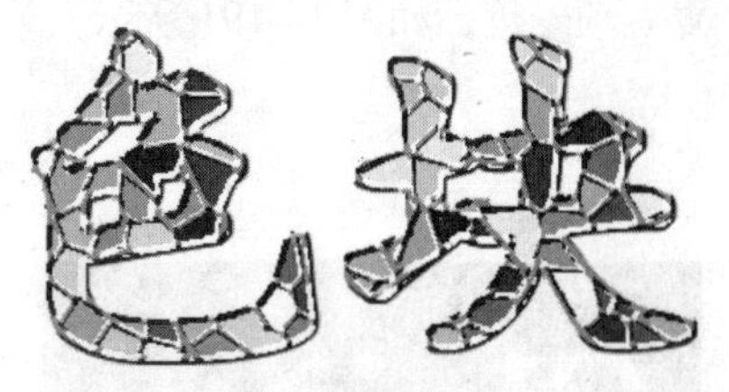

图14-186　应用【浮雕效果】后的效果

14 单击【图层】/【图层样式】/【投影】命令，在打开的【图层样式】对话框中设置各项参数，如图 14-187 所示。设置完成后单击【确定】按钮，效果如图 14-188 所示。

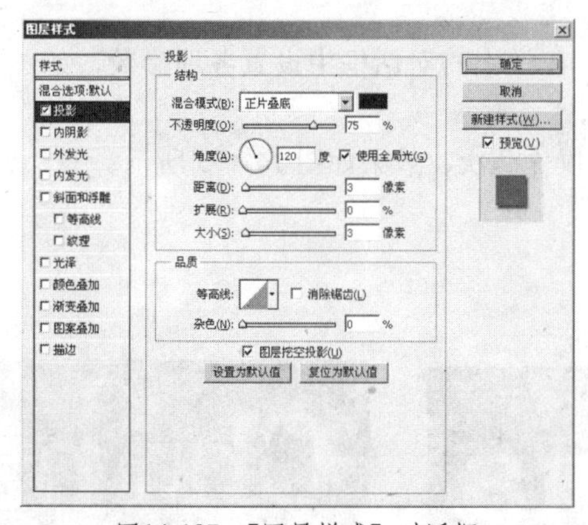

图14-187　【图层样式】对话框

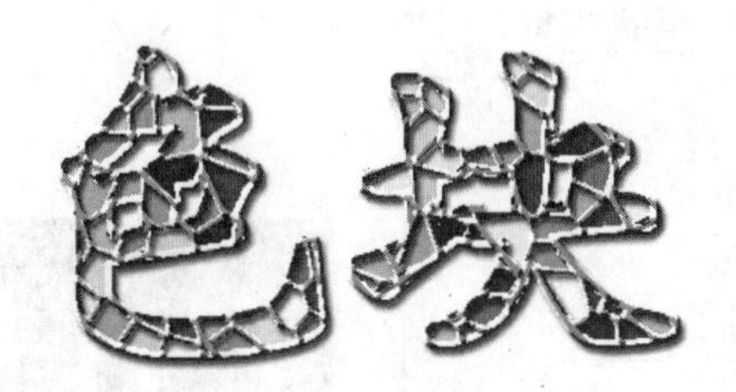

图14-188　彩块字效果

14.4.2　像素化文字

本例制作具有像素化效果的文字，如图 14-189 所示。

图14-189　像素化文字

上机实战　制作像素化文字

最终效果：光盘\效果\第 14 章\像素化文字.psd

01 设置背景色为深蓝色，单击【文件】/【新建】命令新建一幅【背景内容】为【背景色】的图像文件，单击【确定】按钮。

02 单击工具箱中的横排文字工具，在其工具选项栏中设置颜色为白色，在图像窗口中输入文本"China"并移动文字到合适的位置，如图 14-190 所示。

03 在文字图层上面单击鼠标右键，从快捷菜单中选择【栅格化文字】选项，将文字图层转换为普通图层，然后复制文本图层为【China 副本】图层。

04 选择“China”文本图层，单击【滤镜】/【模糊】/【高斯模糊】命令，在弹出的对话框中设置各项参数，如图 14-191 所示。单击【确定】按钮，效果如图 14-192 所示。

图14-190 输入文本

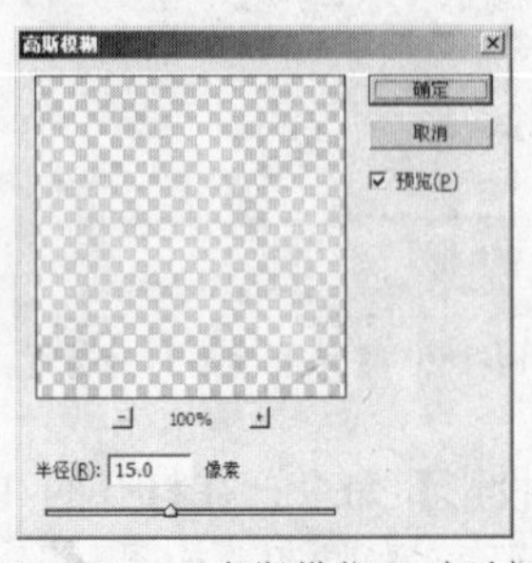

图14-191 【高斯模糊】对话框

图14-192 【高斯模糊】滤镜效果

05 单击【滤镜】/【像素化】/【马赛克】命令，在弹出的对话框中设置各项参数，如图 14-193 所示。单击【确定】按钮，效果如图 14-194 所示。

06 单击【滤镜】/【锐化】/【锐化】命令，重复操作两次，效果如图 14-195 所示。

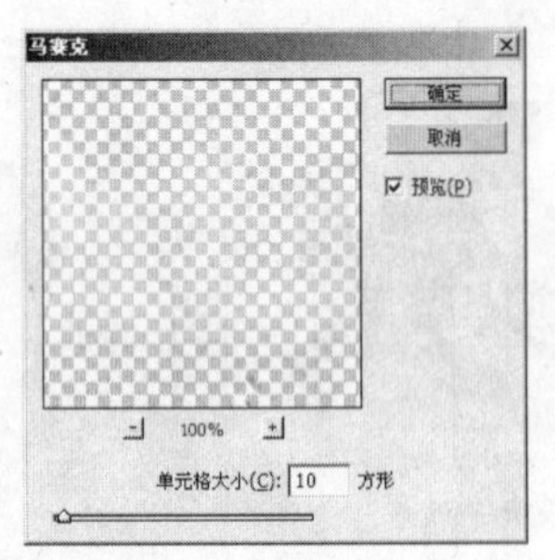

图14-193 【马赛克】对话框

图14-194 【马赛克】滤镜效果

图14-195 执行【锐化】命令

14.4.3 线形文字

本例制作线形文字效果，如图 14-196 所示。

图14-196 线形文字

上机实战 制作线形文字

最终效果：光盘\效果\第 14 章\线形字.psd

01 单击【文件】/【新建】命令，新建一幅 RGB 模式的空白图像。

02 设置前景色为浅蓝色，在工具箱中选择横排文字工具，在其工具选项栏中设置合适的字体、字号，然后在图像窗口中输入文字“思念”并调整其位置，如图 14-197 所示。

03 在【图层】面板中双击文字图层，在弹出的【图层样式】对话框中选择【斜面和浮雕】选项，在右侧的【斜面和浮雕】选项区中设置参数，如图 14-198 所示，设置完成后单击【确定】按钮，效果如图 14-199 所示。

图14-197 输入文字

图14-199 应用【图层样式】后的效果

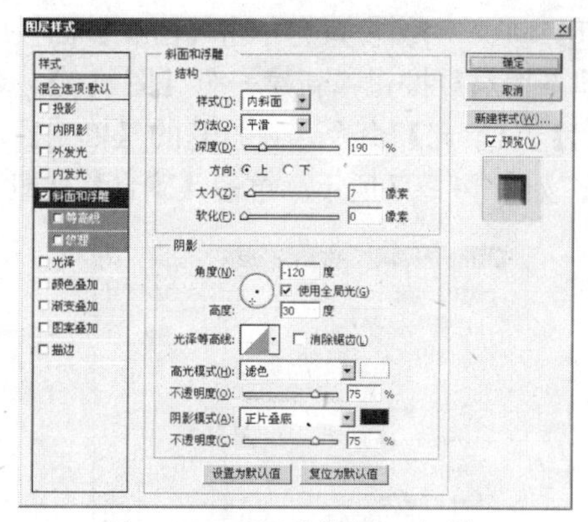

图14-198 【图层样式】对话框

04 在【图层】面板中拖动“思念”文字图层到【创建新图层】按钮上面，复制该图层为【思念副本】，确定当前图层为【思念 副本】图层，选择工具箱中的移动工具，按键盘上的方向键，分别向下和向右移动 4 次【思念 副本】中的文字，此时图像效果如图 14-200 所示。

05 在【图层】面板中设置【思念 副本】图层的混合模式为【正片叠底】，如图 14-201 所示。

06 在【图层】面板中设置“思念”图层为当前图层，双击该图层，在弹出的【图层样式】对话框中选择【投影】选项，在右侧的【投影】选项区中设置【距离】为 4、【大小】为 8，其他参数设置，如图 14-202 所示。单击【确定】按钮，效果如图 14-203 所示。

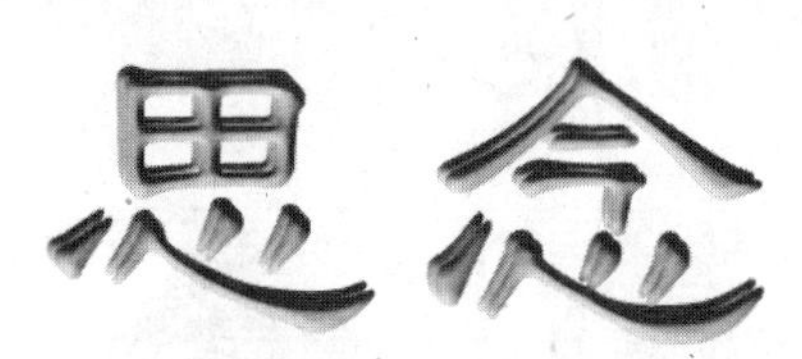

图14-200 移动图像

图14-201 改变图层混合模式后的效果

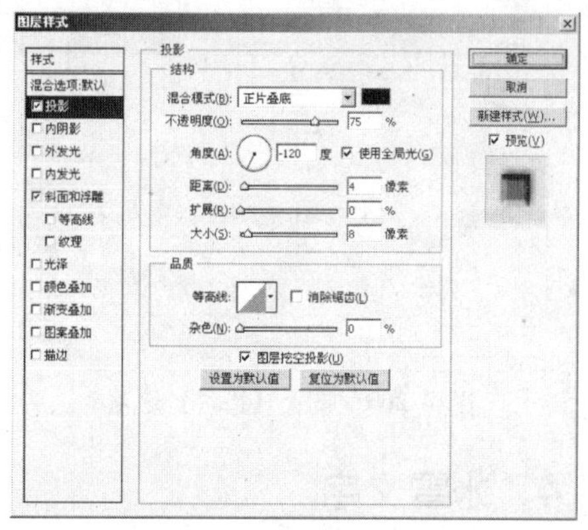

图14-202 设置【投影】选项

07 单击【文件】/【新建】命令新建一幅【宽】为 1 像素、【高】为 5 像素的 RGB 模式的空白图像文件，按【Ctrl++】组合键将图像放大，如图 14-204 所示。

08 设置前景色为绿色，选择工具箱中的矩形选取工具在图像中绘制选区，并按【Alt+Delete】组合键填充前景色，如图 14-205 所示。

图14-203 应用【图层样式】后的效果

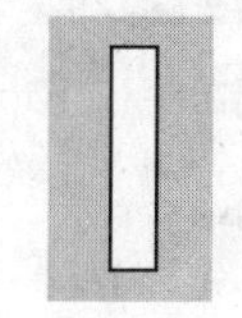

图14-204 新建图像

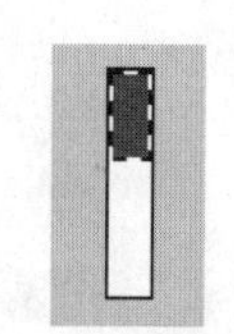

图14-205 填充选区

09 按【Ctrl+A】组合键全选图像，单击【编辑】/【定义图案】命令，在打开的【图案名称】对话框中为图案命名，如图 14-206 所示。

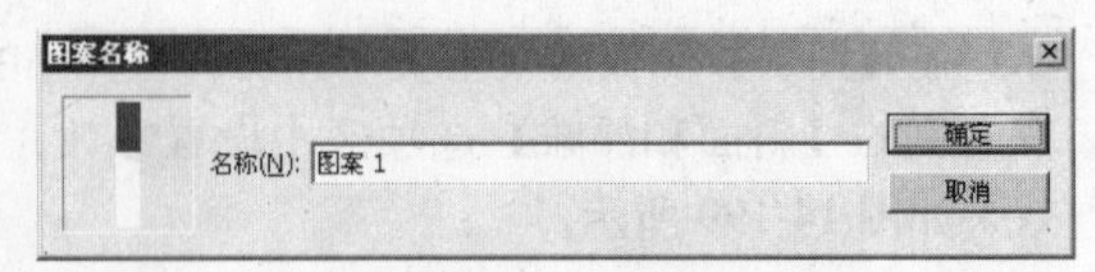

图14-206 【定义图案】对话框

10 回到原始图像窗口，单击【图层】面板中的【创建新图层】按钮，新建一个【图层 1】。单击【编辑】/【填充】命令，在打开的【填充】对话框中选择刚定义的图案，并设置【不透明度】为 50%，如图 14-207 所示。单击【确定】按钮，效果如图 14-208 所示。

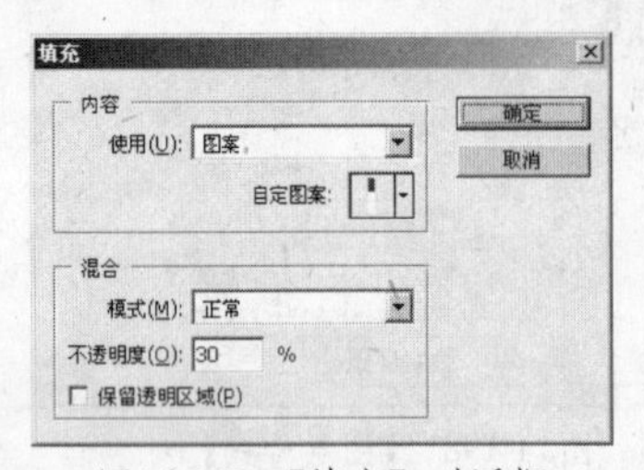

图14-207 【填充】对话框

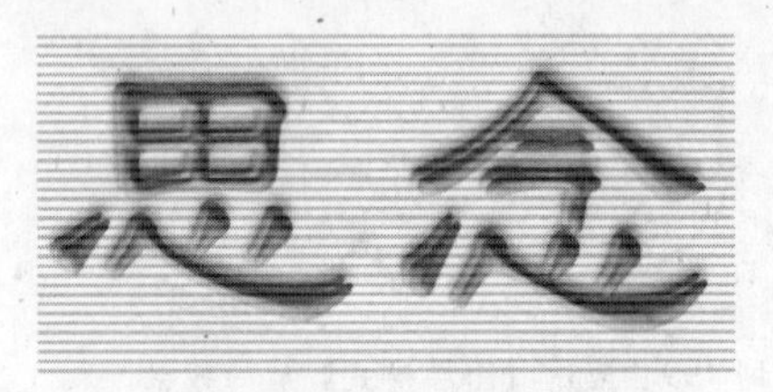

图14-208 填充后的效果

11 在【图层】面板中单击【思念 副本】图层，使其成为当前图层，双击该图层，在弹出的【图层样式】对话框中选择【描边】选项，然后在右侧的【描边】选项区中设置描边的颜色为黑色，设置【大小】为 2 像素，其他参数设置如图 14-209 所示。设置完成后单击【确定】按钮，效果如图 14-210 所示。

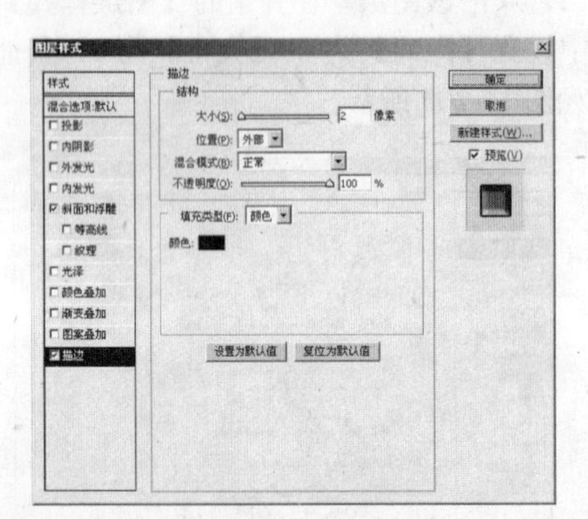

图14-209 设置【描边】选项

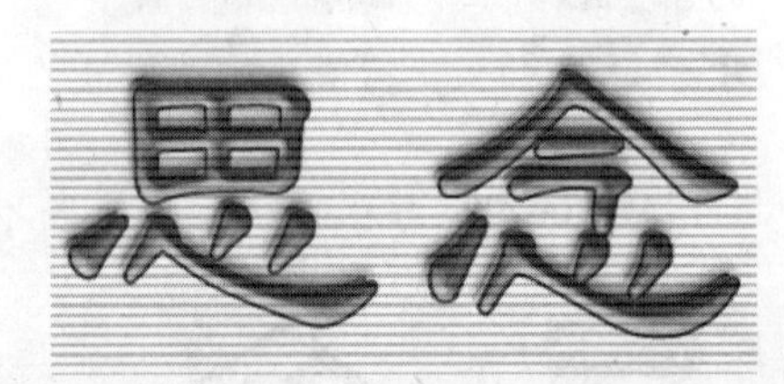

图14-210 添加描边效果

14.4.4 冰雪文字

本例制作冰雪凝结的文字，效果如图 14-211 所示。

图14-211 冰雪文字

上机实战 制作冰雪文字

所用素材：光盘\素材\第14章\雪山.jpg

最终效果：光盘\效果\第14章\冰雪字体.psd

01 按【D】键将前景色设置为黑色、背景色设置为白色，单击【文件】/【新建】命令新建一幅图像文件。

02 单击工具箱中的横排文字工具，在其工具选项栏中设置文字字体和字号，如图14-212所示。在图像编辑窗口中输入文字“冰天雪地”，并使用工具箱中的移动工具将文字移动到合适的位置，如图14-213所示。

图14-212 横排文字工具选项栏

03 单击【图层】/【栅格化】/【文字】命令，在按住【Ctrl】键的同时在【图层】面板中单击文字图层载入文字选区。按【Ctrl+E】组合键向下合并图层，将文字图层与背景图层合并成一个图层。

04 按【Ctrl+Shift+I】组合键将选区反选，然后单击【滤镜】/【像素化】/【晶格化】命令，在打开的对话框中设置各项参数，如图14-214所示。单击【确定】按钮，此时的文字效果如图14-215所示。

图14-213 输入文字

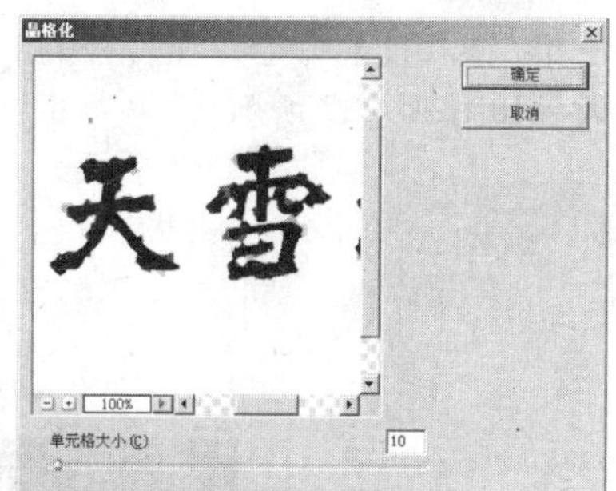

图14-214 【晶格化】对话框

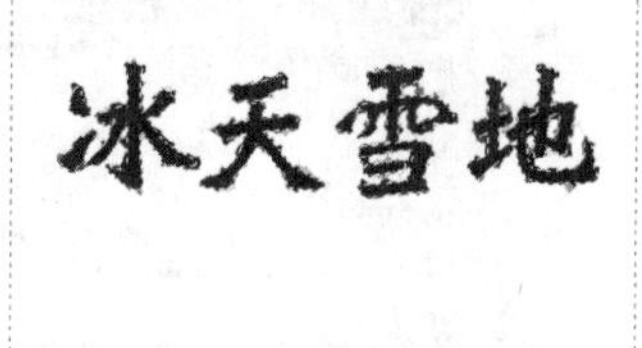

图14-215 【晶格化】滤镜效果

05 按【Ctrl+Shift+I】组合键将选区反选，单击【滤镜】/【模糊】/【高斯模糊】命令，在打开的对话框中设置【半径】为4像素，单击【确定】按钮使图像产生模糊效果。

06 按【Ctrl+M】组合键打开【曲线】对话框，按照如图14-216所示调整曲线的形状，单击【确定】按钮，此时的文字效果如图14-217所示。

07 按【Ctrl+D】组合键取消选区，再按【Ctrl+I】组合键将图像反相显示，效果如图14-218所示。

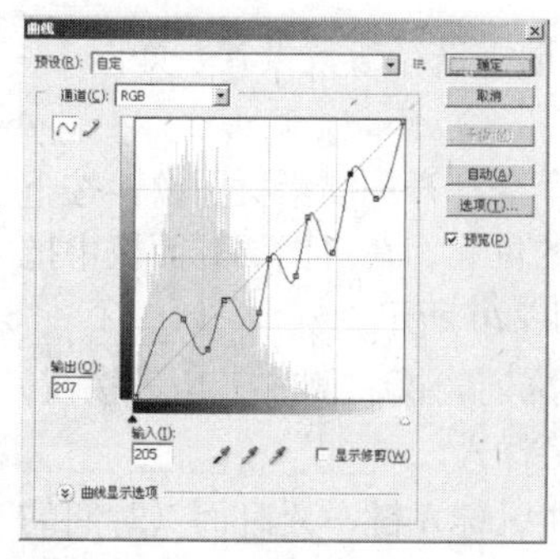

图14-216 【曲线】对话框

冰天雪地

图14-217 调整曲线后的效果

图14-218 反相效果

08 单击【图像】/【图像旋转】/【90 度（顺时针）】命令，将画布顺时针旋转 90 度，单击【滤镜】/【风格化】/【风】命令，打开【风】对话框，按照如图 14-219 所示进行参数设置，单击【确定】按钮应用滤镜。

09 为了突出冰雪效果，按【Ctrl+F】组合键重复应用【风】滤镜，再单击【图像】/【图像旋转】/【90 度（逆时针）】命令，将图像画布逆时针旋转 90 度，效果如图 14-220 所示。

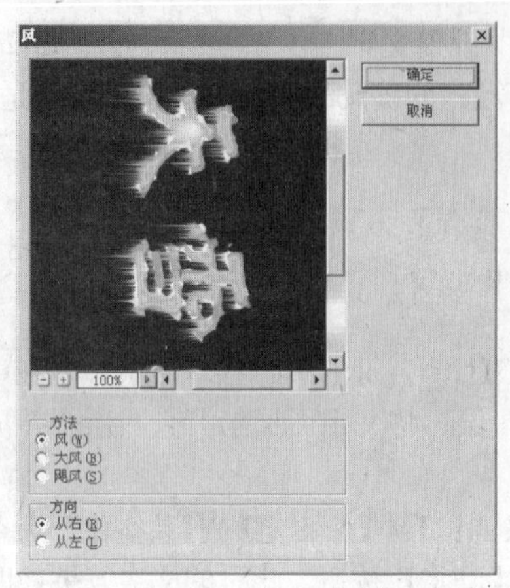

图14-219 【风】对话框

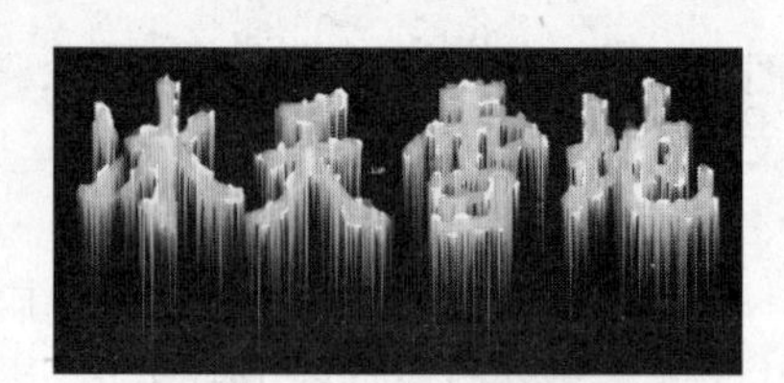
图14-220 【风】滤镜效果

10 单击【图像】/【调整】/【色相 / 饱和度】命令，在打开的对话框中进行参数设置，如图 14-221 所示。单击【确定】按钮，效果如图 14-222 所示。

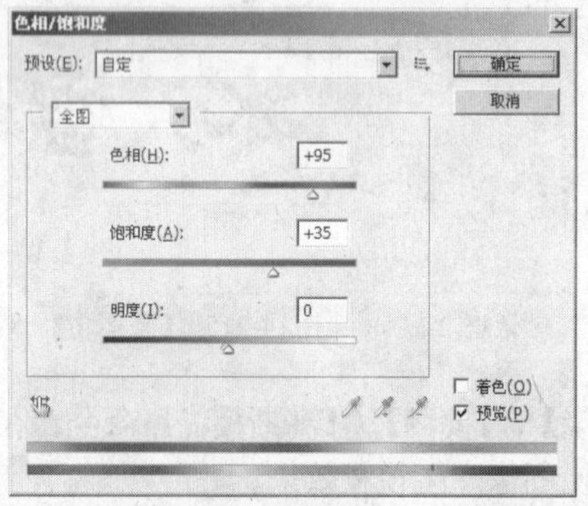

图14-221 【色相/饱和度】对话框

图14-222 调整文字的色相和饱和度

11 单击工具箱中的魔棒工具，在图像编辑窗口中单击鼠标左键，选取图像中的黑色区域，按【Ctrl+Shift+I】组合键反选选区。

12 单击【滤镜】/【艺术效果】/【塑料包装】命令，在打开的对话框中进行参数设置，如图 14-223 所示。单击【确定】按钮，图像效果如图 14-224 所示。

13 按下【Ctrl+C】键复制选区中的文字，单击【文件】/【打开】命令打开一幅素材图像，按下【Ctrl+V】键粘贴图像，单击工具箱中的移动工具，将其调整到合适的位置，在【图层】面板中把图层的混合模式设置为【强光】，如图 14-225 所示，图像效果如图 14-226 所示。

14 单击工具箱中的画笔工具，在其工具选项栏中单击【画笔】下拉列表框右侧的三角形按钮，打开【画笔样式】下拉列表框，如图 14-227 所示，从中选择一种画笔样式。

15 将前景色设置为白色，再用鼠标在文字的合适位置上单击并按住鼠标左键一段时间（时间的长短将影响闪光点的亮度），用此方法依次绘制多个闪光点，效果如图 14-228 所示。

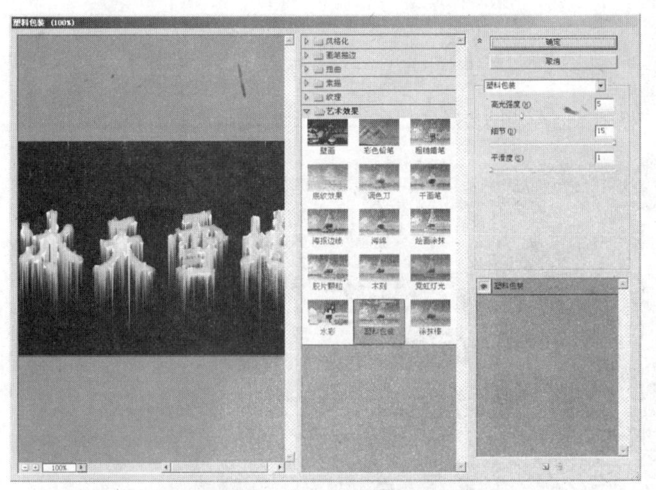

图14-223 【塑料包装】对话框

图14-224 【塑料包装】滤镜效果

图14-225 打开素材并粘贴文字

图14-226 设置图层混合模式

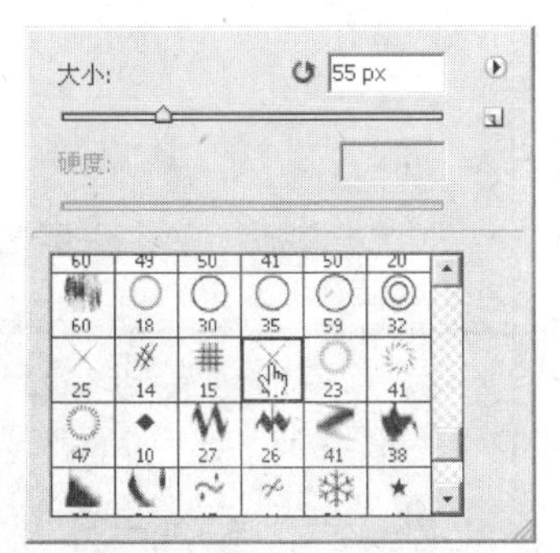

图14-227 【画笔样式】下拉列表框

图14-228 添加闪光点

14.5 纹理设计

在三维动画制作以及建筑效果图制作中会大量用到纹理的效果，本节介绍纹理的制作方法与技巧。

14.5.1 亚麻纹理

本例制作具有亚麻纹理的图像效果，如图 14-229 所示。

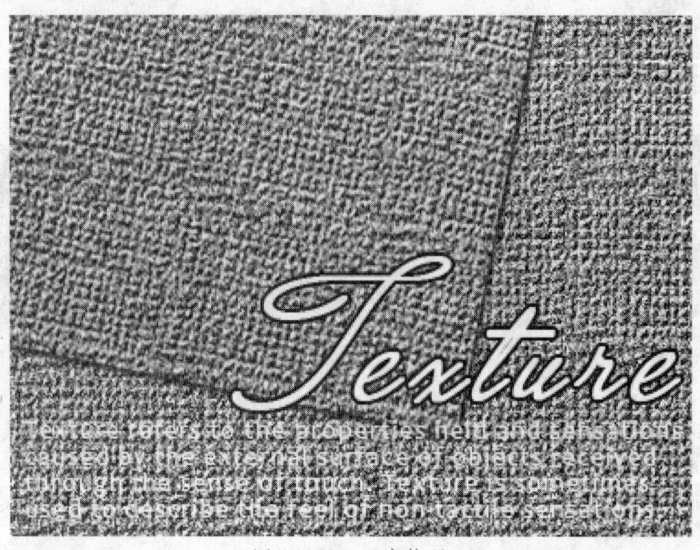

图14-229 亚麻纹理

上机实战 制作亚麻纹理

最终效果：光盘\效果\第 14 章\亚麻纹理 .psd

01 单击【文件】/【新建】命令，新建一幅 RGB 模式的空白图像。

02 将前景色的 RGB 值设置为 140、110、80，背景色的 RGB 值设置为 170、150、70，单击【滤镜】/【渲染】/【云彩】命令，在图像中生成云彩效果，如图 14-230 所示。

03 单击【滤镜】/【杂色】/【添加杂色】命令，在打开的【添加杂色】对话框中设置【数量】为 22，并选中【高斯模糊】单选按钮和【单色】复选框，如图 14-231 所示。设置完成后单击【确定】按钮，得到的效果如图 14-232 所示。

图14-230 云彩滤镜效果

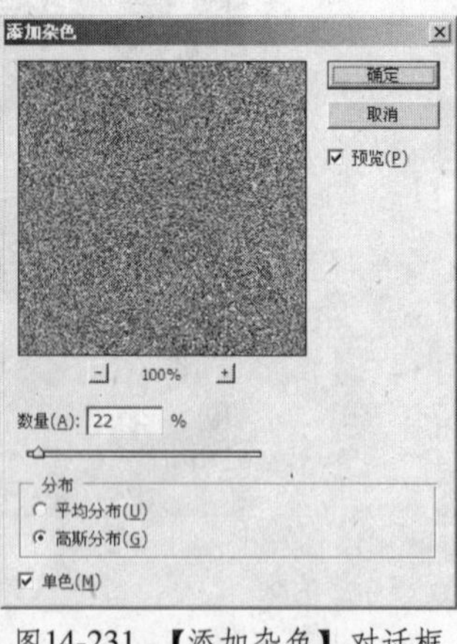

图14-231 【添加杂色】对话框

图14-232 添加杂色效果

04 单击【滤镜】/【纹理】/【纹理化】命令，在打开的【纹理化】对话框中设置【纹理】为【粗麻布】、【缩放】为 80、【凸现】为 8、【光照】为【右下】，如图 14-233 所示。设置完成后单击【确定】按钮，效果如图 14-234 所示。

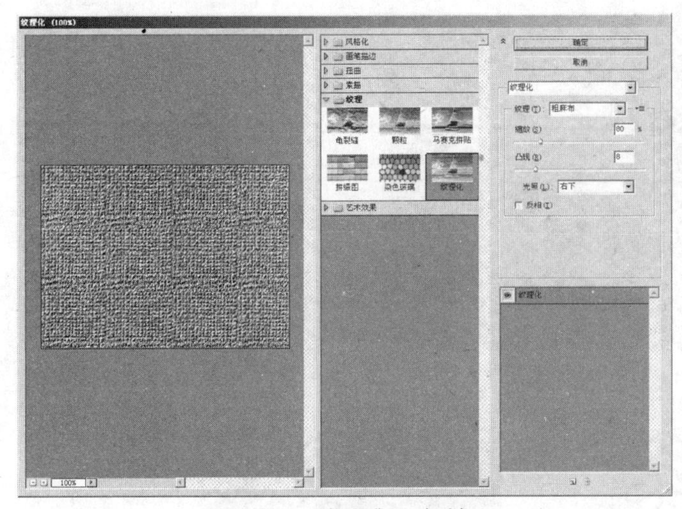

图14-233 【纹理化】对话框

图14-234 应用纹理化效果

14.5.2 布帘效果底纹

本例制作布帘效果底纹，如图 14-235 所示。

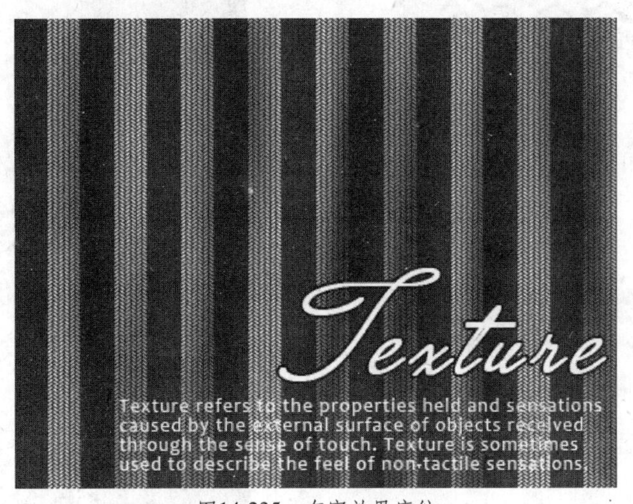

图14-235 布帘效果底纹

上机实战 制作布帘效果底纹

最终效果：光盘 \ 效果 \ 第 14 章 \ 布帘效果底纹 .psd

01 单击【文件】/【新建】命令，新建一幅【宽度】和【高度】均为 100 像素的空白图像。

02 选择缩放工具将图像放大为 200%，单击【编辑】/【填充】命令，在弹出的对话框中设置【自定图案】为箭尾 2，如图 14-236 所示，单击【确定】按钮填充背景，效果如图 14-237 所示。

03 单击【图像】/【调整】/【反相】命令，将底纹中黑色像素和白色像素反转，如图 14-238 所示。

04 选择矩形选框工具，在图像中的左半部分创建选区，如图 14-239 所示。

05 新建【图层 1】，设置前景色为紫色（R：120，G：40，B：125）。按下【Alt+Delete】组合键用前景色填充选区，如图 14-240 所示。

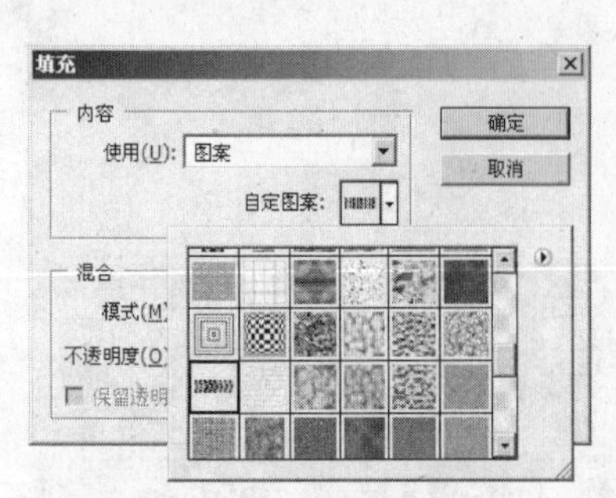

图14-236 【填充】对话框

图14-237 填充图像效果

图14-238 反相后的效果

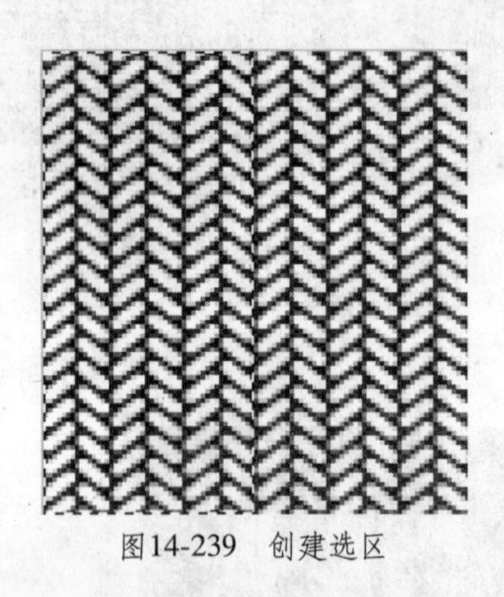
图14-239 创建选区

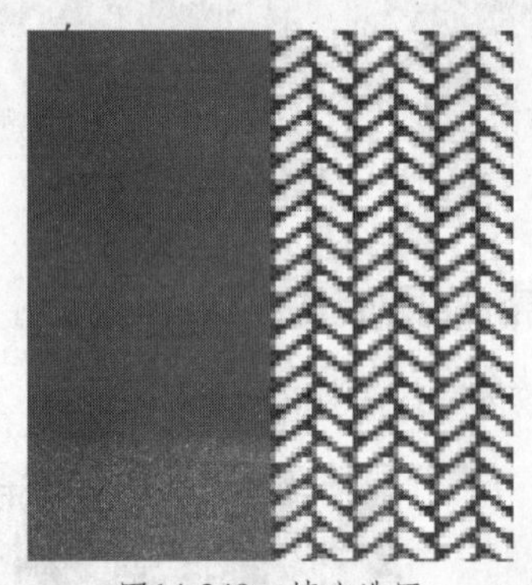
图14-240 填充选区

06 将【图层 1】的图层混合模式设置【正片叠底】，如图 14-241 所示，图像效果如图 14-242 所示。

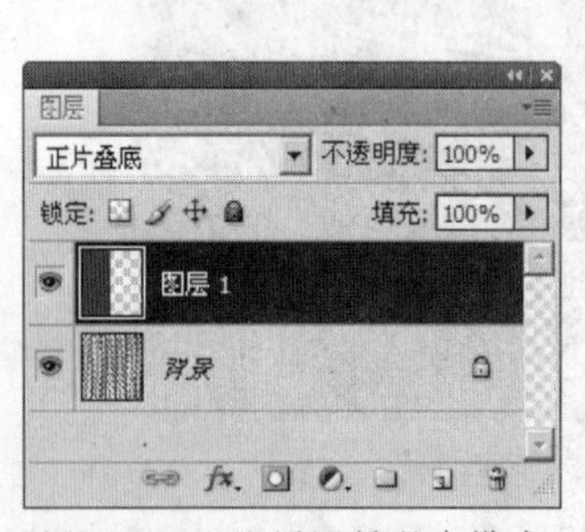

图14-241 设置图层混合模式

图14-242 图像效果

07 按下【Ctrl+E】组合键将图层向下合并。单击【图像】/【图像大小】命令，在对话框中将图像缩小一倍，如图 14-243 所示，单击【确定】按钮。

08 单击【编辑】/【定义图案】命令，弹出【图案名称】对话框，在【名称】文本框中输入图案的名称，单击【确定】按钮。

09 单击【文件】/【新建】命令，新建一幅空白文档。

10 单击【编辑】/【填充】命令，在对话框中设置【自定图案】为刚定义的图案。单击【确定】按钮，得到的效果如图 14-244 所示。

11 在【图层】面板中将【背景】图层拖曳至【创建新图层】按钮上，复制为【背景副本】图层。单击【图像】/【调整】/【曲线】命令，在弹出的对话框中调整曲线，如图 14-245 所示，单击【确定】按钮。

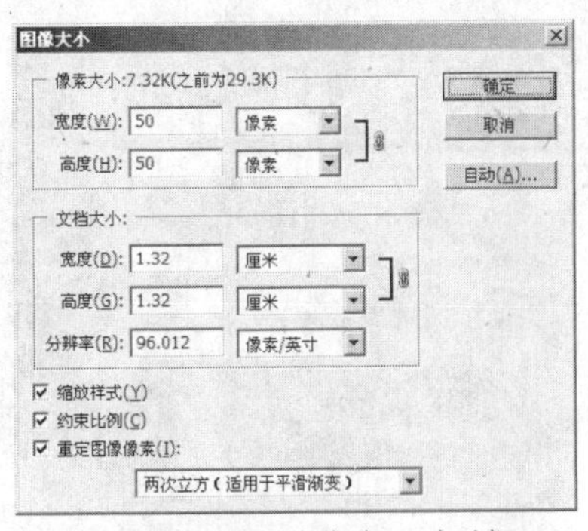

图14-243 【图像大小】对话框

图14-244 填充图像

12 在【背景副本】图层上单击鼠标右键，在弹出的下拉菜单中选择【颜色叠加】选项。在【图层样式】对话框中，设置混合模式为【柔光】，单击右侧的颜色块，设置颜色为（R：149，G：44，B：75），如图 14-246 所示。单击【确定】按钮，效果如图 14-247 所示。

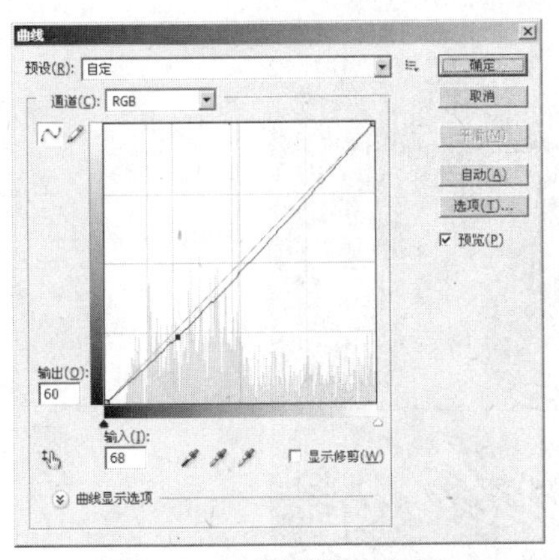

图14-245 【曲线】对话框

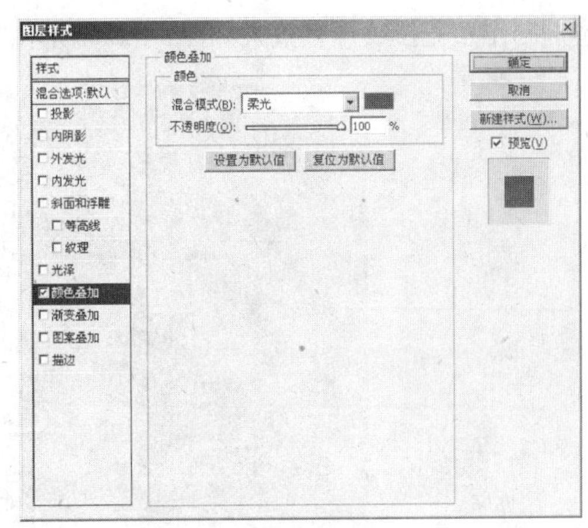

图14-246 【图层样式】对话框

13 在【图层】面板中新建一个图层，在工具箱中选择画笔工具，按【D】键将前景色和背景色恢复为默认设置，按纹理阴影走向进行绘制，如图 14-248 所示。

图14-247 图像效果

图14-248 用画笔工具绘制

14 单击【滤镜】/【模糊】/【动感模糊】命令，在弹出的对话框中设置参数，如图 14-249 所示，单击【确定】按钮，效果如图 14-250 所示。

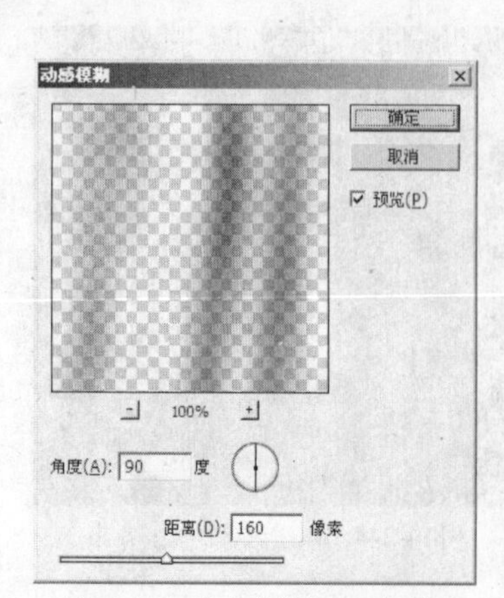

图14-249 【动感模糊】对话框

图14-250 添加动感模糊后的效果

14.5.3 布克拉纹理

本例制作布克拉纹理，效果如图 14-251 所示。

图14-251 布克拉纹理

上机实战 制作布克拉纹理

最终效果：光盘 \ 效果 \ 第 14 章 \ 布克拉纹理 .psd

01 单击【文件】/【新建】命令，新建一幅 RGB 模式的空白图像。

02 单击【滤镜】/【纹理】/【颗粒】命令，在弹出的【颗粒】对话框中设置【强度】为 100%、【对比度】为 50、【颗粒类型】为【结块】，如图 14-252 所示。单击【确定】按钮，效果如图 14-253 所示。

03 单击【滤镜】/【画笔描边】/【墨水轮廓】命令，在弹出的【墨水轮廓】对话框中设置【线条长度】为 4、【深色强度】为 20、【光照强度】为 10，如图 14-254 所示。单击【确定】按钮，效果如图 14-255 所示。

04 新建【图层 1】，并用白色进行填充，单击【滤镜】/【纹理】/【纹理化】命令，在打开的【纹理化】对话框中设置【纹理】为【粗麻布】、【缩放】为 200%、【凸现】为 5、【光照】为【上】，如图 14-256 所示。单击【确定】按钮，效果如图 14-257 所示。

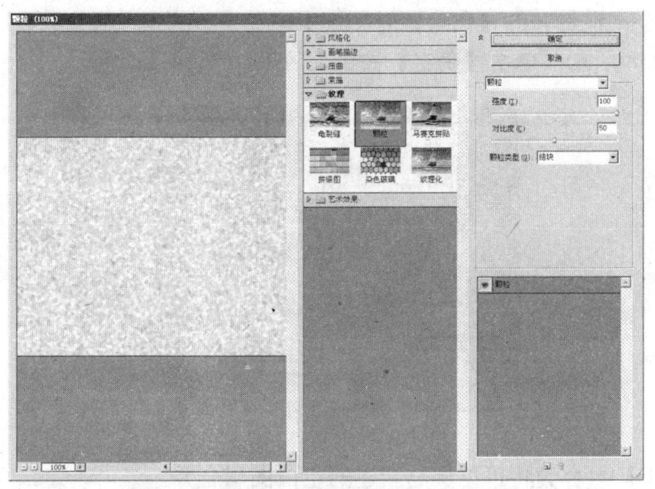

图14-252 【颗粒】对话框

图14-253 应用【颗粒】后的效果

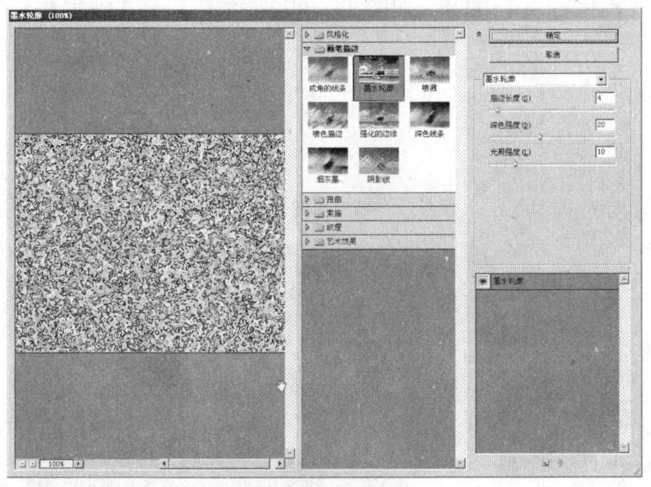

图14-254 【墨水轮廓】对话框

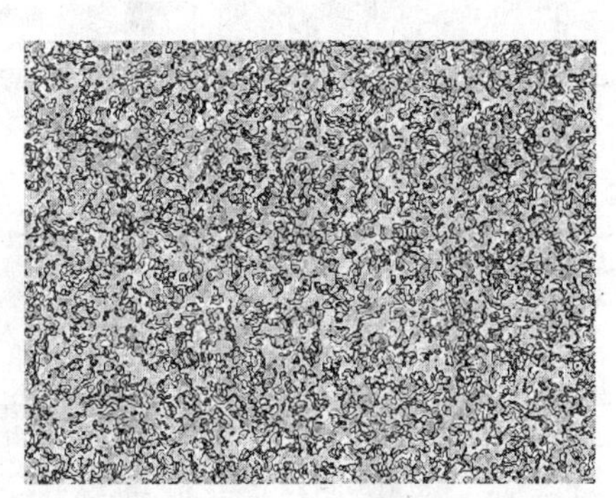

图14-255 应用【墨水轮廓】后的效果

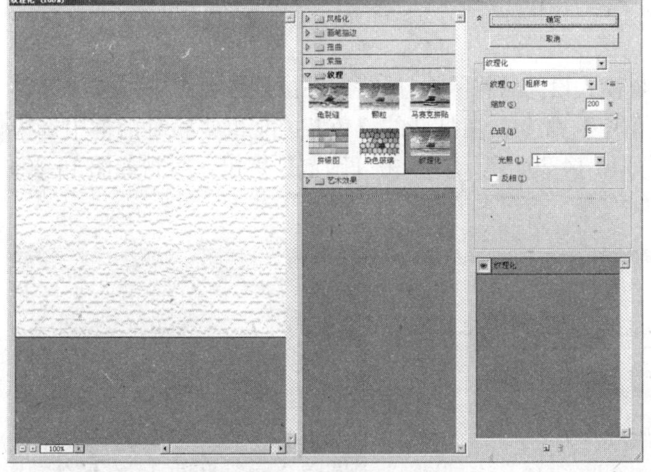

图14-256 【纹理化】对话框

图14-257 应用【纹理化】后的效果

05 在【图层】面板中将【图层1】的混合模式设置为【正片叠底】。

06 单击【图像】/【调整】/【色阶】命令，在打开的【色阶】对话框中拖动左侧的黑色滑块，直到图像上的黑色像素开始增加，如图14-258所示。单击【确定】按钮，效果如图14-259所示。

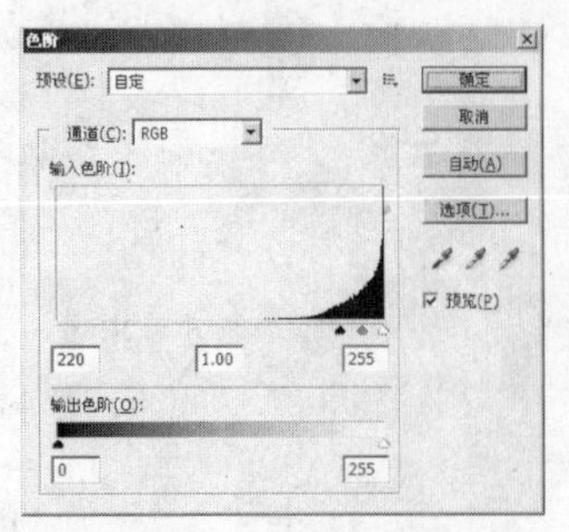

图14-258 【色阶】对话框

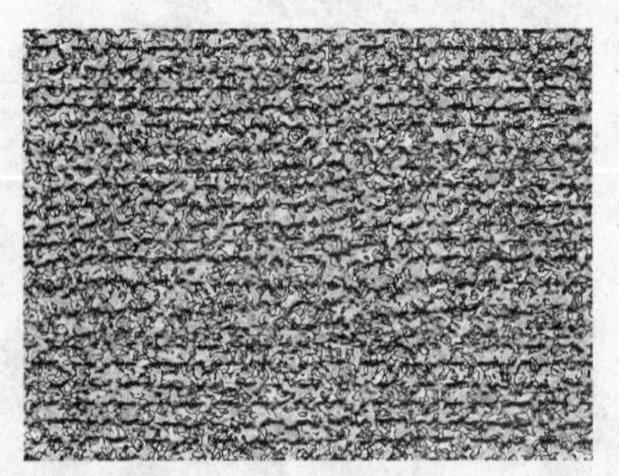

图14-259 调整【色阶】后的效果

07 新建【图层2】，按【Shift+Alt+Ctrl+E】组合键将可见层与新建的空白图层合并。

08 单击【滤镜】/【画笔描边】/【成角的线条】命令，在打开的【成角的线条】对话框中设置【方向平衡】为50、【线条长度】为50、【锐化程度】为3，如图14-260所示。单击【确定】按钮，效果如图14-261所示。

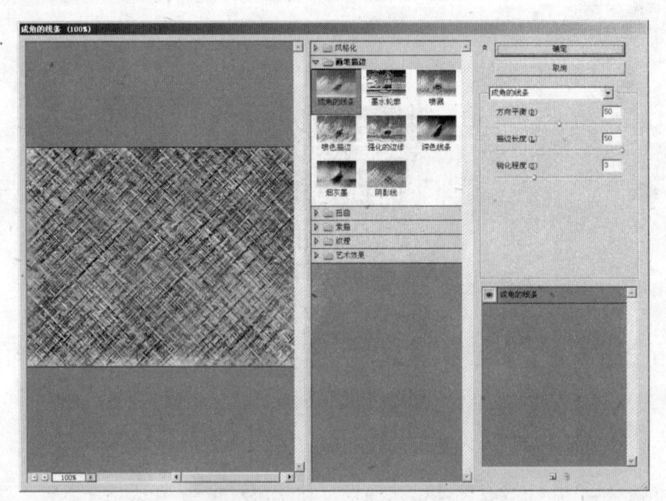

图14-260 【成角的线条】对话框

图14-261 应用【成角的线条】后的效果

09 在【图层】面板中将【图层2】的混合模式设为【排除】，此时的图像效果如图14-262所示。

10 单击【图像】/【调整】/【色相/饱和度】命令，在打开的【色相/饱和度】对话框中选中【着色】复选框，设置【饱和度】为30，如图14-263所示。单击【确定】按钮，得到如图14-264所示的效果。

图14-262 设置图层混合模式后的效果

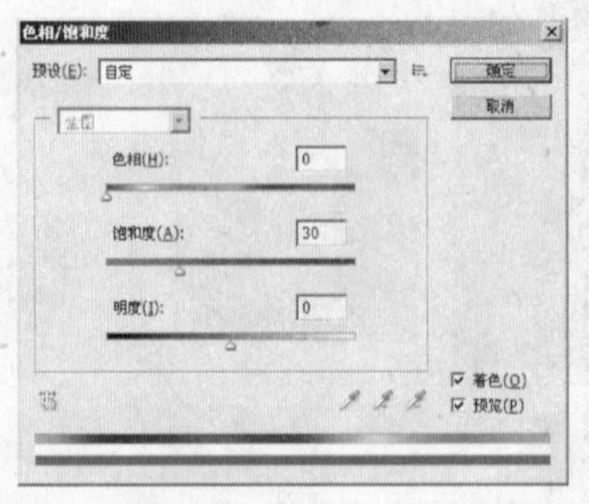

图14-263 【色相/饱和度】对话框

图14-264 为图像着色

14.5.4 彩色玻璃珠底纹

本例制作彩色玻璃珠底纹，效果如图 14-265 所示。

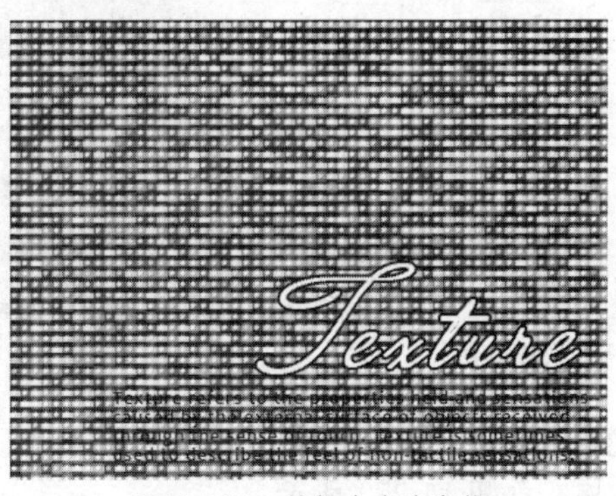

图14-265 彩色玻璃珠底纹

上机实战 制作彩色玻璃珠底纹

最终效果：光盘\效果\第 14 章\彩色玻璃珠底纹 .psd

01 单击【文件】/【新建】命令，新建一幅 RGB 模式的空白图像。

02 单击【滤镜】/【杂色】/【添加杂色】命令，在弹出的【添加杂色】对话框中进行参数设置，如图 14-266 所示。单击【确定】按钮，得到的效果如图 14-267 所示。

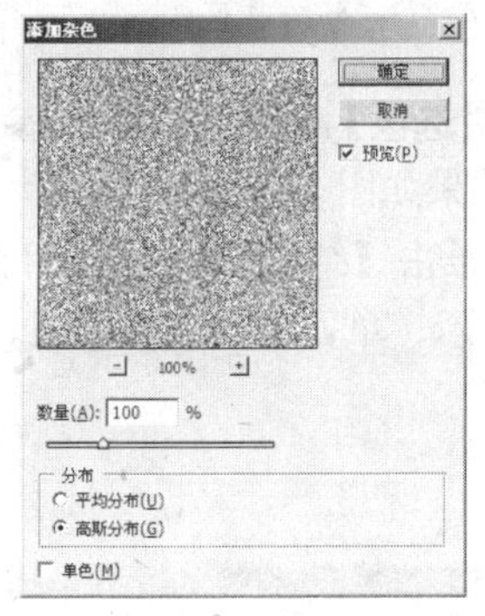

图14-266 【添加杂色】对话框

图14-267 添加杂色效果

03 单击【滤镜】/【像素化】/【马赛克】命令，在弹出的【马赛克】对话框中进行参数设置，如图 14-268 所示，单击【确定】按钮，得到的效果如图 14-269 所示。

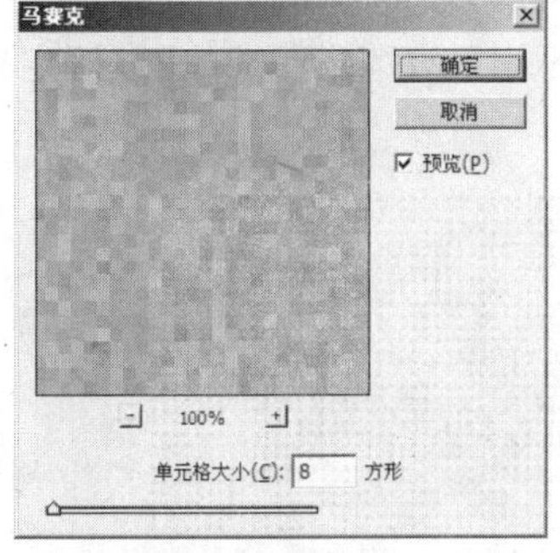

图14-268 【马赛克】对话框

图14-269 马赛克效果

04 单击【图像】/【调整】/【色相/饱和度】命令，在弹出的【色相/饱和度】对话框中进行参数设置，如图14-270所示，单击【确定】按钮，得到的效果如图14-271所示。

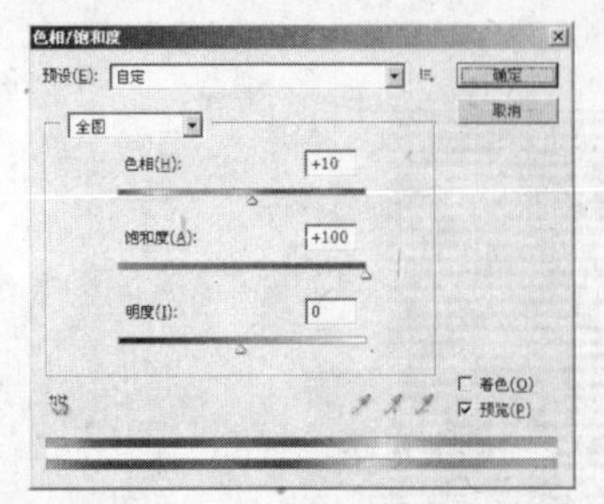

图14-270 【色相/饱和度】对话框

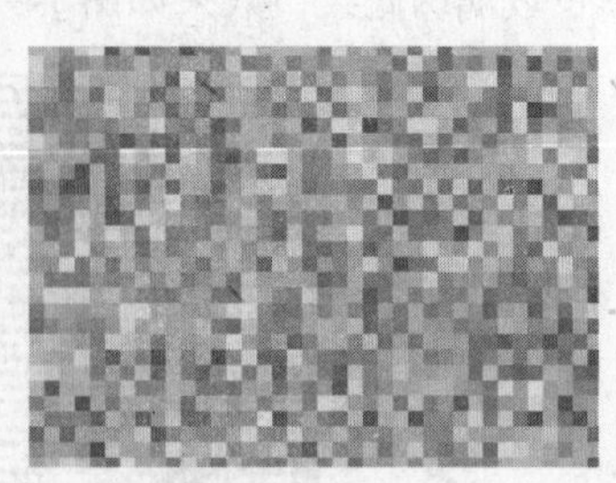

图14-271 图像效果

05 单击【图层】面板底部的【创建新图层】按钮，新建【图层1】。选择缩放工具放大画面，再选择矩形选框工具框选任意方格，如图14-272所示。

06 设置前景色和背景色为默认颜色，按【Alt+Delete】快捷键填充【图层1】，得到的效果如图14-273所示。

图14-272 框选任意方格

图14-273 填充选区

07 单击【选择】/【修改】/【平滑】命令，在弹出的【平滑选区】对话框中设置参数，如图14-274所示，按【Ctrl+Delete】快捷键填充选区，得到的图像效果如图14-275所示。

08 在按住【Ctrl】键的同时单击【图层1】，得到其选区，单击【编辑】/【定义图案】命令，在弹出的【图案名称】对话框中设置图案名称，如图14-276所示，单击【确定】按钮。

图14-274 【平滑选区】对话框

图14-275 填充选区

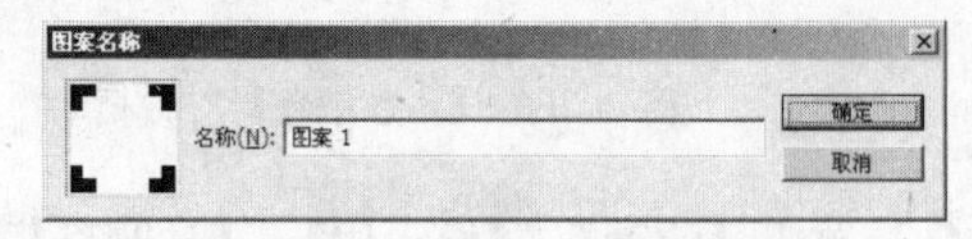

图14-276 【图案名称】对话框

09 单击【编辑】/【填充】命令，弹出【填充】对话框，在【使用】下拉列表中选择【图案】选项，再在【自定图案】下拉列表中选择刚定义的图案，如图14-277所示，单击【确定】按钮填充图像，得到的效果如图14-278所示。

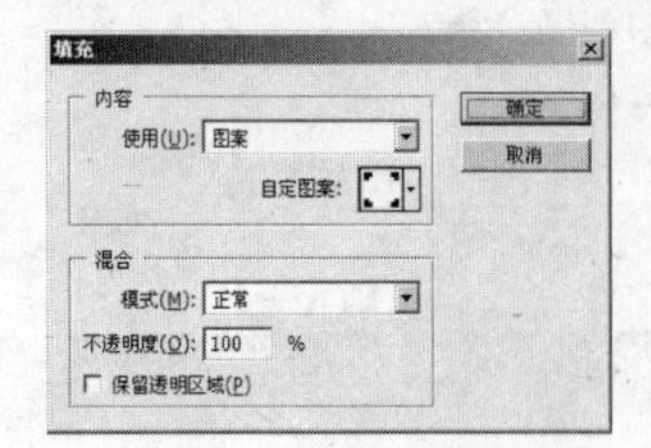

图14-277 【填充】对话框

图14-278 填充选区

10 单击【滤镜】/【模糊】/【动感模糊】命令，在弹出的【动感模糊】对话框中设置参数，如图 14-279 所示。单击【确定】按钮，得到效果如图 14-280 所示。

11 复制【图层 1】得到【图层 1 副本】，然后单击左边的眼睛图标将其隐藏，选择【图层 1】，将其图层混合模式设置为【正片叠底】，如图 14-281 所示，得到的图像效果如图 14-282 所示。

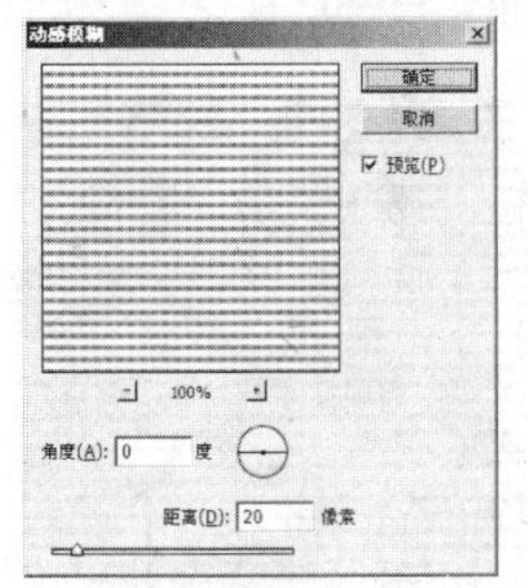

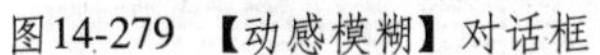

图14-279 【动感模糊】对话框

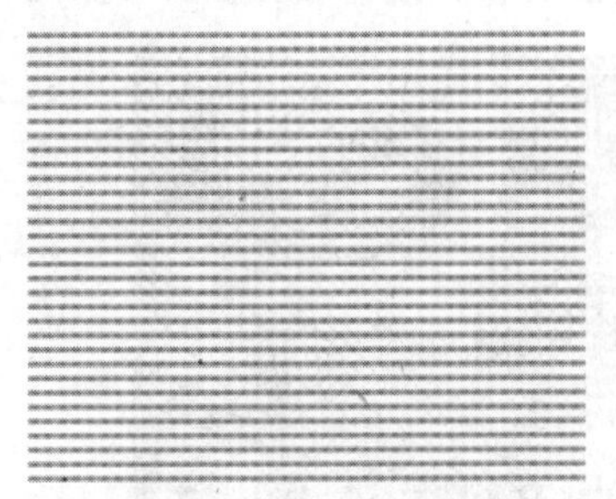

图14-280 动感模糊效果

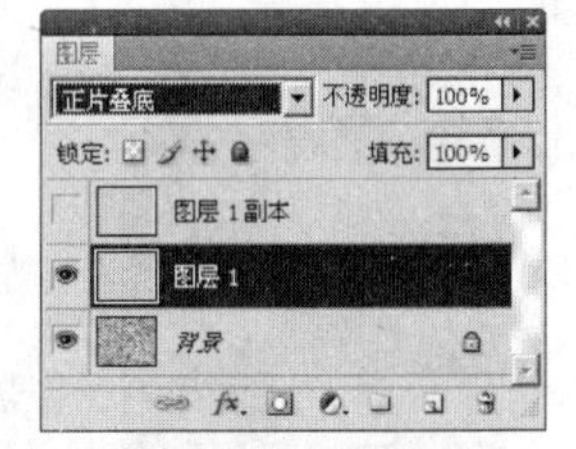

图14-281 设置图层混合模式

12 单击【滤镜】/【模糊】/【动感模糊】命令，在弹出的【动感模糊】对话框中设置参数，单击【确定】按钮，得到的效果如图 14-283 所示。

13 单击【图层 1 副本】左边的眼睛图标将其显示。然后将该图层混合模式更改为【叠加】，得到的效果如图 14-284 所示。

图14-282 图像效果

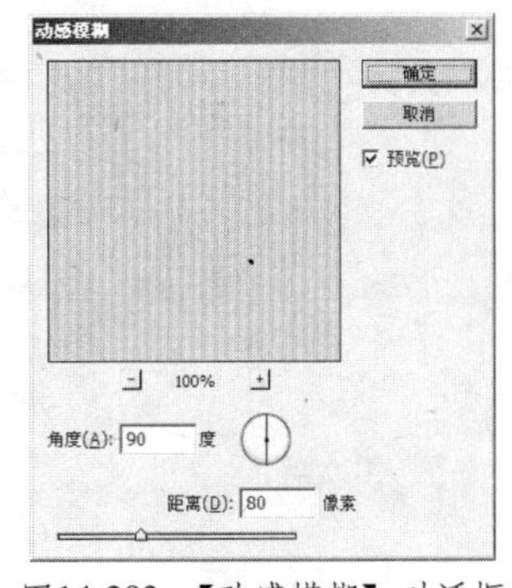

图14-283 【动感模糊】对话框

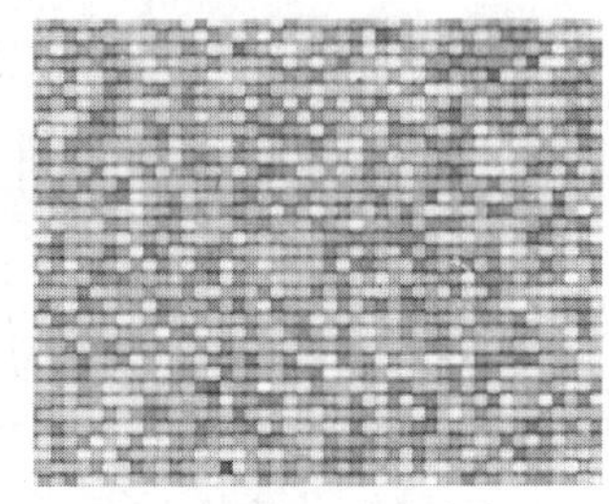

图14-284 图像效果

14 单击【图像】/【调整】/【亮度/对比度】命令，在弹出的【亮度/对比度】对话框中进行参数设置，如图 14-285 所示，单击【确定】按钮，得到效果如图 14-286 所示。

15 单击【图层】面板底部的【创建新图层】按钮，新建【图层 2】。选择矩形选框工具，在放大画面后框选任意方格，如图 14-287 所示。

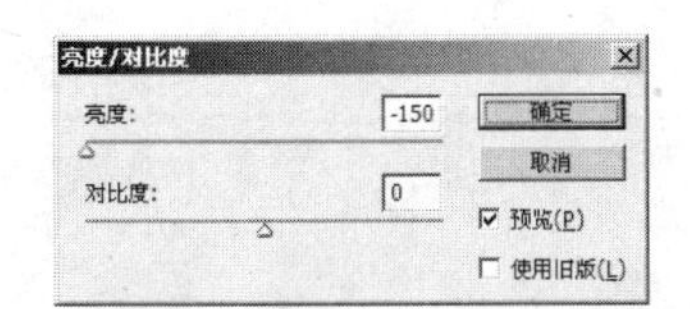

图14-285 【亮度/对比度】对话框

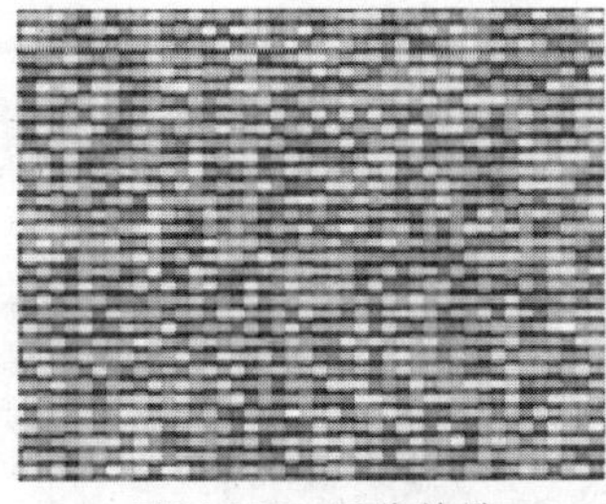

图14-286 图像效果

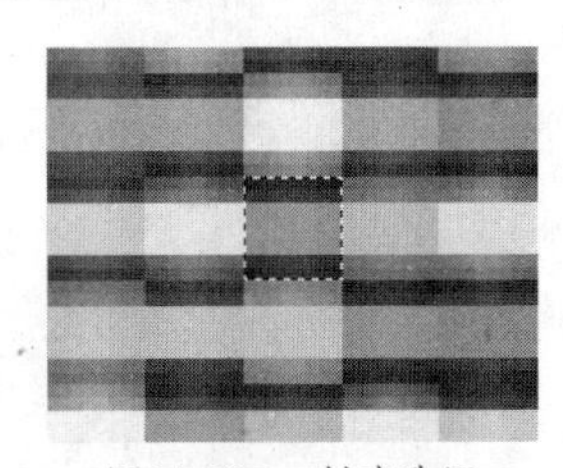

图14-287 创建选区

16 保持前景色和背景色为默认色，按【Alt+Delete】快捷键填充【图层 2】，选择【画笔】工具在【图层 2】中单击绘制亮部，如图 14-288 所示。

17 单击【编辑】/【定义图案】命令，在弹出的【图案名称】对话框中设置图案名称，单击【确定】按钮。

18 单击【编辑】/【填充】命令，弹出【填充】对话框，在【使用】下拉列表中选择【图案】选项，再在【自定图案】下拉列表中选择定义的图案进行填充，得到的效果如图 14-289 所示。

19 选择【图层 2】，将该图层的混合模式改为【叠加】，此时图像效果如图 14-290 所示。

图14-288 填充选区

图14-289 填充图像

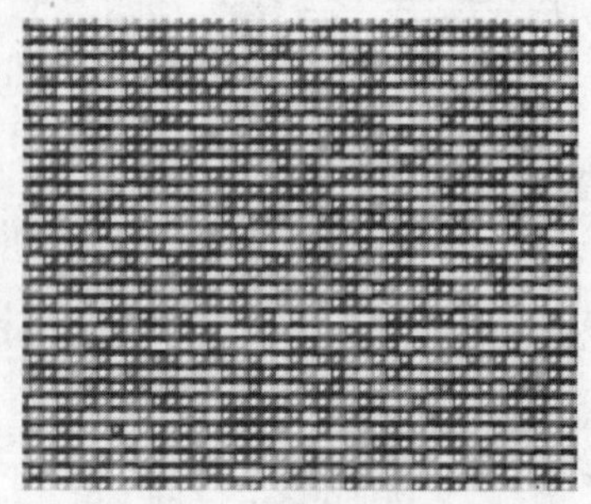
图14-290 改变混合模式后的图像

习题参考答案

第1章

1. 填空题

（1）Adobe
（2）点阵　矢量
（3）红（R）　绿（G）　蓝（B）
（4）色相　亮度　饱和度

2. 问答题（略）
3. 上机题（略）

第2章

1. 填空题

（1）工具　命令
（2）选框　选区创建
（3）色彩范围

2. 问答题（略）
3. 上机题（略）

第3章

1. 填空题

（1）前景色　背景色
（2）黑色　白色
（3）颜色采样
2. 问答题（略）
3. 上机题（略）

第4章

1. 填空题

（1）画布
（2）旋转　变形
（3）分辨率

2. 问答题（略）
3. 上机题（略）

第5章

1. 填空题

（1）毛笔　水彩笔
（2）直线　曲线
（3）采取图案

2. 问答题（略）
3. 上机题（略）

第6章

1. 填空题

（1）明暗　对比度
（2）色彩平衡　亮度　饱和度
（3）特定颜色　创建蒙版

2. 问答题（略）
3. 上机题（略）

第7章

1. 填空题

（1）影响
（2）相互联系　相互影响
（3）颜色合成方式

2. 问答题（略）
3. 上机题（略）

第8章

1. 填空题

（1）点文字　段落文字
（2）直排方向
（3）路径

2. 问答题（略）
3. 上机题（略）

第9章

1. 填空题

(1) 选区　绘图
(2) 形状
(3) 形状　路径

2. 问答题（略）
3. 上机题（略）

第10章

1. 填空题

(1) 颜色信息
(2) 红色　绿色　蓝色
(3) 辅助印刷

2. 问答题（略）
3. 上机题（略）

第11章

1. 填空题

(1) 内部滤镜　外挂滤镜
(2) 自带　第三方厂商

2. 问答题（略）

第12章

1. 填空题

(1) 自动化
(2)【动作】
(3) 移动　复制　删除

2. 问答题（略）
3. 上机题（略）

第13章

1. 填空题

(1)【动画】【图层】
(2)【动画】
(3)【帧动画】

2. 问答题（略）
3. 上机题（略）